중학수학을
시작하는 친구들에게~

수학을 처음 접하게 되었을 때를 생각해 봅시다. 먼저 수를 배우고 덧셈, 뺄셈, 곱셈, 나눗셈의 방법을 학습한 후 연산 연습을 하였습니다. 그땐 처음 배우는 사칙연산이 수학의 전부인 것처럼 어렵게 생각되었고, 실수라도 하면 수학의 기초가 부족한 것이 아닌가 걱정하곤 하였습니다. 하지만 시간이 지난 지금, 누구도 사칙연산을 못하는 경우는 없습니다.

중학수학의 시작도 그때와 같습니다. 시작할 때 확장된 새로운 수를 배우고 덧셈, 뺄셈, 곱셈, 나눗셈의 방법을 학습한 후 연산 연습을 합니다. 그리고 그때도 그랬던 것처럼 시간이 지나면 누구도 못하는 경우가 없을 것입니다. 처음 학습할 때는 누구나 새롭기에 어려울 수밖에 없습니다.

꾸준하게 연습하고 학습하는 습관을 갖는다면 '지금의 어려움'은 어느 날의 '익숙한 쉬움'이 될 것입니다.

그렇다면 지금은 중학수학에 대한 걱정보다는 먼저 중학수학의 학습을 시작할 때겠지요?

중학교 1학년 첫 수학 수업에서 선생님께서는 반드시 물어보실 것입니다.

"초등학교 때 배웠던 약수 기억하시죠?"
"네........?"

배웠던 기억은 있지만 설명이 어렵거나, 뜻은 알지만 관련 문제를 풀지 못하는 경우가 있습니다. 또 약수와 새로 배우는 개념이 어떻게 연결되는지 이해가 어렵기도 합니다.

중학수학은 새로운 것을 배우는 학문이 아닙니다. 초등수학의 개념이 반복되기도 하고, 연결된 개념이 확장되기도 하며 응용되어 문제로 나오기도 합니다. 따라서 중학수학을 학습하기 전 초등 과정을 미리 정리하는 시간이 반드시 필요합니다. 이는 중학수학을 학습할 때 수학의 흐름을 이해하는 데 도움이 됩니다. 당장 진도를 많이 나가고 어려운 문제를 푸는 것이 중요한 것이 아니라, '익숙한 쉬움'이 될 때까지 기초를 다지고 반복하는 것이 더 중요합니다.

〈뽐 중등수학1〉에서 함께 중학교 1학년 전 과정을 초등수학과 연결하여 정리하고, 문제 확인 과정을 통하여 후행 학습에 대한 부담을 줄여 봅시다. 그리고 처음 접하는 중학수학의 각 핵심 개념을 기반으로 기초를 잡을 수 있는 반복적인 풀이와 필수 유형을 접하면서 중학수학을 완성해 갑시다. 이는 중학수학의 '익숙한 쉬움'으로 가는 길의 시작이 될 것입니다.

뿜 중학수학1
학습 계획표

25일 완성

일차		공부할 내용	쪽수	공부한 날	
01		01 소인수분해	008~017	월	일
02		02 최대공약수와 최소공배수	018~027	월	일
03	I 수와 연산	03 정수와 유리수	028~037	월	일
04		04 정수와 유리수의 덧셈과 뺄셈	038~047	월	일
05		05 정수와 유리수의 곱셈과 나눗셈	048~062	월	일
06		06 문자를 사용한 식의 값	064~071	월	일
07	II 문자와 식	07 일차식과 그 계산	072~081	월	일
08		08 일차방정식	082~089	월	일
09		09 일차방정식의 활용	090~100	월	일
10		10 순서쌍과 좌표	102~109	월	일
11	III 좌표평면과 그래프	11 그래프	110~115	월	일
12		12 정비례와 반비례	116~130	월	일
13		13 점, 선, 면, 각	132~143	월	일
14		14 점, 직선, 평면의 위치 관계	144~151	월	일
15	IV 도형의 기초	15 동위각과 엇각	152~157	월	일
16		16 삼각형의 작도	158~165	월	일
17		17 삼각형의 합동	166~174	월	일
18		18 다각형	176~185	월	일
19		19 원과 부채꼴	186~195	월	일
20	V 평면도형과 입체도형	20 다면체	196~203	월	일
21		21 회전체	204~211	월	일
22		22 입체도형의 겉넓이와 부피	212~224	월	일
23		23 줄기와 잎 그림, 도수분포표	226~231	월	일
24	VI 통계	24 히스토그램과 도수분포다각형	232~239	월	일
25		25 상대도수	240~250	월	일

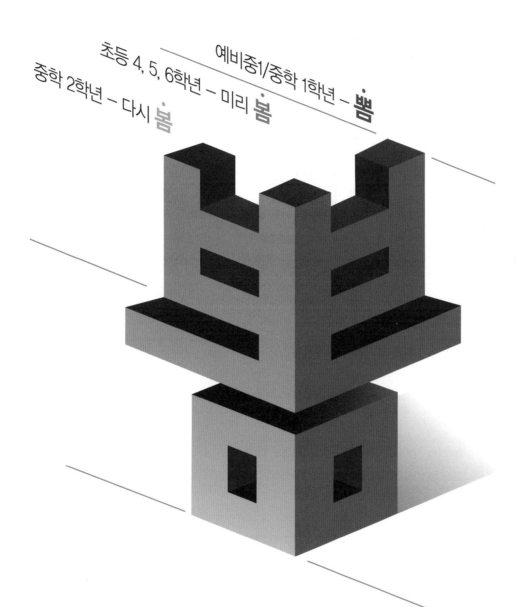

초등 4, 5, 6학년 – 미리 **뽐**

예비중1/중학 1학년 – **뽐**

중학 2학년 – 다시 **뽐**

뽐 중학수학1

기초 개념서

중학 1학년 전 과정을 한 권으로 배우는
초·중등 연결 개념 수학

뿜 / 중학수학1

초등학교 때는
수학을 잘했는데,
중학교 때는
왜 수포자가
될까요?

초등학교에서 '자연수'를 배웠던 아이들은 중학수학에서 '정수'를 배웁니다.
'정수'는 음수로까지 수의 범위만 확장되었을 뿐, '자연수'의 수학적 규칙들이 그대로
적용됩니다.
그럼에도 아이들은 어려워 합니다.
자연수의 규칙, 즉 초등수학에서 배운 수학의 원리를 완전히 체득하지 못했기
때문입니다.
중학수학은 새로운 것이 아니라 초등수학 개념의 확장이며, 중학수학의 뿌리는
초등수학입니다.

나선식 학습을 해야
수학에 대한 개념을
탄탄히 잡을 수 있다는
사실을 알고 계시나요?

나선식 학습 구조는 미국의 심리학자인 제롬 브루너(Jerome Bruner)가 만든
학습이론입니다.
지식을 전달하기 위해서는 학습자의 인지발달 능력에 따라 점진적으로 진행해야 한다는
내용입니다.
쉽게 설명하면 지식을 습득할 때는 반복적으로 진행하면서 내용이 익숙해지면 조금 더
어려운 개념을 배워야 한다는 것입니다.
중학교 수학을 잘하기 위해 학습 수준도 아이의 수준에 맞추어 점진적으로 발전해야
한다고 알려 드립니다.
처음에는 아이가 쉽게 접근할 수 있는 문제부터 시작하고, 시간이 지날수록 점차 어려운
개념을 배워야 합니다. 그래야 아이가 점진적으로 수학에 대한 개념을 명확히 이해하고
응용할 수 있기 때문입니다.

뿜 / 중학수학1 / 3가지 특징

특징 1
초등수학의 중요성!

초등수학쯤이야라고 생각하지만 초등수학의 개념과 원리들은
중학교 수학과 연결됩니다.
수학자들의 발견이 바로 초등수학에 담겨 있는 것입니다.
따라서 중학교에서 수학을 잘하려면 초등수학의 핵심개념을
제대로 이해하고 있어야 합니다.

특징 2
초등수학 개념을 중등수학 개념과 연결!

이미 알고 있는 것에서 출발한 아이들은 각 단원의 중간쯤
새로운 용어를 만납니다.
바로 중학수학을 만나는 것입니다.
초등수학 개념들 가운데 중학수학에 필요한 것을 중학수학의
단원에 맞게 연결하여 중학수학의 관점에서 범위를 확장하기만
하면 아이들은 거부감 없이 중학수학을 쉽게 받아들일 수
있습니다.

특징 3
초등수학에서 시작하여 중등수학으로 끝!

'약수와 배수'에서 시작했는데, '소인수분해'로 끝납니다.
'분수의 사칙 연산'으로 시작했는데 '정수와 유리수의 혼합
계산'으로 끝납니다.
초등수학으로 시작해서 중학수학으로 단원별로 자연스럽게
이어지는 새로운 중학수학의 기초 개념서입니다.

GUIDE 구성과 특징

초·중등 수학 개념을 연결하여 개념을 완벽히 이해할 수 있는 **'뽐 중학수학1'**

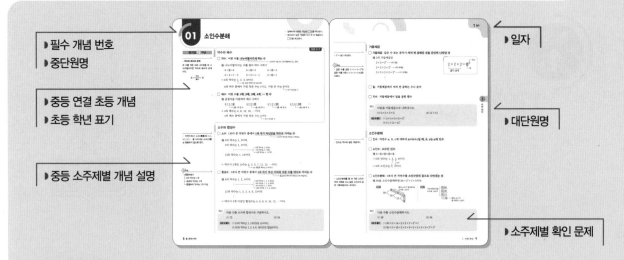

▶필수 개념 번호
▶중단원명

▶중등 연결 초등 개념
▶초등 학년 표기

▶중등 소주제별 개념 설명

▶일자

▶대단원명

▶소주제별 확인 문제

중등 연결초등 개념 중단원별 중학수학과 연결된 초등 개념부터 개념을 완벽히 이해하자!

초·중등 단원별 개념 설명과 기초력 문제로 실력을 키울 수 있는 **'뽐 중학수학1'**

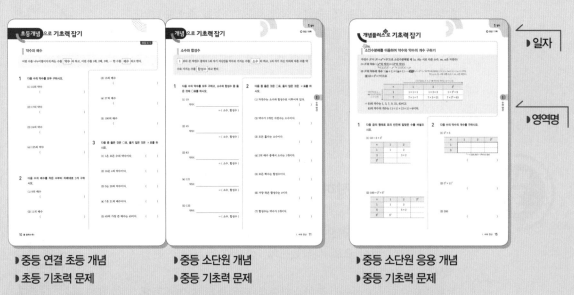

▶중등 연결 초등 개념
▶초등 기초력 문제

▶중등 소단원 개념
▶중등 기초력 문제

▶중등 소단원 응용 개념
▶중등 기초력 문제

▶일자

▶영역명

개념으로 **기초력 잡기 |** 초 · 중등 개념 기초 문제를 반복해서 스스로 실력을 키우자!

개념플러스로 기초력 잡기 | 중등 응용 개념으로 실력을 한 단계 높이자!

소단원별 1:1 매칭 문제와 대단원별 총정리 테스트로 정리할 수 있는 '뽐 중학수학1'

개념으로 실력 키우기

▶ 소단원별 1:1 매칭 문제로 반복 학습을 통해 개념을 완성시키자!

대단원 TEST

▶ 중학 1학년 전 과정의 대단원별로 단원에서 배운 필수 개념들을 종합적으로 테스트하자!

빠른 정답과 정답과 풀이로 문제 이해도를 높인 '뽐 중학수학1'

▶ 채점을 편리하고 빠르게 하고, 혼자서도 쉽게 이해하자!

CONTENTS 차례

한 권으로 미리 봄 다시 봄 기초 개념서
중학수학1 / 봄

I

수와 연산

소인수분해

중등 연결 **초등** 개념

약수와 배수

• **약수와 배수의 관계**
큰 수를 작은 수로 나누었을 때 나누어떨어지면 약수와 배수의 관계이다.

4 ←약수─ 2
←배수─

☐ **약수**: 어떤 수를 **나누어떨어지게 하는 수**
　　　　　　　　　　　　　　　　　　→ 나머지가 0일 때 나누어떨어진다고 한다.

예 나누어떨어지는 수를 찾아 약수 구하기

$6 \div 1 = 6$　　　　$6 \div 2 = 3$　　　　$6 \div 3 = 2$

$6 \div 4 = 1 \cdots 2$　　$6 \div 5 = 1 \cdots 1$　　$6 \div 6 = 1$

→ 6의 약수는 1, 2, 3, 6이다.
　　　　　　└→ 1은 모든 자연수의 약수이다.
6의 약수 중에서 가장 작은 수는 1이고, 가장 큰 수는 6이다.
　　　　　　　　　　　　　　　　　　　　└→ 자기 자신의 수

☐ **배수**: 어떤 수를 **1배, 2배, 3배, 4배, ⋯ 한 수**

예 곱셈식을 이용하여 배수 구하기

$4 \times 1 = 4$　　　$4 \times 2 = 8$　　　$4 \times 3 = 12$　　　$4 \times 4 = 16$　　⋯
└→ 4를 1배 한 수　└→ 4를 2배 한 수　└→ 4를 3배 한 수　└→ 4를 4배 한 수

→ 4의 배수는 4, 8, 12, 16, ⋯이다.
4의 배수 중에서 가장 작은 수는 4이다.
　　　　　　　　　　　　　└→ 자기 자신의 수

소수와 합성수

• 자연수에서 소수(素數)와 0.1, 0.2, 0.3, ⋯을 나타내는 소수(小數)는 혼동하지 않도록 한다.

☐ **소수**: 1보다 큰 자연수 중에서 **1과 자기 자신만을 약수로 가지는 수**
　　　　　　　　　　　　　　　　　　　→ 소수의 약수의 개수는 2개이다.

예 2의 약수는 1, 2이다.
3의 약수는 1, 3이다.
　　⋮　　　　　　　┌ 5의 약수는 1, 5이다.
　　　　　　　　　　├→ 7의 약수는 1, 7이다.
　　　　　　　　　　└ 11의 약수는 1, 11이다.
13의 약수는 1, 13이다.
　　⋮
→ 약수가 2개인 소수는 2, 3, 5, 7, 11, 13, ⋯이다.
　　　　　　　　　　└→ 2는 유일한 짝수인 소수이다.

⭐중요해요
• 자연수에서
┌ 1의 약수는 1개
├ 소수의 약수는 2개
└ 합성수의 약수는 3개 이상

☐ **합성수**: 1보다 큰 자연수 중에서 **1과 자기 자신 이외의 다른 수를 약수로 가지는 수**
　　　　　　　　　　　　　　　　　　　　→ 합성수의 약수의 개수는 3개 이상이다.

예 4의 약수는 1, 2, 4이다.
　　⋮　　　　　　　┌ 6의 약수는 1, 2, 3, 6이다.
　　　　　　　　　　├→ 8의 약수는 1, 2, 4, 8이다.
　　　　　　　　　　├ 9의 약수는 1, 3, 9이다.
　　　　　　　　　　└ 10의 약수는 1, 2, 5, 10이다.
12의 약수는 1, 2, 3, 4, 6, 12이다.
　　⋮
→ 약수가 3개 이상인 합성수는 4, 6, 8, 9, 10, 12, ⋯이다.

확인　다음 수를 소수와 합성수로 구분하시오.

(1) 13　　　　　　　　　　　　　　(2) 16

정답및풀이　(1) 13의 약수는 1, 13이므로 소수이다.

(2) 16의 약수는 1, 2, 4, 8, 16이므로 합성수이다.

거듭제곱

- $2^1=2$로 나타낸다.

⭐**중요해요**
- 같은 수를 곱한 $2\times2\times2=2^3$과 같은 수를 더한 $2+2+2=2\times3$은 다르다.

☐ **거듭제곱**: 같은 수 또는 문자가 여러 번 곱해진 것을 간단히 나타낸 것

　　예 2의 거듭제곱은

　　　　$2\times2=2^2 \longrightarrow$ 2의 제곱

　　　　$2\times2\times2=2^3 \longrightarrow$ 2의 세제곱

　　　　$2\times2\times2\times2=2^4 \longrightarrow$ 2의 네제곱

　　　　　　　⋮

$$\underbrace{2\times2\times2}_{2가\ 3개}=2^{\overset{\text{← 지수}}{3}}_{\text{← 밑}}$$

☐ **밑**: 거듭제곱에서 여러 번 곱하는 수나 문자

☐ **지수**: 거듭제곱에서 밑을 곱한 횟수

I

수와 연산

확인　다음을 거듭제곱으로 나타내시오.

　　(1) $5\times5\times5\times5$　　　　　　　　(2) 11×11

정답및풀이　(1) $5\times5\times5\times5=5^4$

　　　　　　(2) $11\times11=11^2$

소인수분해

- 인수는 약수와 같은 개념이다.

☐ **인수**: 자연수 a, b, c에 대하여 $a=b\times c$일 때, b, c는 a의 인수

☐ **소인수**: 소수인 인수

　　예 $6=1\times6=2\times3$

　　➡ 6의 인수는 1, 2, 3, 6이다.

　　　　　　　　↓　↓ 소수

　　➡ 6의 소인수는 2, 3이다.

- 소인수분해를 할 때 작은 소인수부터 차례로 쓰고 같은 소인수의 곱은 거듭제곱으로 나타낸다.

☐ **소인수분해**: 1보다 큰 자연수를 소인수만의 곱으로 나타내는 것

　　예 60을 소인수분해하면 $60=2^2\times3\times5$이다.

확인　다음 수를 소인수분해하시오.

　　(1) 28　　　　　　　　　　　　　　(2) 36

정답및풀이　(1) $28=2\times14=2\times2\times7=2^2\times7$

　　　　　　(2) $36=2\times18=2\times2\times9=2\times2\times3\times3=2^2\times3^2$

약수와 배수

어떤 수를 나누어떨어지게 하는 수를 약수 라 하고, 어떤 수를 1배, 2배, 3배, … 한 수를 배수 라고 한다.

1 다음 수의 약수를 모두 구하시오.

(1) 15의 약수

( )

(2) 17의 약수

( )

(3) 24의 약수

( )

(4) 125의 약수

( )

2 다음 수의 배수를 작은 수부터 차례대로 3개 구하시오.

(1) 9의 배수

( )

(2) 11의 배수

( )

(3) 15의 배수

( )

(4) 27의 배수

( )

(5) 100의 배수

( )

3 다음 중 옳은 것은 ○표, 옳지 않은 것은 ×표를 하시오.

(1) 1은 모든 수의 약수이다. ( )

(2) 16은 4의 약수이다. ( )

(3) 5는 20의 약수이다. ( )

(4) 7은 21의 배수이다. ( )

(5) 49의 가장 큰 배수는 49이다. ( )

개념 으로 기초력 잡기

소수와 합성수

1 보다 큰 자연수 중에서 1과 자기 자신만을 약수로 가지는 수를 소수 라 하고, 1과 자기 자신 이외의 다른 수를 약수로 가지는 수를 합성수 라고 한다.

---

1 다음 수의 약수를 모두 구하고, 소수와 합성수 중 옳은 것에 ○표를 하시오.

(1) 19

약수: _____

➔ (소수, 합성수)

(2) 45

약수: _____

➔ (소수, 합성수)

(3) 83

약수: _____

➔ (소수, 합성수)

(4) 121

약수: _____

➔ (소수, 합성수)

(5) 133

약수: _____

➔ (소수, 합성수)

---

2 다음 중 옳은 것은 ○표, 옳지 않은 것은 ×표를 하시오.

(1) 자연수는 소수와 합성수로 이루어져 있다.

(   )

(2) 약수가 2개인 자연수는 소수이다.

(   )

(3) 모든 홀수는 소수이다.

(   )

(4) 2의 배수 중에서 소수는 1개이다.

(   )

(5) 모든 짝수는 합성수이다.

(   )

(6) 가장 작은 합성수는 4이다.

(   )

(7) 합성수는 약수가 3개이다.

(   )

거듭제곱

2^2, 2^3, 2^4, …을 2의 거듭제곱 이라고 한다. 이때 거듭해서 곱한 수 2를 거듭제곱의 밑 이라 하고, 2를 거듭하여 곱한 횟수 2, 3, 4, …를 거듭제곱의 지수 라고 한다.

1 다음 수의 밑과 지수를 각각 구하시오.

(1) 3^{11}

밑 (   ), 지수 (   )

(2) 10^5

밑 (   ), 지수 (   )

(3) 144^2

밑 (   ), 지수 (   )

(4) $\left(\dfrac{1}{5}\right)^3$

밑 (   ), 지수 (   )

> **쌤Tip** 밑이 같은 것끼리 거듭제곱으로 나타내고 지수 1은 생략해서 나타내요.

2 다음을 거듭제곱을 이용하여 나타내시오.

(1) $2 \times 2 \times 2 \times 2 \times 2$

(   )

(2) $13 \times 13 \times 13$

(   )

(3) $5 \times 5 \times 5 \times 5 \times 7 \times 7$

(   )

(4) $2 \times 2 \times 2 \times 3 \times 3 \times 11$

(   )

(5) $3 \times 3 \times 3 + 7 \times 7 \times 7$

(   )

3 다음을 거듭제곱을 이용하여 나타낼 때, $\square$ 안에 알맞게 써넣으시오.

(1) $\dfrac{1}{2} \times \dfrac{1}{2} \times \dfrac{1}{2} = \left(\dfrac{1}{2}\right)^{\square}$

(2) $\dfrac{4}{7} \times \dfrac{4}{7} \times \dfrac{4}{7} \times \dfrac{4}{7} \times \dfrac{4}{7} \times \dfrac{4}{7} = \left(\boxed{}\right)^6$

(3) $\dfrac{1}{3 \times 3 \times 3 \times 3 \times 3} = \dfrac{1}{3^{\square}}$

(4) $\dfrac{1}{5 \times 5 \times 11 \times 11 \times 11} = \dfrac{1}{5^2 \times 11^{\square}}$

소인수분해

어떤 자연수의 소수인 인수를 소인수 라 하고, 1보다 큰 자연수를 소인수만의 곱으로 나타내는 것을 소인수분해 라고 한다.

1 다음 수의 인수와 소인수를 구하시오.

(1) 7

인수 (   )

소인수 (   )

(2) 18

인수 (   )

소인수 (   )

(3) 27

인수 (   )

소인수 (   )

(4) 30

인수 (   )

소인수 (   )

(5) 56

인수 (   )

소인수 (   )

2 다음은 소인수분해를 하는 과정이다. ☐ 안에 알맞은 수를 써넣으시오.

(1)
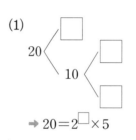

➡ $20 = 2^{\square} \times 5$

(2)
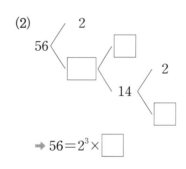

➡ $56 = 2^3 \times \square$

(3)
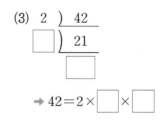

➡ $42 = 2 \times \square \times \square$

(4)
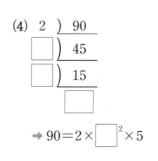

➡ $90 = 2 \times \square^2 \times 5$

3 다음 수를 소인수분해하시오.

(1) 12

( )

(2) 27

( )

(3) 36

( )

(4) 42

( )

(5) 54

( )

(6) 100

( )

(7) 120

( )

(8) 252

( )

🟦**쌤Tip** 소인수분해는 소인수만의 곱으로 나타내는 것이므로 소인수분해를 했을 때 각 거듭제곱의 밑이 소인수예요.

4 다음 수를 소인수분해하고, 소인수를 모두 구하시오.

(1) 16

( )

소인수 ( )

(2) 20

( )

소인수 ( )

(3) 24

( )

소인수 ( )

(4) 84

( )

소인수 ( )

(5) 121

( )

소인수 ( )

(6) 245

( )

소인수 ( )

개념플러스로 기초력 잡기

⭐중요해요
소인수분해를 이용하여 약수와 약수의 개수 구하기

자연수 N이 $N=a^m \times b^n$으로 소인수분해될 때 (a, b는 서로 다른 소수, m, n은 자연수)

(1) N의 약수: (a^m의 약수)×(b^n의 약수)
$\quad\quad$↳ $1, a, a^2, a^3, \cdots, a^m$ $\quad$↳ $1, b, b^2, b^3, \cdots, b^n$

(2) N의 약수의 개수: ($m+1$)×($n+1$) ➡ **쌤Tip** $a^l \times b^m \times c^n$의 약수의 개수는 ($l+1$)×($m+1$)×($n+1$)이다.
$\quad\quad\quad\quad\quad\quad\quad\quad\quad\quad\quad\quad\quad\quad\quad\quad\quad\quad\quad\quad\quad$(단, a, b, c는 서로 다른 소수, l, m, n은 자연수)

예 $63=3^2 \times 7$이므로

3^2의 약수는 $1, 3, 3^2$ ➡ 약수의 개수는 ($2+1$)개

×	1	3	3^2
1	$1 \times 1 = 1$	$1 \times 3 = 3$	$1 \times 3^2 = 9$
7	$7 \times 1 = 7$	$7 \times 3 = 21$	$7 \times 3^2 = 63$

7의 약수는 1, 7 ➡ 약수의 개수는 ($1+1$)개

➡ 63의 약수는 1, 3, 7, 9, 21, 63이고

63의 약수의 개수는 ($1+1$)×($2+1$)=6이다.

---

1 다음 곱의 형태로 표의 빈칸에 알맞은 수를 써넣으시오.

(1) $18 = 2 \times 3^2$

×	1	2
1	1	2
3		3×2
3^2		

(2) $100 = 2^2 \times 5^2$

×	1	2	2^2
1	1	2	
5		5×2	
5^2	5^2		

2 다음 수의 약수의 개수를 구하시오.

(1) $2^2 \times 5$

×	1	2	2^2
1			
5			

↳ (칸의 개수)=(약수의 개수)

(   )

(2) $3^5 \times 11^2$

(   )

(3) 200

(   )

개념으로 **실력 키우기**

· 정확하게 이해한 유형은 □안을 체크한다.
· 체크되지 않은 유형은 다시 한 번 복습하고 □안을 체크한다.

□ **소수와 합성수**

1-1 다음 중 소수의 개수를 구하시오.

3	15	19	20
27	33	37	42

( )

1-2 다음 중 소수의 개수를 a, 합성수의 개수를 b라 할 때, $a+b$의 값을 구하시오.

1	2	8	12
21	31	54	93

( )

□ **소수와 합성수**

2-1 다음 설명 중 옳은 것은? ( )

① 홀수는 모두 소수이다.
② 가장 작은 소수는 1이다.
③ 소수의 약수는 2개이다.
④ 합성수의 약수는 3개이다.
⑤ 자연수는 소수와 합성수로 이루어져 있다.

2-2 다음 설명 중 옳지 <u>않은</u> 것은? ( )

① 짝수인 2는 소수이다.
② 5 이하의 소수는 3개이다.
③ 가장 작은 합성수는 1이다.
④ 소수도 합성수도 아닌 자연수가 있다.
⑤ 소수는 약수가 1과 자기 자신 2개이다.

□ **거듭제곱**

3-1 다음 중 옳은 것은? ( )

① $2 \times 2 \times 2 = 3^2$
② $2 + 2 + 2 = 2^3$
③ $3^4 = 12$
④ $\dfrac{1}{7} \times \dfrac{1}{7} \times \dfrac{1}{7} \times \dfrac{1}{7} = \dfrac{1}{7 \times 4}$
⑤ $3 \times 3 \times 7 \times 7 \times 7 = 3^2 \times 7^3$

3-2 다음 중 옳지 <u>않은</u> 것은? ( )

① $3 + 3 + 3 + 3 + 3 = 3 \times 5$
② $5 \times 5 + 7 \times 7 \times 7 = 5^2 \times 7^3$
③ $\dfrac{1}{5 \times 11 \times 11} = \dfrac{1}{5 \times 11^2}$
④ $\dfrac{3}{10} \times \dfrac{3}{10} \times \dfrac{3}{10} \times \dfrac{3}{10} = \left(\dfrac{3}{10}\right)^4$
⑤ $5 \times 3 \times 5 \times 2 \times 2 \times 3 \times 5 = 2^2 \times 3^2 \times 5^3$

☐ **소인수분해**

4-1 60의 소인수를 모두 구하시오.

(   )

4-2 다음 중 125의 소인수를 모두 고르시오.

| 1 | 5 | 5^2 | 5^3 |

(   )

☐ **소인수분해**

5-1 180을 소인수분해하면 $2^a \times 3^b \times c$일 때, $a+b+c$의 값을 구하시오. (단. a, b, c는 자연수)

(   )

5-2 240을 소인수분해하면 $2^a \times b \times 5^c$일 때, $a+b-c$의 값을 구하시오. (단. a, b, c는 자연수)

(   )

☐ **소인수분해를 이용하여 약수 구하기**

6-1 다음 수의 약수의 개수를 구하시오.

(1) 12 (   )

(2) 72 (   )

(3) $2^3 \times 7$ (   )

(4) 11^6 (   )

6-2 다음 중 약수의 개수가 가장 많은 것은? (   )

① 18 ② 135 ③ 7×13

④ $2^5 \times 3^2$ ⑤ $2 \times 3^2 \times 5$

02 최대공약수와 최소공배수

• 정확하게 이해한 개념은 ☐안을 체크한다.
• 체크되지 않은 개념은 다시 한 번 복습하고
  ☐안을 체크한다.

초등 5-1

중등 연결 초등 개념

공약수와 최대공약수, 공배수와 최소공배수

• 공약수 중에서 가장 작은 수는 항상 1이므로 최소공약수는 구하지 않는다.

☐ **공약수**: 두 개 이상의 자연수의 **공통인 약수**

☐ **최대공약수**: 공약수 중에서 **가장 큰 수**

예 8의 약수: 1, 2, 4, 8
   12의 약수: 1, 2, 3, 4, 6, 12
→ 8과 12의 공약수: 1, 2, 4 ← 공약수는 최대공약수의 약수이다.
   8과 12의 최대공약수: 4   (8과 12의 공약수는 8과 12의 최대공약수인 4의 약수와 같다.)

• 공배수는 무수히 많기 때문에 최대공배수는 구할 수 없다.

☐ **공배수**: 두 개 이상의 자연수의 **공통인 배수**

☐ **최소공배수**: 공배수 중에서 **가장 작은 수**

예 4의 배수: 4, 8, 12, 16, 20, 24, …
   6의 배수: 6, 12, 18, 24, 30, …
→ 4와 6의 공배수: 12, 24, … ← 공배수는 최소공배수의 배수이다.
   4와 6의 최소공배수: 12   (4와 6의 공배수는 4와 6의 최소공배수인 12의 배수와 같다.)

공약수와 최대공약수

• 1은 모든 자연수와 서로소이다.

☐ **최대공약수의 성질**: 두 개 이상의 자연수의 공약수는 **최대공약수의 약수**

예 8과 12의 최대공약수: **4**
→ 8과 12의 공약수: 1, 2, 4 ← 4의 약수이다.

• 서로 다른 두 소수는 항상 서로소이다.

☐ **서로소**: **최대공약수가 1인 두 자연수**

예 4의 약수: **1**, 2, 4 → 공약수가 1뿐이다.
   7의 약수: **1**, 7
→ 4와 7은 최대공약수가 1이므로 서로소이다.

확인 다음 중 서로소인 것을 모두 고르시오.

┌───┐
│ ㉠ 6, 15   ㉡ 9, 10   ㉢ 18, 30   ㉣ 29, 31 │
└───┘

정답 및 풀이 ㉠ 6과 15의 최대공약수는 3이다.
            ㉢ 18과 30의 최대공약수는 6이다.
            따라서 두 자연수의 최대공약수가 1인 서로소는 ㉡, ㉣이다.

· 세 수의 최대공약수 구하기
나눗셈을 이용할 때 반드시 세 수의 공약수로만 나눌 수 있다.
예 12, 14, 30의 최대공약수는 2 이다.
$$2\,)\underline{\;12\quad 14\quad 30\;}$$
$$\quad\quad 6\quad\;7\quad\;15$$

☐ **최대공약수 구하기**

예 12와 30의 최대공약수는 $2\times3=6$이다.

방법1 소인수분해 이용하기

➡ 각 수를 소인수분해를 한 후 공통인 소인수를 모두 곱한다.

$$12=2^2\times3$$
$$30=2\times3\times5$$
$$\overline{\qquad\qquad 2\ \times3\qquad}$$

➡ (최대공약수)=6

➡ 공통인 소인수 중 지수가 같거나 작은 것을 택하여 곱한다.

방법2 나눗셈 이용하기

➡ 몫이 서로소가 될 때까지 공약수로 나눈 후 공약수를 모두 곱한다.

나눈 공약수를 곱한다. ⇩ $2\,)\underline{\;12\quad 30\;}$
$\qquad\qquad\quad 3\,)\underline{\;\;6\quad 15\;}$
$\qquad\qquad\qquad\;\;2\quad\;5$

➡ (최대공약수)=$2\times3=6$

확인 다음 수들의 최대공약수를 구하시오.

(1) $2\times3^2\times5,\ 3^3\times5$

(2) 16, 20

정답및풀이 (1) $2\times3^2\times5$
$\qquad\qquad\quad\;\;\; 3^3\times5$
$\qquad\qquad\overline{\qquad 3^2\times5\qquad}$
답 $3^2\times5=45$

(2) $2\,)\underline{\;16\quad 20\;}$
$\qquad 2\,)\underline{\;\;8\quad 10\;}$
$\qquad\qquad\;\;4\quad\;5$
답 $2^2=4$

공배수와 최소공배수

☐ **최소공배수의 성질: 두 개 이상의 자연수의 공배수는 최소공배수의 배수**

예 4와 6의 최소공배수: **12**

➡ 4와 6의 공배수: 12, 24, 36, ⋯ ⟶ 12의 배수이다.

중요해요
· 세 수의 최소공배수 구하기
나눗셈을 이용할 때 두 수의 공약수로도 나눌 수 있으며 공약수가 없는 수는 그대로 내린다.
예 12, 14, 30의 최소공배수는 $2^2\times3\times5\times7=420$이다.
$$2\,)\underline{\;12\quad 14\quad 30\;}$$
$$3\,)\underline{\;\;6\quad\;7\quad 15\;}$$
$$\quad\quad 2\quad\;7\quad\;5$$
⟶ 7은 그대로 내린다.

☐ **최소공배수 구하기**

예 12와 30의 최소공배수는 $2^2\times3\times5=60$이다.

방법1 소인수분해 이용하기

➡ 각 수를 소인수분해를 한 후 공통인 소인수와 공통이 아닌 소인수를 모두 곱한다.

$$12=2^2\times3$$
$$30=2\times3\times5$$
$$\overline{\qquad 2^2\times3\times5\qquad}$$

➡ (최소공배수)=60

⟶ 공통인 소인수는 지수가 같거나 큰 것을 택하고 공통이 아닌 소인수도 모두 곱한다.

방법2 나눗셈 이용하기

➡ 몫이 서로소가 될 때까지 공약수로 나눈 후 공약수와 마지막 몫을 모두 곱한다.

$2\,)\underline{\;12\quad 30\;}$
$3\,)\underline{\;\;6\quad 15\;}$
$\qquad\;\;2\quad\;5$

⟶ 나눈 공약수와 서로소인 몫을 모두 곱한다.

➡ (최소공배수)=$2\times3\times2\times5=60$

확인 다음 수들의 최소공배수를 구하시오.

(1) $2\times3^2\times5,\ 3^3\times5$

(2) 16, 20

정답및풀이 (1) $2\times3^2\times5$
$\qquad\qquad\quad\;\;\; 3^3\times5$
$\qquad\qquad\overline{\;2\times3^3\times5\;}$
답 $2\times3^3\times5=270$

(2) $2\,)\underline{\;16\quad 20\;}$
$\qquad 2\,)\underline{\;\;8\quad 10\;}$
$\qquad\qquad\;\;4\quad\;5$
답 $2^4\times5=80$

초등개념 으로 기초력 잡기

공약수와 최대공약수, 공배수와 최소공배수

두 개 이상의 자연수의 공통인 <u>약수</u> 중 가장 큰 수를 [최대공약수] 라 하고, 공통인 <u>배수</u> 중 가장 작은 수를
↳ 공약수   ↳ 공배수

[최소공배수] 라고 한다.

1 주어진 두 자연수에 대하여 다음을 구하시오.

(1) 12, 18

12의 약수: _____

18의 약수: _____

12와 18의 공약수: _____

12와 18의 최대공약수: _____

12와 18의 최대공약수의 약수

→ (_____)

쌤Tip 두 자연수의 최대공약수의 약수와
공약수의 관계를 확인해요.

(2) 16, 24

16의 약수: _____

24의 약수: _____

16과 24의 공약수: _____

16과 24의 최대공약수: _____

16과 24의 최대공약수의 약수

→ (_____)

(3) 36, 54

36과 54의 최대공약수의 약수

→ (_____)

2 주어진 두 자연수에 대하여 다음을 구하시오.

(1) 6, 8

6의 배수: _____

8의 배수: _____

6과 8의 공배수: _____

6과 8의 최소공배수: _____

6과 8의 최소공배수의 배수

→ (_____)

쌤Tip 두 자연수의 최소공배수의 배수와
공배수의 관계를 확인해요.

(2) 10, 15

10의 배수: _____

15의 배수: _____

10과 15의 공배수: _____

10과 15의 최소공배수: _____

10과 15의 최소공배수의 배수

→ (_____)

(3) 11, 13

11과 13의 최소공배수의 배수

→ (_____)

개념으로 기초력 잡기

서로소

최대공약수가 [1] 인 두 자연수를 [서로소] 라고 한다. ——▶ **쌤Tip** 두 자연수의 최대공약수를 구해 보지 않아도 1 이외의 공약수를 가지면 서로소가 아니예요.

1 두 자연수가 서로소인 것은 ○표, 서로소가 <u>아닌</u> 것은 ×표를 하시오.

(1) ┃ 3, 7 ┃   (   )

(2) ┃ 10, 27 ┃   (   )

(3) ┃ 42, 63 ┃   (   )

(4) ┃ 77, 121 ┃   (   )

2 서로소에 대한 설명 중 옳은 것은 ○표, 옳지 <u>않은</u> 것은 ×표를 하시오.

(1) 두 수가 서로소이면 공통인 약수가 없다.

    (   )

(2) 2와 모든 홀수는 서로소이다.

    (   )

(3) 서로소인 두 자연수의 공약수는 1뿐이다.

    (   )

(4) 두 수가 서로소이면 두 수 중 하나는 소수이다.

    (   )

(5) 서로 다른 두 소수는 항상 서로소이다.

    (   )

(6) 서로 다른 두 홀수는 항상 서로소이다.

    (   )

——▶ **쌤Tip** 서로소인 두 자연수의 최소공배수는 두 수의 곱이에요.

3 서로소인 두 자연수의 최소공배수를 구하시오.

(1) ┃ 5, 12 ┃

    (   )

(2) ┃ 9, 20 ┃

    (   )

공약수와 최대공약수

두 개 이상의 자연수의 공약수 중 가장 큰 수를 최대공약수 라고 한다. 이때 이 수들의 공약수는 최대공약수의 약수 이다.

1 두 자연수의 최대공약수가 다음과 같을 때 두 자연수의 공약수를 모두 구하시오.

(1) 두 자연수의 최대공약수: 6

→ 두 자연수의 공약수: _____

(2) 두 자연수의 최대공약수: 10

→ 두 자연수의 공약수: _____

(3) 두 자연수의 최대공약수: 12

→ 두 자연수의 공약수: _____

(4) 두 자연수의 최대공약수: 25

→ 두 자연수의 공약수: _____

(5) 두 자연수의 최대공약수: 33

→ 두 자연수의 공약수: _____

(6) 두 자연수의 최대공약수: 41

→ 두 자연수의 공약수: _____

2 다음 수들의 최대공약수를 소인수분해를 이용하여 구하시오.

(1)
$$20 = 2^2 \quad \times 5$$
$$60 = 2^2 \times 3 \times 5$$
$$(최대공약수) = \boxed{} = \boxed{}$$

(2)
$$30 = 2 \times 3 \quad \times 5$$
$$126 = 2 \times 3^2 \quad \times 7$$
$$(최대공약수) = \boxed{} = \boxed{}$$

(3)
$$56 = 2^3 \times 7$$
$$98 = 2 \times 7^2$$
$$(최대공약수) = \boxed{} = \boxed{}$$

(4)
$$63 = \quad 3^2 \quad \times 7$$
$$210 = 2 \times 3 \times 5 \times 7$$
$$(최대공약수) = \boxed{} = \boxed{}$$

(5)
$$60 = 2^2 \times 3 \times 5$$
$$84 = 2^2 \times 3 \quad \times 7$$
$$120 = 2^3 \times 3 \times 5$$
$$(최대공약수) = \boxed{} = \boxed{}$$

3 다음 수들의 최대공약수를 나눗셈을 이용하여 구하시오.

(1) $2 \,) \, \underline{\quad 24 \quad\quad 30 \quad}$
$ 3 \,) \, \boxed{} \quad \boxed{}$
$ \boxed{} \quad \boxed{}$

➡ (최대공약수)$=\boxed{}=\boxed{}$

(2) $2 \,) \, \underline{\quad 54 \quad\quad 72 \quad}$
$ 3 \,) \, \boxed{} \quad \boxed{}$
$ \boxed{} \,) \, \boxed{} \quad \boxed{}$
$ \boxed{} \quad \boxed{}$

➡ (최대공약수)$=\boxed{}=\boxed{}$

(3) $2 \,) \, \underline{\quad 96 \quad\quad 120 \quad}$

➡ (최대공약수)$=\boxed{}=\boxed{}$

(4) $2 \,) \, \underline{\quad 36 \quad 42 \quad 84 \quad}$ → **쌤Tip** 나눗셈을 이용하여 세 수의 최대공약수를 구할 때는 반드시 세 수의 공약수로만 나눌 수 있어요.

➡ (최대공약수)$=\boxed{}=\boxed{}$

(5) $3 \,) \, \underline{\quad 42 \quad 63 \quad 84 \quad}$

➡ (최대공약수)$=\boxed{}=\boxed{}$

4 다음 수들의 최대공약수를 구하시오.

(1) $2^3 \times 3^2,\ 2 \times 3 \times 11$

( )

(2) $3^3 \times 5 \times 7,\ 2^2 \times 5^2$

( )

(3) $2^2 \times 3^2,\ 2^3 \times 3,\ 2^2 \times 3$

( )

(4) $2^2 \times 3^2 \times 5,\ 2 \times 3^4 \times 5^2,\ 3^3 \times 5^2 \times 7$

( )

(5) 12, 15

( )

(6) 45, 105

( )

(7) 30, 45, 75

( )

(8) 36, 72, 90

( )

I 수와 연산

공배수와 최소공배수

두 개 이상의 자연수의 공배수 중 가장 작은 수를 $\boxed{\text{최소공배수}}$ 라고 한다. 이때 이 수들의 공배수는 최소공배수의

$\boxed{\text{배수}}$ 이다.

1 두 자연수의 최소공배수가 다음과 같을 때 두 자연수의 공배수를 작은 것부터 차례로 3개씩 구하시오.

(1) 두 자연수의 최소공배수: 6
➡ 두 자연수의 공배수: _____

(2) 두 자연수의 최소공배수: 10
➡ 두 자연수의 공배수: _____

(3) 두 자연수의 최소공배수: 11
➡ 두 자연수의 공배수: _____

(4) 두 자연수의 최소공배수: 15
➡ 두 자연수의 공배수: _____

(5) 두 자연수의 최소공배수: 21
➡ 두 자연수의 공배수: _____

(6) 두 자연수의 최소공배수: 36
➡ 두 자연수의 공배수: _____

2 다음 수들의 최소공배수를 소인수분해를 이용하여 구하시오.

(1)
$$12 = 2^2 \times 3$$
$$42 = 2 \times 3 \times 7$$
(최소공배수) $= \boxed{} = \boxed{}$

(2)
$$28 = 2^2 \quad \times 7$$
$$80 = 2^4 \times 5$$
(최소공배수) $= \boxed{} = \boxed{}$

(3)
$$90 = 2 \times 3^2 \times 5$$
$$150 = 2 \times 3 \times 5^2$$
(최소공배수) $= \boxed{} = \boxed{}$

(4)
$$8 = 2^3$$
$$60 = 2^2 \times 3 \times 5$$
$$75 = \quad 3 \times 5^2$$
(최소공배수) $= \boxed{} = \boxed{}$

(5)
$$12 = 2^2 \times 3$$
$$54 = 2 \times 3^3$$
$$90 = 2 \times 3^2 \times 5$$
(최소공배수) $= \boxed{} = \boxed{}$

3 다음 수들의 최소공배수를 나눗셈을 이용하여 구하시오.

(1) 5) 15   35
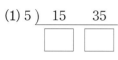

➡ (최소공배수)=☐=☐

(2) 2) 12   28
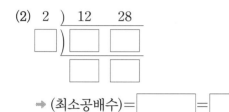

➡ (최소공배수)=☐=☐

(3) 2) 54   90

➡ (최소공배수)=☐=☐

(4) 5) 15   20   30   → **쌤Tip** 나눗셈을 이용하여 세 수의 최소공배수를 구할 때 두 수의 공약수로도 나눌 수 있으며 공약수가 없는 수는 그대로 내려요.

➡ (최소공배수)=☐=☐

(5) 7) 35   42   63

➡ (최소공배수)=☐=☐

4 다음 수들의 최소공배수를 구하시오.

(1) 2^4, $2^2 \times 11$

(   )

(2) $2^2 \times 7$, $3 \times 5 \times 7$

(   )

(3) $2 \times 3^2 \times 5$, $2 \times 3 \times 5$

(   )

(4) $2^3 \times 3$, $2^2 \times 3^2$, $2 \times 3 \times 7$

(   )

(5) 4, 16

(   )

(6) 27, 45

(   )

(7) 6, 14, 34

(   )

(8) 36, 60, 108

(   )

개념 으로 **실력 키우기**

- 정확하게 이해한 유형은 ☐안을 체크한다.
- 체크되지 않은 유형은 다시 한 번 복습하고 ☐안을 체크한다.

☐ 서로소

1-1 다음 중 5와 서로소가 <u>아닌</u> 수는?　　（　　）

① 1　　　② 6　　　③ 13

④ 81　　　⑤ 105

1-2 다음 중 두 수의 최대공약수가 1인 것은?（　　）

① 13, 17　　② 9, 24　　③ 24, 36

④ 33, 44　　⑤ 20, 100

☐ 최대공약수의 성질

2-1 어떤 두 자연수의 최대공약수가 18일 때, 다음 중 이 두 자연수의 공약수가 <u>아닌</u> 것은?　（　　）

① 1　　　② 3　　　③ 4

④ 9　　　⑤ 18

2-2 어떤 두 자연수의 최대공약수가 $2^2 \times 5$일 때, 다음 중 이 두 자연수의 공약수가 <u>아닌</u> 것은?（　　）

① 1　　② 2^2　　③ 5

④ 2×5　　⑤ 2×5^2

☐ 공약수와 최대공약수

3-1 다음 수들의 최대공약수를 구하시오.

(1) 36, 60

（　　　　　）

(2) 2^5, 120

（　　　　　）

3-2 다음 수들의 최대공약수를 구하시오.

(1) 18, 30, 42

（　　　　　）

(2) 63, $3^2 \times 5$, $2^2 \times 3^2 \times 7$

（　　　　　）

☐ 최소공배수의 성질

4-1 어떤 두 자연수의 최소공배수가 21일 때, 다음 중 이 두 자연수의 공배수인 것은? (   )

① 1   ② 7   ③ 14
④ 63   ⑤ 82

4-2 어떤 두 자연수의 최소공배수가 2×3^2일 때, 다음 중 이 두 자연수의 공배수가 <u>아닌</u> 것은?(   )

① 2×3^2 ② $2^2 \times 3^2$ ③ 2×3^3
④ $2 \times 3 \times 5$ ⑤ $2 \times 3^2 \times 5$

☐ 공배수와 최소공배수

5-1 다음 수들의 최소공배수를 구하시오.

(1) 8, 23

(   )

(2) $2^3 \times 5$, 180

(   )

5-2 다음 수들의 최소공배수를 구하시오.

(1) 48, 66, 72

(   )

(2) $2^2 \times 3$, $2^2 \times 3 \times 7$, 630

(   )

☐ 최대공약수와 최소공배수

쌤**Tip** 같은 소인수의 지수를 비교할 때 지수가 같지 않으면 작은 지수는 최대공약수, 큰 지수는 최소공배수임을 이용해요.

중요해요

6-1 두 수 $2^2 \times 3 \times 5^2$, $3^2 \times 5 \times 7$의 최대공약수는 $3^a \times 5$이고 최소공배수는 $2^b \times 3^2 \times 5^2 \times c$일 때, $a+b+c$의 값을 구하시오. (단, c는 소수)

(   )

6-2 두 수 $2^a \times 3^2$, $2^3 \times 3^b \times 5$의 최대공약수는 $2^3 \times 3$이고 최소공배수는 $2^4 \times 3^2 \times 5$일 때, $a+b$의 값을 구하시오.

(   )

03 정수와 유리수

- 정확하게 이해한 개념은 ☐ 안을 체크한다.
- 체크되지 않은 개념은 다시 한 번 복습하고 ☐ 안을 체크한다.

중등 연결 초등 개념

• 기약분수
분모와 분자의 공약수가 1뿐인 분수

• 분모가 다른 분수의 크기를 비교할 때 통분을 이용한다.

약분과 통분 　　　　　　　　　　　　　　　초등 5-1

☐ **약분**: 분모와 분자를 공약수로 나누어 간단히 하는 것

예 $\dfrac{12}{18} = \dfrac{12 \div 6}{18 \div 6} = \dfrac{2}{3}$
　　　　　→ 최대공약수로 나누면 기약분수가 된다.

☐ **통분**: 분수의 분모를 같게 하는 것

예 $\left(\dfrac{3}{4}, \dfrac{5}{6}\right) \rightarrow \left(\dfrac{3 \times 3}{4 \times 3}, \dfrac{5 \times 2}{6 \times 2}\right) \rightarrow \left(\dfrac{9}{12}, \dfrac{10}{12}\right)$
　　　　　　　　　　　　　　　→ 두 분모의 최소공배수를 공통분모로 한다.

양수와 음수

• 부호를 가진 수

+	영상, 이익, 증가, 해발 등
−	영하, 손해, 감소, 해저 등

예 영상 5 ℃ ➡ +5 ℃
　 영하 5 ℃ ➡ −5 ℃

☐ **부호를 가진 수**: 서로 반대되는 성질을 가지는 두 수량에 대하여 **0**을 기준으로 부호 **+**, **−**를
　　　　　　　　　　사용하여 나타낸 수
　　　　　　　　　　　　　　　　　　　　　　　　양의 부호　음의 부호

☐ **양수**: 양의 부호 +를 붙인 수 예 $+2, +0.1, +\dfrac{3}{5}, \cdots$
　　　　→ 0보다 큰 수이다.
　　　　　　　　　　　　　　→ 예 $2, 0.1, \dfrac{3}{5}, \cdots$ ➡ 양의 부호는 생략할 수 있다.

☐ **음수**: 음의 부호 −를 붙인 수 예 $-2, -0.1, -\dfrac{3}{5}, \cdots$
　　　　→ 0보다 작은 수이다.

정수와 유리수

• 정수는 분수로 나타낼 수 있으므로 유리수이다.

예 $+2 = +\dfrac{2}{1} = +\dfrac{4}{2} = \cdots$

$0 = \dfrac{0}{1} = \dfrac{0}{2} = \cdots$

$-3 = -\dfrac{3}{1} = -\dfrac{6}{2} = \cdots$

☐ **정수**: **양의 정수, 0, 음의 정수**
　　　　→ 자연수이다.
　(1) 양의 정수: 자연수에 양의 부호 +를 붙인 수 예 $+1, +2, +3, \cdots$
　(2) 음의 정수: 자연수에 음의 부호 −를 붙인 수 예 $-1, -2, -3, \cdots$
　　　　　→ $\dfrac{(정수)}{(0이 아닌 정수)}$ 꼴의 분수로 나타낼 수 있는 수이다.

☐ **유리수**: **양의 유리수, 0, 음의 유리수**
　(1) 양의 유리수: 분자, 분모가 자연수인 분수에
　　　　　　　　　양의 부호 +를 붙인 수
　(2) 음의 유리수: 분자, 분모가 자연수인 분수에
　　　　　　　　　음의 부호 −를 붙인 수

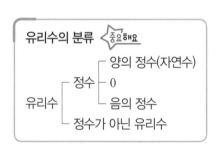

유리수의 분류 중요해요

유리수 ┬ 정수 ┬ 양의 정수(자연수)
　　　　│　　　├ 0
　　　　│　　　└ 음의 정수
　　　　└ 정수가 아닌 유리수

확인 　다음 수 중 정수가 아닌 유리수를 모두 고르시오.

$$-4 \qquad +\dfrac{1}{3} \qquad 1.2 \qquad 0 \qquad -\dfrac{7}{5} \qquad 20$$

정답및풀이 　$-4, 0, 20$은 정수이고 $+\dfrac{1}{3}, 1.2, -\dfrac{7}{5}$은 정수가 아닌 유리수이다.

---

28 뽐 중학수학1

수직선과 절댓값

○ 수직선: 직선 위에 원점을 정하여 수 0을 대응시키고, 오른쪽은 양수, 왼쪽은 음수를 차례로 대응시켜 만든 직선

• 원점을 점 O(Origin의 첫 글자)로 나타내기도 한다.

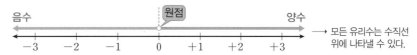

→ 모든 유리수는 수직선 위에 나타낼 수 있다.

○ 절댓값: 수직선 위의 원점에서 어떤 수를 나타내는 점까지의 거리

• **절댓값의 성질**
① $|0| = 0$
② 절댓값은 0 또는 양수이다.
③ 절댓값이 클수록 원점에서 멀다.

➡ 기호 | |를 사용

예 +3의 절댓값: $|+3| = 3$, −3의 절댓값: $|-3| = 3$

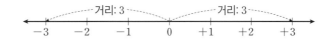

확인 다음을 구하시오.

(1) $|+12|$

(2) $\left| -\dfrac{3}{7} \right|$

정답 및 풀이 (1) $|+12| = 12$

(2) $\left| -\dfrac{3}{7} \right| = \dfrac{3}{7}$

수의 대소관계

○ **수의 대소관계** → 수직선 위에서 오른쪽에 있는 수가 왼쪽에 있는 수보다 크다.

(1) (음수) < 0 < (양수)

(2) 양수는 절댓값이 클수록 큰 수이다. 예 $+3 < +5$

(3) 음수는 절댓값이 클수록 작은 수이다. 예 $-3 > -5$

• 부등호 ≥는 '> 또는 =', ≤는 '< 또는 ='를 의미한다.

○ **부등호의 사용**

• 세 수 이상의 대소관계도 부등호를 사용하여 나타낼 수 있다.
예 x는 −2보다 크거나 같고 3보다 작다.
➡ $-2 \le x < 3$

$x > a$	$x < a$	$x \ge a$	$x \le a$
• x는 a보다 크다. • x는 a 초과이다.	• x는 a보다 작다. • x는 a 미만이다.	• x는 a보다 크거나 같다. • x는 a 이상이다. • x는 a보다 작지 않다.	• x는 a보다 작거나 같다. • x는 a 이하이다. • x는 a보다 크지 않다.

확인 다음 ☐ 안에 알맞은 부등호를 써넣으시오.

(1) $+17 \,\boxed{}\, +11$

(2) $-9 \,\boxed{}\, -10$

정답 및 풀이 (1) $+17 > +11$

(2) $-9 > -10$

약분과 통분

분수의 분모와 분자를 공약수로 나누어 간단히 하는 것을 $\boxed{약분}$ 이라 하고, 분모와 분자의 공약수가 1뿐인 분수를 $\boxed{기약분수}$ 라고 한다. 여러 분수의 분모를 같게 하는 것을 $\boxed{통분}$ 이라 한다.

1 □ 안에 약분한 분수를 모두 쓰시오.

(1) $\dfrac{6}{22} = \boxed{}$

(2) $\dfrac{12}{20} = \boxed{} = \boxed{}$

(3) $\dfrac{30}{42} = \boxed{} = \boxed{} = \boxed{}$

2 기약분수로 나타내시오.

(1) $\dfrac{14}{21}$ ( )

(2) $\dfrac{18}{30}$ ( )

(3) $\dfrac{44}{48}$ ( )

(4) $\dfrac{64}{72}$ ( )

3 분모의 곱을 공통분모로 하여 통분하시오.

(1) $\left(\dfrac{2}{3}, \dfrac{4}{7} \right) \rightarrow ($, $)$

(2) $\left(\dfrac{3}{4}, \dfrac{4}{5} \right) \rightarrow ($, $)$

(3) $\left(\dfrac{5}{9}, \dfrac{1}{14} \right) \rightarrow ($, $)$

4 분모의 최소공배수를 공통분모로 하여 통분하시오.

(1) $\left(\dfrac{3}{8}, \dfrac{5}{12} \right) \rightarrow ($, $)$

(2) $\left(\dfrac{9}{14}, \dfrac{11}{35} \right) \rightarrow ($, $)$

(3) $\left(\dfrac{8}{35}, \dfrac{2}{105} \right) \rightarrow ($, $)$

(4) $\left(\dfrac{11}{42}, \dfrac{13}{63} \right) \rightarrow ($, $)$

→ 정답 14쪽

개념으로 기초력 잡기

양수와 음수

I. 수와 연산

서로 반대되는 성질을 가지는 두 수량에 대하여 **0** 을 기준으로 부호 +, − 를 사용하여 나타낼 수 있으며, 양의 부호 +를 붙인 수를 **양수** 라 하고 음의 부호 − 를 붙인 수를 **음수** 라 한다.

1 다음을 부호 +, − 를 사용하여 나타내시오.

(1) 영하 15 ℃ → (   )
　　영상 20 ℃ → (   )

(2) 지상 37층 → (   )
　　지하 1층 → (   )

(3) 해저 300 m → (   )
　　해발 340 m → (   )

(4) 7일 전 　→ (   )
　　1일 후 　→ (   )

(5) 0.5 % 이익 → (   )
　　6 % 손해 → (   )

(6) 40 kg 증가 → (   )
　　$\frac{2}{3}$ kg 감소 → (   )

2 다음을 부호 +, − 를 사용하여 나타내고, 양수와 음수 중 옳은 것에 ○표 하시오.

(1) 0보다 2만큼 큰 수
(   )
→ (양수, 음수)

(2) 0보다 7만큼 작은 수
(   )
→ (양수, 음수)

(3) 0보다 $\frac{1}{2}$만큼 작은 수
(   )
→ (양수, 음수)

(4) 0보다 2.5만큼 큰 수
(   )
→ (양수, 음수)

3 주어진 수에 대하여 다음을 모두 고르시오.

| $+35$ | -6.4 | $\frac{15}{2}$ | -1 | 0 | 9 |

(1) 양수
(   )
(2) 음수
(   )
(3) 양수도 음수도 아닌 수
(   )

정수와 유리수

유리수를 분류해 보면 ➡ 유리수

정수
- 양의 정수 (자연수)
- 0
- 음의 정수

정수가 아닌 유리수

중요해요

쌤TIP 부호에 따라서 유리수는 양의 유리수, 0, 음의 유리수로 나눌 수 있어요.

---

1 주어진 수에 대하여 다음을 모두 고르시오.

$$-5\frac{2}{3} \quad 0 \quad 1.76 \quad +5 \quad -2 \quad +\frac{8}{4} \quad -0.9$$

(1) 양의 유리수

(　　　　　　　　)

(2) 음의 유리수

(　　　　　　　　)

(3) 양의 정수(자연수)

(　　　　　　　　)

(4) 음의 정수

(　　　　　　　　)

(5) 정수가 아닌 유리수

(　　　　　　　　)

(6) 유리수

(　　　　　　　　)

---

2 주어진 수가 해당되는 수에 ○표, 해당되지 <u>않는</u> 수에 ×표를 하시오.

	0	11	$-\frac{12}{3}$	$+0.7$	$-\frac{5}{4}$
양수					
음수					
정수					
유리수					

---

3 다음 중 옳은 것은 ○표, 옳지 <u>않은</u> 것은 ×표를 하시오.

(1) 0은 정수가 아니다. (　　　　)

(2) 정수는 유리수이다. (　　　　)

(3) 양의 유리수는 양의 부호 +를 생략하여 나타낼 수 있다. (　　　　)

(4) 유리수는 양의 유리수와 음의 유리수로 이루어져 있다. (　　　　)

수직선과 절댓값

직선 위에 원점을 정하여 수 $\boxed{0}$ 을 대응시키고, 오른쪽은 양수, 왼쪽은 음수를 차례로 대응시켜 만든 직선을

$\boxed{수직선}$ 이라 한다. 이때 수직선 위의 원점에서 어떤 수를 나타내는 점까지의 거리는 그 수의 $\boxed{절댓값}$ 이다.

1 다음 수직선 위의 점 A, B에 대응하는 수를 구하시오.

(1)
```
  A              B
←─●──┼──┼──┼──●──┼──┼──→
 -4 -3 -2 -1  0 +1 +2 +3 +4
```
A (   ), B (   )

(2)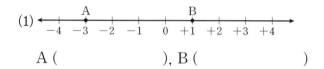
A (   ), B (   )

(3)
```
              A      B
←─┼──┼──┼──┼──┼──┼──┼──┼──→
 -4 -3 -2 -1  0 +1 +2 +3 +4
```
A (   ), B (   )

(4)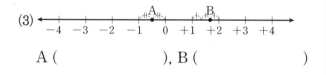
A (   ), B (   )

(5)
```
    A          B
←─┼──┼──┼──┼──┼──┼──┼──┼──→
 -4 -3 -2 -1  0 +1 +2 +3 +4
```
A (   ), B (   )

2 다음 수의 절댓값을 기호를 사용하여 나타내고 그 값을 구하시오.

(1) -49 (   )

(2) $+3.1$ (   )

(3) $-5\dfrac{2}{3}$ (   )

⭐ 중요해요

3 다음을 구하시오.

(1) 5의 절댓값   (   )

(2) -5의 절댓값   (   )

(3) 절댓값이 5인 수

                (   )

(4) 원점으로부터 거리가 5인 수

                (   )

I

수와 연산

수의 대소관계

양수끼리는 절댓값이 클수록 더 $\boxed{큰}$ 수이고, 음수끼리는 절댓값이 클수록 더 $\boxed{작은}$ 수이다.

1 □ 안에 부등호 $>$, $<$ 중 알맞은 것을 써넣으시오.

(1) $0\ \square\ +3$

(2) $0\ \square\ -1$

(3) $-14\ \square\ +5$

(4) $\dfrac{1}{2}\ \square\ -\dfrac{1}{2}$

(5) $+25\ \square\ +15$

(6) $+\dfrac{2}{3}\ \square\ +1$

(7) $7\ \square\ +6.5$

(8) $\dfrac{2}{5}\ \square\ \dfrac{3}{7}$

(9) $-22\ \square\ -11$

(10) $-\dfrac{5}{9}\ \square\ -\dfrac{7}{9}$

(11) $-\dfrac{23}{25}\ \square\ -2$

(12) $-3.5\ \square\ -3.25$

(13) $\left|-\dfrac{1}{6}\right|\ \square\ 0.9$

2 다음 수를 작은 수부터 차례로 나열하시오.

(1)
$$\dfrac{1}{3} \qquad -10 \qquad 0 \qquad +7.7 \qquad -0.5$$
(   )

(2)
$$|+5| \qquad 0 \qquad |-4.5| \qquad -13 \qquad -|1|$$
(   )

부등호의 사용

'x는 2보다 크거나 [같다].' 또는 'x는 2 [이상] 이다.' 또는 'x는 2보다 [작지] 않다.'를 부등호를 사용하여 식으로 나타내면 $x \geq 2$이다.

1 ☐ 안에 알맞은 부등호를 써넣으시오.

(1) x는 -5보다 작다. ➡ $x \boxed{} -5$

(2) x는 -3보다 크거나 같다. ➡ $x \boxed{} -3$

(3) x는 23 미만이다. ➡ $x \boxed{} 23$

(4) x는 $+2.5$ 초과이다. ➡ $x \boxed{} +2.5$

(5) x는 $-\dfrac{5}{6}$ 이상이다. ➡ $x \boxed{} -\dfrac{5}{6}$

(6) x는 -12보다 작거나 같다. ➡ $x \boxed{} -12$

(7) x는 -6.25보다 작지 않다. ➡ $x \boxed{} -6.25$

(8) x는 100보다 크지 않다. ➡ $x \boxed{} 100$

(9) x는 -8보다 크고 $+11$보다 크지 않다.

➡ $-8 \boxed{} x \boxed{} +11$

(10) x는 0 이상 45 미만이다.

➡ $0 \boxed{} x \boxed{} 45$

2 다음을 부등호를 사용하여 나타내시오.

(1) x는 -1보다 크거나 같다.

(   )

(2) x는 3.1 미만이다.

(   )

(3) x는 $-\dfrac{11}{12}$보다 크고 $-\dfrac{2}{3}$보다 크지 않다.

(   )

(4) x는 1.2 이상이고 1.3 미만이다.

(   )

개념으로 실력 키우기

• 정확하게 이해한 유형은 ☐안을 체크한다.
• 체크되지 않은 유형은 다시 한 번 복습하고 ☐안을 체크한다.

☐ 양수와 음수

1-1 다음 중 부호 ＋, －를 사용하여 나타낸 것으로 옳은 것은? ( )

① 몸무게가 3 kg 줄었다. ➡ ＋3 kg
② 오늘은 시험 5일 전이다. ➡ ＋5일
③ 해발 1400 m 지점에 있다. ➡ ＋1400 m
④ 오늘 기온은 영상 30.8 ℃이다. ➡ －30.8 ℃
⑤ 전체 학생 수가 10 % 증가하였다. ➡ －10 %

1-2 다음 중 나머지 넷과 부호가 <u>다른</u> 하나는?
( )

① 1시간 후   ② 5.4 % 상승   ③ 38개 초과
④ 7점 추가   ⑤ 0보다 $\frac{21}{5}$ 만큼 작은 수

☐ 정수와 유리수

2-1 다음 수 중 정수를 모두 고르시오.

$$\frac{18}{3} \qquad -4 \qquad +1.23 \qquad 0 \qquad -\frac{1}{13} \qquad +19$$

( )

2-2 다음 설명 중 옳지 <u>않은</u> 것은? ( )

① 0은 정수이다.
② 1과 2 사이에 유리수는 없다.
③ 양수도 음수도 아닌 수가 존재한다.
④ 유리수는 정수와 정수가 아닌 유리수로 나뉜다.
⑤ 유리수는 양의 유리수, 0, 음의 유리수로 나뉜다.

☐ 수직선

3-1 다음 수직선 위의 점을 나타낸 것으로 옳지 <u>않은</u> 것은? ( )

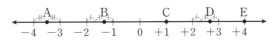

① A: －3.5   ② B: $-1\frac{2}{3}$ ③ C: ＋1
④ D: $+\frac{8}{3}$ ⑤ E: ＋4

쌤Tip '두 수 A, B 사이의 수는 ~'
➡ 두 수 A, B는 포함되지 않아요.

3-2 다음 수직선 위에 －3과 ＋2에 대응하는 점을 나타내고 두 점 사이의 정수를 모두 구하시오.

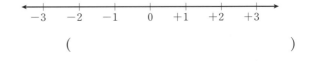

( )

☐ 절댓값

중요해요 → 쌤Tip (원점에서 가장 멀리 떨어진 수)=(절댓값이 가장 큰 수)

4-1 다음 중 옳지 <u>않은</u> 것은?　　　（　　　）

① 절댓값은 항상 양수이다.

② -19의 절댓값은 19이다.

③ $+\dfrac{1}{2}$, $-\dfrac{1}{2}$의 절댓값은 같다.

④ 절댓값이 가장 작은 수는 0이다.

⑤ 절댓값이 5인 수는 $+5$, -5이다.

4-2 다음 수를 수직선 위에 점으로 나타낼 때, 원점에서 가장 멀리 떨어져 있는 점에 대응하는 수를 구하시오.

| -21.5 | $+\dfrac{7}{2}$ | $+11$ | 0 |

（　　　）

☐ 수의 대소관계

5-1 다음 중 대소관계가 옳은 것은?　　　（　　　）

① $-1.8>0$　　　② $+\dfrac{1}{3}<+\dfrac{1}{4}$

③ $-6>-5.1$　　④ $|-9|<|+3|$

⑤ $\left|-\dfrac{1}{10}\right|>-\dfrac{1}{10}$

5-2 다음 수를 수직선 위에 점으로 나타낼 때, 가장 오른쪽에 있는 점에 대응하는 수를 구하시오.

| $+\dfrac{5}{3}$ | 0 | $+11$ | -12.5 |

（　　　）

☐ 부등호의 사용

6-1 $-0.5<x\leq+4$를 만족시키는 정수 x의 개수를 구하시오.

（　　　）

6-2 x는 4.2보다 작지 않고 11 미만인 수일 때, x를 만족하는 정수의 개수를 구하시오.

（　　　）

04 정수와 유리수의 덧셈과 뺄셈

• 정확하게 이해한 개념은 ☐안을 체크한다.
• 체크되지 않은 개념은 다시 한 번 복습하고
  ☐안을 체크한다.

초등 4-2, 5-1

중등 연결 초등 개념

• 대분수를 가분수로 나타내기

예 $1\frac{4}{9} = \frac{9 \times 1 + 4}{9} = \frac{13}{9}$

• 가분수를 대분수로 나타내기

예 $13 \div 9 = 1 \cdots 4$를 이용

➡ $\frac{13}{9} = 1\frac{4}{9}$

분수의 덧셈과 뺄셈

☐ **분수의 덧셈: 분모를 통분한 후 계산**

예 두 진분수의 덧셈

$$\frac{3}{8} + \frac{4}{5} = \frac{15}{40} + \frac{32}{40} = \frac{47}{40} = 1\frac{7}{40}$$

예 두 대분수의 덧셈

방법 1 자연수는 자연수끼리, 분수는 분수끼리 계산하기

$$1\frac{4}{9} + 2\frac{1}{6} = 1\frac{8}{18} + 2\frac{3}{18} = (1+2) + \left(\frac{8}{18} + \frac{3}{18}\right) = 3 + \frac{11}{18} = 3\frac{11}{18}$$

방법 2 대분수를 가분수로 고쳐서 계산하기

$$1\frac{4}{9} + 2\frac{1}{6} = \frac{13}{9} + \frac{13}{6} = \frac{26}{18} + \frac{39}{18} = \frac{65}{18} = 3\frac{11}{18}$$

☐ **분수의 뺄셈: 분모를 통분한 후 계산**

예 두 진분수의 뺄셈

$$\frac{3}{10} - \frac{2}{15} = \frac{9}{30} - \frac{4}{30} = \frac{5}{30} = \frac{1}{6}$$

예 두 대분수의 뺄셈

방법 1 자연수는 자연수끼리, 분수는 분수끼리 계산하기

$$2\frac{3}{4} - 1\frac{2}{5} = 2\frac{15}{20} - 1\frac{8}{20} = (2-1) + \left(\frac{15}{20} - \frac{8}{20}\right) = 1 + \frac{7}{20} = 1\frac{7}{20}$$

방법 2 대분수를 가분수로 고쳐서 계산하기

$$2\frac{3}{4} - 1\frac{2}{5} = \frac{11}{4} - \frac{7}{5} = \frac{55}{20} - \frac{28}{20} = \frac{27}{20} = 1\frac{7}{20}$$

소수의 덧셈과 뺄셈

• 소수의 오른쪽 끝자리에 0은 생략할 수 있다.

☐ **소수의 덧셈: 같은 자리 숫자끼리 더하고 받아올림에 주의**

예 $1.32 + 4.7 = 6.02$

$$\begin{array}{r} 1 \\ 1.3\,2 \\ +\ 4.7\,0 \\ \hline 6.0\,2 \end{array}$$

→ 같은 자리 숫자끼리 더하여 합이 10이거나 10보다 큰 경우 윗자리로 1을 받아올림한다.

→ 자릿수가 다를 경우 소수 오른쪽 끝자리에 생략된 0을 쓰고 계산한다.

• 자연수에는 소수점이 생략되어 있다. 예 $2 = 2.0$

☐ **소수의 뺄셈: 같은 자리 숫자끼리 빼고 받아내림에 주의**

예 $6.7 - 0.12 = 6.58$

$$\begin{array}{r} {}^{6}\ {}^{10} \\ 6.\!\not{7}\,0 \\ -\ 0.1\,2 \\ \hline 6.5\,8 \end{array}$$

→ 같은 자리 숫자끼리 뺄 수 없을 때에는 윗자리에서 받아내림하여 계산한다.

→ 자릿수가 다를 경우 소수 오른쪽 끝자리에 생략된 0을 쓰고 계산한다.

정수와 유리수의 덧셈

☐ 유리수의 덧셈

(1) 부호가 같은 두 수의 덧셈: 두 수의 절댓값의 합에 공통인 부호

공통인 부호 $+$

예 $(+2)+(+3)=+(2+3)=+5$

절댓값의 합

공통인 부호 $-$

예 $(-2)+(-3)=-(2+3)=-5$

절댓값의 합

(2) 부호가 다른 두 수의 덧셈: 두 수의 절댓값의 차에 절댓값이 큰 수의 부호

절댓값이 큰 수의 부호 $-$

예 $(+2)+(-5)=-(5-2)=-3$

절댓값의 차

절댓값이 큰 수의 부호 $+$

예 $(-2)+(+5)=+(5-2)=+3$

절댓값의 차

☐ 덧셈의 계산 법칙: 세 수 a, b, c에 대하여

(1) 덧셈의 교환법칙: $a+b=b+a$ → 두 수를 바꾸어 더하여도 결과는 같다.

예 $(+3)+(+5)=(+5)+(+3)$

(2) 덧셈의 결합법칙: $(a+b)+c=a+(b+c)$ → 어느 두 수를 먼저 더하여도 결과는 같다.

예 $\{(+3)+(-4)\}+(-2)=(+3)+\{(-4)+(-2)\}$

확인 다음을 계산하시오.

(1) $(-3)+(-6)$　　　　　　(2) $(+3)+(-6)$

정답및풀이 (1) $(-3)+(-6)=-(3+6)=-9$

(2) $(+3)+(-6)=-(6-3)=-3$

정수와 유리수의 뺄셈

☐ 유리수의 뺄셈: 빼는 수의 부호를 바꾸어 덧셈으로 고쳐서 계산

① 덧셈으로 바꾸고

예 $(+3)-(+5)=(+3)+(-5)=-(5-3)=-2$

② 부호 바꾸기

① 덧셈으로 바꾸고

예 $(+3)-(-5)=(+3)+(+5)=+(3+5)=+8$

② 부호 바꾸기

확인 다음을 계산하시오.

(1) $(-5)-(+1)$　　　　　　(2) $(-6)-(-2)$

정답및풀이 (1) $(-5)-(+1)=(-5)+(-1)=-(5+1)=-6$

(2) $(-6)-(-2)=(-6)+(+2)=-(6-2)=-4$

(좌측 여백)

• 부호가 같은 두 수의 덧셈

• $(+2)+(+3)=+5$

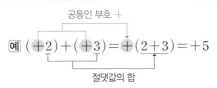

• $(-2)+(-3)=-5$

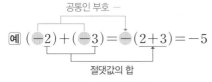

• 부호가 다른 두 수의 덧셈

• $(+2)+(-5)=-3$

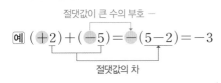

• $(-2)+(+5)=+3$

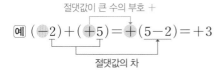

• 뺄셈에서는 교환법칙과 결합법칙이 성립하지 않는다.

• 뺄셈을 덧셈으로 바꾸기
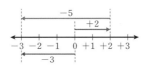
$(+)-(+)=(+)+(-)$
$(+)-(-)=(+)+(+)$
$(-)-(+)=(-)+(-)$
$(-)-(-)=(-)+(+)$

(우측 탭) Ⅰ 수와 연산

분수의 덧셈과 뺄셈

분모가 다른 분수를 더하거나 뺄 때는 분수의 분모를 통분 한 후 계산한다.

1 다음을 계산하시오.

(1) $\dfrac{2}{7} + \dfrac{2}{3}$

(2) $\dfrac{1}{6} + \dfrac{2}{9}$

(3) $\dfrac{7}{8} + \dfrac{3}{10}$

(4) $\dfrac{11}{12} + \dfrac{4}{15}$

(5) $\dfrac{1}{8} + 1\dfrac{3}{4}$

(6) $1\dfrac{3}{4} + 3\dfrac{1}{7}$

(7) $3\dfrac{1}{2} + 2\dfrac{2}{3}$

(8) $2\dfrac{11}{12} + 2\dfrac{3}{10}$

2 다음을 계산하시오.

(1) $\dfrac{1}{2} - \dfrac{1}{8}$

(2) $\dfrac{2}{3} - \dfrac{2}{13}$

(3) $\dfrac{7}{12} - \dfrac{5}{16}$

(4) $4 - \dfrac{2}{9}$

(5) $2\dfrac{4}{5} - 1\dfrac{1}{6}$

(6) $1\dfrac{7}{8} - 1\dfrac{5}{12}$

(7) $3\dfrac{1}{4} - 2\dfrac{8}{15}$

(8) $7\dfrac{1}{14} - 4\dfrac{1}{12}$

소수의 덧셈과 뺄셈

I. 수와 연산

소수의 덧셈은 $\boxed{같은}$ 자리 숫자끼리 더하고 받아올림에 주의해야 하며, 소수의 뺄셈은 $\boxed{같은}$ 자리 숫자끼리 빼고 받아내림에 주의해야 한다.

1 다음을 계산하시오. → 쌤Tip 계산 결과 끝자리에 있는 0은 생략할 수 있어요.

(1)
$$\begin{array}{r} 1.4 \\ +\ 0.9 \\ \hline \end{array}$$

(2)
$$\begin{array}{r} 2.3 \\ +\ 3.7 \\ \hline \end{array}$$

(3)
$$\begin{array}{r} 0.5\,6 \\ +\ 1.9\,4 \\ \hline \end{array}$$

(4)
$$\begin{array}{r} 3.7\,2 \\ +\ 1.9 \\ \hline \end{array}$$

(5)
$$\begin{array}{r} 6.5 \\ +\ 1.2\,5\,1 \\ \hline \end{array}$$

(6) $2.06+2.37$

(7) $1.231+2.79$

(8) $5.78+11$

2 다음을 계산하시오.

(1)
$$\begin{array}{r} 2.8 \\ -\ 0.7 \\ \hline \end{array}$$

(2)
$$\begin{array}{r} 5.3 \\ -\ 4.9 \\ \hline \end{array}$$

(3)
$$\begin{array}{r} 4.5\,7 \\ -\ 1.1\,9 \\ \hline \end{array}$$

(4)
$$\begin{array}{r} 8.6 \\ -\ 4.3\,6 \\ \hline \end{array}$$

(5)
$$\begin{array}{r} 7.7\,2 \\ -\ 3.8 \\ \hline \end{array}$$

(6) $13-1.5$

(7) $21.6-7.7$

(8) $3.7-3.69$

I

수
와
연
산

개념으로 기초력 잡기

유리수의 덧셈

부호가 같은 두 수의 덧셈은 두 수의 절댓값의 $\boxed{\text{합}}$ 에 공통인 부호, 부호가 다른 두 수의 덧셈은 두 수의 절댓값의 $\boxed{\text{차}}$ 에 절댓값이 $\boxed{\text{큰}}$ 수의 부호를 붙인다.

1 다음을 계산하시오.

(1) $(+16)+(+9)$

(2) $(-6)+(-10)$

(3) $(-18)+(-12)$

(4) $(+24)+(-17)$

(5) $(+14)+(-15)$

→ **쌤Tip** 절댓값이 같고 부호가 반대인 두 수의 합은 0이다.
(6) $(+13)+(-13)$

2 다음을 계산하시오.

(1) $(+0.6)+(+3.2)$

(2) $(-1.7)+(+2.3)$

(3) $\left(-\dfrac{15}{4}\right)+\left(+\dfrac{5}{6}\right)$

(4) $\left(-\dfrac{2}{5}\right)+\left(-\dfrac{7}{3}\right)$

(5) $(+2.4)+\left(-\dfrac{5}{2}\right)$

(6) $\left(-\dfrac{13}{4}\right)+(+3.2)$

3 다음을 구하시오. → **쌤Tip** a보다 b만큼 큰 수는 $a+b$이다.

(1) $+5$보다 $+2$만큼 큰 수
(   )

(2) -3보다 -1만큼 큰 수
(   )

(3) $+1.7$보다 -0.5만큼 큰 수
(   )

(4) $-\dfrac{2}{7}$보다 $+\dfrac{2}{3}$만큼 큰 수
(   )

덧셈의 계산 법칙

세 수 a, b, c에 대하여

(1) 덧셈의 교환법칙: $a+b=b+a$ 예 $(+2)+(+3)=(+3)+(+2)=\boxed{+5}$

(2) 덧셈의 결합법칙: $(a+b)+c=a+(b+c)$ 예 $\{(+2)+(+3)\}+(+5)=(+2)+\{(+3)+(+5)\}=\boxed{+10}$

1 □ 안에 알맞은 수를 써넣고, (가), (나)에서 이용한 덧셈의 계산 법칙을 쓰시오.

(1) $(-7)+(+4)+(-3)$

$\quad=(-7)+(-3)+(\boxed{})$ ⟩ (가)

$\quad=\{(-7)+(-3)\}+(\boxed{})$ ⟩ (나)

$\quad=(\boxed{})+(\boxed{})=\boxed{}$

(가) _____

(나) _____

(2) $(+1.6)+(-1)+(+0.4)$

$\quad=(-1)+(\boxed{})+(+0.4)$ ⟩ (가)

$\quad=(-1)+\{(\boxed{})+(+0.4)\}$ ⟩ (나)

$\quad=(-1)+(\boxed{})=\boxed{}$

(가) _____

(나) _____

(3) $(+0.5)+\left(-\dfrac{1}{3}\right)+\left(-\dfrac{2}{3}\right)$

$\quad=(+0.5)+\left\{\left(-\dfrac{1}{3}\right)+\left(\boxed{}\right)\right\}$ ⟩ (가)

$\quad=(+0.5)+(\boxed{})=\boxed{}$

(가) _____

2 다음을 덧셈의 계산 법칙을 이용하여 계산하시오.

(1) $(-11)+(+15)+(-19)$

(2) $(+12)+(-20)+(+15)$

(3) $\left(+\dfrac{7}{9}\right)+\left(-\dfrac{5}{9}\right)+\left(+\dfrac{2}{9}\right)$

(4) $(+2.8)+(-3)+(+1.2)$

(5) $(+5.5)+\left(-\dfrac{7}{3}\right)+\left(-\dfrac{8}{3}\right)$

(6) $\left(-\dfrac{3}{4}\right)+\left(+\dfrac{7}{5}\right)+\left(-\dfrac{5}{4}\right)+\left(+\dfrac{3}{5}\right)$

I

수와 연산

유리수의 뺄셈

두 수의 뺄셈은 빼는 수의 │ **부호** │를 바꾸어 │ **덧셈** │으로 고쳐서 계산한다.

1 다음을 계산하시오.

(1) $(+16)-(+11)$

(2) $(+5)-(+21)$

(3) $(+1)-(-31)$

(4) $(-50)-(-18)$

(5) $(-25)-(+11)$

→ 쌤Tip $a-0=a$이고 $0-a=-a$이다.
(6) $0-(-15)$

(7) $0-(+7)$

2 다음을 계산하시오.

(1) $(+8.2)-(+16.8)$

(2) $(-0.4)-(+4.7)$

(3) $\left(+\dfrac{3}{4}\right)-\left(-\dfrac{2}{7}\right)$

(4) $\left(-\dfrac{16}{15}\right)-\left(-\dfrac{3}{10}\right)$

(5) $(+1.5)-\left(-\dfrac{1}{5}\right)$

3 다음을 구하시오. → 쌤Tip a보다 b만큼 작은 수는 $a-b$이다.

(1) $+4$보다 $+5$만큼 작은 수

(   )

(2) -22보다 -17만큼 작은 수

(   )

(3) -0.5보다 $+\dfrac{1}{2}$만큼 작은 수

(   )

(4) $+\dfrac{11}{6}$보다 $-\dfrac{5}{4}$만큼 작은 수

(   )

개념플러스로 기초력 잡기

중요해요
부호가 생략된 유리수의 계산

(1) 덧셈과 뺄셈의 혼합 계산: 뺄셈을 덧셈으로 고치고 덧셈의 교환법칙과 결합법칙을 이용하여 계산

예 $(+17)+(-4)-(-18)-(+1)$

　　$=(+17)+(-4)+(+18)+(-1)$　← 빼는 수의 부호를 바꾸어 더한다.

　　$=\{(+17)+(+18)\}+\{(-4)+(-1)\}$　← 덧셈의 교환법칙 / 덧셈의 결합법칙

　　$=(+35)+(-5)$

　　$=+30$

(2) 부호가 생략된 수의 혼합 계산: 생략된 양의 부호를 넣은 후 계산

예 $3-26+20-4$

　　$=(+3)-(+26)+(+20)-(+4)$

　　$=(+3)+(-26)+(+20)+(-4)$

　　$=\{(+3)+(+20)\}+\{(-26)+(-4)\}$

　　$=(+23)+(-30)$

　　$=-7$

쌤Tip 중요해요
$3-26+20-4$에서 숫자 바로 앞의 부호를 함께 묶어서 수를 더하면 계산이 더 쉬워요.
$+3, -26, +20, -4$를 더하면
$(+3)+(-26)+(+20)+(-4)$가 되어 같은 결과가 나오게 되지요.

I 수와 연산

---

1 다음을 계산하시오.

(1) $(-15)+(-3)-(-8)$

(2) $(+12)-(+6)+(+5)$

(3) $(+4.7)-\left(-\dfrac{5}{2}\right)-(+1.3)$

(4) $\left(-\dfrac{2}{3}\right)+\left(-\dfrac{1}{2}\right)-\left(+\dfrac{1}{3}\right)-\left(-\dfrac{3}{2}\right)$

2 다음을 계산하시오.

(1) $12-7-16$

(2) $8-13-7+4$

(3) $5-1.6-0.4+1$

(4) $-\dfrac{1}{4}-\dfrac{5}{3}+7-\dfrac{1}{12}$

개념으로 실력 키우기

• 정확하게 이해한 유형은 ☐안을 체크한다.
• 체크되지 않은 유형은 다시 한 번 복습하고 ☐안을 체크한다.

☐ **유리수의 덧셈**

1-1 다음 수직선이 나타내는 식으로 알맞은 것은?
( )

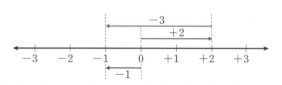

① $(+2)+(-3)=-1$ ② $(-1)+(+2)=+1$
③ $(-2)+(+3)=+1$ ④ $(+3)+(-1)=+2$
⑤ $(-3)+(-1)=-4$

1-2 다음 수직선이 나타내는 식을 구하시오.

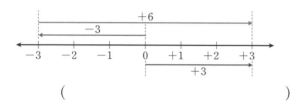

( )

☐ **유리수의 덧셈**

2-1 다음 중 계산 결과가 옳은 것은? ( )
① $(-11)+(-13)=-2$
② $(-21)+(+6)=-27$
③ $(+1.5)+(+1.23)=+2.73$
④ $(+2)+\left(-\dfrac{3}{4}\right)=-2\dfrac{3}{4}$
⑤ $\left(+\dfrac{7}{2}\right)+\left(-\dfrac{33}{5}\right)=+\dfrac{31}{10}$

2-2 다음 중 계산 결과가 가장 작은 것은? ( )
① $0+(-12)$
② -14보다 -1만큼 큰 수
③ $+9$보다 -9만큼 큰 수
④ $(-3.25)+(+13.25)$
⑤ $\left(+\dfrac{7}{3}\right)+\left(-\dfrac{16}{5}\right)$

☐ **덧셈의 계산 법칙**

3-1 다음 계산 과정에서 (가), (나)에 이용한 덧셈의 계산 법칙을 구하시오.

$$(-3.4)+(+2)+(-0.6)$$
$$=(-3.4)+(-0.6)+(+2) \quad \text{(가)}$$
$$=\{(-3.4)+(-0.6)\}+(+2) \quad \text{(나)}$$
$$=(-4)+(+2)=-2$$

(가) _____

(나) _____

3-2 다음 계산 과정에서 (가), (나), (다)에 알맞은 수를 구하시오.

$$\left(+\dfrac{7}{2}\right)+(+2.8)+\left(-\dfrac{1}{2}\right)$$
$$=\left(+\dfrac{7}{2}\right)+\left(\boxed{\text{(가)}}\right)+(+2.8)$$
$$=\left\{\left(+\dfrac{7}{2}\right)+\left(\boxed{\text{(가)}}\right)\right\}+(+2.8)$$
$$=\left(\boxed{\text{(나)}}\right)+(+2.8)=\boxed{\text{(다)}}$$

(가) ( ), (나) ( ), (다) ( )

☐ 유리수의 뺄셈

4-1 다음 중 계산 결과가 옳은 것은? ( )

① $(-5)-(-9)=+4$

② $(+17)-(+6)=+23$

③ $(-3)-(+1.82)=-1.18$

④ $\left(+\dfrac{7}{6}\right)-\left(-\dfrac{1}{9}\right)=+\dfrac{19}{18}$

⑤ $(-2.5)-\left(+\dfrac{11}{2}\right)=+3$

4-2 다음 중 계산 결과가 가장 큰 것은? ( )

① $(-8)-0$

② $0-(-8)$

③ $+16$보다 -7만큼 작은 수

④ -5.2보다 $+3$만큼 작은 수

⑤ $(-1.25)-\left(-\dfrac{5}{4}\right)$

☐ 유리수의 덧셈과 뺄셈의 혼합 계산

5-1 $\left(+\dfrac{7}{3}\right)-\left(-\dfrac{8}{5}\right)-\left(+\dfrac{4}{15}\right)+(-1)$을 계산하여 기약분수로 나타내면 $+\dfrac{b}{a}$일 때, $a+b$의 값을 구하시오.

( )

5-2 다음을 계산하고, $A+B$의 값을 구하시오.

$$A=(+8)+(-2)-(+10)-(-17)$$
$$B=(-5.1)-(-2)-(-0.1)$$

( )

☐ 부호가 생략된 유리수의 혼합 계산

6-1 다음을 계산하시오.

$$-7+3.2-19-1.7$$

( )

6-2 다음을 계산하시오.

$$2.5-\dfrac{1}{2}-\dfrac{9}{4}-0.4$$

( )

정수와 유리수의 곱셈과 나눗셈

초등 5-2, 6-1, 6-2

중등 연결 초등 개념

분수의 곱셈과 나눗셈

□ **분수의 곱셈: 분자는 분자끼리, 분모는 분모끼리 곱하여 계산**

└─→ 대분수는 가분수로 바꾸고, 곱하는 과정에서 약분을 먼저 하면 간단히 계산할 수 있다.

• 자연수는 분모 1이 생략되어 있다.

$$예 \quad 2 = \frac{2}{1}$$

예 $\dfrac{2}{7} \times \dfrac{3}{5} = \dfrac{2 \times 3}{7 \times 5} = \dfrac{6}{35}$

예 $2\dfrac{2}{3} \times 1\dfrac{1}{4} = \dfrac{8}{3} \times \dfrac{\overset{2}{5}}{\underset{1}{4}} = \dfrac{10}{3} = 3\dfrac{1}{3}$

□ **분수의 나눗셈: 분수의 곱셈으로 바꾸어 계산**

└─→ 나누는 분수의 분모와 분자를 바꾸어 곱셈으로 계산할 수 있다.

• (자연수)÷(자연수)

➡ $\blacktriangle \div \bullet = \dfrac{\blacktriangle}{\bullet}$

예 $2 \div 3 = 2 \times \dfrac{1}{3} = \dfrac{2}{3}$

예 $\dfrac{8}{9} \div \dfrac{4}{7} = \dfrac{\overset{2}{8}}{9} \times \dfrac{7}{\underset{1}{4}} = \dfrac{14}{9} = 1\dfrac{5}{9}$

예 $2\dfrac{4}{5} \div \dfrac{7}{20} = \dfrac{\overset{2}{14}}{\underset{1}{5}} \times \dfrac{\overset{4}{20}}{\underset{1}{7}} = 8$

소수의 곱셈과 나눗셈

□ **소수의 곱셈**

예 분수의 곱셈으로 계산하기

$$1.7 \times 0.3 = \frac{17}{10} \times \frac{3}{10}$$
$$= \frac{51}{100}$$
$$= 0.51$$

예 자연수의 곱셈으로 계산하기

$$121 \times 11 = 1331$$

$\times \dfrac{1}{100} \quad \times \dfrac{1}{10} \quad \times \dfrac{1}{1000}$

➡ $1.21 \times 1.1 = 1.331$

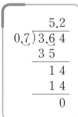

□ **소수의 나눗셈**

• 나눗셈에서 나누는 수와 나누어지는 수에 같은 수를 곱하여도 몫은 같다.

예 분수의 나눗셈으로 계산하기

$$5.2 \div 0.4 = \frac{52}{10} \div \frac{4}{10}$$
$$= 52 \div 4$$
$$= 13$$

┌→ 나누는 수가 자연수가 되도록 소수점의 자리를 옮기는 방법

예 자연수의 나눗셈으로 계산하기

$$3.64 \div 0.7 = 5.2$$

$\times 10 \quad \times 10$

➡ $36.4 \div 7 = 5.2$

```
         5.2
   0.7)3.6 4
       3 5
         1 4
         1 4
             0
```

유리수의 곱셈

□ **유리수의 곱셈**

• 어떤 수와 0의 곱은 항상 0이다.

(1) 부호가 같은 두 수의 곱셈: 두 수의 절댓값의 곱에 양의 부호 +

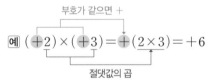

부호가 같으면 +

예 $(+2) \times (+3) = +(2 \times 3) = +6$

절댓값의 곱

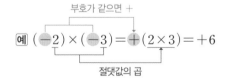

부호가 같으면 +

예 $(-2) \times (-3) = +(2 \times 3) = +6$

절댓값의 곱

(2) 부호가 다른 두 수의 곱셈: 두 수의 절댓값의 곱에 음의 부호 −

부호가 다르면 −

예 $(+2) \times (-3) = -(2 \times 3) = -6$

절댓값의 곱

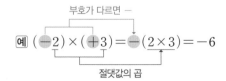

부호가 다르면 −

예 $(-2) \times (+3) = -(2 \times 3) = -6$

절댓값의 곱

- **세 개 이상의 수의 곱셈**

곱해진 음수의 개수에 따라 부호가 결정된다.

- 짝수개이면 ➡ +
- 홀수개이면 ➡ −

- **음수의 거듭제곱의 부호**

음수가 곱해진 개수에 따라 부호가 결정된다.

- 지수가 짝수이면 ➡ +
- 지수가 홀수이면 ➡ −

□ **곱셈의 계산 법칙: 세 수 a, b, c에 대하여**

(1) 곱셈의 교환법칙: $\underline{a \times b = b \times a}$
　　　　　　　　　　→ 두 수의 순서를 바꾸어 곱하여도 결과는 같다.

　　예 $(-3) \times (+2) = (+2) \times (-3)$

(2) 곱셈의 결합법칙: $\underline{(a \times b) \times c = a \times (b \times c)}$
　　　　　　　　　　→ 어느 두 수를 먼저 곱하여도 결과는 같다.

　　예 $\{(+4) \times (-2)\} \times (-5) = (+4) \times \{(-2) \times (-5)\}$

(3) 분배법칙: $a \times (b+c) = a \times b + a \times c$, $(a+b) \times c = a \times c + b \times c$

　　예 • 분배법칙을 이용하여 괄호 풀기

　　　➡ $7 \times 104 = 7 \times (100+4) = 7 \times 100 + 7 \times 4$

　　　• 분배법칙을 이용하여 괄호 묶기

　　　➡ $12 \times 97 + 12 \times 3 = 12 \times (97+3) = 12 \times 100$

확인　다음을 계산하시오.

　(1) $(-2) \times (-13)$　　　　　　(2) $(+6) \times (-8)$

정답및풀이　(1) $(-2) \times (-13) = +(2 \times 13) = +26$

　　　　　　(2) $(+6) \times (-8) = -(6 \times 8) = -48$

유리수의 나눗셈

□ **유리수의 나눗셈**

(1) **부호가 같은 두 수의 나눗셈: 두 수의 절댓값의 나눗셈의 몫에 양의 부호 +**

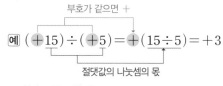 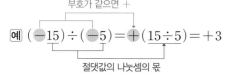

(2) **부호가 다른 두 수의 나눗셈: 두 수의 절댓값의 나눗셈의 몫에 음의 부호 −**

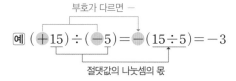 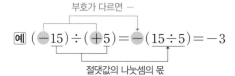

- $0 \div (0$이 아닌 수$) = 0$이며 (어떤 수)$\div 0$은 생각하지 않는다.

□ **역수를 이용한 유리수의 나눗셈: 나누는 수의 역수를 곱하여 계산**

　　　　　　　　　　　　　곱셈으로
　예 $(+10) \div \left(-\dfrac{2}{5}\right) = (+10) \times \left(-\dfrac{5}{2}\right) = -25$
　　　　　　　　　　　　　　　역수로

- **역수**

두 수의 곱이 1일 때, 한 수를 다른 수의 역수라 한다.

예 $\dfrac{2}{3} \times \dfrac{3}{2} = 1$이므로

$\dfrac{2}{3}$ ←역수→ $\dfrac{3}{2}$

→ 역수를 구할 때 부호는 바뀌지 않으며 분모와 분자의 자리를 바꾸어 준다.

확인　다음을 계산하시오.

　(1) $(-33) \div (-11)$　　　　　　(2) $(-24) \div (+8)$

정답및풀이　(1) $(-33) \div (-11) = +(33 \div 11) = +3$

　　　　　　(2) $(-24) \div (+8) = -(24 \div 8) = -3$

초등개념 으로 기초력 잡기

분수의 곱셈과 나눗셈

분수의 곱셈은 분자는 [분자] 끼리, 분모는 [분모] 끼리 곱하고, 분수의 나눗셈은 분수의 [곱셈]으로 바꾸어 계산한다.

1 다음을 계산하시오.

(1) $\dfrac{1}{5} \times \dfrac{4}{7}$

(2) $\dfrac{2}{9} \times \dfrac{5}{8}$

(3) $\dfrac{3}{11} \times 4$

(4) $9 \times \dfrac{5}{6}$

(5) $3\dfrac{1}{3} \times \dfrac{5}{8}$

(6) $2\dfrac{4}{7} \times 14$

(7) $2\dfrac{1}{6} \times 1\dfrac{5}{7}$

(8) $2\dfrac{2}{9} \times 3\dfrac{3}{5}$

2 다음을 계산하시오.

(1) $\dfrac{5}{8} \div \dfrac{11}{12}$

(2) $\dfrac{3}{9} \div \dfrac{6}{9}$

(3) $\dfrac{2}{21} \div \dfrac{1}{7}$

(4) $10 \div \dfrac{5}{6}$

(5) $2\dfrac{1}{8} \div 34$

(6) $\dfrac{9}{10} \div 1\dfrac{2}{7}$

(7) $5\dfrac{5}{6} \div 1\dfrac{3}{4}$

(8) $3\dfrac{1}{9} \div 2\dfrac{2}{3}$

소수의 곱셈과 나눗셈

소수의 곱셈과 나눗셈은 소수를 분수 로 바꾸어 계산하거나 자연수의 곱셈과 나눗셈을 이용하여 계산한다.

1 ☐ 안에 알맞은 수를 써넣으시오.

(1) $12.3 \times 1 = $ ☐

$12.3 \times 0.1 = $ ☐

$12.3 \times 0.01 = $ ☐

└➜ 쌤Tip 소수에 ×0.1, ×0.01, …
➡ 소수점이 왼쪽으로 이동하면서 수가 작아져요.

(2) $3.25 \times 1 = $ ☐

$3.25 \times 10 = $ ☐

$3.25 \times 100 = $ ☐

└➜ 쌤Tip 소수에 ×10, ×100, …
➡ 소수점이 오른쪽으로 이동하면서 수가 커져요.

2 다음을 계산하시오.

(1) 1.2×0.6

(2) 4.7×5

(3) 1.5×2.4

(4) 2×1.39

(5) 3.14×2.1

3 소수의 나눗셈을 자연수의 나눗셈을 이용하여 계산하려고 합니다. ☐ 안에 알맞은 수를 써넣으시오.

(1)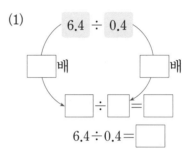

$6.4 \div 0.4 = $ ☐

(2)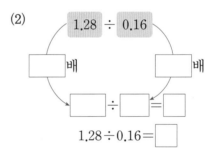

$1.28 \div 0.16 = $ ☐

4 다음을 계산하시오.

(1) $9.8 \div 7$

(2) $2.4 \div 0.6$

(3) $1.75 \div 0.5$

(4) $2.73 \div 1.3$

(5) $10 \div 1.25$

Ⅰ
수와 연산

유리수의 곱셈

부호가 같은 두 수의 곱셈은 두 수의 절댓값의 **곱** 에 **양** 의 부호 +,

→ 쌤Tip $\oplus \times \oplus \Rightarrow \oplus$, $\ominus \times \oplus \Rightarrow \ominus$
$\ominus \times \ominus \Rightarrow \oplus$, $\oplus \times \ominus \Rightarrow \ominus$

부호가 다른 두 수의 곱셈은 두 수의 절댓값의 **곱** 에 **음** 의 부호 −를 붙인다.

1 다음을 계산하시오.

(1) $(+2) \times (+8)$

(2) $(+15) \times (+3)$

(3) $(-4) \times (-3)$

(4) $(-9) \times (-7)$

(5) $(+6) \times (-3)$

(6) $(+6) \times (-8)$

(7) $(-5) \times (+4)$

(8) $(-11) \times 0$

(9) $0 \times (+23)$

2 다음을 계산하시오.

(1) $(+1.5) \times (-5)$

(2) $(-7) \times (-1.1)$

(3) $\left(-\dfrac{8}{3}\right) \times \left(+\dfrac{9}{5}\right)$

(4) $\left(+\dfrac{12}{7}\right) \times \left(+\dfrac{21}{8}\right)$

(5) $(+3.9) \times 0$

(6) $0 \times \left(-\dfrac{4}{13}\right)$

(7) $\left(-\dfrac{25}{3}\right) \times (-0.9)$

(8) $(-2.1) \times \left(+\dfrac{5}{14}\right)$

곱셈의 계산 법칙

세 수 a, b, c에 대하여

(1) 곱셈의 교환법칙: $a \times b = b \times a$ 예 $(+2) \times (+3) = (+3) \times (+2) = \boxed{+6}$

(2) 곱셈의 결합법칙: $(a \times b) \times c = a \times (b \times c)$ 예 $\{(+2) \times (+3)\} \times (+5) = (+2) \times \{(+3) \times (+5)\} = \boxed{+30}$

1 ☐ 안에 알맞은 수를 써넣고, (가), (나)에서 이용한 곱셈의 계산 법칙을 쓰시오.

(1) $(-5) \times (+17) \times (-2)$

$= (-5) \times (\boxed{}) \times (+17)$ 〉(가)

$= \{(-5) \times (\boxed{})\} \times (+17)$ 〉(나)

$= (+10) \times (+17) = \boxed{}$

(가) _____

(나) _____

(2) $(+25) \times (-1.38) \times (-4)$

$= (\boxed{}) \times (+25) \times (-4)$ 〉(가)

$= (\boxed{}) \times \{(+25) \times (-4)\}$ 〉(나)

$= (\boxed{}) \times (-100) = \boxed{}$

(가) _____

(나) _____

(3) $(-14) \times (-2.1) \times \left(-\dfrac{2}{7}\right)$

$= (-14) \times \left(\boxed{}\right) \times (-2.1)$ 〉(가)

$= \left\{(-14) \times \left(\boxed{}\right)\right\} \times (-2.1)$ 〉(나)

$= (\boxed{}) \times (-2.1) = \boxed{}$

(가) _____

(나) _____

2 다음을 곱셈의 계산 법칙을 이용하여 계산하시오.

(1) $(-13) \times (+10) \times (-3)$

(2) $(-2) \times (-6) \times (-5)$

(3) $(-21) \times (-1.5) \times (-4)$

(4) $\left(+\dfrac{4}{5}\right) \times (-14) \times \left(-\dfrac{5}{2}\right)$

(5) $(-4.5) \times \left(+\dfrac{7}{3}\right) \times (-0.2) \times \left(-\dfrac{3}{10}\right)$

분배법칙

분배법칙은 세 수 a, b, c에 대하여 다음과 같다.

$a \times (b+c) = a \times b + a \times c, \quad (a+b) \times c = a \times c + b \times c$

예 $(-12) \times \left(\dfrac{1}{3} + \dfrac{1}{4}\right) = (-12) \times \dfrac{1}{3} + (-12) \times \dfrac{1}{4} = \boxed{-7}$

예 $(-3) \times 23 + (-3) \times 17 = (-3) \times (23+17) = \boxed{-120}$

---

1 ☐ 안에 알맞은 수를 써넣으시오.

(1) $13 \times (100 + 3)$

$\quad = 13 \times \boxed{} + 13 \times \boxed{}$

$\qquad\qquad\quad ① \qquad\qquad\quad ②$

$\quad = \boxed{} + \boxed{}$

$\quad = \boxed{}$

(2) $(50-1) \times (-4)$

$\quad = 50 \times (\boxed{}) - 1 \times (\boxed{})$

$\qquad\qquad ① \qquad\qquad\quad ②$

$\quad = \boxed{} + \boxed{}$

$\quad = \boxed{}$

2 분배법칙을 이용하여 다음을 계산하시오.

(1) $(-3) \times (4-8)$

(2) $20 \times \left\{ \left(-\dfrac{11}{4}\right) + \dfrac{7}{5} \right\}$

(3) $(100-4) \times 0.25$

3 ☐ 안에 알맞은 수를 써넣으시오.

(1) $4 \times 19 + 4 \times 31$

$\quad = 4 \times (19 + \boxed{})$

$\quad = 4 \times \boxed{}$

$\quad = \boxed{}$

(2) $(-56) \times (-9) + 57 \times (-9)$

$\quad = (-56 + 57) \times (\boxed{})$

$\quad = 1 \times (\boxed{})$

$\quad = \boxed{}$

4 분배법칙을 이용하여 다음을 계산하시오.

(1) $6 \times 25 + 6 \times 75$

(2) $(-3.14) \times 99 + (-3.14) \times 1$

(3) $(-35) \times \left(-\dfrac{13}{21}\right) - 7 \times \left(-\dfrac{13}{21}\right)$

개념플러스로 기초력 잡기

세 개 이상의 수의 곱셈(거듭제곱의 계산)

(1) 세 개 이상의 수의 곱셈: 곱해진 음수의 개수가 ⌐ 짝수개이면 ➡ 부호는 ⊕
                                                      └ 홀수개이면 ➡ 부호는 ⊖

[예] $(-2) \times (-3) \times (+5) = +(2 \times 3 \times 5) = +30$ ➡ 쌤**Tip** 음수는 2개씩 짝 지어 곱하면 양수가 되지요.
         └─── 음수 2개 ───┘ $\ominus \times \ominus \times \ominus = \ominus$ → 음수가 홀수개이면 ⊖
                                                                                        ⊕

$(-2) \times (-3) \times (-5) = -(2 \times 3 \times 5) = -30$ $\ominus \times \ominus \times \ominus \times \ominus = \oplus$ → 음수가 짝수개이면 ⊕
         └─── 음수 3개 ───┘   ⊕   ⊕

(2) 거듭제곱의 계산 ⌐ (음수)^{짝수} ➡ 부호는 ⊕
                        └ (음수)^{홀수} ➡ 부호는 ⊖

                       지수가 짝수
[예] $(-2)^2 = (-2) \times (-2) = +4$ ➡ 쌤**Tip** $(-2)^2$과 -2^2은 달라요.
                                                         $(-2)^2 = (-2) \times (-2) = +4$
                       지수가 홀수 $-2^2 = -(2 \times 2) = -4$
$(-2)^3 = (-2) \times (-2) \times (-2) = -8$

---

1 다음을 계산하시오.

(1) $(-4) \times (+25) \times (-9)$

(2) $(+6) \times \left(+\dfrac{2}{3}\right) \times \left(-\dfrac{1}{4}\right)$

(3) $\left(-\dfrac{1}{3}\right) \times \left(+\dfrac{9}{2}\right) \times \left(-\dfrac{1}{4}\right)$

(4) $(-1.4) \times (+10) \times \left(-\dfrac{12}{5}\right) \times \left(+\dfrac{5}{6}\right)$

(5) $(+3) \times (-0.8) \times (-5) \times (-2)$

---

2 다음을 계산하시오.

(1) ① $(-3)^2$ ② $(-3)^3$

(2) ① $(-1)^{10}$ ② $(-1)^{11}$

(3) ① $(-5)^2$ ② -5^2

(4) $(-1)^3 \times \left(-\dfrac{2}{5}\right)^2$

(5) $\left(-\dfrac{1}{2}\right)^5 \times (-2^3)$

유리수의 나눗셈

부호가 같은 두 수의 나눗셈은 두 수의 절댓값의 나눗셈의 몫에 $\boxed{양}$ 의 부호 $+$,

부호가 다른 두 수의 나눗셈은 두 수의 절댓값의 나눗셈의 몫에 $\boxed{음}$ 의 부호 $-$ 를 붙인다.

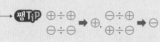

1 다음을 계산하시오.

(1) $(+20) \div (-4)$

(2) $(-49) \div (+7)$

(3) $(-60) \div (-15)$

(4) $(+33) \div (+11)$

(5) $(+126) \div (-42)$

2 다음 수의 역수를 구하시오.

(1) $\dfrac{3}{5}$ ( )

(2) -7 ( )

(3) $-\dfrac{1}{2}$ ( )

(4) 1 ( )

(5) $-\dfrac{9}{8}$ ( )

(6) 0.7 ( )

3 다음을 계산하시오.

(1) $(+4) \div \left(+\dfrac{2}{3} \right)$

(2) $\left(-\dfrac{25}{6} \right) \div (-15)$

(3) $\left(+\dfrac{6}{5} \right) \div (-1.2)$

(4) $\left(-\dfrac{21}{2} \right) \div \left(+\dfrac{14}{3} \right)$

(5) $(-4.5) \div (+0.9)$

개념플러스로 기초력 잡기

정수와 유리수의 혼합 계산

(1) 곱셈과 나눗셈의 혼합 계산

① 거듭제곱이 있으면 거듭제곱 먼저 계산

② 나눗셈은 역수를 이용하여 곱셈으로 고쳐서 계산

예 $\left(-\dfrac{8}{3}\right) \div (-2)^3 \times 5 = \left(-\dfrac{8}{3}\right) \div (-8) \times 5 = \left(-\dfrac{8}{3}\right) \times \left(-\dfrac{1}{8}\right) \times 5 = \dfrac{5}{3}$

(2) 덧셈, 뺄셈, 곱셈, 나눗셈의 혼합 계산

① 거듭제곱이 있으면 거듭제곱 먼저 계산

② 괄호가 있으면 괄호부터 계산 ➡ 소괄호 ( ) → 중괄호 { } → 대괄호 [ ] 순서

③ 곱셈과 나눗셈을 먼저 계산하고, 덧셈과 뺄셈 계산

예 $-5 + \left\{1 - \left(-\dfrac{1}{2}\right)^2 \times \dfrac{1}{3}\right\} \div \dfrac{11}{12} = -5 + \left(1 - \dfrac{1}{4} \times \dfrac{1}{3}\right) \times \dfrac{12}{11}$

$\qquad\qquad\qquad\qquad\qquad\qquad\quad = -5 + \left(1 - \dfrac{1}{12}\right) \times \dfrac{12}{11}$

$\qquad\qquad\qquad\qquad\qquad\qquad\quad = -5 + \dfrac{11}{12} \times \dfrac{12}{11}$

$\qquad\qquad\qquad\qquad\qquad\qquad\quad = -5 + 1$

$\qquad\qquad\qquad\qquad\qquad\qquad\quad = -4$

I

수와 연산

1 다음을 계산하시오.

(1) $(-9) \div 3 \times (-2)$

(2) $(-3)^2 \times (-5) \div (-10)$

(3) $\left(-\dfrac{5}{4}\right) \div (-1)^{10} \times \dfrac{2}{5}$

(4) $-2^2 \times \left(\dfrac{3}{2}\right)^2 \div 6 \times 1^3$

2 다음을 계산하시오.

(1) $-11 - \{1 + 3 - (-2 + 5)\}$

(2) $(-2)^3 \div (6 - 11) \times 3$

(3) $7 + \{-5 + (-3)^2 \times 2\} \div 13$

(4) $(-28) \div \left\{-1 + (-2)^3 \times \left(-\dfrac{1}{2}\right)\right\}$

개념으로 실력 키우기

- 정확하게 이해한 유형은 ☐안을 체크한다.
- 체크되지 않은 유형은 다시 한 번 복습하고 ☐안을 체크한다.

☐ **유리수의 곱셈**

1-1 다음 중 계산 결과가 가장 작은 것부터 차례로 나열하시오.

> ㉠ $(-15) \times (-3)$ ㉡ $(+7) \times (-6)$
> ㉢ $\left(+\dfrac{49}{8}\right) \times \left(+\dfrac{40}{7}\right)$ ㉣ $(-12.5) \times (+4)$

( )

1-2 $A = (-6) \times \left(-\dfrac{5}{9}\right)$, $B = (+1.2) \times (-0.2)$ 일 때, $A \times B$의 값을 구하시오.

( )

☐ **곱셈의 계산 법칙**

2-1 다음 계산 과정에서 (개)에 이용한 곱셈의 계산 법칙을 구하시오.

> $(-11) \times \left(-\dfrac{15}{2}\right) \times \left(-\dfrac{4}{5}\right)$
> $= (-11) \times \left\{\left(-\dfrac{15}{2}\right) \times \left(-\dfrac{4}{5}\right)\right\}$ ⟵ (개)
> $= (-11) \times (+6)$
> $= -66$

(개) _____

2-2 다음 계산 과정에서 (개), (내), (대)에 알맞은 수를 구하시오.

> $(+0.4) \times \left(-\dfrac{11}{12}\right) \times (-2.5)$
> $= (+0.4) \times (\boxed{\text{(개)}}) \times \left(-\dfrac{11}{12}\right)$
> $= \left\{(+0.4) \times (\boxed{\text{(개)}})\right\} \times \left(-\dfrac{11}{12}\right)$
> $= (\boxed{\text{(내)}}) \times \left(-\dfrac{11}{12}\right) = \boxed{\text{(대)}}$

(개) ( ), (내) ( ), (대) ( )

☐ **분배법칙**

3-1 다음 중 $4.25 \times 133 + 4.25 \times (-33)$을 계산할 때 이용하면 편리한 계산 법칙은? ( )

① $a + b = b + a$
② $a \times b = b \times a$
③ $(a+b)+c = a+(b+c)$
④ $(a \times b) \times c = a \times (b \times c)$
⑤ $a \times (b+c) = a \times b + a \times c$

3-2 분배법칙을 이용하여 계산하시오.

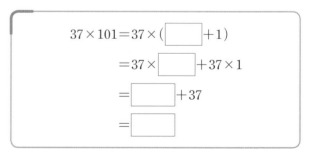

$$37 \times 101 = 37 \times (\boxed{} + 1)$$
$$= 37 \times \boxed{} + 37 \times 1$$
$$= \boxed{} + 37$$
$$= \boxed{}$$

거듭제곱의 계산

4-1 다음 중 계산 결과가 옳은 것은? ( )

① $(-1)^3 = -3$

② $(-2)^2 = -4$

③ $(-2)^3 = -6$

④ $-3^2 = -9$

⑤ $-(-3)^2 = +9$

4-2 다음을 계산하시오.

$$-2^2 \times (-1)^3 \times \left(-\frac{3}{4}\right)^2$$

( )

유리수의 나눗셈

5-1 다음 중 계산 결과가 가장 큰 것을 고르시오.

⊙ $(+14) \div (-2)$ ⓒ $(+48) \div (-8)$

ⓒ $\left(+\frac{25}{4}\right) \div (+10)$ ⓔ $(-2.5) \div \left(-\frac{1}{4}\right)$

( )

5-2 $A = \left(-\frac{4}{3}\right) \div (-0.2)$, $B = (+6) \div \left(-3\frac{3}{5}\right)$ 일 때, $A + B$의 값을 구하시오.

( )

정수와 유리수의 혼합 계산

6-1 다음을 계산하시오.

$$\left(-\frac{2}{3}\right)^2 \div (-2) \times (+3)$$

( )

6-2 다음을 계산하시오.

$$3 + \{(-2)^3 + (5 \times 2)\} \div 2$$

( )

01 소수와 합성수

다음 중 소수가 <u>아닌</u> 것은?　　　(　　　)

① 7　　　　② 17　　　　③ 29
④ 51　　　　⑤ 53

02 소수와 합성수

다음 설명 중 옳은 것은?　　　(　　)

① 0은 모든 수의 약수이다.
② 가장 작은 소수는 1이다.
③ 소수는 약수가 하나뿐인 수이다.
④ 합성수의 약수는 3개이다.
⑤ 자연수는 1과 소수와 합성수로 이루어져 있다.

03 거듭제곱

$2^a=64$, $5^b=125$를 만족시키는 자연수 a, b에 대하여 $a+b$의 값을 구하시오.

(　　　　　　　　)

04 소인수분해

소인수분해를 이용하여 360의 소인수의 합을 구하시오.

(　　　　　　　　)

05 소인수분해를 이용하여 약수 구하기

$2^2 \times 3^x \times 7$의 약수의 개수가 24개일 때, 자연수 x의 값을 구하시오.

(　　　　　　　　)

06 서로소

10보다 크고 20보다 작은 자연수 중에서 6과 서로소인 자연수는 모두 몇 개인지 구하시오.

(　　　　　　　　)

07 최대공약수의 성질

어떤 두 자연수의 최대공약수가 21일 때, 두 자연수의 공약수를 모두 구하시오.

(　　　　　　　　)

08 최소공배수의 성질

두 자연수 18과 24의 최소공배수를 이용하여 공배수를 작은 수부터 차례로 3개 구하시오.

( )

09 최대공약수와 최소공배수

두 수 $2^2 \times 3^2 \times 5$, $2 \times 3^2 \times 5 \times 7$의 최대공약수와 최소공배수를 소인수의 곱으로 각각 나타내시오.

최대공약수 ( )

최소공배수 ( )

10 정수와 유리수

다음 수에 대한 설명 중 옳은 것은? ( )

$$\frac{8}{2} \qquad -1 \qquad 0 \qquad -\frac{6}{4} \qquad +15 \qquad 2.7$$

① 자연수는 1개이다.
② 양수는 1개이다.
③ 음의 유리수는 2개이다.
④ 정수가 아닌 유리수는 3개이다.
⑤ 유리수가 아닌 수가 있다.

11 수직선

다음 중 수직선 위에 나타내었을 때, 가장 왼쪽에 있는 수는? ( )

① -2.3　　② 0　　③ $-\dfrac{7}{2}$

④ 3　　⑤ $+4.5$

12 절댓값

-17의 절댓값을 a, 절댓값이 9인 수 중에서 음수인 수를 b라고 할 때, $a+b$의 값을 구하시오.

( )

13 부등호의 사용

$-\dfrac{5}{2}$보다 작지 않고 5 미만인 정수 x의 개수를 구하시오.

( )

14 유리수의 덧셈과 뺄셈의 혼합 계산

$A=(-6)+(+13)$, $B=\left(+\dfrac{5}{3}\right)-\left(+\dfrac{3}{4}\right)$일 때, $A-B$의 값을 구하시오.

( )

대단원 TEST

15 부호가 생략된 유리수의 혼합 계산

다음을 계산하시오.

$$-\frac{2}{3}+\frac{3}{4}-\frac{5}{6}-\frac{1}{8}$$

(   )

16 유리수의 곱셈

$A=(-4)\times(-22)$, $B=\left(+\frac{4}{3}\right)\times\left(-\frac{3}{2}\right)$일 때, $A\times B$ 의 값을 구하시오.

(   )

17 곱셈의 계산 법칙

다음 계산 과정에서 ①~⑤에 들어갈 것으로 옳은 것은?

(   )

$$\left(-\frac{9}{2}\right)\times(-1.1)\times\left(-\frac{4}{3}\right)$$

$$=\left(-\frac{9}{2}\right)\times(\boxed{③})\times(-1.1) \quad\Big\}\ 곱셈의\ \boxed{①}$$

$$=\left\{\left(-\frac{9}{2}\right)\times(\boxed{③})\right\}\times(-1.1) \quad\Big\}\ 곱셈의\ \boxed{②}$$

$$=(\boxed{④})\times(-1.1)$$

$$=(\boxed{⑤})$$

① 교환법칙   ② 분배법칙   ③ $-\frac{3}{4}$

④ -6 ⑤ 6.6

18 분배법칙

세 수 a, b, c에 대하여 $a\times b=-3$, $a\times(b+c)=2$일 때, $a\times c$의 값을 구하시오.

(   )

19 거듭제곱의 계산

다음을 계산하시오.

$$(-1)^{15}+(-1)^{16}-(-1)^{17}$$

(   )

20 유리수의 나눗셈

-0.7의 역수를 a, $+2\frac{4}{5}$의 역수를 b라 할 때, $a\div b$의 값을 구하시오.

(   )

21 정수와 유리수의 혼합 계산

다음 식의 계산 순서를 차례로 나열하시오.

$$10\times\left\{\left(-\frac{1}{2}\right)^3\div\left(-\frac{1}{4}\right)-\frac{4}{5}\right\}+1$$
$$\uparrow \quad \uparrow \quad \uparrow \quad\quad \uparrow \quad \uparrow$$
$$ⓐ \quad ⓑ \quad ⓒ \quad\quad ⓓ \quad ⓔ$$

(   )

II

문자와 식

06 문자를 사용한 식의 값

중등연결 **초등** 개념

• 그림이나 수직선을 이용하여 ☐
의 값을 구할 수 있다.

☐를 사용한 식

☐ **☐를 사용한 식: 모르는 수를 ☐를 사용하여 나타낸 식**
               → 모르는 수를 ☐, △, ○ 등 여러 가지로 나타낼 수 있다.
   예 ☐의 값 구하기
            → 모르는 수를 ☐라 한다.

> 사탕이 13개 있었다. 몇 개를 먹어서 7개가 되었다. 먹은 사탕은 몇 개일까?

    $13 - \square = 7$
    $13 - 7 = \square$
    $\rightarrow \square = 6$ → ☐가 답이 되는 식을 만든다.

☐ **덧셈과 뺄셈, 곱셈과 나눗셈의 관계**

   예 덧셈과 뺄셈의 관계로 ▲ 구하기   예 곱셈과 나눗셈의 관계로 ● 구하기

   $3 + ▲ = 11$ → ▲를 사용해서 식 만들기 $● \div 4 = 5$ $● \div 4 = 5$

   $11 - 3 = ▲$ → 덧셈식을 뺄셈식으로 바꾸기 $4 \times 5 = ●$ $5 \times 4 = ●$

   $\rightarrow ▲ = 8$ $\rightarrow ● = 20$ $\rightarrow ● = 20$

문자를 사용한 식

⭐중요해요

• **단위의 사용**

반드시 식에 알맞은 단위를 사용해
야 한다.

☐ **문자의 사용: 문자를 사용하여 수량 사이의 관계를 식으로 나타내기**
   예 (한 자루에 500원인 연필 x자루의 가격)=(연필 한 자루의 가격)×(연필의 수)
                                       $= (500 \times x)$원

> **문자를 사용한 식에서 자주 사용되는 공식**
>
> • (거스름돈)=(지불한 금액)−(물건의 가격)
>
> • (정가에서 a % 할인된 가격)=(정가)$- \dfrac{a}{100} \times$(정가)
>
> • (거리)=(속력)×(시간), (속력)$= \dfrac{(거리)}{(시간)}$, (시간)$= \dfrac{(거리)}{(속력)}$
>
> • (소금물의 농도)$= \dfrac{(소금의 양)}{(소금물의 양)} \times 100(\%)$

확인   다음을 문자를 사용한 식으로 나타내시오.

> 가로의 길이가 a cm, 세로의 길이가 b cm인 직사각형의 넓이

정답및풀이   (직사각형의 넓이)=(가로의 길이)×(세로의 길이)이므로 $(a \times b)$ cm²이다.

곱셈, 나눗셈 기호의 생략

중요해요

• 곱셈, 나눗셈 기호를 생략할 때 주의할 점

① $0.1 \times a = 0.1a$

② $a \div (-1) = \dfrac{a}{-1} = -a$

③ 계산할 때 ab와 $a \times b$

예 $\begin{cases} 2 \div ab = \dfrac{2}{ab} \\ 2 \div a \times b = (2 \div a) \times b \\ \quad = \dfrac{2}{a} \times b = \dfrac{2b}{a} \end{cases}$

④ $(a+b) \div c = \dfrac{a+b}{c}$

☐ **곱셈 기호의 생략**: 수와 문자, 문자와 문자의 곱에서 곱셈 기호 생략 **중요해요**

  (1) (수)×(문자): 수를 문자 앞에 쓴다. 예 $-2 \times a = -2a$

  (2) $1 \times$(문자), $(-1) \times$(문자): 1은 생략한다. 예 $1 \times a = a$, $(-1) \times a = -a$

  (3) (문자)×(문자): 알파벳 순서로 쓴다. 예 $x \times y \times a = axy$

  (4) 같은 문자의 곱: 거듭제곱으로 나타낸다. 예 $a \times b \times a = a^2 b$

  (5) 괄호가 있는 식과 수의 곱: 수를 괄호 앞에 쓴다. 예 $(a+b) \times (-2) = -2(a+b)$

☐ **나눗셈 기호의 생략**

  (1) 나눗셈 기호 ÷를 생략하고 분수 꼴로 나타낸다. 예 $a \div 2 = \dfrac{a}{2}$

  (2) 역수의 곱셈으로 고쳐서 곱셈 기호는 생략한다. 예 $a \div 2 = a \times \dfrac{1}{2} = \dfrac{1}{2}a$

  쌤Tip ① $+$, $-$ 기호는 생략할 수 없다.
        ② 곱셈과 나눗셈이 혼합된 식은 앞에서부터 순서대로 기호를 생략해 나간다.

확인 다음을 곱셈 기호와 나눗셈 기호를 생략하여 나타내시오.

  (1) $a \times a \times b \times (-1)$ (2) $(x+y) \div 5$

정답및풀이 (1) $-a^2 b$ (2) $\dfrac{x+y}{5}$

식의 값

• 식의 값을 구할 때 생략된 곱셈 기호를 다시 쓰고 음수는 괄호를 사용하여 대입한다.

☐ **대입**: 문자를 사용한 식에서 문자 대신 수를 넣는 것

☐ **식의 값**: 식에서 문자에 어떤 수를 대입하여 구한 값

                           $x=2$를 대입 ⟶ 생략된 곱셈 기호를 다시 쓴다.

  예 $x=2$, $y=-1$일 때 $3x+y = 3 \times 2 + (-1) = 6 + (-1) = 5$

                                   ⟶ 음수를 대입할 때에는 반드시 괄호를 사용한다.
                   $y=-1$을 대입

확인 다음 식의 값을 구하시오.

    (1) $x=5$일 때, $2x-1$ (2) $x=-\dfrac{1}{5}$일 때, $10x+1$

정답및풀이 (1) $2x-1 = 2 \times 5 - 1 = 10 - 1 = 9$

              (2) $10x+1 = 10 \times \left(-\dfrac{1}{5}\right) + 1 = -2 + 1 = -1$

Ⅱ 문자와 식

□를 사용한 식

모르는 수를 □, △, ○ 등 여러 가지를 사용하여 식으로 나타낼 수 있으며, 그림, 수직선, 식의 관계 등을 통하여 구할 수 있다.

예 $23+\triangle=25 \rightarrow \triangle=25-23 \rightarrow \triangle=\boxed{2}$, 예 $\bigcirc \div 4=9 \rightarrow \bigcirc=9\times4 \rightarrow \bigcirc=\boxed{36}$

1 □를 사용하여 식을 만들고, □의 값을 구하시오.

(1) 6과 어떤 수의 합은 11이다.

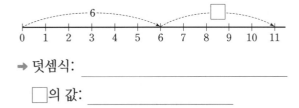

→ 덧셈식: _____

□의 값: _____

(2) 사과 41개 중 몇 개를 먹어서 19개가 남았다.

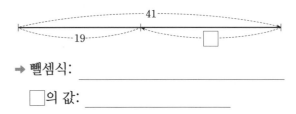

→ 뺄셈식: _____

□의 값: _____

(3) 6개씩 몇 개의 묶음은 모두 24개이다.

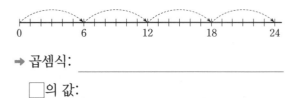

→ 곱셈식: _____

□의 값: _____

2 □의 값을 구할 수 있는 식을 생각해 보고, □ 안에 알맞은 수를 써넣으시오.

(1) $18+\boxed{}=35$

(2) $\boxed{}+17=59$

(3) $21-\boxed{}=13$

(4) $\boxed{}-27=6$

(5) $11\times\boxed{}=132$

(6) $\boxed{}\times21=189$

(7) $72\div\boxed{}=9$

(8) $\boxed{}\div12=10$

개념 으로 기초력 잡기

문자를 사용한 식

문자 를 사용하여 어떤 수량 사이의 관계를 식으로 간단히 나타낼 수 있다.

1 다음을 문자를 사용한 식으로 나타내시오.

(1) 한 개에 300원인 사탕 x개를 사고 2000원을 냈을 때의 거스름돈

식 _____

(2) 십의 자리의 숫자가 a, 일의 자리의 숫자가 b인 두 자리의 자연수

식 _____

(3) 국어 점수가 x점, 수학 점수가 y점일 때, 두 과목의 평균 점수

식 _____

(4) 현재 17살인 서원이의 a년 전의 나이

식 _____

(5) 자동차가 시속 60 km로 t시간 동안 달린 거리

식 _____

(6) 농도가 9 %인 소금물 x g 속에 녹아 있는 소금의 양

식 _____

2 다음을 문자를 사용한 식으로 나타내시오.

(1) 밑변의 길이가 a cm, 높이가 h cm인 삼각형의 넓이

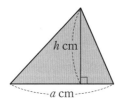

식 _____

(2) 윗변의 길이가 x cm, 아랫변의 길이가 y cm이고 높이가 h cm인 사다리꼴의 넓이

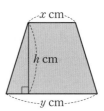

식 _____

(3) 두 대각선의 길이가 각각 a cm, b cm인 마름모의 넓이

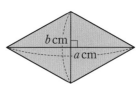

식 _____

곱셈, 나눗셈 기호의 생략

수와 문자, 문자와 문자의 곱에서 **곱셈**, 나눗셈 기호를 생략하여 간단히 나타낼 수 있다.

1 곱셈 기호 또는 나눗셈 기호를 생략하여 나타내시오.

(1) $(-2) \times a$

(2) $y \times x \times (-1)$

(3) $0.1 \times a \times b \times b \times b$

(4) $(x + 2y) \times (-7)$

(5) $(-10) \div a$

(6) $5m \div n$

(7) $(4x - y) \div 15$

(8) $(a + b) \div (-1)$

(9) $a \div \dfrac{2}{3} \div (b - 5)$

2 곱셈 기호와 나눗셈 기호를 생략하여 나타내시오.

> **쌤Tip** 혼합 계산의 순서를 생각하면서 차례대로 곱셈 기호와 나눗셈 기호를 생략하고 덧셈 기호와 뺄셈 기호는 생략하지 않아요.

(1) $a \div b \div 9$

(2) $x \div (2y \div 3)$

(3) $a \times b \times b \div 2c$

(4) $x \div (a - b) \times y$

(5) $a \times b \div c \div (-8)$

(6) $x \times (-3) + y \times y \times 1$

(7) $3 \div (a - 2b) - 6 \times c$

(8) $(-5) \div a - b \div c$

식의 값

문자를 사용한 식에서 문자 대신에 수를 넣는 것을 │ 대입 │ 이라 하고, 식에서 문자에 수를 │ 대입 │ 하여 구한 값을 │ 식의 값 │ 이라 한다.

1 다음은 식의 값을 구하는 과정이다. □ 안에 알맞은 수를 써넣으시오.

(1) $x=3$일 때, $4x=4\times\boxed{}=\boxed{}$

(2) $x=\dfrac{1}{2}$일 때, $6x+4=6\times\boxed{}+4=\boxed{}$

(3) $x=2$일 때, $5x^2=5\times\boxed{}^2=\boxed{}$

2 $x=2,\ y=-2$일 때, 다음 식의 값을 구하시오.

(1) $3x+2y$

(2) x^2-y

(3) $-y^2$

(4) $\dfrac{x}{2}+\dfrac{1}{y}$

3 $x=\dfrac{1}{2},\ y=-\dfrac{1}{2}$일 때, 다음 식의 값을 구하시오.

(1) $2x+y$

(2) $\dfrac{1}{x}+\dfrac{1}{y}$

(3) $-\dfrac{x}{2}$

(4) $1-\dfrac{3}{y}$

4 다음 식의 값을 구하시오.

(1) $a=\dfrac{1}{3},\ b=-2$일 때, $\dfrac{1}{a}+b^3$

(　　　　)

(2) $m=-\dfrac{2}{3},\ n=-5$일 때, $\dfrac{1}{m}-\dfrac{n}{10}$

(　　　　)

개념으로 실력 키우기

- 정확하게 이해한 유형은 ☐안을 체크한다.
- 체크되지 않은 유형은 다시 한 번 복습하고 ☐안을 체크한다.

☐ **곱셈, 나눗셈 기호의 생략**

1-1 다음 중 기호 $\times$, $\div$를 생략하여 나타낸 것으로 옳은 것은? (　　)

① $a \times a \times (-0.1) = -0.a^2$

② $(a-b) \times 3 \times x = 3(a-b)x$

③ $4 \div a \times b = \dfrac{4}{ab}$

④ $a + b \div c = \dfrac{a+b}{c}$

⑤ $a \times (-2) + 5 \div b = -2a + \dfrac{b}{5}$

1-2 다음 중 계산 결과가 $a \div b \times c$와 같은 것은? (　　)

① $a \div b \div c$　　② $a \div (b \div c)$

③ $a \times b \div c$　　④ $a \div (b \times c)$

⑤ $a \times (b \div c)$

☐ **곱셈, 나눗셈 기호의 생략**

2-1 다음을 기호 $\times$, $\div$를 생략하여 나타내시오.

(1) $2 \times x \times x \div y$

(2) $m \div (a+b) \times (-6)$

2-2 다음을 기호 $\times$, $\div$를 생략하여 나타내시오.

(1) $x + 1 \div xy$

(2) $a \div b - (-1) \div y$

☐ **문자를 사용한 식**

3-1 다음 중 문자를 사용하여 나타낸 식이 옳은 것을 모두 고르시오.

> ㉠ 낮의 길이가 x시간일 때 밤의 길이
> ➡ $(12-x)$시간
> ㉡ 백의 자리 숫자가 a, 십의 자리 숫자가 b, 일의 자리 숫자가 c인 세 자리 자연수 ➡ abc
> ㉢ 자동차가 t시간 동안 57 km를 달렸을 때의 자동차의 평균속력 ➡ 시속 $\dfrac{57}{t}$ km
> ㉣ 한 변의 길이가 x cm인 정사각형의 넓이
> ➡ x^2 cm^2

(　　　　　　)

3-2 다음을 기호 $\times$, $\div$를 생략하여 문자를 사용한 식으로 나타내시오.

(1) 주스 a L를 3명이 똑같이 나누어 마실 때, 한 사람이 마시는 주스의 양

(　　　　　　)

(2) 소금물 500 g에 녹아 있는 소금이 x g일 때, 소금물의 농도

(　　　　　　)

식의 값

4-1 $x=-3$일 때, 다음 중 식의 값이 가장 큰 것은?
( )

① x^3+5 ② $3x-1$

③ $2-\dfrac{1}{3}x$ ④ x^2

⑤ $-\dfrac{1}{x}-x$

4-2 $a=4$, $b=-2$일 때, 다음 중 식의 값이 가장 작은 것은? ( )

① ab^2 ② $\dfrac{1}{2}a+b$

③ $5b-a$ ④ $\dfrac{b}{a}+\dfrac{a}{b}$

⑤ a^2-b^2

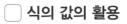 **식의 값** ⭐중요해요 → 쌤Tip x의 역수는 $\dfrac{1}{x}$이므로 $x=\dfrac{1}{2}$이면 역수를 이용하여 $\dfrac{1}{x}=2$에요.

5-1 $x=\dfrac{1}{2}$, $y=-\dfrac{3}{4}$일 때, $\dfrac{5}{x}-16y^2+1$의 값을 구하시오.
( )

5-2 $a=-\dfrac{1}{2}$, $b=\dfrac{1}{3}$, $c=-\dfrac{1}{10}$일 때, $\dfrac{a}{3}+\dfrac{b}{2}-\dfrac{5}{c}$의 값을 구하시오.
( )

☐ **식의 값의 활용**

6-1 다음 물음에 답하시오.

(1) 사다리꼴의 넓이를 기호 ×, ÷를 생략하여 문자를 사용한 식으로 나타내시오.

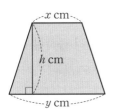

 _____

(2) $x=2$, $y=6$, $h=5$일 때, 사다리꼴의 넓이를 구하시오.
( )

6-2 다음 물음에 답하시오.

(1) 직육면체의 겉넓이를 기호 ×, ÷를 생략하여 문자를 사용한 식으로 나타내시오.

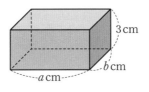

식 _____

(2) $a=6$, $b=4$일 때, 직육면체의 겉넓이를 구하시오.
( )

일차식과 그 계산

다항식과 일차식

☐ **다항식에 관한 용어** 〈중요해요〉

(1) **항**: 수 또는 문자의 곱으로 이루어진 식

(2) **상수항**: 수로만 이루어진 항

(3) **계수**: 수와 문자의 곱으로 이루어진 항에서 문자 앞에 곱해진 수

(4) **단항식**: 한 개의 항으로만 이루어진 식

(5) **다항식**: 한 개 이상의 항의 합으로 이루어진 식

> 예 $3x - y + \dfrac{1}{2}$
> → 항: $3x$, $-y$, $+\dfrac{1}{2}$
> 상수항: $+\dfrac{1}{2}$
> x의 계수: 3
> y의 계수: -1

• 단항식은 다항식이다.

☐ **일차식에 관한 용어** 〈중요해요〉

(1) **차수**: 항에서 문자가 곱해진 개수

> 예 $2x^3$의 차수는 ③
> └→ $2 \times x \times x \times x$에서 x가 3개 곱해짐

(2) **다항식의 차수**: 다항식에서 차수가 가장 큰 항의 차수

> 예 다항식 $x^2 - 5x + 1$의 차수는 ②
> 차수: 2 차수: 1 차수: 0

(3) **일차식**: 차수가 1인 다항식

> 예 $2x + 1$, $y - 1$

• 분모에 문자를 포함한 식은 다항식이 아니며 차수를 생각하지 않는다.
예 $\dfrac{1}{x+1}$은 일차식이 아니다.

확인 다항식 $-2x + 5y - 3$에 대하여 다음을 구하시오.

(1) 항 (2) 상수항 (3) y의 계수

정답 및 풀이 (1) $-2x$, $+5y$, -3 (2) -3 (3) $+5y$에서 y의 계수는 $+5$이다.

단항식과 수의 곱셈과 나눗셈

☐ **(단항식)×(수), (수)×(단항식)**: 수끼리 곱하여 문자 앞에 쓴다.

> 예 $3a \times (-2) = 3 \times a \times (-2) = 3 \times (-2) \times a = -6a$
> └─── 수끼리 계산 ───┘

☐ **(단항식)÷(수)**: 나누는 수의 역수를 곱하여 계산

> 예 $14a \div 7 = 14 \times a \times \dfrac{1}{7} = \left(14 \times \dfrac{1}{7}\right) \times a = 2a$
> 역수의 곱   수끼리 계산

• (단항식)÷(수): 분수 꼴로 계산
→ $▲ \div ● = \dfrac{▲}{●}$
예 $14a \div 7 = \dfrac{14a}{7} = 2a$

확인 다음을 계산하시오.

(1) $5x \times 3$ (2) $12x \div 4$

정답 및 풀이 (1) $5x \times 3 = 5 \times x \times 3 = 5 \times 3 \times x = 15x$ (2) $12x \div 4 = 12x \times \dfrac{1}{4} = 3x$

일차식과 수의 곱셈과 나눗셈

· 분배법칙
$a \times (b+c) = a \times b + a \times c$,
$(a+b) \times c = a \times c + b \times c$

☐ (일차식)×(수), (수)×(일차식): 분배법칙을 이용하여 일차식의 각 항에 수를 곱하여 계산

예 $-5(3x+2) = (-5) \times 3x + (-5) \times 2 = -15x - 10$

➡ 일차식에 음수를 곱하면 각 항의 부호가 바뀐다.

☐ (일차식)÷(수): 분배법칙을 이용하여 나누는 수의 역수를 일차식의 각 항에 곱하여 계산

예 $(9x-6) \div \dfrac{3}{2} = (9x-6) \times \dfrac{2}{3} = 9x \times \dfrac{2}{3} - 6 \times \dfrac{2}{3} = 6x - 4$

역수의 곱

확인 다음을 계산하시오.

(1) $3(6x+1)$ (2) $(-10x+15) \div 5$

정답및풀이   (1) $3(6x+1) = 3 \times 6x + 3 \times 1 = 18x + 3$

(2) $(-10x+15) \div 5 = (-10x+15) \times \dfrac{1}{5} = (-10x) \times \dfrac{1}{5} + 15 \times \dfrac{1}{5} = -2x + 3$

일차식의 덧셈과 뺄셈

· 동류(같을 同, 무리 類)항은 같은 종류의 항이다.

☐ **동류항**: 문자와 차수가 모두 같은 항

예 $2x$와 $3x$, $4y^2$과 $-y^2$, 4와 $\dfrac{1}{2}$ ➝ 문자와 차수 둘 다 같은 동류항이다.

· 상수항은 모두 동류항이다.

☐ **동류항의 덧셈과 뺄셈**: 동류항끼리 계수를 더하거나 빼서 문자를 곱하여 계산

동류항

예 $7a + 5b - 9a - b = 7a - 9a + 5b - b = (7-9)a + (5-1)b = -2a + 4b$

동류항

· 괄호 앞에 '−'는 '−1'을 분배하여 곱하는 것이다.
예 $-(5x-2) = -1 \times (5x-2)$
$= -5x + 2$

☐ **일차식의 덧셈과 뺄셈**: 괄호는 분배법칙을 이용하여 푼 후 동류항끼리 모아서 계산

예 $-(5x-2) + 3(x+4) = -5x + 2 + 3x + 12 = (-5+3)x + (2+12) = -2x + 14$

괄호 앞에 ⚫가 있으면 괄호 안의 부호는 반대로!

확인 다음을 계산하시오.

(1) $-6x + y + 2x - 3y$ (2) $2(3x-2) + 5(x+1)$

정답및풀이   (1) $-6x + y + 2x - 3y = (-6+2)x + (1-3)y = -4x - 2y$

(2) $2(3x-2) + 5(x+1) = 6x - 4 + 5x + 5 = (6+5)x + (-4+5) = 11x + 1$

Ⅱ
문자와 식

다항식과 일차식

한 개의 항으로만 이루어진 식을 **단항식** 이라 하고, 한 개 이상의 항의 합으로 이루어진 식을 **다항식** 이라 한다.

1 주어진 다항식에 대하여 다음을 구하시오.

(1) $3x^2-5x+1$

① 항 ( )
② 상수항 ( )
③ x^2의 계수 ( )
④ x의 계수 ( )
⑤ 다항식의 차수 ( )

(2) $-x^2+\dfrac{x}{4}-2$

① 항 ( )
② 상수항 ( )
③ x^2의 계수 ( )
④ x의 계수 ( )
⑤ 다항식의 차수 ( )

(3) $2y+y^3-\dfrac{2}{7}$

① 항 ( )
② 상수항 ( )
③ y^3의 계수 ( )
④ y의 계수 ( )
⑤ 다항식의 차수 ( )

2 다음을 모두 고르시오.

(1)

ㄱ x^2+3x-x^2-1　　ㄴ x

ㄷ $\dfrac{1}{2}x^2+5$　　ㄹ $-8y^2$

① 단항식: _____
② 다항식: _____
③ 일차식: _____

(2)

ㄱ $\dfrac{a}{4}$　　ㄴ $12-a^2$

ㄷ $-\dfrac{2}{5}$　　ㄹ $a^2+a+1-a^2$

① 단항식: _____
② 다항식: _____
③ 일차식: _____

3 옳은 것은 ○표, 옳지 <u>않은</u> 것은 ×표를 하시오.

(1) $\dfrac{2}{x}-3$은 일차식이다. ( )

(2) $-\dfrac{x}{3}-5$는 일차식이 아니다. ( )

(3) $\dfrac{1}{5}y+\dfrac{1}{5}$은 일차식이다. ( )

단항식과 수의 곱셈과 나눗셈

(단항식)×(수), (수)×(단항식)은 수끼리 곱하여 **문자** 앞에 쓰고, (단항식)÷(수)는 나누는 수의 **역수** 를 곱하여 계산한다.

1 다음을 계산하시오.

(1) $4x \times (-3)$

(2) $2 \times 7a$

(3) $(-8) \times (-2a)$

(4) $(-x) \times \dfrac{1}{2}$

(5) $(-12a) \times \left(-\dfrac{7}{6}\right)$

(6) $0.5 \times 6y$

(7) $14x^2 \times (-2)$

(8) $(-15) \times \dfrac{1}{5}y^2$

2 다음을 계산하시오.

(1) $32a \div 8$

(2) $(-49x) \div (-7)$

(3) $\dfrac{2}{5}x \div (-2)$

(4) $7a \div \dfrac{1}{2}$

(5) $\left(-\dfrac{3}{4}y\right) \div \dfrac{3}{16}$

(6) $(-15x^2) \div \dfrac{5}{6}$

(7) $(-66y^2) \div (-11)$

(8) $48x \div \left(-\dfrac{6}{5}\right)$

Ⅱ

문자와 식

일차식과 수의 곱셈과 나눗셈

(일차식)×(수), (수)×(일차식)은 **분배법칙** 을 이용하여 일차식의 각 항에 수를 곱하여 계산한다.

1 다음을 계산하시오.

(1) $8(x+2)$

(2) $-2(4a-1)$

(3) $(-3x+2)\times(-5)$

(4) $(7x+21)\times\left(-\dfrac{1}{7}\right)$

(5) $-\dfrac{2}{3}(6a+9)$

(6) $-(y-1)$

(7) $(4x-2)\times\dfrac{3}{4}$

(8) $\left(-\dfrac{2}{3}x-\dfrac{1}{2}\right)\times(-6)$

2 다음을 계산하시오.

(1) $(9a-6)\div 3$

(2) $(-44x+4)\div(-4)$

(3) $(18a+1)\div(-9)$

(4) $(-7x-2)\div\dfrac{1}{5}$

(5) $\left(10x-\dfrac{5}{6}\right)\div\dfrac{5}{12}$

(6) $-(4a-20)\div(-4)$

(7) $\left(\dfrac{2}{3}y-\dfrac{1}{2}\right)\div\left(-\dfrac{1}{6}\right)$

(8) $3(2x+1)\div\dfrac{9}{2}$

동류항의 덧셈과 뺄셈

문자와 차수가 모두 같은 항을 동류항 이라 하고, 동류항의 덧셈과 뺄셈은 동류항 끼리 계수를 더하거나 빼서 문자를 곱하여 계산한다.

1 다음 중 동류항인 것은 ○표, 동류항이 <u>아닌</u> 것은 ×표를 하시오.

(1) $\dfrac{x}{3}$와 $\dfrac{3}{x}$ (   )

(2) -1.7과 $\dfrac{8}{3}$ (   )

(3) a와 $\dfrac{a}{2}$ (   )

(4) $4a^2$과 $-4b^2$ (   )

(5) $-7y$와 $\dfrac{3}{2}y$ (   )

(6) $-\dfrac{x^2}{5}$과 $-5x^2$ (   )

(7) x^2과 $2x$ (   )

2 다음을 계산하시오.

(1) $-2x+5x$

(2) $10a+a$

(3) $3x-11x$

(4) $a-8a$

(5) $-x+2x+6x$

(6) $-3x+2-5x-3$

(7) $2b-a+7a-11b$

(8) $-a+2b+a-2b$

(9) $-1.5x+\dfrac{3}{2}y+0.5x-\dfrac{1}{2}y$

일차식의 덧셈과 뺄셈

일차식의 덧셈과 뺄셈에서 $\boxed{괄호}$ 는 분배법칙을 이용하여 푼 후 $\boxed{동류항}$ 끼리 모아서 계산한다.

1 다음을 계산하시오.

(1) $(x+2)+3(x+1)$

(2) $(-5a-1)+2(a-1)$

(3) $7(1-a)+(4-a)$

(4) $5(2x+3)+2(3x-5)$

(5) $\dfrac{2}{7}(7y-14)+(5-y)$

(6) $\dfrac{1}{2}(-4x+6)+\dfrac{1}{3}(9x-6)$

2 다음을 계산하시오.

(1) $3(2x-2)-(5x+3)$

(2) $-(a+11)-7(4a-1)$

(3) $4(7-b)-5(2+3b)$

(4) $-(9-3x)-(6x-9)$

(5) $(9x-14)-(2x-16)$

(6) $-(13-2y)-\dfrac{2}{3}(6y+3)$

(7) $-\dfrac{1}{2}(x+1)-\dfrac{1}{4}(-2x-4)$

3 다음을 계산하시오.

(1) $5a+\{2-(4a-3)\}$

(2) $a-5-\{7+3(-a+2)\}$

(3) $3x-\{2x+6+(-7x+7)\}$

개념플러스로 기초력 잡기

분수 꼴의 일차식의 덧셈과 뺄셈

분모를 통분한 후 동류항끼리 모아서 계산한다.

[예] **방법 1**

$$\frac{5x+1}{2} - \frac{x-4}{6}$$

→ 분자 '$5x+1$'에 3을 곱해야 하므로 반드시 괄호를 쓰고 곱한다.

$$= \frac{3 \times (5x+1)}{3 \times 2} - \frac{x-4}{6}$$

$$= \frac{3(5x+1)}{6} - \frac{x-4}{6}$$

→ 분자 '$x-4$'를 빼야 하므로 반드시 괄호를 쓰고 뺀다.

$$= \frac{3(5x+1)-(x-4)}{6}$$

$$= \frac{15x+3-x+4}{6}$$

→ 약분이 가능하면 약분하여 나타낸다.

$$= \frac{14x+7}{6} = \frac{14}{6}x + \frac{7}{6} = \frac{7}{3}x + \frac{7}{6}$$

방법 2

$$\frac{5x+1}{2} - \frac{x-4}{6}$$

→ 하나의 분수를 분모가 같은 2개의 분수로 나타낼 때 반드시 괄호를 쓴다.

$$= \left(\frac{5}{2}x + \frac{1}{2}\right) - \left(\frac{1}{6}x - \frac{4}{6}\right)$$

$$= \frac{5}{2}x + \frac{1}{2} - \frac{1}{6}x + \frac{4}{6}$$

$$= \frac{15}{6}x + \frac{3}{6} - \frac{1}{6}x + \frac{4}{6}$$

$$= \frac{14}{6}x + \frac{7}{6}$$

$$= \frac{7}{3}x + \frac{7}{6}$$ → 약분이 가능하면 약분하여 나타낸다.

1 다음을 계산하시오.

(1) $\dfrac{5x-3}{2} + \dfrac{x+1}{3}$

(2) $\dfrac{5x-5}{6} + \dfrac{2x+3}{3}$

(3) $\dfrac{-x+3}{2} - \dfrac{4x-1}{7}$

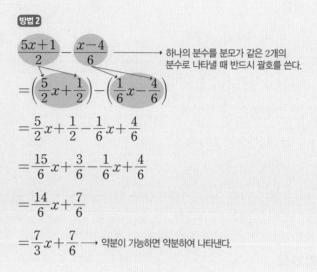
잼Tip $-(\triangle + \square) = \dfrac{-2(\triangle + \square)}{2}$ 임을 이용해요.

(4) $\dfrac{7x+3}{2} - (3x+2)$

(5) $\dfrac{3x+2}{3} - \dfrac{3x-2}{5}$

(6) $\dfrac{5-x}{4} + \dfrac{1-7x}{6}$

☐ 다항식

1-1 다항식 $-4x^2+x-\dfrac{2}{3}$에 대한 설명 중 옳지 <u>않은</u> 것은? ( )

① x^2의 계수는 2이다.
② 항의 개수는 3개이다.
③ 다항식의 차수는 2이다.
④ 상수항은 $-\dfrac{2}{3}$이다.
⑤ x의 계수는 1이다.

1-2 다항식 $-2x^2-\dfrac{x}{5}+6$에서 x^2의 계수를 a, x의 계수를 b, 다항식의 차수를 c라 할 때, $a+b+c$의 값을 구하시오.

( )

☐ 일차식

2-1 다음 중 일차식인 것을 모두 고르시오.

$$\boxed{\begin{array}{ll} \text{㉠ } \dfrac{x}{3}+2 & \text{㉡ } 4-\dfrac{5}{x} \\[2mm] \text{㉢ } 3x^2+5x-3x^2 & \text{㉣ } x^2-1 \end{array}}$$

( )

2-2 다음 중 일차식인 것은? ( )

① $3y-5$
② $\dfrac{1}{x}+1$
③ a^2-2a-1
④ $0\times x+3$
⑤ $\dfrac{x}{2}+2x^2+1$

☐ 단항식과 수, 일차식과 수의 곱셈과 나눗셈

3-1 다음 중 계산 결과가 옳은 것은? ( )

① $5x\times(-4)=5x-4$
② $(-18a)\div\dfrac{2}{3}=-12a$
③ $-(-a+1)=-a-1$
④ $(6x-15)\times\left(-\dfrac{1}{3}\right)=2x-5$
⑤ $\left(3x+\dfrac{1}{2}\right)\div\dfrac{1}{2}=6x+1$

3-2 다음 중 계산 결과가 옳은 것은? ( )

① $9a\times\dfrac{1}{3}=18a$
② $(-6x)\div(-1)=-6x$
③ $-2(5x+2)=-25x+2$
④ $(18a-12)\div(-6)=-3a+2$
⑤ $-(8x-10)\div4=2x-\dfrac{5}{2}$

동류항

4-1 다음 중 동류항끼리 짝 지으시오.

> ㉠ $-\dfrac{2}{3}$ ㉡ $-5x^2$ ㉢ $\dfrac{x^2}{2}$
>
> ㉣ $-y$ ㉤ 11 ㉥ $\dfrac{4}{5}y$

(   )

4-2 다음 중 동류항끼리 짝 지어진 것은? (   )

① $3y$와 $3y^2$ ② $-\dfrac{x}{2}$와 $-\dfrac{2}{x}$

③ -1.7과 $\dfrac{1}{5}$ ④ $-2a^2$과 $-2x^2$

⑤ $3x$와 x^3

일차식의 덧셈과 뺄셈

5-1 다음을 계산하시오.

(1) $(7a-1)+\dfrac{1}{2}(6a-4)$

(2) $-(1-3x)-8(2x-4)$

5-2 다항식 $5x+[\{1-(-2x-4)\}-11]$을 간단히 하였을 때, x의 계수와 상수항의 합을 구하시오.

(   )

분수 꼴의 일차식의 덧셈과 뺄셈

6-1 다음을 계산하시오.

> $$\dfrac{-5x+1}{3}-\dfrac{3x-7}{2}$$

(   )

6-2 다음을 계산하시오.

> $$\dfrac{10x+2}{5}-(4x+15)\div 5$$

(   )

Ⅱ
문자와 식

08 일차방정식

등식

• 등식에서

$$\underset{\text{좌변}\quad\text{우변}}{\underbrace{x+3}=\overset{\text{등호}}{5}}$$
└ 양변 ┘

☐ **등식: 등호(＝)를 사용하여 수나 식이 같음을 나타낸 식**

(1) 좌변: 등식에서 등호의 왼쪽 부분

(2) 우변: 등식에서 등호의 오른쪽 부분

(3) 양변: 등식의 좌변과 우변

☐ **방정식: 미지수의 값에 따라 참 또는 거짓이 되는 등식**

(1) 미지수: 방정식에 있는 문자 예 x, y, a 등

(2) 방정식의 해(근): 방정식을 참이 되게 하는 미지수의 값

➡ 방정식의 해(근)를 구하는 것을 '방정식을 푼다'고 한다.

예 x의 값이 1, 2, 3일 때, $2x-1=3$의 해는 $x=2$

$x=1$일 때 $2\times1-1\neq3$이므로 거짓

$x=2$일 때 $2\times2-1=3$이므로 참

$x=3$일 때 $2\times3-1\neq3$이므로 거짓

☐ **항등식: 미지수에 어떤 값을 대입하여도 항상 참이 되는 등식**

예 $2x+3x=5x$ ⟶ 항등식은 좌변과 우변의 식이 같기 때문에 항상 참이다.

확인 다음을 방정식과 항등식으로 구분하시오.

(1) $-4x+5=x$ (2) $2(x-3)=2x-6$

정답 및 풀이   (1) 방정식   (2) 항등식

등식의 성질

• 등식의 성질

■＝●이면

(1) ■＋c＝●＋c

(2) ■－c＝●－c

(3) ■×c＝●×c

(4) ■÷c＝●÷c

(단, $c\neq0$)

☐ **등식의 성질**

(1) 등식의 양변에 같은 수를 더해도 등식은 성립

➡ $a=b$이면 $a+c=b+c$

(2) 등식의 양변에서 같은 수를 빼도 등식은 성립

➡ $a=b$이면 $a-c=b-c$

(3) 등식의 양변에 같은 수를 곱해도 등식은 성립

➡ $a=b$이면 $a\times c=b\times c$

(4) 등식의 양변을 0이 아닌 같은 수로 나누어도 등식은 성립

➡ $a=b$이고 $c\neq0$이면 $\dfrac{a}{c}=\dfrac{b}{c}$

└ 0으로 나눌 수 없으며 분수의 분모도 0이 될 수 없다.

II

문자와 식

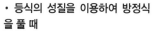

· 등식의 성질을 이용하여 방정식을 풀 때

① 좌변에 x항만 남긴다.
② x의 계수를 1로 만든다.

□ 등식의 성질을 이용한 방정식의 풀이: 등식의 성질을 이용하여 방정식을 $x=(\text{수})$ 꼴로 고쳐서 해를 구한다.

[예] $3x-5=7$에서 ── 양변에 5를 더한다.
$$3x-5+5=7+5$$
$$3x=12$$ ── 양변을 3으로 나눈다.
$$\frac{3x}{3}=\frac{12}{3}$$
$$\therefore x=4$$

확인 $a=b$일 때, 다음 등식이 성립하도록 □ 안에 알맞은 수를 써넣으시오.

(1) $a-\boxed{}=b-5$ (2) $a\times2=b\times\boxed{}$

정답 및 풀이 (1) 5   (2) 2

일차방정식의 풀이

· ┌ 일차식 [예] $3x-1$
  └ 일차방정식 [예] $3x-1=0$

□ 이항: 등식의 성질을 이용하여 등식의 한 변에 있는 항을 부호를 바꾸어 다른 변으로 옮기는 것

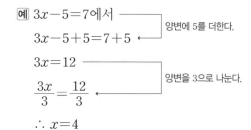

→ 이항은 등식의 양변에 같은 수를 더하거나 빼도 등식이 성립한다는 성질을 이용한 것이다.

□ 일차방정식: x에 대한 일차방정식은 $(x\text{에 대한 일차식})=0$ 꼴로 나타낼 수 있는 방정식

[예] $4x-1=x-5 \Rightarrow 3x+4=0$ (x에 대한 일차방정식)

→ 모든 항을 좌변으로 이항하여 $ax+b=0$(단, $a\neq0$) 꼴의 방정식

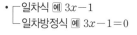

· 복잡한 일차방정식의 풀이

(1) 괄호가 있을 때:
분배법칙을 이용한다.
[예] $3(x-2)=7$
$3x-6=7$

(2) 계수가 소수일 때:
양변에 10의 거듭제곱을 곱한다.
[예] $0.5x+0.1=-0.9$ 양변에
$5x+1=-9$ $\times10$

(3) 계수가 분수일 때:
양변에 분모의 최소공배수를 곱한다.
[예] $\frac{1}{2}x-\frac{2}{3}=\frac{1}{3}x$ 양변에
$3x-4=2x$ $\times6$

□ 일차방정식의 풀이

[예] $5x-4=2x-5$에서

① 미지수 x를 포함하는 항은 좌변, 상수항은 우변으로 이항
$$5x-2x=-5+4$$

② 양변을 정리하여 $ax=b\,(a\neq0)$ 꼴
$$3x=-1$$

③ x의 계수 a로 양변을 나누어 해를 구하기
$$\therefore x=-\frac{1}{3}$$

확인 다음 일차방정식을 푸시오.

(1) $4x-7=5$ (2) $7x+10=2x$

정답 및 풀이 (1) $4x=5+7$ (2) $7x-2x=-10$
                 $4x=12$ $5x=-10$
                 $\therefore x=3$ $\therefore x=-2$

개념 으로 기초력 잡기

등식

미지수의 값에 따라 참이 되기도 하고 거짓이 되기도 하는 등식을 방정식 이라 하고, 미지수에 어떤 값을 대입하여도 항상 참이 되는 등식을 항등식 이라 한다.

1 다음 문장을 등식으로 나타내시오.

(1) 어떤 수 x의 $\frac{1}{2}$배에서 11을 뺀 값은 5와 같다.

( )

(2) 초콜릿 50개를 x명의 학생들에게 3개씩 나누어 주었더니 7개가 남았다.

( )

(3) 어떤 수 x에 6을 더한 값은 x의 3배에서 1을 뺀 값과 같다.

( )

(4) 한 변의 길이가 x cm인 정사각형의 둘레의 길이는 20 cm이다.

( )

2 x의 값이 0, 1, 2일 때, 다음 방정식을 푸시오.

(1) $5x-1=4$ ( )

(2) $-x+4=2$ ( )

(3) $2x+3=-x+3$ ( )

3 다음 등식 중 방정식인 것은 '방', 항등식인 것은 '항'을 써넣으시오.

(1) $4x-2=8+3x$ ( )

(2) $x-3=2x-(x+3)$ ( )

(3) $7x=16-x$ ( )

(4) $-3(x-2)=6-3x$ ( )

쌤Tip x에 대한 항등식은 $ax+b=cx+d$에서 $a=c$, $b=d$예요.

4 다음 등식이 x에 대한 항등식일 때, ☐ 안에 알맞은 수를 써넣으시오.

(1) $6x+5=\boxed{}x+5$

(2) $2x-1=2x-\boxed{}$

(3) $\boxed{}x+2=-\frac{1}{3}x+\boxed{}$

(4) $-x+11=\boxed{}x+\boxed{}$

(5) $\boxed{}+3x=\boxed{}x-1$

등식의 성질

$a=b$이면 (1) $a+c=b+\boxed{c}$ (2) $a-c=b-c$ (3) $a\times c=b\times c$ (4) $\dfrac{a}{c}=\dfrac{b}{c}$ (단, $c\neq\boxed{0}$)

1 $a=b$일 때, 다음 중 옳은 것은 ◯표, 옳지 <u>않은</u> 것은 ✕표를 하시오.

(1) $a-3=3+b$ (   )

(2) $3a-1=-1+3b$ (   )

(3) $\dfrac{a}{c}=\dfrac{b}{c}$ (   )

(4) $-\dfrac{a}{2}+1=-\dfrac{b}{2}+1$ (   )

2 다음 중 옳은 것은 ◯표, 옳지 <u>않은</u> 것은 ✕표를 하시오.

(1) $x=y$이면 $x+5=y+5$이다.   (   )

(2) $a=b$이면 $-3a-1=-1-3b$이다. (   )

(3) $-a=b$이면 $a+1=-b-1$이다.   (   )

(4) $2x=2y$이면 $x+2=y+2$이다.   (   )

(5) $2x=3y$이면 $\dfrac{x}{2}=\dfrac{y}{3}$이다.   (   )

(6) $\dfrac{a}{4}=b$이면 $4a=b$이다.   (   )

(7) $1-x=1-y$이면 $x=y$이다.   (   )

(8) $\dfrac{a}{2}=\dfrac{b}{5}$이면 $5a-1=2b-1$이다.   (   )

3 등식의 성질을 이용하여 다음 방정식을 푸시오.

(1) $4x-11=25$

(   )

(2) $6-x=-5$

(   )

(3) $\dfrac{1}{3}x+8=-1$

(   )

(4) $-5x-2=x$

(   )

Ⅱ

문자와 식

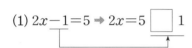

일차방정식

방정식에서 우변의 모든 항을 좌변으로 이항 하여 정리한 식이 (x에 대한 일차식)$=0$ 꼴로 나타나는 방정식을 x에 대한 일차방정식 이라 한다.

1 다음 밑줄 친 항을 이항할 때, □ 안에 $+$, $-$를 알맞게 써넣으시오.

(1) $2x-1=5 \Rightarrow 2x=5\ \square\ 1$

(2) $3x=x+7 \Rightarrow 3x\ \square\ x=7$

(3) $9-x=16 \Rightarrow -x=16\ \square\ 9$

(4) $10x=4-5x \Rightarrow 10x\ \square\ 5x=4$

2 다음 밑줄 친 항을 이항하시오.

(1) $x\underline{+3}=9$

(　　　　　　)

(2) $7x=5\underline{-4x}$

(　　　　　　)

(3) $2x\underline{-1}=\underline{3x}+4$

(　　　　　　)

(4) $\underline{-6}-13x=7\underline{-x}$

(　　　　　　)

3 다음 중 일차방정식인 것은 ○표, 일차방정식이 아닌 것은 ×표를 하시오.

(1) $3x+2=x^2$　　　　　　(　　　)

(2) $5x+3$　　　　　　(　　　)

(3) $2x-1=6-x$　　　　　　(　　　)

(4) $4-4x>0$　　　　　　(　　　)

(5) $x^2+x-8=x^2+1$　　　　　　(　　　)

(6) $-x+2=-(x-2)$　　　　　　(　　　)

(7) $-(2x-3)=2(x+1)$　　　　　　(　　　)

(8) $5(x-1)=5x-3$　　　　　　(　　　)

일차방정식의 풀이

계수가 소수인 일차방정식은 양변에 10, 100, …과 같은 $\boxed{10}$ 의 거듭제곱인 수를 곱하고, 계수가 분수인 일차방정식은 분모의 $\boxed{\text{최소공배수}}$ 를 곱하여 계수를 정수로 고쳐서 푼다.

1 다음 일차방정식을 푸시오.

(1) $4x+6=-10$

( )

(2) $-2x-15=3x$

( )

(3) $7x-10=-2x+17$

( )

(4) $5-3x=8x-6$

( )

(5) $2(x-3)=x+5$

( )

(6) $1-(x+2)=4x-2$

( )

(7) $3(x+2)=2(2x-1)$

( )

2 다음 일차방정식을 푸시오.

(1) $1+0.1x=0.6-0.3x$

( )

(2) $2.1x-0.7=0.7x$

( )

(3) $0.25(1-x)+0.05=0.55$

( )

(4) $\dfrac{2}{3}+\dfrac{1}{2}x=\dfrac{5}{6}x$

( )

(5) $\dfrac{3}{4}x+\dfrac{1}{2}=\dfrac{5}{8}x-\dfrac{1}{4}$

( )

(6) $\dfrac{1}{6}(x-2)+\dfrac{2}{3}=\dfrac{3}{4}x$

( )

개념 으로 실력 키우기

- 정확하게 이해한 유형은 ☐안을 체크한다.
- 체크되지 않은 유형은 다시 한 번 복습하고 ☐안을 체크한다.

☐ **방정식과 항등식**

1-1 다음 중 x의 값에 따라 참이 되기도 하고 거짓이 되기도 하는 등식은? ( )

① $2x-1$　　　　② $5x-x=4x$

③ $1-x=2$　　　④ $13-4=9$

⑤ $3(2-x)=-3x+6$

1-2 등식 $ax-11=7x-b$가 x의 값에 관계없이 항상 참이 되는 등식일 때, 상수 a, b의 값을 각각 구하시오.

( )

☐ **등식의 성질**

2-1 $a=b$일 때, 다음 중 옳은 것은? ( )

① $1-a=b-1$　　　② $2a=-2b$

③ $\dfrac{a}{3}=\dfrac{b}{2}$　　　　④ $5(a+2)=5b+2$

⑤ $-3a+1=1-3b$

2-2 다음 중 옳지 <u>않은</u> 것은? ( )

① $x=y$이면 $x+7=y+7$

② $a-3=b-3$이면 $a=b$

③ $2x=3y$이면 $\dfrac{x}{3}=\dfrac{y}{2}$

④ $a=-b$이면 $a-1=b-1$

⑤ $x=\dfrac{y}{4}$이면 $4x=y$

☐ **일차방정식**

3-1 다음 중 일차방정식인 것을 모두 고르시오.

ㄱ. $-4x+5$　　　　ㄴ. $2x-3=-3+2x$

ㄷ. $x^2+5=x^2+5x-1$　　ㄹ. $5-7x=3x+2$

( )

3-2 다음 중 일차방정식인 것은? ( )

① $-4x+5>0$　　　② $5-2x=2x-5$

③ $11x-3$　　　　　④ $3x^2+2x=3x$

⑤ $3(4x-1)+3=12x$

● 정답 33쪽

☐ 일차방정식의 해

4-1 일차방정식 $-6x-7=a+2x$의 해가 $x=-2$일 때, 상수 a의 값을 구하시오.

( )

4-2 일차방정식 $2x-5=3$의 해가 $x=a$일 때, $2a-8$의 값을 구하시오.

( )

☐ 일차방정식의 풀이

5-1 다음 일차방정식을 푸시오.

(1) $7x-4=5x+8$

( )

(2) $2(2x+3)=x-9$

( )

5-2 다음 일차방정식을 푸시오.

(1) $0.4x=\dfrac{1}{5}(x+1)-\dfrac{3}{2}$

( )

(2) $\dfrac{1-x}{3}-\dfrac{1}{4}=\dfrac{5}{6}x$

( )

> **쌤Tip** [초등 6-2 과정] 비례식의 성질을 이용
> 외항의 곱과 내항의 곱이 같음을 이용하여 방정식을 풀어요.
> ➡ $a:b=c:d$이면 $ad=bc$

☐ 일차방정식의 풀이

6-1 다음 비례식을 만족시키는 x의 값을 구하시오.

$$(x+1):2=3:4$$

( )

6-2 다음 비례식을 만족시키는 x의 값을 구하시오.

$$(3x-2):4=(x+1):2$$

( )

09 일차방정식의 활용

중등 연결 초등 개념

• 비와 비율

비 $3 : 5$ ➡ 비율 $\frac{3}{5}$ 또는 0.6

비와 비율

☐ **비**: 두 수를 나눗셈으로 비교하기 위해 기호 : 를 사용하여 나타낸 것

예 $3 : 5$
  └─┬→ 기준량
     └→ 비교하는 양

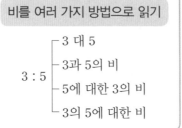

비를 여러 가지 방법으로 읽기

$3 : 5$
├ 3 대 5
├ 3과 5의 비
├ 5에 대한 3의 비
└ 3의 5에 대한 비

☐ **비율**: 기준량에 대한 비교하는 양의 크기

➡ (비교하는 양)÷(기준량)$=\dfrac{(비교하는 양)}{(기준량)}$

예 (2시간 동안 250 km를 갔을 때 걸린 시간에 대한 거리의 비율)

$=(간 거리)÷(걸린 시간)=\dfrac{(간 거리)}{(걸린 시간)}=\dfrac{250}{2}=125$ ┐
  └→ 속력

• 비율과 백분율

비율 $\xrightarrow[÷100]{×100}$ 백분율(%)

☐ **백분율**: 기준량을 **100**으로 할 때의 비율로 기호 **%**를 사용

➡ (비율)×100(%)

예 (원래 가격이 500원인 물건을 200원 싸게 팔았을 때 할인율)

$=\dfrac{(할인 가격)}{(원래 가격)}×100=\dfrac{200}{500}×100=40(\%)$

예 (소금 30 g을 녹여 소금물 200 g을 만들었을 때 소금물의 진하기)

$=\dfrac{(소금의 양)}{(소금물의 양)}×100=\dfrac{30}{200}×100=15(\%)$
  └→ 소금물의 농도

일차방정식의 활용

☐ **일차방정식의 활용 문제 풀이**

 미지수 정하기 ① 문제의 뜻을 이해하고 구하려는 값을 미지수로 놓는다.
⬇
 방정식 세우기 ② 문제의 뜻에 맞게 일차방정식을 세운다.
⬇
방정식 풀기 ③ 일차방정식을 푼다.
⬇
 확인하기 ④ 구한 해가 문제의 뜻에 맞는지 확인한다.

예 연속하는 세 자연수의 합이 45일 때, 세 자연수를 구하시오.

① 연속하는 세 자연수: $x-1$, x, $x+1$

② 세 자연수의 합이 45: $(x-1)+x+(x+1)=45$

③ $3x=45$, $x=15$

④ 따라서 연속하는 세 자연수는 14, 15, 16이다.
  └→ 문제의 답에 단위가 있으면 반드시 단위를 쓴다.

거리, 속력, 시간의 문제

☐ **거리, 속력, 시간**

(1) (거리)＝(속력)×(시간)

(2) (속력)＝$\dfrac{(거리)}{(시간)}$

(3) (시간)＝$\dfrac{(거리)}{(속력)}$

 → 거, 속, 시 중에서 구하고자 하는 것을 가리면 공식이 보인다.

• 거리, 속력, 시간의 문제는 반드시 단위를 통일한다.
예 1 km＝1000 m,
1 m＝$\dfrac{1}{1000}$ km
1시간＝60분,
1분＝$\dfrac{1}{60}$시간

• **시간과 분**
시간 $\xrightarrow[\div 60]{\times 60}$ 분

• **거리 단위**
km $\xrightarrow[\div 1000]{\times 1000}$ m

확인 집에서 학교까지 갈 때는 시속 2 km로 걷고, 올 때는 시속 4 km으로 뛰었더니 총 1시간 30분이 걸렸다. 집에서 학교까지의 거리를 구하시오.

정답및풀이 집에서 학교까지의 거리를 x km라 하면

	갈 때	올 때
거리	x km	x km
속력	시속 2 km	시속 4 km
시간	$\dfrac{x}{2}$시간	$\dfrac{x}{4}$시간

$\dfrac{x}{2}+\dfrac{x}{4}=\dfrac{3}{2}$
$2x+x=6$
$3x=6$
$\therefore x=2$ 답 2 km

농도의 문제

☐ **소금물의 농도와 소금의 양**

(1) (소금물의 농도)＝$\dfrac{(소금의 양)}{(소금물의 양)}×100(\%)$

예 (소금 20 g이 들어 있는 소금물 200 g의 농도)＝$\dfrac{20}{200}×100=10(\%)$

(2) (소금의 양)＝$\dfrac{(소금물의 농도)}{100}×(소금물의 양)$

예 (25 %의 소금물 200 g 안에 들어 있는 소금의 양)＝$\dfrac{25}{100}×200=50(g)$

• 물의 농도는 0 %, 소금의 농도는 100 %로 생각하여 계산해도 된다.

확인 10 %의 소금물 200 g에 물을 더 넣어 5 %의 소금물을 만들려고 한다. 더 넣어야 하는 물의 양을 구하시오.

정답및풀이 더 넣어야 하는 물의 양을 x g이라 할 때

	10 % 소금물		물		5 % 소금물
농도	10 %	＋	0 %	＝	5 %
소금물	200 g		x g		$(200+x)$ g
소금	$\left(\dfrac{10}{100}×200\right)$ g		0 g		$\dfrac{5}{100}×(200+x)$ g

$\dfrac{10}{100}×200+0=\dfrac{5}{100}×(200+x)$, $20=\dfrac{1}{20}(200+x)$,
$400=200+x$, $x=200$ 답 200 g

비와 비율

두 수를 나눗셈으로 비교하기 위해 기호 : 를 사용하여 나타내는 것을 $\boxed{비}$ 라 하고, 기준량에 대한 비교하는 양의 크기를 $\boxed{비율}$ 이라 한다. 이때 기준량을 100으로 할 때의 비율을 $\boxed{백분율}$ 이라 한다.

1 다음 비에서 비교하는 양과 기준량을 찾아 쓰고, 비율을 분수와 소수로 각각 나타내시오.

(1) $\boxed{3 : 8}$

   ① 기준량: (   )

     비교하는 양: (   )

   ② 비율: 분수 ➡ (   )

          소수 ➡ (   )

(2) $\boxed{7 : 10}$

   ① 기준량: (   )

     비교하는 양: (   )

   ② 비율: 분수 ➡ (   )

          소수 ➡ (   )

2 다음 비율을 구하시오.

(1) 서울에서 대구까지 3시간 동안 300 km를 갔을 때, 가는 데 걸린 시간에 대한 거리의 비율

(   )

(2) 어느 야구 선수의 전체 타수 50개 중 안타가 13개일 때, 이 선수의 타율

(   )

(3) 실제 거리 100 cm를 지도에서 2 cm으로 나타낼 때, 지도의 축척

(   )

(4) 어느 학교의 전교생 450명 중에서 여학생 250명일 때, 이 학교의 남학생의 비율

(   )

3 다음을 백분율로 나타내시오.

(1) 소금 12 g을 녹여 소금물 100 g을 만들었을 때, 소금물의 진하기

(   )

(2) 전체 300표 중에서 A후보의 득표 수는 123표일 때, A후보의 득표율

(   )

(3) 원래 가격이 7000원인 어떤 물건을 1400원 싸게 팔았을 때, 할인율

(   )

개념 으로 기초력 잡기

→ 정답 34쪽

일차방정식의 활용

일차방정식의 활용 문제를 분석한 후 '① [미지수] 정하기 → ② [방정식] 세우기 → ③ [방정식] 풀기 → ④ 확인하기' 순서로 문제를 해결한다.

1 어떤 수의 3배에서 5를 뺀 값은 그 수에 11을 더한 값과 같을 때, 어떤 수를 구하시오.

( )

2 연속하는 세 짝수의 합이 78일 때, 세 짝수 중 가장 큰 수를 구하시오.

( )

3 올해 아버지의 나이는 44세이고, 아들의 나이는 9세 이다. 아버지의 나이가 아들의 나이의 2배가 되는 것 은 몇 년 후인지 구하시오.

( )

4 한 개에 300원인 사탕과 한 개에 400원인 초콜릿을 합하여 12개를 사고 4400원을 지불하였을 때, 사탕 을 몇 개 샀는지 구하시오.

( )

5 십의 자리의 숫자가 1인 두 자리 자연수가 있다. 십 의 자리의 숫자와 일의 자리의 숫자를 바꾼 수는 처 음 수보다 27만큼 클 때, 처음 자연수를 구하시오.

( )

6 학생들에게 귤을 나누어 주는데 한 학생에게 4개씩 나누어 주면 3개가 남고, 5개씩 나누어 주면 8개가 부족하다고 할 때, 학생 수를 구하시오.

( )

Ⅱ

문자와 식

일차방정식의 활용 – 거리, 속력, 시간

① (**거리**) = (속력) × (시간)　　② (**속력**) = $\dfrac{(거리)}{(시간)}$　　③ (**시간**) = $\dfrac{(거리)}{(속력)}$

1　등산을 하는데 올라갈 때는 시속 $2\ km$로 걷고, 내려올 때는 같은 길을 시속 $3\ km$로 걸어서 총 5시간이 걸렸다. 올라간 거리를 구하시오.

(　　　　　　　)

2　집에서 학교까지 왕복하는데 갈 때는 분속 $40\ m$로, 올 때는 분속 $50\ m$로 걸어서 왔더니 총 18분이 걸렸다. 집에서 학교까지의 거리를 구하시오.

(　　　　　　　)

3　A지점에서 B지점까지 가는데 시속 $60\ km$로 버스를 타고 가면 시속 $70\ km$로 자동차를 타고 가는 것보다 13분이 더 걸린다. 이때 두 지점 A, B 사이의 거리를 구하시오.

(　　　　　　　)

4　등산을 하는데 올라갈 때는 시속 $3\ km$로 걷고, 내려올 때는 $1\ km$가 더 먼 길을 택하여 시속 $4\ km$로 걸었더니 총 7시간이 걸렸다. 올라간 거리를 구하시오.

(　　　　　　　)

일차방정식의 활용 – 소금물의 농도

① (소금물의 농도) = $\dfrac{(소금의 양)}{(소금물의 양)} \times 100(\%)$ 　　② (소금의 양) = $\dfrac{(소금물의 농도)}{100} \times (소금물의 양)$

1　20 %의 소금물 300 g에 물을 더 넣어 10 %의 소금물을 만들려고 할 때, 더 넣어야 할 물의 양을 구하시오.

(　　　　　　)

2　9 %의 소금물 400 g에서 물을 증발시켜 12 %의 소금물을 만들려고 할 때, 증발시켜야 하는 물의 양을 구하시오.

(　　　　　　)

3　6 %의 소금물 200 g에 소금을 더 넣어 20 %의 소금물을 만들려고 할 때, 더 넣어야 할 소금의 양을 구하시오.

(　　　　　　)

4　8 %의 소금물 150 g에 14 %의 소금물을 더 넣어 10 %의 소금물을 만들려고 할 때, 더 넣어야 할 14 %의 소금물의 양을 구하시오.

(　　　　　　)

☐ 연속하는 수

1-1 연속하는 두 자연수의 합이 43일 때, 두 자연수를 구하시오.

( )

1-2 연속하는 세 홀수의 합이 63일 때, 세 홀수 중 가장 작은 수를 구하시오.

( )

☐ 나이

2-1 언니와 동생의 나이의 차가 5세이고 두 사람의 나이의 합은 37세일 때, 동생의 나이를 구하시오.

( )

2-2 올해 아버지와 아들의 나이 차는 30세이다. 12년 후 아버지의 나이는 아들의 나이의 2배보다 3세가 더 많다고 할 때, 올해 아들의 나이를 구하시오.

( )

☐ 자리의 숫자

3-1 십의 자리의 숫자가 3인 두 자리 자연수가 있다. 십의 자리의 숫자와 일의 자리의 숫자를 바꾼 수는 처음 수보다 27만큼 클 때, 처음 자연수를 구하시오.

( )

3-2 일의 자리의 숫자가 4인 두 자리 자연수가 있다. 십의 자리의 숫자와 일의 자리의 숫자를 바꾼 수는 처음 수보다 9만큼 작을 때, 처음 자연수를 구하시오.

( )

◻ **과부족**

4-1 학생들에게 공책을 나누어 주는데 한 학생에게 3권 씩 나누어 주면 10권이 남고, 5권씩 나누어 주면 20권이 부족하다고 할 때, 학생 수와 공책의 수를 구하시오.

( )

4-2 친구들에게 사탕을 나누어 주는데 한 친구에게 5개 씩 나누어 주면 7개가 남고, 6개씩 나누어 주면 1개 가 부족하다고 할 때, 친구 수와 사탕의 개수를 구 하시오.

( )

◻ **거리, 속력, 시간**

5-1 등산을 하는데 올라갈 때는 시속 2 km로 걷고, 내려 올 때는 1 km가 더 가까운 길을 택하여 시속 4 km로 걸었더니 총 4시간이 걸렸다. 올라간 거리를 구하시오.

( )

5-2 집에서 서점까지의 거리는 900 m이다. 처음에는 분속 200 m로 뛰다가 중간에 분속 100 m로 걸었더니 8분 만에 도착하였을 때, 뛰어간 거리를 구하시오.

( )

◻ **소금물의 농도**

6-1 10 %의 소금물 100 g에 소금을 더 넣어 40 %의 소금물을 만들려고 할 때, 더 넣어야 할 소금의 양을 구하시오.

( )

6-2 10 %의 소금물 200 g에 15 %의 소금물을 더 넣어 13 %의 소금물을 만들려고 할 때, 더 넣어야 할 15 %의 소금물의 양을 구하시오.

( )

01 문자를 사용한 식

다음 중 문자를 사용하여 나타낸 식으로 옳지 <u>않은</u> 것은?

(   )

① 5개에 a원인 지우개 1개의 가격 ➡ $\dfrac{a}{5}$원

② 밑변의 길이가 a cm, 높이가 h cm인 삼각형의 넓이

  ➡ $\dfrac{1}{2}ah$ cm²

③ 시속 60 km로 x시간 달린 거리 ➡ $\dfrac{x}{60}$ km

④ 30개의 귤을 5명의 학생들에게 a개씩 나누어 줄 때,

  남은 귤의 개수 ➡ $(30-5a)$개

⑤ 소금물 200 g에 녹아 있는 소금이 x g일 때,

  소금물의 농도 ➡ $\dfrac{x}{2}$ %

02 곱셈, 나눗셈 기호의 생략

다음 중 $\times$, $\div$를 생략했을 때, 나머지 넷과 <u>다른</u> 하나는?

(   )

① $a \div b \div c$ ② $a \div (b \times c)$

③ $a \times \dfrac{1}{b} \times \dfrac{1}{c}$ ④ $a \div \left(b \div \dfrac{1}{c}\right)$

⑤ $a \times (b \div c)$

03 식의 값

$x=-3$일 때, 다음 중 식의 값이 가장 작은 것은?

(   )

① $-x$ ② $(-x)^3$ ③ $-2x$

④ x^3 ⑤ $-5-x^2$

04 식의 값

$-1 < a < 0$일 때, 다음 중 식의 값이 가장 작은 것은?

(   )

① a ② $-a$ ③ a^2

④ $(-a)^3$ ⑤ $\dfrac{1}{a}$

05 식의 값

$a=\dfrac{1}{2}$, $b=-\dfrac{1}{3}$, $c=-\dfrac{1}{5}$일 때, $\dfrac{1}{a}-\dfrac{1}{b}+5c$의 값을 구하시오.

(   )

06 다항식과 일차식

다항식 $5x^2-x-\dfrac{2}{3}$에서 x^2의 계수를 a, x의 계수를 b, 다항식의 차수를 c라 할 때, $a-b+c$의 값을 구하시오.

(   )

07 다항식과 일차식

다음 중 일차식을 모두 고르시오.

> ㄱ. $\dfrac{x}{2}-5$ ㄴ. 1 ㄷ. $\dfrac{2}{3x+1}$
>
> ㄹ. $1-a$ ㅁ. y^2-y^2+2y ㅂ. $3x^2$

(   )

08 일차식의 덧셈과 뺄셈

다음 중 $-3x$와 동류항인 것을 모두 고르시오.

> ㄱ. $\dfrac{2}{x}$　　ㄴ. $\dfrac{x}{5}$　　ㄷ. $-x^3$　　ㄹ. $-3a$　　ㅁ. $-x$

（　　　　　　　　　）

09 일차식의 덧셈과 뺄셈

$-2(2x-1)+8(3x-5)=Ax+B$라고 할 때, $A+B$의 값을 구하시오. (단, A, B는 상수)

（　　　　　　　　　）

10 일차식의 덧셈과 뺄셈

다항식 $x-2-[3x+\{1-(5-x)\}]$를 간단히 하였을 때, x의 계수와 상수항의 합을 구하시오.

（　　　　　　　　　）

11 분수 꼴의 일차식의 덧셈과 뺄셈

다음을 계산하시오.

> $$\dfrac{3x-1}{4}-\dfrac{5-x}{6}$$

（　　　　　　　　　）

12 등식

$a(x-3)=5x+b$가 x의 값에 관계없이 항상 참이 되는 등식일 때, 상수 a, b의 값을 각각 구하시오.

（　　　　　　　　　）

13 등식의 성질

다음 중 옳지 <u>않은</u> 것은?　　　　（　　　）

① $a=b$이면 $a-c=b-c$이다.

② $a+3=b+3$이면 $2a=2b$이다.

③ $\dfrac{a}{5}=\dfrac{b}{2}$이면 $2a=5b$이다.

④ $a=b$이면 $\dfrac{a}{c}=\dfrac{b}{c}$이다.

⑤ $a=b$이면 $1-a=1-b$이다.

14 일차방정식의 풀이

$ax+7=-x-3$이 x에 관한 일차방정식이 되기 위한 상수 a의 값으로 적당하지 <u>않은</u> 것은?　　　　（　　　）

① 0　　　　　　② -1　　　　　③ 1

④ -2　　　　　⑤ 2

대단원 **TEST**

정답 37쪽

15 일차방정식의 풀이

두 일차방정식 $5+3x=a(5-x)$, $\dfrac{4-x}{3}=\dfrac{x+3}{2}-1$의 해가 같을 때, 상수 a의 값을 구하시오.

(   )

16 일차방정식의 풀이

다음 비례식을 만족시키는 x의 값을 구하시오.

$$(x+3):(-2x-1)=1:3$$

(   )

17 일차방정식의 활용

한 개에 500원인 사과와 한 개에 700원인 배를 합하여 10개를 사고 5600원을 지불하였을 때, 사과를 몇 개 샀는지 구하시오.

(   )

18 일차방정식의 활용

쿠키를 한 상자에 7개씩 담으면 12개가 남고, 9개씩 담으면 6개가 부족하다고 할 때, 쿠키 상자의 개수와 쿠키 개수를 구하시오.

(   )

19 일차방정식의 활용

한 변의 길이가 10 cm인 정사각형의 가로의 길이는 x cm 늘이고, 세로의 길이는 3 cm 줄여서 새로운 직사각형을 만들었더니 넓이가 98 cm²가 되었다. 새로운 직사각형의 가로의 길이를 구하시오.

(   )

20 일차방정식의 활용

두 지점 A, B 사이를 자동차로 왕복하는데 갈 때는 시속 60 km로, 올 때는 시속 80 km로 달렸더니 갈 때는 올 때보다 30분이 더 걸렸다. 이때 두 지점 A, B 사이의 거리를 구하시오.

(   )

21 일차방정식의 활용

12 % 소금물 300 g에 20 %의 소금물을 더 넣어 16 %의 소금물을 만들려고 할 때, 더 넣어야 할 20 %의 소금물의 양을 구하시오.

(   )

III

좌표평면과 그래프

10 순서쌍과 좌표

• 정확하게 이해한 개념은 □안을 체크한다.
• 체크되지 않은 개념은 다시 한 번 복습하고 □안을 체크한다.

수직선 위의 점의 위치

• 원점을 점 O(Origin의 첫 글자)로 나타내기도 한다.

□ **좌표**: 수직선 위의 점이 나타내는 수를 그 점의 좌표라 하고 점 P의 좌표가 a일 때 ➡ **P(a)**

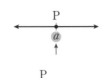

예 점 P의 좌표가 3이면 P(3)

□ **수직선에서의 원점(O)**: 좌표가 **0**인 점

> 확인
>
> 다음 수직선 위의 세 점 A, B, C의 좌표를 기호로 나타내시오.
>
> 정답및풀이 $A(-3), B\left(\dfrac{1}{2}\right), C(2)$

평면 위의 점의 위치

□ **좌표평면**

  (1) **좌표축**: 두 수직선이 점 O에서 서로 수직으로 만날 때,

      가로의 수직선 ➡ x축 ㄱ x축, y축

      세로의 수직선 ➡ y축 ㄴ 통틀어 **좌표축**

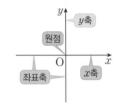

  (2) **원점(O)**: 두 좌표축이 만나는 점 ⟶ 원점의 좌표는 $(0, 0)$

  (3) **좌표평면**: 두 좌표축이 그려져 있는 평면

□ **좌표평면 위의 점의 좌표**

• 순서쌍은 두 수의 순서를 생각하여 짝 지은 것이므로 $a \neq b$이면 $(a, b) \neq (b, a)$이다.
예 $(2, 3) \neq (3, 2)$

  (1) **순서쌍**: 두 수 a, b의 순서를 정하여 (a, b)와 같이 짝 지어 나타낸 것

      예 점 A(1, 2)의 x좌표는 1이고, y좌표는 2이다.

         점 B(2, 1)의 x좌표는 2이고, y좌표는 1이다.

         순서쌍에서는 두 수의 순서가 매우 중요하다.

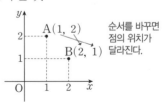

순서를 바꾸면 점의 위치가 달라진다.

  (2) **좌표평면 위의 점의 좌표**: 좌표평면에서 점 P의 위치를 나타내는 순서쌍 (a, b)를 점 P의 좌표 ➡ **P(a, b)**

           └┐ 점 P의 y좌표

             └➤ 점 P의 x좌표

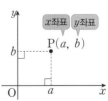

      예 점 P(2, 3)에서 x좌표는 2, y좌표는 3이다.

확인 다음 좌표평면 위의 네 점 A, B, C, D의 좌표를 기호로 나타내시오.

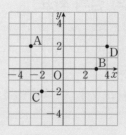

정답및풀이 A$(-3, 2)$, B$(3, 0)$, C$(-2, -2)$, D$(4, 2)$

사분면

☐ **사분면**: 좌표평면은 좌표축에 의하여 네 부분으로 나누어지는데 그 각각을

    제1사분면, 제2사분면, 제3사분면, 제4사분면

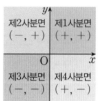

  📐 점 $\underset{+}{(1,} \underset{+}{2)}$ ➡ 제1사분면 위의 점

    점 $\underset{-}{(-1,} \underset{+}{2)}$ ➡ 제2사분면 위의 점

    점 $\underset{-}{(-1,} \underset{-}{-2)}$ ➡ 제3사분면 위의 점

    점 $\underset{+}{(1,} \underset{-}{-2)}$ ➡ 제4사분면 위의 점

확인 다음 점은 제 몇 사분면 위의 점인지 구하시오.

  (1) A$(-3, 4)$ (2) B$(5, -2)$ (3) C$(7, 3)$ (4) D$(-1, -3)$

정답및풀이 (1) 제2사분면   (2) 제4사분면   (3) 제1사분면   (4) 제3사분면

☐ **대칭인 점의 좌표**: 점 (a, b)와 🌟**중요해요**

  (1) x축에 대하여 대칭인 점의 좌표 ➡ $(a, -b)$
        └➡ y좌표 부호만 반대로

  (2) y축에 대하여 대칭인 점의 좌표 ➡ $(-a, b)$
        └➡ x좌표 부호만 반대로

  (3) 원점에 대하여 대칭인 점의 좌표 ➡ $(-a, -b)$
        └➡ x좌표, y좌표 모두 부호 반대로

  📐 점 A$(3, 2)$와

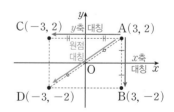

    (i) x축에 대하여 대칭인 점 B$(3, -2)$

    (ii) y축에 대하여 대칭인 점 C$(-3, 2)$

    (iii) 원점에 대하여 대칭인 점 D$(-3, -2)$

확인 점 $(-3, 5)$를 다음과 같이 대칭이동했을 때의 점의 좌표를 구하시오.

  (1) x축에 대하여 대칭   **정답및풀이** (1) $(-3, -5)$

  (2) y축에 대하여 대칭   (2) $(3, 5)$

  (3) 원점에 대하여 대칭   (3) $(3, -5)$

수직선 / 좌표평면 위의 점의 좌표

수직선 위의 점 P의 좌표가 a일 때 기호 $\boxed{P(a)}$ 로 나타내고, 좌표평면 위의 x좌표가 b이고 y좌표가 c인 점 Q의 좌표는 순서쌍을 이용하여 기호 $\boxed{Q(b,\ c)}$ 로 나타낸다.

1 다음 수직선 위의 세 점 A, B, C의 좌표를 기호로 나타내시오.

(1)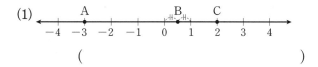

(   )

(2)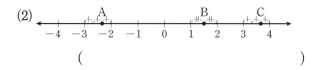

(   )

2 세 점 A, B, C를 다음 수직선 위에 나타내시오.

(1) A(-1), B(0), C(4)

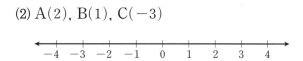

(2) A(2), B(1), C(-3)

(3) A(-2.5), B$\left(-\dfrac{1}{3}\right)$, C$\left(\dfrac{3}{2}\right)$

3 다음 좌표평면 위의 네 점 A, B, C, D의 좌표를 기호로 나타내시오.

(1)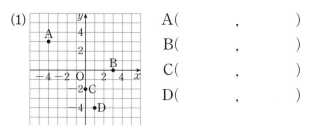

A(,   )
B(,   )
C(,   )
D(,   )

(2)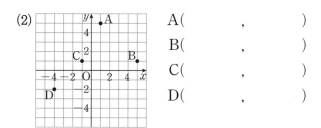

A(,   )
B(,   )
C(,   )
D(,   )

(3)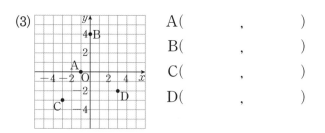

A(,   )
B(,   )
C(,   )
D(,   )

(4)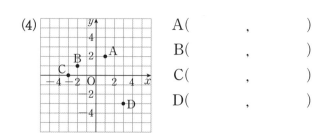

A(,   )
B(,   )
C(,   )
D(,   )

4 네 점 A, B, C, D를 다음 좌표평면 위에 나타내시오.

(1) A$(1, 1)$, B$(-3, -2)$, C$(4, 0)$, D$(0, -5)$

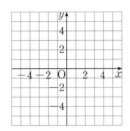

(2) A$(-2, 0)$, B$(0, 1)$, C$(-3, 4)$, D$(4, -3)$

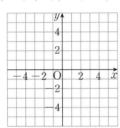

(3) A$(-5, 2)$, B$(3, 0)$, C$(-2, -2)$, D$(5, -2)$

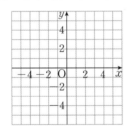

(4) A$(-4, 2)$, B$(2, -4)$, C$(1, 2)$, D$(2, 1)$

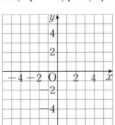

5 다음 점의 좌표를 구하시오.

(1) x좌표가 5, y좌표가 -7인 점

➡ (   )

(2) x좌표가 -8, y좌표가 -9인 점

➡ (   )

(3) x좌표가 4, y좌표가 4인 점

➡ (   )

(4) x좌표가 0, y좌표가 6인 점

➡ (   )

(5) x좌표가 -2, y좌표가 0인 점

➡ (   )

(6) x축 위에 있고 x좌표가 3인 점

➡ (   )

(7) y축 위에 있고 y좌표가 -1인 점

➡ (   )

(8) 원점

➡ (   )

Ⅲ

좌표평면과 그래프

사분면

좌표평면은 좌표축에 의하여 네 부분으로 나누어지는데 그 각각을 제1사분면 , 제2사분면 ,

제3사분면 , 제4사분면 이라 한다.

제2사분면 $(-, +)$	제1사분면 $(+, +)$
제3사분면 $(-, -)$	제4사분면 $(+, -)$

쌤Tip x축, y축, 원점 위의 점은 어느 사분면에도 속하지 않는다.

1 다음 점은 어느 사분면 위의 점인지 구하시오.

(1) $(-11, -7)$
➡ (   )

(2) $(6, -2)$
➡ (   )

(3) $(8, 6)$
➡ (   )

(4) $(-5, 0)$
➡ (   )

(5) $(-5, 4)$
➡ (   )

(6) $(0, 13)$
➡ (   )

(7) $(-1, -8)$
➡ (   )

(8) $(0, 0)$
➡ (   )

2 $a > 0$, $b > 0$일 때, 다음 점은 어느 사분면 위의 점인지 구하시오.

(1) (a, b) ➡ (   )

(2) $(-a, b)$ ➡ (   )

(3) $(-a, -b)$ ➡ (   )

(4) $(a, -b)$ ➡ (   )

3 $a < 0$, $b > 0$일 때. 다음 점은 어느 사분면 위의 점인지 구하시오.

(1) (a, b) ➡ (   )

(2) $(-a, -b)$ ➡ (   )

(3) $(ab, -b)$ ➡ (   )

대칭인 점의 좌표

점 (a, b)와 x축에 대하여 대칭인 점의 좌표는 $(a, -b)$, y축에 대하여 대칭인 점의 좌표는 $(-a, b)$, 원점에 대하여 대칭인 점의 좌표는 $(-a, -b)$ 이다.

1 점 $A(-3, 2)$와 다음에 대하여 대칭인 점을 좌표평면에 나타내고, 좌표를 구하시오.

(1) x축에 대하여 대칭인 점 B

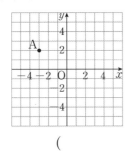

(   )

(2) y축에 대하여 대칭인 점 C

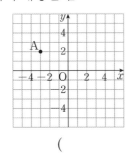

(   )

(3) 원점에 대하여 대칭인 점 D

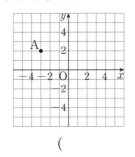

(   )

2 다음에 대하여 대칭인 점의 좌표를 구하시오.

(1) $(6, 7)$

　① x축 ➡ (   )
　② y축 ➡ (   )
　③ 원점 ➡ (   )

(2) $(2, -4)$

　① x축 ➡ (   )
　② y축 ➡ (   )
　③ 원점 ➡ (   )

(3) $(-5, -1)$

　① x축 ➡ (   )
　② y축 ➡ (   )
　③ 원점 ➡ (   )

(4) $(-3, 3)$

　① x축 ➡ (   )
　② y축 ➡ (   )
　③ 원점 ➡ (   )

III

좌표평면과 그래프

개념 으로 **실력 키우기**

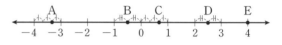

- 정확하게 이해한 유형은 ☐안을 체크한다.
- 체크되지 않은 유형은 다시 한 번 복습하고 ☐안을 체크한다.

☐ 수직선 위의 점의 좌표

1-1 다음 수직선 위의 점의 좌표를 나타낸 것으로 옳지 <u>않은</u> 것은?　　　　　　　　　　(　)

```
    A       B   C   D     E
←─●──────────┼─●─┼──●──┼───●──→
  -4  -3  -2  -1  0   1   2   3   4
```

① A(−4)　② B(−1.5)　③ C(0)

④ D($\frac{4}{3}$)　⑤ E($\frac{7}{2}$)

1-2 다음 수직선 위의 점의 좌표를 나타낸 것으로 옳은 것은?　　　　　　　　　　(　)

```
        A          B   C     D     E
←──┼──●──────┼───●─┼──┼───●───●──→
  -4  -3  -2  -1   0   1   2   3   4
```

① A(−3.3)　② B(0.5)　③ C($\frac{1}{3}$)

④ D(2.2)　⑤ E(4)

☐ 좌표평면 위의 점의 좌표

2-1 다음 중 좌표평면 위의 점의 좌표를 나타낸 것으로 옳은 것은?　　　　　　　　　　(　)

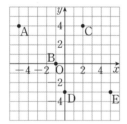

① A(−4, 4)
② B(0, −1)
③ C(2, 4)
④ D(−3, 0)
⑤ E(−3, 5)

2-2 다음 중 좌표평면 위의 점의 좌표를 나타낸 것으로 옳지 <u>않은</u> 것은?　　　　　　　　　　(　)

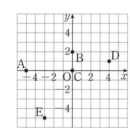

① A(−5, 0)
② B(0, 2)
③ C(0)
④ D(4, 1)
⑤ E(−3, −5)

☐ 좌표축 위의 점의 좌표

3-1 x축 위에 있고 x좌표가 −2인 점 A의 좌표가 (a, b), y축 위에 있고 y좌표가 3인 점 B의 좌표가 (c, d)일 때, $a+b+c+d$의 값을 구하시오.

(　)

3-2 점 $(5, a-1)$은 x축 위의 점이고, 점 $(2b+4, -1)$은 y축 위의 점일 때, $a+b$의 값을 구하시오.

(　)

☐ 사분면

4-1 다음 중 좌표평면 위의 점과 그 점이 속하는 사분면을 바르게 짝 지은 것은? ( )

① $(-1, -1)$, 제1사분면

② $(4, -5)$, 제2사분면

③ $(0, 2)$, 제3사분면

④ $(-6, 3)$, 제4사분면

⑤ $(7, 1)$, 제1사분면

4-2 다음 중 제2사분면 위의 점은? ( )

① $(5, 5)$ ② $(0, -7)$ ③ $(-2, -4)$

④ $(3, -6)$ ⑤ $(-2, 1)$

☐ 사분면

5-1 점 (a, b)가 제1사분면 위의 점일 때, 점 $(-a, ab)$는 어느 사분면 위의 점인지 구하시오.

( )

5-2 $a<0$, $b>0$일 때, 점 $(-b, a)$와 같은 사분면 위의 점은? ( )

① $(-6, 5)$ ② $(3, 0)$ ③ $(9, -4)$

④ $(2, 8)$ ⑤ $(-2, -1)$

☐ 대칭인 점의 좌표

6-1 두 점 A$(2, -5)$, B(a, b)가 x축에 대하여 대칭일 때, $a+b$의 값을 구하시오.

( )

6-2 두 점 A$(-4, a)$, B$(b, 6)$이 원점에 대하여 대칭일 때, a, b의 값을 구하시오.

( )

Ⅲ

좌표평면과 그래프

11 그래프

중등 연결 초등 개념

초등 5-1

규칙과 대응

☐ **두 양 사이의 관계 알아보기**

예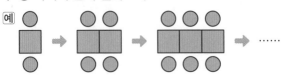

탁자의 수(개)	1	2	3	……
의자의 수(개)	2	4	6	……

➡ 의자의 수는 탁자의 수의 2배와 같다.
　 탁자의 수는 의자의 수의 반과 같다.

• **대응 관계**

한 양이 변할 때 다른 양이 그에 따라 일정하게 변하는 관계

☐ **대응 관계를 식으로 나타내기**

예

트럭의 수(대)	1	2	3	……
바퀴의 수(개)	4	8	12	……

➡ 트럭의 수를 ■, 바퀴의 수를 ▲라 하면
　 (트럭의 수)×4＝(바퀴의 수)이므로 ■×4＝▲,
　 (바퀴의 수)÷4＝(트럭의 수)이므로 ▲÷4＝■이다.

　　　　　　　　　　　　　　　　　　　＞ 식을 간단하게 나타내기 위해
　　　　　　　　　　　　　　　　　　　　 ■, ▲, ● 등과 같은 기호로
　　　　　　　　　　　　　　　　　　　　 표현할 수 있다.

그래프의 뜻과 해석

☐ **변수**: x, y와 같이 여러 가지로 변하는 값을 나타내는 문자

☐ **그래프**: 두 변수 x, y 사이의 관계를 만족하는 순서쌍 (x, y)를 좌표평면 위에 나타낸 것

그래프는 점, 직선, 곡선 등으로 나타낼 수 있다.

☐ **그래프의 이해**: 두 변수 사이의 관계를 파악

• **그래프의 이해**

두 변수 사이의 증가, 감소, 변화의 빠르기 등을 파악할 수 있다.

확인　다음 표는 길이가 10 cm인 양초에 불을 붙인 지 x분 후의 양초의 길이를 y cm로 나타낸 것이다. 표에 나타난 x와 y 사이의 관계를 그래프로 나타내시오.

x(분)	1	2	3	4	5
y(cm)	8	6	4	2	0

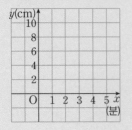

정답및풀이

초등개념 으로 기초력 잡기

규칙과 대응

한 양이 변할 때 다른 양이 그에 따라 일정하게 변하는 것을 │ 대응 │ 관계라 한다.

1 꽃의 수와 꽃잎의 수 사이의 대응 관계를 알아보려고 한다. 물음에 답하시오.

(1) 꽃의 수와 꽃잎의 수 사이의 대응 관계를 표를 이용하여 나타내시오.

꽃의 수(송이)	1	2	3	4
꽃잎의 수(장)	5			

(2) 꽃의 수를 ●, 꽃잎의 수를 ▲라고 할 때, 두 양 사이의 대응 관계를 식으로 나타내시오.

식 _____

(3) 다음 설명 중 잘못된 것을 찾아 기호를 쓰시오.

> ㉠ 꽃의 수와 꽃잎의 수 사이의 관계는 항상 일정하다.
> ㉡ 꽃의 수 ●와 꽃잎의 수 ▲는 여러 가지 수가 될 수 있다.
> ㉢ ▲는 ●와 관계없이 변할 수 있다.

( )

2 정사각형의 수와 성냥개비의 수 사이의 대응 관계를 알아보려고 한다. 물음에 답하시오.

(1) 정사각형의 수와 성냥개비의 수 사이의 대응 관계를 표를 이용하여 나타내시오.

정사각형의 수(개)	1	2	3
성냥개비의 수(개)			

(2) 정사각형의 수와 성냥개비의 수 사이의 대응 관계를 식으로 나타낼 때, 다음 ☐ 안에 알맞은 수를 써넣으시오.

(정사각형의 수) × ☐ + ☐ = (성냥개비의 수)

(3) 정사각형의 수를 ★, 성냥개비의 수를 ■라고 할 때, 두 양 사이의 대응 관계를 식으로 나타내시오.

식 _____

(4) 정사각형이 5개일 때, 성냥개비는 몇 개인지 구하시오.

( )

그래프의 뜻과 해석

두 변수 x, y 사이의 관계를 만족하는 순서쌍 (x, y)를 좌표평면 위에 나타낸 것을 **그래프** 라고 한다.

1 높이가 60 cm인 물통에서 일정한 양의 물이 빠져나가더니 몇 분 후 물통에 물이 남지 않았다고 한다. x분 후 물통의 물의 높이를 y cm라 할 때, 다음을 구하시오.

(1) 표를 완성하고, 순서쌍 (x, y)를 구하시오.

x(분)	5	10	15	20	25	30
y(cm)	50					

➡ (x, y): _____

_____

(2) (1)의 표에 나타난 x와 y 사이의 관계를 그래프로 나타내시오.

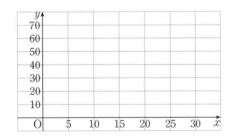

(3) 물통의 물의 높이가 20 cm가 되는 데까지 걸린 시간을 구하시오.

( )

2 물을 가열하기 시작한 지 x분 후의 물의 온도를 y ℃라 할 때, x와 y 사이의 관계를 표로 나타낸 것이다. 다음을 구하시오.

x(분)	0	2	4	6	8	10	12
y(℃)	10	20	25	40	50	65	70

(1) 위의 표에 나타난 x와 y 사이의 관계를 그래프로 나타내시오.

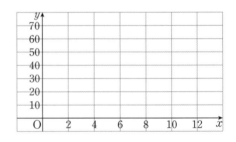

(2) 가열하기 전 물의 온도를 구하시오.

( )

(3) 가열하기 시작하여 6분이 지난 후 물의 온도는 몇 ℃ 상승하였는지 구하시오.

( )

3 두 변수 x와 y 사이의 관계를 나타낸 그래프로 알맞은 것을 고르시오.

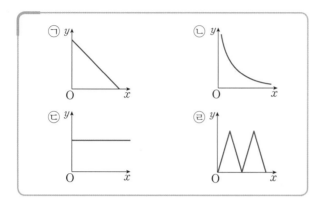

(1) x시간 동안 시속 y km의 일정한 속력으로 주행 중인 자동차가 있다.

(   )

(2) 트램펄린에서 영호가 일정하게 뛰어오르내릴 때 x초후의 높이는 y m라 한다.

(   )

(3) 뜨거운 물이 식을 때, x분 후의 물의 온도는 y ℃이다.

(   )

(4) 길이가 20 cm인 양초에 불을 붙인지 x분 후의 양초의 길이는 y cm이다.

(   )

4 다음과 같은 물병에 매초 일정한 양의 물을 넣으려고 한다. 물을 넣기 시작한 지 x초 후의 물병에 담긴 물의 높이를 y cm라고 할 때, x와 y 사이의 관계를 나타낸 그래프로 알맞은 것을 고르시오.

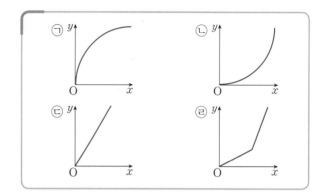

(1)

(   )

(2)

(   )

(3)

(   )

(4)

(   )

5 윤서가 집에서 서점까지 갔다가 돌아올 때, x분 후의 집으로부터의 거리 y km 사이의 관계를 그래프로 나타낸 것이다. 다음을 구하시오.

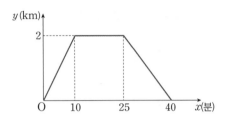

(1) 집에서 서점까지의 거리를 구하시오.

(   )

(2) 윤서가 서점에 머문 시간을 구하시오.

(   )

(3) 윤서가 서점에서 집으로 돌아오는 데 걸린 시간을 구하시오.

(   )

6 장난감 자동차가 출발 후 x초 동안 이동한 거리를 y m라 할 때, x와 y 사이의 관계를 그래프로 나타낸 것이다. 다음을 구하시오.

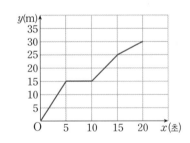

(1) 장난감 자동차가 출발 후 15 m를 이동할 때까지 걸린 시간을 구하시오.

(   )

(2) 장난감 자동차가 중간에 멈춰 있었던 시간을 구하시오.

(   )

(3) 장난감 자동차가 이동한 거리를 구하시오.

(   )

7 관람차가 출발한 지 x분 후의 높이를 y m라 할 때, x와 y 사이의 관계를 그래프로 나타낸 것이다. 다음을 구하시오.

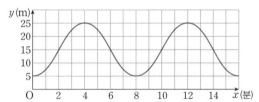

(1) 관람차가 가장 낮은 곳에 있을 때의 높이를 구하시오.

(   )

(2) 관람차가 가장 높은 곳에 있을 때의 높이를 구하시오.

(   )

(3) 관람차가 한 바퀴 회전하는 데 걸리는 시간을 구하시오.

(   )

개념으로 실력 키우기

- 정확하게 이해한 유형은 □안을 체크한다.
- 체크되지 않은 유형은 다시 한 번 복습하고 □안을 체크한다.

⊙ 정답 40쪽

□ **그래프**

1-1 오른쪽과 같은 물병에 매초 일정한 양의 물을 넣으려고 한다. 물을 넣기 시작한 지 x초 후의 물병에 담긴 물의 높이를 y cm라고 할 때, x와 y 사이의 관계를 나타낸 그래프로 알맞은 것을 고르시오.

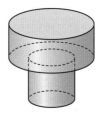

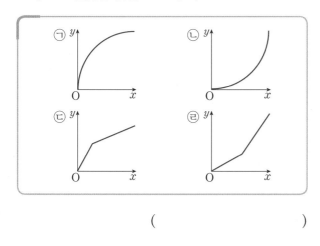

( )

1-2 다음 두 변수 x와 y 사이의 관계를 나타낸 그래프로 알맞은 것을 고르시오.

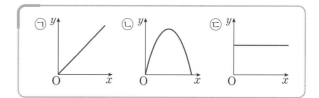

(1) 제자리 높이뛰기를 할 때, x초 후에 지면으로부터 높이 y cm

( )

(2) 일정한 속력으로 달리는 자동차가 x시간 동안 움직인 거리 y km

( )

□ **그래프**

2-1 두 지점을 왕복하는 기차가 x시간 후 출발 지점과의 거리를 y km라고 할 때, x와 y 사이의 관계를 그래프로 나타낸 것이다. 다음을 구하시오.

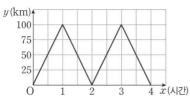

(1) 기차가 한 번 왕복하는 데 걸리는 시간을 구하시오.

( )

(2) 기차가 24시간 동안 두 지점을 왕복하는 횟수를 구하시오.

( )

2-2 유준이가 산책을 시작한 지 x분 후 집으로부터의 거리를 y km라고 할 때, x와 y 사이의 관계를 그래프로 나타낸 것이다. 다음 중 옳지 <u>않은</u> 것은?

( )

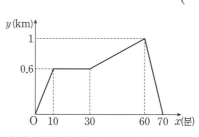

① 잠시 멈춰 쉬었던 시간은 30분이다.
② 가장 멀리 갔을 때의 거리는 1 km이다.
③ 산책하는 데 걸린 시간은 총 70분이다.
④ 산책하는 데 움직인 거리는 총 2 km이다.
⑤ 산책을 시작한 지 10분 후에 멈춰 쉬기 시작하였다.

12 정비례와 반비례

정비례 관계와 그 그래프

• 정비례 관계 $y=ax(a\neq0)$의 그래프는 항상 원점을 지나므로 원점과 다른 한 점을 연결하여 그린다.

☐ **정비례:** 두 변수 x, y에 대하여 x의 값이 2배, 3배, 4배, …로 변함에 따라 y의 값도 2배, 3배, 4배, …로 변하는 관계

➡ y는 x에 정비례한다.

➡ 정비례 관계식은 $y=ax(a\neq0)$ ⟶ $\frac{y}{x}=a$의 값이 일정하다.

[예] x의 값의 범위가 수 전체일 때, 정비례 관계 $y=2x$의 그래프

x	-2	-1	0	1	2
y	-4	-2	0	2	4

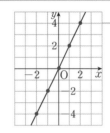

➡ x의 값이 주어지지 않으면 x의 값은 수 전체로 생각한다.

중요해요
• **그래프 위의 점** (p, q)
➡ 그래프가 점 (p, q)를 지난다.
➡ $x=p$, $y=q$를 대입하면 식이 성립한다.

확인 다음 표를 완성하고, x의 값의 범위가 수 전체일 때, 정비례 관계 $y=-2x$의 그래프를 그리시오.

x	-2	-1	0	1	2
y	4	2	0	-2	-4

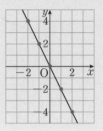

정비례 관계의 그래프의 성질 〈중요해요〉

☐ **정비례 관계 $y=ax(a\neq0)$의 그래프: 원점을 지나는 직선**

중요해요
• 정비례 관계 $y=ax(a\neq0)$의 그래프는 $|a|$의 값이 클수록 y축에 더 가깝다.

[예]
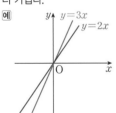

	$a>0$	$a<0$
그래프		
그래프 모양	오른쪽 위로 향하는 직선	오른쪽 아래로 향하는 직선
지나는 사분면	제1사분면, 제3사분면	제2사분면, 제4사분면
증가, 감소	x의 값이 증가하면 y의 값도 증가	x의 값이 증가하면 y의 값은 감소

확인 다음 정비례 관계의 그래프 중에서 y축에 가장 가까운 것을 고르시오.

⊙ $y=2x$ ⊙ $y=-3x$ ⊙ $y=-x$

정답및풀이 $y=ax(a\neq0)$의 그래프는 $|a|$의 값이 클수록 y축에 더 가깝다.

따라서 $|-1|<|2|<|-3|$이므로 ⊙이 y축에 가장 가깝다.

반비례 관계와 그 그래프

☐ **반비례**: 두 변수 x, y에 대하여 x의 값이 2배, 3배, 4배, …로 변함에 따라 y의 값은 $\frac{1}{2}$배, $\frac{1}{3}$배, $\frac{1}{4}$배, …로 변하는 관계

➡ y는 x에 반비례한다.

➡ 반비례 관계식은 $y = \frac{a}{x}$ $(a \neq 0)$ ⟶ $xy = a$의 값이 일정하다.

[예] x의 값의 범위가 수 전체일 때, 반비례 관계 $y = \frac{4}{x}$의 그래프

x	-4	-2	-1	1	2	4
y	-1	-2	-4	4	2	1

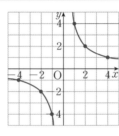

x의 값이 주어지지 않으면 x의 값은 0을 제외한 수 전체로 생각한다.

> • 반비례 관계 $y = \frac{a}{x}$ $(a \neq 0)$의 그래프는 $|a|$의 약수와 그 약수에 음의 부호를 붙인 수를 x의 값으로 하면 그래프를 그리기가 쉽다.

확인 다음 표를 완성하고, x의 값의 범위가 수 전체일 때, 반비례 관계 $y = -\frac{4}{x}$의 그래프를 그리시오.

x	-4	-2	-1	1	2	4
y	1	2	4	-4	-2	-1

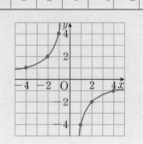

반비례 관계의 그래프의 성질 중요해요

☐ **반비례 관계 $y = \frac{a}{x}$ $(a \neq 0)$의 그래프**: 좌표축에 한없이 가까워지면서 원점에 대칭인 한 쌍의 매끄러운 곡선

⟶ 좌표축에 닿지 않는다.

> 중요해요
> • 반비례 관계 $y = \frac{a}{x}$ $(a \neq 0)$의 그래프는 $|a|$의 값이 클수록 원점에서 더 멀다.
> **[예]**
>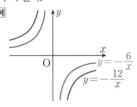
> $y = -\frac{6}{x}$
> $y = -\frac{12}{x}$

	$a > 0$	$a < 0$
그래프		
지나는 사분면	제1사분면, 제3사분면	제2사분면, 제4사분면
증가, 감소	x의 값이 증가하면 y의 값은 감소	x의 값이 증가하면 y의 값도 증가

확인 반비례 관계 $y = \frac{a}{x}$의 그래프가 점 $(3, -4)$를 지날 때, 상수 a의 값을 구하시오.

정답및풀이 $y = \frac{a}{x}$에 $x = 3$, $y = -4$를 대입하면 $-4 = \frac{a}{3}$이고 $a = -12$이다.

정비례 관계와 그 그래프

두 변수 x, y에 대하여 x의 값이 2배, 3배, 4배, …로 변함에 따라 y의 값도 2배, 3배, 4배, …로 변하는 관계가 있을 때 y는 x에 정비례 한다고 한다. 그 관계식은 $y=ax$ ($a\neq0$)이다.

1 다음 중 y가 x에 정비례하는 것은 ○표, 정비례하지 않는 것은 ×표를 하시오.

(1) $y=-5x$ ( )

(2) $y=\dfrac{x}{12}$ ( )

(3) $y=-\dfrac{3}{x}$ ( )

(4) $xy=-1$ ( )

(5) 시속 x km로 4시간 동안 이동한 거리 y km ( )

(6) 가로의 길이가 x cm이고 세로의 길이가 y cm 인 직사각형의 넓이는 20 cm^2 ( )

(7) 나이가 x살인 동생보다 3살이 더 많은 형의 나이 y살 ( )

(8) 입장료가 300원인 박물관에 x명이 입장할 때의 총 입장료 y원 ( )

(9) 10 L의 물이 담긴 물통에 매분 2 L의 물을 넣을 때, x분 후 물통의 물의 양 y L ( )

2 y가 x에 정비례하고 다음 조건을 만족시킬 때, y를 x에 대한 식으로 나타내시오.

(1) $x=-1$일 때, $y=4$

(2) $x=-15$일 때, $y=-5$

(3) $x=3$일 때, $y=-9$

(4) $x=8$일 때, $y=12$

3 표를 완성하고, 정비례 관계의 그래프를 좌표평면 위에 그리시오.

(1) $y=3x$

 쌤Tip x의 값이 5개의 정수이므로 그래프는 5개의 점이에요.

x	-2	-1	0	1	2
y					

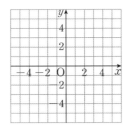

(2) $y=-3x$

x	-2	-1	0	1	2
y					

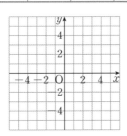

(3) $y=\dfrac{1}{2}x$

x	-4	-2	0	2	4
y					

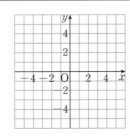

4 ☐ 안에 알맞은 수를 써넣고, 정비례 관계의 그래프가 지나는 원점과 다른 한 점을 직선으로 연결하여 그래프를 그리시오.

(1) $y=4x$

➡ 원점과 점 $(1,$ $)$를 지난다.

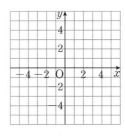

(2) $y=-2x$

➡ 원점과 점 $(1,$ ☐ $)$를 지난다.

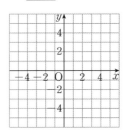

(3) $y=\dfrac{2}{3}x$

➡ 원점과 점 $(3,$ ☐ $)$를 지난다.

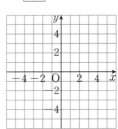

정비례 관계의 그래프의 성질

정비례 관계 $y=ax(a \neq 0)$의 그래프는 **원점** 을 지나는 직선

	$a>0$	$a<0$
그래프 모양	오른쪽 **위** 로 향하는 직선	오른쪽 **아래** 로 향하는 직선
지나는 사분면	제 **1** 사분면, 제 **3** 사분면	제 **2** 사분면, 제 **4** 사분면
증가, 감소	x의 값이 증가하면 y의 값도 **증가**	x의 값이 증가하면 y의 값은 **감소**

1 다음은 두 정비례 관계 $y=\dfrac{1}{2}x$와 $y=3x$의 그래프이다. 이 그래프에 대하여 ☐ 안에 알맞게 써넣으시오.

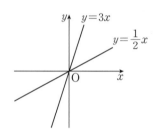

(1) 두 그래프는 모두 ☐ 을 지나는 직선이다.

(2) 오른쪽 ☐ 로 향하는 직선이다.

(3) 제 ☐ 사분면과 제 ☐ 사분면을 지난다.

(4) x의 값이 증가할 때 y의 값도 ☐ 한다.

(5) y축에 더 가까운 그래프는 $y=$ ☐ x이다.

2 다음은 두 정비례 관계 $y=-x$와 $y=-4x$의 그래프이다. 이 그래프에 대하여 ☐ 안에 알맞게 써넣으시오.

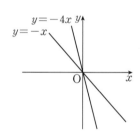

(1) 두 그래프는 모두 ☐ 을 지나는 직선이다.

(2) 오른쪽 ☐ 로 향하는 직선이다.

(3) 제 ☐ 사분면과 제 ☐ 사분면을 지난다.

(4) x의 값이 증가할 때 y의 값은 ☐ 한다.

(5) y축에 더 가까운 그래프는 $y=$ ☐ x이다.

3 정비례 관계의 그래프에 대하여 다음을 구하시오.

> ㉠ $y=x$　　㉡ $y=-16x$　　㉢ $y=-5x$
>
> ㉣ $y=\dfrac{3}{2}x$　　㉤ $y=\dfrac{x}{2}$　　㉥ $y=-\dfrac{1}{4}x$

(1) 원점을 지나는 직선의 그래프

　　　(　　　　　　　　　)

(2) 오른쪽 아래로 향하는 그래프

　　　(　　　　　　　　　)

(3) 오른쪽 위로 향하는 그래프

　　　(　　　　　　　　　)

(4) 제1사분면과 제3사분면을 지나는 그래프

　　　(　　　　　　　　　)

(5) 제2사분면과 제4사분면을 지나는 그래프

　　　(　　　　　　　　　)

(6) x의 값이 증가할 때 y의 값도 증가하는 그래프

　　　(　　　　　　　　　)

(7) x의 값이 증가할 때 y의 값은 감소하는 그래프

　　　(　　　　　　　　　)

(8) y축에 가장 가까운 그래프

　　　(　　　　　　　　　)

(9) x축에 가장 가까운 그래프

　　　(　　　　　　　　　)

쌤Tip 원점을 지나는 직선은 정비례 관계 $y=ax\,(a\neq0)$의
그래프이며 그래프 위의 점의 좌표를 식에 대입해요.

4 다음 그래프가 나타내는 식을 구하시오.

(1)

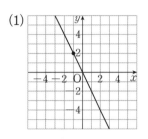

　식　

(2)

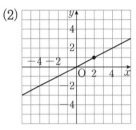

　식　

(3)

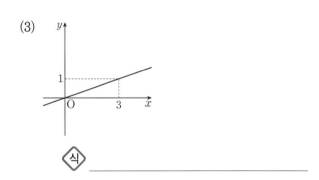

　식　＿＿＿＿＿＿＿＿＿＿

(4)

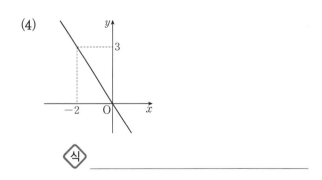

　식　＿＿＿＿＿＿＿＿＿＿

Ⅲ
좌표평면과 그래프

반비례 관계와 그 그래프

두 변수 x, y에 대하여 x의 값이 2배, 3배, 4배, $\cdots$로 변함에 따라 y의 값은 $\frac{1}{2}$배, $\frac{1}{3}$배, $\frac{1}{4}$배, $\cdots$로 변하는 관계가 있을 때 y는 x에 **반비례** 한다고 한다. 그 관계식은 $y=\dfrac{a}{x}$ ($a\neq0$)이다.

1 다음 중 y가 x에 반비례하는 것은 ○표, 반비례하지 않는 것은 ×표를 하시오.

(1) $y=-\dfrac{x}{6}$　　　　　（　　　）

(2) $y=\dfrac{8}{x}$　　　　　（　　　）

(3) $y=-\dfrac{15}{x}+1$　　　　　（　　　）

(4) $x+y=-1$　　　　　（　　　）

(5) 시속 x km로 y시간 동안 움직인 거리가 7 km
　　　　　（　　　）

(6) 소금 x g이 들어 있는 소금물 300 g의 농도는 y %　　　　　（　　　）

(7) 하루 중 낮이 x시간일 때, 밤은 y시간
　　　　　（　　　）

(8) 입장료가 y원인 박물관에 x명이 입장할 때의 총 입장료 15000원　　　　　（　　　）

(9) 한 변의 길이가 x cm인 정사각형의 둘레의 길이는 y cm　　　　　（　　　）

2 y가 x에 반비례하고 다음 조건을 만족시킬 때, y를 x에 대한 식으로 나타내시오.

(1) $x=-2$일 때, $y=9$

 _____

(2) $x=5$일 때, $y=-3$

 _____

(3) $x=-6$일 때, $y=-4$

 _____

(4) $x=1$일 때, $y=1$

→ 정답 42쪽

3 표를 완성하고, 반비례 관계의 그래프를 좌표평면 위에 그리시오.

(1) $y = -\dfrac{8}{x}$ **쌤Tip** x의 값이 4개의 정수이므로 그래프는 4개의 점이에요.

x	-4	-2	2	4
y				

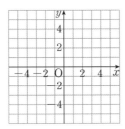

(2) $y = \dfrac{6}{x}$

x	-6	-3	-2	-1	1	2	3	6
y								

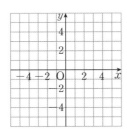

(3) $y = -\dfrac{6}{x}$

x	-6	-3	-2	-1	1	2	3	6
y								

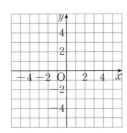

4 ☐ 안에 알맞은 수를 써넣고, 반비례 관계의 그래프가 지나는 점을 선으로 연결하여 그래프를 그리시오.

(1) $y = \dfrac{12}{x}$

→ $(-6, \boxed{})$, $(-4, \boxed{})$, $(-3, \boxed{})$,
$(-2, \boxed{})$, $(2, \boxed{})$, $(3, \boxed{})$, $(4, \boxed{})$,
$(6, \boxed{})$

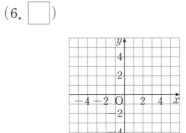

(2) $y = \dfrac{4}{x}$

→ $(-4, \boxed{})$, $(-2, \boxed{})$, $(-1, \boxed{})$,
$(1, \boxed{})$, $(2, \boxed{})$, $(4, \boxed{})$

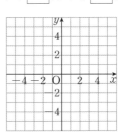

(3) $y = -\dfrac{4}{x}$

→ $(-4, \boxed{})$, $(-2, \boxed{})$, $(-1, \boxed{})$,
$(1, \boxed{})$, $(2, \boxed{})$, $(4, \boxed{})$

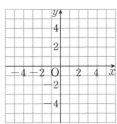

Ⅲ

좌표평면과 그래프

반비례 관계의 그래프의 성질

반비례 관계 $y=\dfrac{a}{x}(a\neq 0)$의 그래프는 $\boxed{\text{원점}}$에 대칭인 한 쌍의 매끄러운 곡선

	$a>0$	$a<0$
지나는 사분면	제 $\boxed{1}$ 사분면, 제 $\boxed{3}$ 사분면	제 $\boxed{2}$ 사분면, 제 $\boxed{4}$ 사분면
증가, 감소	x의 값이 증가하면 y의 값은 $\boxed{\text{감소}}$	x의 값이 증가하면 y의 값도 $\boxed{\text{증가}}$

1 다음은 두 반비례 관계 $y=\dfrac{4}{x}$와 $y=\dfrac{8}{x}$의 그래프이다. 이 그래프에 대하여 ☐ 안에 알맞게 써넣으시오.

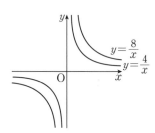

(1) 두 그래프는 모두 ☐에 대칭인 한 쌍의 매끄러운 곡선이다.

(2) 제 ☐ 사분면과 제 ☐ 사분면을 지난다.

(3) x의 값이 증가할 때 y의 값은 ☐ 한다.

(4) 원점에 더 가까운 그래프는 $y=\dfrac{\boxed{}}{x}$이다.

2 다음은 두 반비례 관계 $y=-\dfrac{1}{x}$과 $y=-\dfrac{6}{x}$의 그래프이다. 이 그래프에 대하여 ☐ 안에 알맞게 써넣으시오.

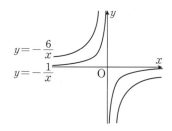

(1) 두 그래프는 모두 ☐에 대칭인 한 쌍의 매끄러운 곡선이다.

(2) 제 ☐ 사분면과 제 ☐ 사분면을 지난다.

(3) x의 값이 증가할 때 y의 값도 ☐ 한다.

(4) 원점에 더 가까운 그래프는 $y=-\dfrac{\boxed{}}{x}$이다.

3 반비례 관계의 그래프에 대하여 다음을 구하시오.

$$\textcircled{\footnotesize ㄱ}\ y = -\frac{8}{x} \qquad \textcircled{\footnotesize ㄴ}\ y = \frac{12}{x} \qquad \textcircled{\footnotesize ㄷ}\ y = -\frac{1}{x}$$

$$\textcircled{\footnotesize ㄹ}\ y = \frac{3}{x} \qquad \textcircled{\footnotesize ㅁ}\ y = \frac{4}{x} \qquad \textcircled{\footnotesize ㅂ}\ y = -\frac{35}{x}$$

(1) 원점에 대칭인 한 쌍의 곡선의 그래프

( )

(2) 제1사분면과 제3사분면을 지나는 그래프

( )

(3) 제2사분면과 제4사분면을 지나는 그래프

( )

(4) x의 값이 증가할 때 y의 값도 증가하는 그래프

( )

(5) x의 값이 증가할 때 y의 값은 감소하는 그래프

( )

(6) 원점에서 가장 먼 그래프

( )

(7) 원점에서 가장 가까운 그래프

( )

4 다음 그래프가 나타내는 식을 구하시오.

> 쌤TIP 원점에 대칭인 한 쌍의 곡선은 반비례 관계 $y=\dfrac{a}{x}\,(a\neq0)$의 그래프이며 그래프 위의 점의 좌표를 식에 대입해요.

(1)

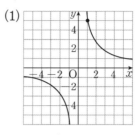

 _____

(2)

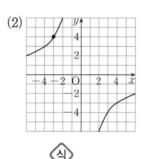

식 _____

(3)

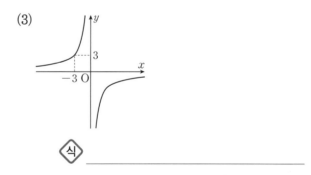

식 _____

(4)

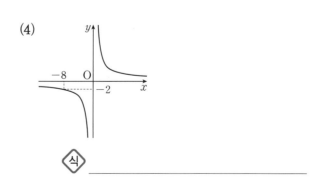

식 _____

Ⅲ

좌표평면과 그래프

☐ 정비례 관계

1-1 다음 중 y가 x에 정비례하는 것을 모두 고르시오.

> ㉠ 농도가 20 %인 소금물 x g에 녹아 있는 소금
> 의 양은 y g
> ㉡ 분속 x m로 15분 동안 걸었을 때, 이동한 거
> 리 y m
> ㉢ 30개가 들어 있는 사탕 한 봉지를 x명이 나누
> 어 먹을 때, 한 사람이 먹는 사탕은 y개

(   )

1-2 y가 x에 정비례하고 $x=-3$일 때 $y=9$이다. 이때 x와 y 사이의 관계를 식으로 나타내시오.

(   )

☐ 정비례 관계의 그래프

2-1 다음 그래프가 나타내는 식을 구하시오.

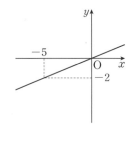

(   )

2-2 다음은 정비례 관계의 그래프이다. 물음에 답하시오.

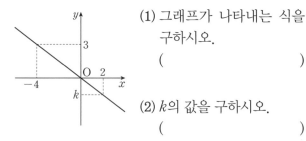

(1) 그래프가 나타내는 식을 구하시오.

(   )

(2) k의 값을 구하시오.

(   )

☐ 정비례 관계의 그래프의 성질

3-1 다음 중 정비례 관계 $y=5x$의 그래프에 대한 설명으로 옳지 <u>않은</u> 것은? (   )

① 원점을 지나는 직선이다.
② 점 $(-2, -10)$을 지난다.
③ 제2사분면과 제4사분면을 지난다.
④ x의 값이 증가하면 y의 값도 증가한다.
⑤ 정비례 관계 $y=3x$의 그래프보다 y축에 가깝다.

3-2 다음 정비례 관계의 그래프 중 y축에 가장 가까운 것은? (   )

① $y=-\dfrac{1}{2}x$ ② $y=2x$ ③ $y=4x$

④ $y=-x$ ⑤ $y=-7x$

 **반비례 관례**

4-1 다음 중 y가 x에 반비례하는 것은?　　(　　　)

① $y=x$　　② $y=-\dfrac{x}{3}$　　③ $xy=5$

④ $\dfrac{y}{x}=-12$　　⑤ $x+y=1$

4-2 y가 x에 반비례하고 $x=5$일 때 $y=-4$이다. 이때 x와 y 사이의 관계를 식으로 나타내시오.

(　　　　　　　　　　　)

반비례 관계의 그래프

5-1 다음 그래프가 나타내는 식을 구하시오.

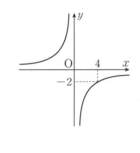

(　　　　　　　　　　　)

5-2 다음은 반비례 관계의 그래프이다. 물음에 답하시오.

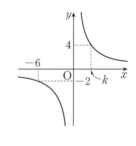

(1) 그래프가 나타내는 식을 구하시오.

(　　　　　　　)

(2) k의 값을 구하시오.

(　　　　　　　)

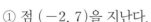 **반비례 관계의 그래프의 성질**

6-1 다음 중 반비례 관계 $y=-\dfrac{14}{x}$의 그래프에 대한 설명으로 옳지 <u>않은</u> 것은?　　(　　　)

① 점 $(-2,\ 7)$을 지난다.
② 제2사분면과 제4사분면을 지난다.
③ x의 값이 증가하면 y의 값도 증가한다.
④ 원점에 대칭인 한 쌍의 곡선의 그래프이다.
⑤ x의 값이 2배, 3배, 4배, …로 변함에 따라 y의 값도 2배, 3배, 4배, …로 변한다.

6-2 다음 중 반비례 관계 $y=\dfrac{6}{x}$의 그래프에 대한 설명으로 옳은 것은 ○표, 옳지 않은 것은 ×표를 하시오.

(1) x의 값이 증가하면 y의 값도 증가한다.

(　　　　　　　)

(2) 반비례 관계 $y=-\dfrac{5}{x}$의 그래프보다 원점에서 더 멀다.

(　　　　　　　)

Ⅲ
좌표평면과 그래프

01 수직선 위의 점의 좌표

다음 수직선 위에 두 점 A(-2), B(4)를 각각 나타내고, 두 점 사이의 거리를 구하시오.

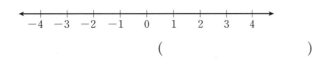

(   )

02 좌표평면 위의 점의 좌표

두 순서쌍 $(-2a, 3)$, $\left(10, \dfrac{b}{5}\right)$가 서로 같을 때, a와 b의 값을 구하시오.

(   )

03 좌표평면 위의 점의 좌표

다음 중 좌표평면 위의 점의 좌표를 나타낸 것으로 옳지 <u>않</u>은 것은? (   )

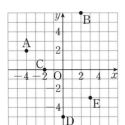

① A(-4, 2)
② B(6, 2)
③ C(-2, 0)
④ D(0, -5)
⑤ E(3, -3)

04 좌표평면 위의 점의 좌표

점 $(-1, 2a+1)$은 x축 위의 점이고, 점 $(b-4, 9)$는 y축 위의 점일 때, ab의 값을 구하시오.

(   )

05 사분면

다음 중 점의 좌표와 그 점이 속하는 사분면이 바르게 짝지어진 것은? (   )

① $(0, 7)$ ➡ 제1사분면
② $(-1, 1)$ ➡ 제4사분면
③ $(5, -3)$ ➡ 제2사분면
④ $(-4, -6)$ ➡ 제4사분면
⑤ $(2, 1)$ ➡ 제1사분면

06 사분면

다음 중 옳지 <u>않</u>은 것은? (   )

① x축 위의 점의 x좌표는 0이다.
② y축 위의 점의 x좌표는 0이다.
③ 점 $(-5, 2)$는 제2사분면 위에 있다.
④ 원점의 x좌표와 y좌표는 모두 0이다.
⑤ 좌표평면 위에는 어느 사분면에도 속하지 않는 점이 있다.

07 사분면

$a>0$, $b<0$일 때, 점 $(ab, -b)$는 어느 사분면 위의 점인지 구하시오.

(   )

08 대칭인 점의 좌표

점 P(-1, 3)과 x축에 대하여 대칭인 점을 A(a, b)라 하고, y축에 대하여 대칭인 점을 B(c, d)라 할 때, $a+b+c+d$의 값을 구하시오.

(   )

09 대칭인 점의 좌표

두 점 $(3, 2a)$와 $(-b, -4)$는 원점에 대하여 대칭일 때, a, b의 값을 구하시오.

(   )

10 그래프

다음 두 변수 x와 y 사이의 관계를 나타낸 그래프로 알맞은 것을 고르시오.

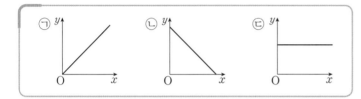

(1) x시간 동안 시속 y km로 일정하게 달리는 자동차

(   )

(2) 일정한 속력으로 걸을 때 x분 동안 움직인 거리 y m

(   )

11 그래프

서원이가 자전거를 타고 x분 동안 y km를 갔을 때, x와 y 사이의 관계를 그래프로 나타낸 것이다. 다음 중 옳지 않은 것은? (   )

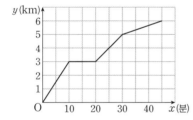

① 자전거를 타고 이동한 시간은 총 45분이다.
② 자전거를 타고 이동한 총 거리는 6 km이다.
③ 잠시 멈춰 쉬었던 시간은 10분이다.
④ 자전거를 탄 지 10분 후에 쉬기 시작했다.
⑤ 자전거를 타고 3 km를 갔을 때 쉬기 시작했다.

12 정비례 관계

다음 중 정비례 관계 $y = -\dfrac{1}{2}x$의 그래프 위의 점이 <u>아닌</u> 것은? (   )

① $(2, -1)$ ② $\left(-1, \dfrac{1}{2}\right)$ ③ $(3, -6)$

④ $(-4, 2)$ ⑤ $\left(\dfrac{1}{2}, -\dfrac{1}{4}\right)$

13 정비례 관계의 그래프의 성질

다음 중 정비례 관계 $y = -6x$의 그래프에 대한 설명으로 <u>옳지 않은</u> 것은? (   )

① 그래프는 직선이다.
② 제2사분면과 제4사분면을 지난다.
③ x의 값이 증가하면 y의 값도 증가한다.
④ 정비례 관계 $y = 5x$의 그래프보다 y축에 가깝다.
⑤ x의 값이 2배, 3배, 4배, …로 변함에 따라 y의 값도 2배, 3배, 4배, …로 변한다.

14 정비례 관계의 그래프

다음 정비례 관계의 그래프 중 x축에 가장 가까운 것은? (   )

① $y = -\dfrac{x}{3}$ ② $y = x$ ③ $y = -2x$

④ $y = \dfrac{5}{3}x$ ⑤ $y = 4x$

15 정비례 관계의 그래프

다음 정비례 관계 $y = ax$의 그래프가 두 점 $(-2, -4)$, $(k, 8)$을 지날 때, k의 값을 구하시오.

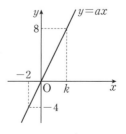

(   )

Ⅲ

좌표평면과 그래프

대단원 TEST

16 반비례 관계

다음 중 x의 값이 2배, 3배, 4배, …로 변함에 따라 y의 값은 $\frac{1}{2}$배, $\frac{1}{3}$배, $\frac{1}{4}$배, …로 변하는 관계에 있는 식은?

(   )

① $y=4x$ ② $\frac{y}{x}=-10$ ③ $y=\frac{x}{2}$

④ $xy=1$ ⑤ $y=-x+1$

17 반비례 관계의 그래프의 성질

다음 중 반비례 관계 $y=\frac{1}{x}$의 그래프에 대한 설명으로 옳지 <u>않은</u> 것은? (   )

① 점 $(-1, 1)$을 지난다.
② 원점에 대칭인 한 쌍의 곡선이다.
③ 제1사분면과 제3사분면을 지난다.
④ x의 값이 증가하면 y의 값은 감소한다.
⑤ 반비례 관계 $y=\frac{2}{x}$의 그래프보다 원점에 더 가깝다.

18 그래프의 성질

다음 중 그래프가 제4사분면을 지나는 것은 모두 몇 개인지 구하시오.

㉠ $y=-x$	㉡ $y=\frac{3}{2}x$	㉢ $xy=-5$
㉣ $y=\frac{4}{x}$	㉤ $y=-\frac{x}{6}$	㉥ $y=-\frac{1}{x}$

(   )

19 그래프의 성질

다음 중 그래프가 x의 값이 증가할 때 y의 값은 감소하는 것을 모두 고르시오.

㉠ $y=-\frac{8}{x}$	㉡ $y=3x$	㉢ $y=-x$
㉣ $y=\frac{1}{x}$	㉤ $y=\frac{12}{x}$	㉥ $y=-\frac{x}{5}$

(   )

20 반비례 관계의 그래프

다음 중 반비례 관계 $y=\frac{a}{x}$의 그래프 위에 있는 점은?

(   )

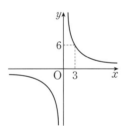

① $(2, -9)$ ② $(-9, 2)$ ③ $(6, -3)$

④ $(3, -6)$ ⑤ $(-18, -1)$

21 반비례 관계의 그래프

다음 반비례 관계의 그래프 중 원점에 가장 가까운 것은?

(   )

① $y=\frac{5}{x}$ ② $y=-\frac{1}{x}$ ③ $y=-\frac{2}{x}$

④ $y=-\frac{6}{x}$ ⑤ $y=\frac{12}{x}$

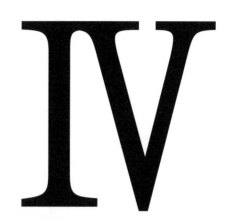

IV

도형의 기초

13 점, 선, 면, 각

선과 각의 종류, 수직과 수선

초등 3-1, 4-1, 4-2

☐ **선의 종류**

선분: 두 점을 곧게 이은 선	반직선: 한 점에서 한쪽으로 끝없이 늘인 곧은 선	직선: 양쪽으로 끝없이 늘인 곧은 선
선분 ㄱㄴ (또는 선분 ㄴㄱ)	반직선 ㄱㄴ 반직선 ㄴㄱ	직선 ㄱㄴ (또는 직선 ㄴㄱ)

→ 직각은 90°

☐ **직각보다 작은 각과 큰 각**

(1) 0°보다 크고 직각보다 작은 각 ➡ 예각

(2) 직각보다 크고 180°보다 작은 각 ➡ 둔각

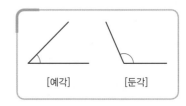

[예각]　　　[둔각]

• 각은 한 점에서 그은 두 반직선으로 이루어진 도형

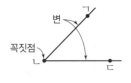

변
꼭짓점

• 0°<(예각)<90°<(둔각)<180°

• 한 직선에 대한 수선은 무수히 많이 그을 수 있다.

☐ **수직과 수선**

(1) 수직: 두 직선이 만나서 이루는 각이 직각일 때, 두 직선은 서로 수직

　　예 직선 가와 직선 나는 서로 수직

(2) 수선: 두 직선이 수직일 때, 한 직선은 다른 직선에 대한 수선
　　　　　└→ 한 직선이 다른 직선에 대한 수선이면
　　　　　　　두 직선이 이루는 각도는 90°이다.

　　예 • 직선 가는 직선 나에 대한 수선
　　　　• 직선 나는 직선 가에 대한 수선

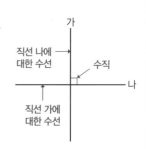

가
직선 나에 대한 수선
수직
나
직선 가에 대한 수선

점, 선, 면

☐ **도형의 기본 요소: 점, 선, 면** → 점, 선, 면으로 도형이 이루어져 있으므로 도형을 이루는 기본 요소이다.

☐ **도형의 종류**

(1) 평면도형: 한 평면 위에 있는 도형
　　예 삼각형, 원 등

(2) 입체도형: 한 평면 위에 있지 않은 도형
　　예 직육면체, 원기둥 등

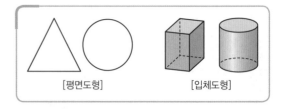

[평면도형]　　　[입체도형]

• 점이 움직이면 선이 되고 선이 움직이면 면이 된다.

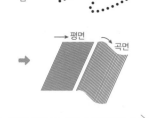

점 ➡ 직선
　　　곡선

➡ 평면
　　　곡면

• 평면도형과 입체도형에서 교점은 꼭짓점, 입체도형에서 교선은 모서리이다.

☐ **교점과 교선**

(1) 교점: 선과 선 또는 선과 면이 만나서 생기는 점

(2) 교선: 면과 면이 만나서 생기는 선

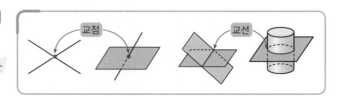

교점　　　교선

• **직선의 결정 조건**

서로 다른 두 점을 지나는 직선은 오직 하나로 결정된다.

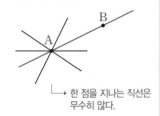

└→ 한 점을 지나는 직선은 무수히 많다.

☐ **직선, 반직선, 선분**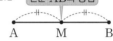

직선 AB → $\overleftrightarrow{AB}(=\overleftrightarrow{BA})$	반직선 AB → $\overrightarrow{AB}$	선분 AB → $\overline{AB}(=\overline{BA})$
서로 다른 두 점 A, B를 지나 양쪽으로 뻗은 선	점 A에서 시작하여 점 B의 방향으로 뻗은 선	직선 AB 위의 점 A에서 점 B까지의 부분
←·——·→ A B	·----·→ A B	·——· A B

└→ 두 반직선이 같으려면 시작점과 방향이 모두 같아야 한다.

☐ **두 점 사이의 거리**

(1) **두 점 A, B 사이의 거리**: 두 점 A, B를 잇는 선 중에서 길이가 가장 짧은 선인 선분 AB의 길이

[두 점 A, B 사이의 거리]

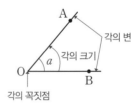

예 ① 선분 AB의 길이가 3 cm일 때, $\overline{AB}=3$ cm와 같이 나타낸다.

② 선분 AB와 선분 CD의 길이가 같을 때, $\overline{AB}=\overline{CD}$와 같이 나타낸다.

(2) **선분 AB의 중점**: 선분 AB의 길이를 이등분하는 점 M [선분 AB의 중점]

$$\Rightarrow \overline{AM}=\overline{BM}=\frac{1}{2}\overline{AB}$$

A ——|—— M ——|—— B

확인 다음 그림과 같이 직선 l 위에 세 점 A, B, C가 있을 때, ☐ 안에 = 또는 ≠를 써넣으시오.

l ·——·———·——· (1) $\overrightarrow{AB}$ ☐ $\overrightarrow{BC}$ (2) $\overrightarrow{BC}$ ☐ $\overrightarrow{CB}$
    A B   C

정답 및 풀이 (1) $\overrightarrow{AB}$, $\overrightarrow{BC}$는 모두 직선 l이므로 $\overrightarrow{AB}=\overrightarrow{BC}$이다.

(2) $\overrightarrow{BC}$, $\overrightarrow{CB}$는 시작점과 나아가는 방향이 모두 다르므로 $\overrightarrow{BC}\neq\overrightarrow{CB}$이다.

각

• 기호 ∠AOB는 각을 나타내기도 하고, 각의 크기를 나타내기도 한다.

예 ∠AOB의 크기가 30°이면 ∠AOB=30°와 같이 나타낸다.

☐ **각 AOB: 두 반직선 OA와 OB로 이루어진 도형**

$$\Rightarrow \angle AOB, \angle BOA, \angle O, \angle a$$

각의 변 / 각의 크기 / 각의 꼭짓점

☐ **각의 분류**

(1) **평각**: 각의 두 변이 꼭짓점을 중심으로 반대쪽에 있으면서 한 직선을 이루는 각, 즉 크기가 180°인 각

(2) **직각**: 평각의 크기의 $\frac{1}{2}$, 즉 크기가 90°인 각

(3) **예각**: 크기가 0°보다 크고 90°보다 작은 각

(4) **둔각**: 크기가 90°보다 크고 180°보다 작은 각

(평각)=180°	(직각)=90°	0°<(예각)<90°	90°<(둔각)<180°

└→ 평각은 각의 두 변이 한 직선을 이루는 각이다.

맞꼭지각

☐ **맞꼭지각**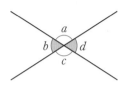

(1) 교각: 두 직선이 한 점에서 만날 때 생기는 네 개의 각
   → $\angle a$, $\angle b$, $\angle c$, $\angle d$

(2) 맞꼭지각: 교각 중에서 서로 마주 보는 각
   → $\angle a$와 $\angle c$, $\angle b$와 $\angle d$

(3) 맞꼭지각의 성질: 맞꼭지각의 크기는 서로 같다.
   → $\angle a = \angle c$, $\angle b = \angle d$

- $\angle a + \angle b = 180°$,
$\angle b + \angle c = 180°$이므로
$\angle a + \angle b = \angle b + \angle c$
∴ $\angle a = \angle c$

확인 다음은 맞꼭지각의 크기가 같음을 설명한 것이다. ☐ 안에 알맞은 것을 써넣으시오.

$\angle x + \angle z = \boxed{}°$, $\angle z + \angle y = \boxed{}°$이므로

$\angle x + \angle z = \angle z + \angle y$ ∴ $\angle x = \boxed{}$

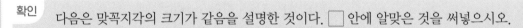

정답및풀이 180, 180, $\angle y$

수직과 수선

☐ **직교, 수직이등분선, 수선의 발**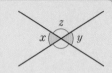

(1) 직교(수직): 두 직선 AB와 CD의 교각이 직각일 때, 두 직선은 서로 직교한다(수직이다).
   → $\overline{AB} \perp \overline{CD}$

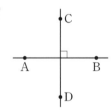

(2) 수선: 두 직선이 서로 수직일 때, 한 직선은 다른 한 직선의 수선

(3) 수직이등분선: 선분 AB의 중점 M을 지나고 그 선분에 수직인 직선 l을 선분 AB의 수직이등분선
   → $l \perp \overline{AB}$, $\overline{AM} = \overline{BM}$

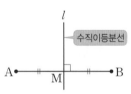

(4) 수선의 발: 직선 l 위에 있지 않은 점 P에서 직선 l에 그은 수선과 직선 l의 교점 H를 수선의 발

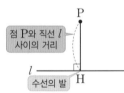

- 점 P에서 직선 l까지의 거리:
점 P에서 수선의 발 H까지의 거리
→ $\overline{PH}$의 길이

확인 다음 그림에서 점 P와 직선 l 사이의 거리를 구하시오.

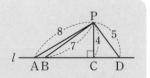

정답및풀이 점 P와 직선 l 사이의 거리를 나타내는 선분은 $\overline{PC}$이므로 4이다.

초등개념 으로 기초력 잡기

선과 각의 종류, 수직과 수선

예각은 $\boxed{0°}$ 보다 크고 직각보다 작은 각이고, 둔각은 직각보다 크고 $\boxed{180°}$ 보다 작은 각이다.

1 다음 점을 이용하여 직선, 반직선, 선분을 그어 보시오.

(1) 선분 ㄱㄴ

(2) 반직선 ㄷㄹ

(3) 반직선 ㅂㅁ

(4) 직선 ㅅㅇ

2 다음에 해당하는 각을 고르시오.

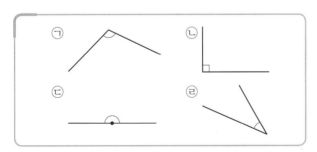

(1) 예각   (   )

(2) 둔각   (   )

3 다음 그림을 보고, ☐ 안에 알맞은 말을 써넣으시오.

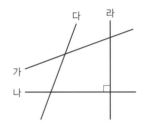

(1) 두 직선이 만나서 이루는 각이 직각일 때, 두 직선
은 서로 $\boxed{}$ 이다.

(2) 두 직선이 만나서 이루는 각이 직각인 것은 직선
$\boxed{}$ 와 직선 라이다.

(3) 직선 나와 직선 라는 서로 $\boxed{}$ 이다.

(4) 직선 나에 대한 수선은 직선 $\boxed{}$ 이다.

(5) 직선 라에 대한 수선은 직선 $\boxed{}$ 이다.

점, 선, 면

점 , 선 , 면 은 도형의 기본 요소이며, 점이 움직인 자리는 선 이 되고 선이 움직인 자리는 면 이 된다.

1 다음 중 옳은 것은 ○표, 옳지 않은 것은 ×표를 하시오.

(1) 점, 선, 면은 도형의 기본 요소이다. (   )

(2) 원과 구는 평면도형이다.   (   )

(3) 점이 움직인 자리는 선이 된다.   (   )

(4) 도형은 한 평면에서만 존재한다.   (   )

(5) 면은 무수히 많은 선으로 이루어져 있다.
(   )

(6) 한 평면 위에 있지 않은 도형은 입체도형이다.
(   )

(7) 면과 면이 만나면 교점이 생긴다.   (   )

(8) 교선은 곡선일 수 없다.   (   )

2 다음 도형에서 교점의 개수와 교선의 개수를 구하시오.

(1)
➡ 교점: ☐ 개
교선: ☐ 개

(2)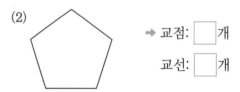
➡ 교점: ☐ 개
교선: ☐ 개

(3)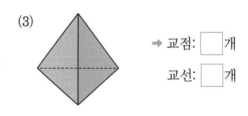
➡ 교점: ☐ 개
교선: ☐ 개

(4)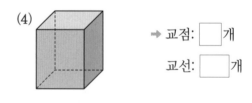
➡ 교점: ☐ 개
교선: ☐ 개

(5)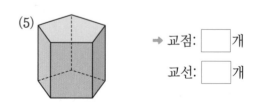
➡ 교점: ☐ 개
교선: ☐ 개

직선, 반직선, 선분

직선, 반직선, 선분은 기호로

직선 AB ➡ $\overleftrightarrow{AB}$, 반직선 AB ➡ $\overrightarrow{AB}$, 선분 AB ➡ $\overline{AB}$ 와 같이 나타낼 수 있다.

1 다음 직선, 반직선, 선분을 그림으로 나타내고, ☐ 안에 = 또는 ≠를 써넣으시오.

(1) $\overrightarrow{AB}$ ☐ $\overrightarrow{BC}$

① $\overrightarrow{AB}$ ➡ •————•————•————•————
        A   B   C   D

② $\overrightarrow{BC}$ ➡ •————•————•————•————
        A   B   C   D

(2) $\overrightarrow{CA}$ ☐ $\overrightarrow{CD}$

① $\overrightarrow{CA}$ ➡ •————•————•————•————
        A   B   C   D

② $\overrightarrow{CD}$ ➡ •————•————•————•————
        A   B   C   D

(3) $\overline{BC}$ ☐ $\overrightarrow{BD}$

① $\overline{BC}$ ➡ •————•————•————•————
        A   B   C   D

② $\overrightarrow{BD}$ ➡ •————•————•————•————
        A   B   C   D

(4) $\overline{AC}$ ☐ $\overline{CA}$

① $\overline{AC}$ ➡ •————•————•————•————
        A   B   C   D

② $\overline{CA}$ ➡ •————•————•————•————
        A   B   C   D

(5) $\overrightarrow{AD}$ ☐ $\overrightarrow{DA}$

① $\overrightarrow{AD}$ ➡ •————•————•————•————
        A   B   C   D

② $\overrightarrow{DA}$ ➡ •————•————•————•————
        A   B   C   D

(6) $\overleftrightarrow{AD}$ ☐ $\overline{AD}$

① $\overleftrightarrow{AD}$ ➡ •————•————•————•————
        A   B   C   D

② $\overline{AD}$ ➡ •————•————•————•————
        A   B   C   D

2 다음 그림과 같이 직선 l 위에 네 점 A, B, C, D가 있을 때, 설명으로 옳은 것은 ○표, 옳지 않은 것은 ×표를 하시오.

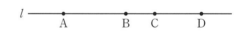

(1) $\overleftrightarrow{AC} = \overrightarrow{BD}$ (   )

(2) $\overrightarrow{AB} \neq \overrightarrow{AD}$ (   )

(3) $\overline{AC} \neq \overline{CA}$ (   )

(4) $\overrightarrow{CB} = \overrightarrow{CA}$ (   )

(5) $\overrightarrow{BD} \neq \overrightarrow{DB}$ (   )

(6) $\overleftrightarrow{BC} = l$ (   )

IV 도형의 기초

두 점 사이의 거리

선분 AB를 이등분하는 점을 선분 AB의 중점 이라 한다. ➡ $\overline{AM}=\overline{BM}=\frac{1}{2}\overline{AB}$

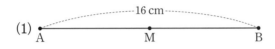

1 아래 그림에서 점 M이 $\overline{AB}$의 중점일 때, 다음을 구하시오.

(1)
A ———16 cm——— M ——— B

① $\overline{AM}$의 길이 (　　　　　　　)
② $\overline{BM}$의 길이 (　　　　　　　)
③ 두 점 A, B 사이의 거리
　　　　　　　　　(　　　　　　　)
➡ $\overline{AM}=\overline{BM}=\boxed{}\ \overline{AB}=\boxed{}$ (cm)

(2)
A ——— M ——9 cm—— B

① $\overline{AM}$의 길이 (　　　　　　　)
② $\overline{AB}$의 길이 (　　　　　　　)
③ 두 점 A, B 사이의 거리
　　　　　　　　　(　　　　　　　)
➡ $\overline{AB}=\boxed{}\ \overline{BM}=\boxed{}\ \overline{AM}=\boxed{}$ (cm)

2 아래 그림에서 점 M은 $\overline{AB}$의 중점이고, 점 N은 $\overline{AM}$의 중점일 때, 다음을 구하시오.

(1)
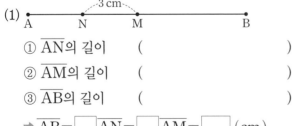
A ——— N —3 cm— M ——— B

① $\overline{AN}$의 길이 (　　　　　　　)
② $\overline{AM}$의 길이 (　　　　　　　)
③ $\overline{AB}$의 길이 (　　　　　　　)
➡ $\overline{AB}=\boxed{}\ \overline{AN}=\boxed{}\ \overline{AM}=\boxed{}$ (cm)

(2)
A ——— N ——— M —10 cm— B

① $\overline{AM}$의 길이 (　　　　　　　)
② $\overline{AN}$의 길이 (　　　　　　　)
③ $\overline{NM}$의 길이 (　　　　　　　)
➡ $\overline{AN}=\overline{NM}=\boxed{}\ \overline{AM}=\boxed{}\ \overline{AB}$

(3)
A ——— N ——— M ——24 cm—— B

① $\overline{AM}$의 길이 (　　　　　　　)
② $\overline{AN}$의 길이 (　　　　　　　)
③ $\overline{NB}$의 길이 (　　　　　　　)
➡ $\overline{NB}=\overline{AB}-\overline{AN}=\overline{AB}-\boxed{}\ \overline{AB}$

　$=\boxed{}\ \overline{AB}=\boxed{}$ (cm)

3 아래 그림에서 두 점 M, N이 $\overline{AB}$의 삼등분점일 때, 다음을 구하시오.

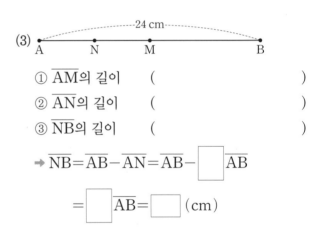
A —4 cm— M ——— N ——— B

① $\overline{MN}$의 길이 (　　　　　　　)
② $\overline{MB}$의 길이 (　　　　　　　)
③ $\overline{AB}$의 길이 (　　　　　　　)
➡ $\overline{AB}=\boxed{}\ \overline{AM}=\boxed{}$ (cm)

각

각은 다음과 같이 분류할 수 있다.

(평각)=180°	(직각)=90°	0°<(예각)<90°	90°<(둔각)<180°

1 다음 중 옳은 것은 ○표, 옳지 않은 것은 ×표를 하시오.

(1) 예각은 90°보다 작은 각이다. ( )

(2) 둔각은 90°보다 큰 각이다. ( )

(3) 평각은 직각의 크기의 2배이다. ( )

(4) ∠AOB와 ∠BOA는 서로 다른 각이다.
( )

2 다음에 해당하는 각을 모두 고르시오.

| ㉠ 30° | ㉡ 89° | ㉢ 155° | ㉣ 90° |
| ㉤ 92° | ㉥ 180° | ㉦ 65° | ㉧ 100° |

(1) 예각 ( )

(2) 직각 ( )

(3) 둔각 ( )

(4) 평각 ( )

3 다음 그림에서 ∠x의 크기를 구하시오.

(1)
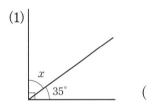
( )

(2)
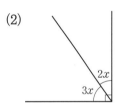
( )

(3)
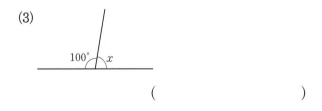
( )

(4)
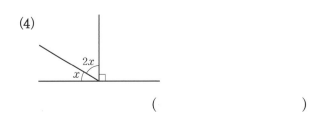
( )

맞꼭지각

두 직선이 한 점에서 만날 때 생기는 교각 중에서 서로 마주 보는 각을 맞꼭지각 이라 하고, 그 크기는 서로 같다.

1 오른쪽 그림에서 세 직선이 한 점 O에서 만날 때, 다음 각의 맞꼭지각을 구하시오.

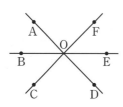

(1) ∠AOB   (   )

(2) ∠AOC   (   )

(3) ∠COD   (   )

(4) ∠BOD   (   )

2 다음 그림에서 ∠x의 크기를 구하시오.

(1)

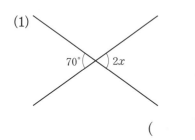

(   )

(2)

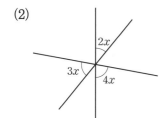

(   )

(3)

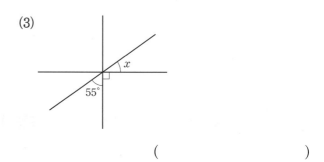

(   )

3 다음 그림에서 ∠x, ∠y의 크기를 구하시오.

(1)

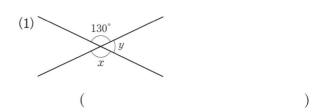

(   )

(2)

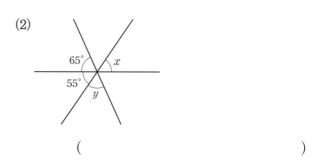

(   )

(3)

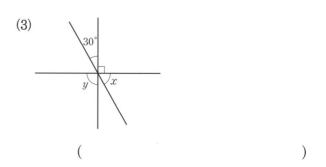

(   )

수직과 수선

두 직선 AB와 CD의 교각이 직각일 때, 두 직선은 서로 | 직교 | 한다(수직이다)고 한다. → $\overleftrightarrow{AB}$ | ⊥ | $\overleftrightarrow{CD}$

1 다음 그림을 보고, ☐ 안에 알맞게 써넣으시오.

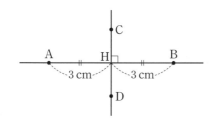

(1) $\overleftrightarrow{AB}$와 $\overleftrightarrow{CD}$는 ☐ 한다.

→ 기호로 $\overleftrightarrow{AB}$ ☐ $\overleftrightarrow{CD}$

(2) $\overleftrightarrow{AB}⊥\overleftrightarrow{CD}$, $\overline{AH}=\overline{BH}$이므로

$\overleftrightarrow{CD}$는 $\overline{AB}$의 ☐ 이다.

(3) $\overleftrightarrow{AB}$의 수선은 ☐ 이고,

$\overleftrightarrow{CD}$의 수선은 ☐ 이다.

(4) 점 C에서 $\overleftrightarrow{AB}$에 내린 수선의 발은 점 ☐ 이다.

(5) 점 A와 $\overleftrightarrow{CD}$ 사이의 거리는 ☐ cm이다.

2 다음 그림을 보고, ☐ 안에 알맞게 써넣으시오.

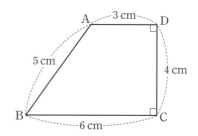

(1) $\overline{AD}$와 ☐ 는 서로 직교하고

기호로 $\overline{AD}⊥$ ☐ 와 같이 나타낸다.

(2) 점 B에서 $\overline{CD}$에 내린 수선의 발은 점 ☐ 이다.

(3) 점 B와 $\overline{CD}$ 사이의 거리는 ☐ cm이다.

(4) 점 A와 $\overline{BC}$ 사이의 거리는 ☐ cm이다.

(5) $\overline{AD}$의 수선은 ☐ 이고,

$\overline{BC}$의 수선은 ☐ 이다.

개념으로 **실력 키우기**

• 정확하게 이해한 유형은 ☐안을 체크한다.
• 체크되지 않은 유형은 다시 한 번 복습하고 ☐안을 체크한다.

☐ **교점과 교선**

1-1 오른쪽 그림과 같은 직육면
체에서 교점의 개수를 a개,
교선의 개수를 b개, 면의 개수
를 c개라고 할 때, $a+b+c$
의 값을 구하시오.

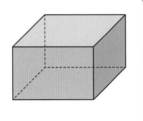

(   )

1-2 오른쪽 그림과 같은 오각형에 대
하여 다음을 구하시오.

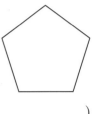

(1) 평면도형인지 입체도형인지
구하시오.

(   )

(2) 교점의 개수를 구하시오.

(   )

(3) 교선의 개수를 구하시오.

(   )

☐ **직선, 반직선, 선분**

2-1 아래 그림과 같이 직선 l 위에 네 점 A, B, C, D가
있을 때, 다음 중 옳지 <u>않은</u> 것은?   (   )

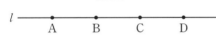

① $\overrightarrow{AB}=\overrightarrow{CD}$ ② $\overrightarrow{BC}=\overrightarrow{BD}$
③ $\overline{BD}=\overline{DB}$ ④ $\overrightarrow{CA}=\overrightarrow{CD}$
⑤ $\overleftrightarrow{AC}=l$

2-2 아래 그림과 같이 세 점 A, B, C가 한 직선 위에
있을 때, 다음 ☐ 안에 = 또는 ≠를 써넣으시오.

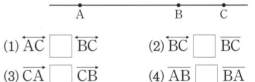

(1) $\overleftrightarrow{AC}$ ☐ $\overleftrightarrow{BC}$ (2) $\overrightarrow{BC}$ ☐ $\overline{BC}$
(3) $\overrightarrow{CA}$ ☐ $\overrightarrow{CB}$ (4) $\overline{AB}$ ☐ $\overline{BA}$

☐ **두 점 사이의 거리**

3-1 다음 그림에서 두 점 M, N은 각각 $\overline{AB}$, $\overline{AM}$의 중점
이고 $\overline{AN}=2$ cm일 때, $\overline{NB}$의 길이를 구하시오.

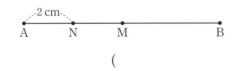

(   )

3-2 다음 그림에서 두 점 M, N은 각각 $\overline{AB}$, $\overline{BC}$의 중점
이고 $\overline{MN}=5$ cm일 때, $\overline{AC}$의 길이를 구하시오.

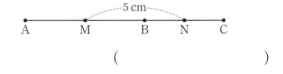

(   )

팸Tip [초등 6-2 과정] 비례배분 $x+y=\blacksquare$, $x:y=a:b$이면
➡ $x=\blacksquare\times\dfrac{a}{a+b}$, $y=\blacksquare\times\dfrac{b}{a+b}$

☐ 각

4-1 다음에 해당하는 각을 모두 고르시오.

| ㉠ 0° | ㉡ 95° | ㉢ 110° |
| ㉣ 180° | ㉤ 23° | ㉥ 90° |

(1) 예각

( )

(2) 둔각

( )

4-2 다음 그림에서 $\angle x : \angle y = 1 : 2$일 때, $\angle x$의 크기를 구하시오.

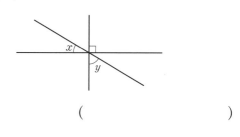

( )

☐ 맞꼭지각

5-1 다음 그림과 같이 세 직선이 한 점에서 만날 때, $\angle x$의 크기를 구하시오.

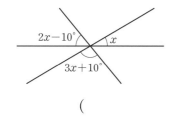

( )

5-2 다음 그림에서 $\angle x$, $\angle y$의 크기를 각각 구하시오.

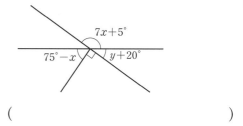

( )

☐ 수직과 수선

6-1 오른쪽 그림과 같이 두 직선 AB와 CD가 서로 수직일 때, 다음 중 옳지 <u>않은</u> 것은?

( )

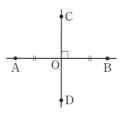

① $\overleftrightarrow{AB}\perp\overleftrightarrow{CD}$
② $\angle AOD=90°$
③ $\overleftrightarrow{AB}$의 수선은 $\overleftrightarrow{CD}$이다.
④ $\overleftrightarrow{CD}$는 $\overleftrightarrow{AB}$의 수직이등분선이다.
⑤ 점 A에서 $\overleftrightarrow{CD}$에 내린 수선의 발은 $\overleftrightarrow{AB}$이다.

6-2 오른쪽 삼각형 ABC에 대하여 다음을 구하시오.

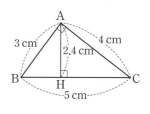

(1) 점 A와 $\overline{BC}$ 사이의 거리

( )

(2) 점 C와 $\overline{AB}$ 사이의 거리

( )

14 점, 직선, 평면의 위치 관계

- 정확하게 이해한 개념은 ☐안을 체크한다.
- 체크되지 않은 개념은 다시 한 번 복습하고 ☐안을 체크한다.

 중등 연결 초등 개념

초등 4-2

평행, 평행선 사이의 거리

☐ **평행**: 한 직선에 수직인 두 직선을 그었을 때, 그 두 직선은 서로 만나지 않으며 평행하다고 한다.

예 평행한 두 직선 나와 다
　　└→ 평행한 두 직선을 평행선이라고 한다.

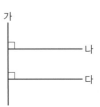

- **평행선 사이의 거리 재기**

➡ 평행선 사이의 거리는 2 cm이다.

☐ **평행선 사이의 거리**: 평행선 사이의 수선의 길이
　　　　　　　　　　└→ 평행선 사이의 거리
➡ 두 직선의 평행선 사이의 거리는 모두 같다.

평행선 사이의 거리

두 직선의 위치 관계

☐ **점과 직선의 위치 관계**

(1) 점 A는 직선 l 위에 있다. ──→ 직선 l이 점 A를 지난다.

(2) 점 B는 직선 l 위에 있지 않다. ──→ 직선 l이 점 B를 지나지 않는다.

B •

l ────•──── A

☐ **평면에서 두 직선의 위치 관계**

 중요해요

- **평면의 결정 조건**
① 한 직선 위에 있지 않은 세 점
② 한 직선과 그 직선 위에 있지 않은 한 점
③ 한 점에서 만나는 두 직선
④ 평행한 두 직선

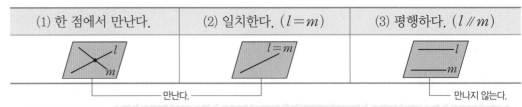

(1) 한 점에서 만난다.	(2) 일치한다. ($l=m$)	(3) 평행하다. ($l /\!/ m$)

➡ 두 직선의 평행: 한 평면 위에 있는 두 직선 l, m이 만나지 않을 때, 두 직선 l, m은 평행하다고 하고, 기호로 $l /\!/ m$과 같이 나타낸다.
　　　　　　　　　　└→ 평행한 두 직선을 평행선이라고 한다.

☐ **공간에서 두 직선의 위치 관계**　　　　　　　　 중요해요

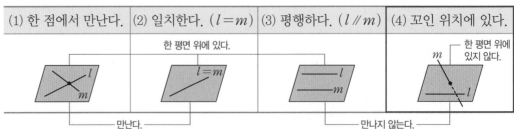

(1) 한 점에서 만난다.	(2) 일치한다. ($l=m$)	(3) 평행하다. ($l /\!/ m$)	(4) 꼬인 위치에 있다.

➡ 꼬인 위치: 공간에서 두 직선이 ① 만나지도 않고 ② 평행하지도 않을 때, 두 직선은 꼬인 위치에 있다고 한다.

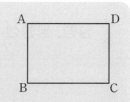

확인 오른쪽 그림과 같은 직사각형 ABCD에서 다음을 구하시오.
(1) 변 AB와 변 AD의 위치 관계
(2) 변 AB와 변 DC의 위치 관계

정답및풀이 (1) 한 점에서 만난다. (2) 평행하다.

직선과 평면의 위치 관계

☐ **공간에서 직선과 평면의 위치 관계**

• **직선과 평면의 평행**
공간에서 직선 l과 평면 P가 만나지 않을 때, 직선 l과 평면 P는 서로 평행 ➡ $l /\!/ P$

(1) 한 점에서 만난다.	(2) 직선이 평면에 포함된다.	(3) 평행하다. ($l /\!/ P$)

만난다. ——— 만나지 않는다.

➡ **직선과 평면의 수직**: 직선 l이 평면 P와 한 점 H에서 만나고, 점 H를 지나는 평면 P 위의 모든 직선과 수직일 때, 직선 l과 평면 P는 서로 수직이다 또는 직교한다고 하고, 기호로 $l \perp P$와 같이 나타낸다.

점 A와 평면 P 사이의 거리는 $\overline{AH}$ ◀

☐ **공간에서 두 평면의 위치 관계**

• **두 평면의 평행**
공간에서 두 평면 P, Q가 만나지 않을 때, 두 평면 P, Q는 서로 평행 ➡ $P /\!/ Q$

(1) 한 직선에서 만난다.	(2) 일치한다. ($P=Q$)	(3) 평행하다. ($P /\!/ Q$)

만난다. ——— 만나지 않는다.

➡ **두 평면의 수직**: 평면 P가 평면 Q에 수직인 직선 l을 포함할 때, 평면 P와 평면 Q는 서로 수직이다 또는 직교한다고 하고, 기호로 $P \perp Q$와 같이 나타낸다.

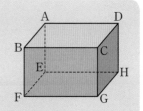

확인 오른쪽 그림과 같은 직육면체에서 다음을 구하시오.
(1) 면 ABCD와 모서리 BF의 위치 관계
(2) 면 ABCD와 면 EFGH의 위치 관계

정답및풀이 (1) 한 점에서 만난다. (2) 평행하다.

평행, 평행선 사이의 거리

한 직선에 수직인 두 직선을 그었을 때, 그 두 직선은 서로 만나지 않으며 평행 하다고 한다. 이때 평행한 두 직선을 평행선 이라고 한다.

1 다음 그림을 보고, □ 안에 알맞은 말을 써넣으시오.

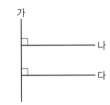

(1) 직선 가의 수선은 직선 □ 와 직선 □ 이다.

(2) 두 직선 나와 다는 서로 만나지 않으므로 □ 하다.

(3) 평행한 두 직선 나와 다를 □ 이라고 한다.

2 다음 도형에서 서로 평행한 변을 찾아 쓰시오.

(1)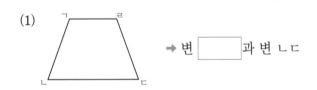

➡ 변 □ 과 변 ㄴㄷ

(2)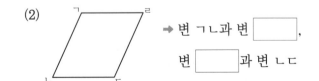

➡ 변 ㄱㄴ과 변 □ ,
변 □ 과 변 ㄴㄷ

3 다음 그림을 보고, □ 안에 알맞게 써넣으시오.

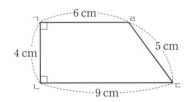

(1) 변 ㄱㄹ과 변 ㄴㄷ은 변 □ 과 수직이다.

(2) 평행한 두 변 ㄱㄹ과 ㄴㄷ을 □ 이라고 한다.

(3) 사다리꼴 ㄱㄴㄷㄹ에서 평행선은 모두 □ 쌍이다.

(4) 평행선 사이의 거리는 □ cm이다.

4 다음 그림에서 두 직선 가와 나는 서로 평행하다. 평행선 사이의 거리를 구하시오.

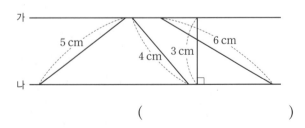

( )

개념으로 기초력 잡기

점과 직선의 위치 관계, 평면에서 두 직선의 위치 관계

평면에서 두 직선의 위치 관계는 '① 한 점 에서 만난다. ② 일치한다. ③ 평행 하다.'이고, 한 평면 위에서 만나지 않은 두 직선을 평행 하다고 한다.

1 오른쪽 그림에 대한 설명으로 옳은 것은 ○표, 옳지 않은 것은 ×표를 하시오.

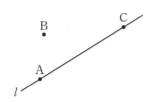

(1) 직선 l 위에 점 A가 있다. (　　　)

(2) 점 C는 직선 l 위에 있지 않다. (　　　)

(3) 직선 l은 점 B를 지나지 않는다. (　　　)

(4) 직선 l은 점 A와 점 C를 지난다. (　　　)

2 오른쪽 그림과 같은 직육면체에서 다음을 구하시오.

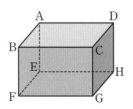

(1) 꼭짓점 A를 지나는 모서리를 모두 구하시오.
(　　　　　　　　　)

(2) 모서리 FG 위에 있는 꼭짓점을 모두 구하시오.
(　　　　　　　　　)

(3) 면 ABCD 위에 있는 꼭짓점을 모두 구하시오.
(　　　　　　　　　)

3 오른쪽 그림과 같은 직사각형에서 다음을 구하시오.

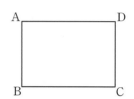

(1) 변 AB와 평행한 변을 구하시오.
(　　　　　　　　　)

(2) 변 AB와 한 점에서 만나는 변을 구하시오.
(　　　　　　　　　)

4 오른쪽 그림과 같은 정육각형에서 각 변을 연장한 직선에 대하여 다음을 구하시오.

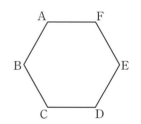

(1) 직선 AB와 평행한 직선을 구하시오.
(　　　　　　　　　)

(2) 직선 AB와 한 점에서 만나는 직선을 구하시오.
(　　　　　　　　　)

(3) 직선 CD와 만나지 않는 직선을 구하시오.
(　　　　　　　　　)

(4) 직선 CD와 한 점에서 만나는 직선을 구하시오.
(　　　　　　　　　)

Ⅳ

도형의 기초

공간에서 두 직선의 위치 관계

공간에서 두 직선의 위치 관계는 '① 한 점 에서 만난다. ② 일치한다. ③ 평행하다. ④ 꼬인 위치 에 있다.'이고,

이때 공간에서 ① 만나지도 않고 ② 평행하지도 않은 두 직선을 꼬인 위치 에 있다고 한다.

1 다음 중 공간에서 두 직선의 위치 관계를 나타낸 직육면체의 모서리를 구하시오.

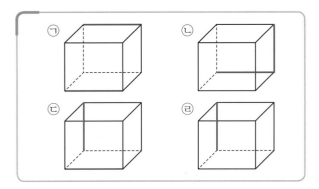

(1) 한 점에서 만난다.　(　　　　　)
(2) 일치한다.　(　　　　　)
(3) 평행하다.　(　　　　　)
(4) 꼬인 위치에 있다.　(　　　　　)

(2)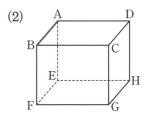

① 모서리 AB와 만나는 모서리를 그리시오.
② 모서리 AB와 평행한 모서리를 그리시오.
③ 모서리 AB와 꼬인 위치에 있는 모서리를 구하시오.
(　　　　　　　　　　)

2 입체도형에 각 모서리를 그리고, 다음을 구하시오.

(1)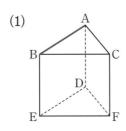

① 모서리 AB와 만나는 모서리를 그리시오.
② 모서리 AB와 평행한 모서리를 그리시오.
③ 모서리 AB와 꼬인 위치에 있는 모서리를 구하시오.
(　　　　　　　　　　)

(3)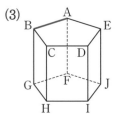

① 모서리 AB와 만나는 모서리를 그리시오.
② 모서리 AB와 평행한 모서리를 그리시오.
③ 모서리 AB와 꼬인 위치에 있는 모서리를 구하시오.
(　　　　　　　　　　)

공간에서 직선과 평면의 위치 관계, 공간에서 두 평면의 위치 관계

공간에서 직선과 평면의 위치 관계는 '① 한 점 에서 만난다. ② 직선이 평면에 포함된다. ③ 평행 하다.'이고,
두 평면의 위치 관계는 '① 한 직선 에서 만난다. ② 일치한다. ③ 평행 하다.'이다.

1 오른쪽 그림과 같은 직육면체에서 다음을 구하시오.

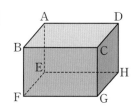

(1) 면 ABCD와 한 점에서 만나는 모서리를 구하시오.
( )

(2) 면 EFGH에 포함되는 모서리를 구하시오.
( )

(3) 면 AEHD와 평행한 모서리를 구하시오.
( )

2 오른쪽 그림과 같은 오각기둥에서 다음을 구하시오.

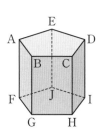

(1) 모서리 AF와 수직인 면을 구하시오.
( )

(2) 모서리 CD를 포함하는 면을 구하시오.
( )

(3) 모서리 HI와 평행한 면을 구하시오.
( )

3 오른쪽 그림과 같은 직육면체에서 다음을 구하시오.

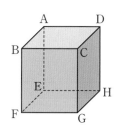

(1) 면 ABCD와 만나는 면을 구하시오.
( )

(2) 면 ABFE와 평행한 면을 구하시오.
( )

4 오른쪽 그림과 같은 육각기둥에서 다음을 구하시오.

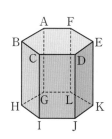

(1) 면 GHIJKL과 수직인 면은 몇 개인지 구하시오.
( )

(2) 면 ABHG와 만나는 면은 몇 개인지 구하시오.
( )

(3) 면 ABCDEF와 평행한 면을 구하시오.
( )

(4) 면 BCIH와 평행한 면을 구하시오.
( )

개념으로 **실력 키우기**

- 정확하게 이해한 유형은 □ 안을 체크한다.
- 체크되지 않은 유형은 다시 한 번 복습하고 □ 안을 체크한다.

□ 점과 직선, 점과 평면의 위치 관계

1-1 오른쪽 그림에 대한 설명으로 옳지 <u>않은</u> 것은? (　　)

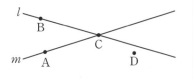

① 직선 l은 점 C를 지난다.

② 직선 m은 점 C를 지나지 않는다.

③ 점 A와 점 C는 직선 m 위에 있다.

④ 점 B와 점 C는 직선 l 위에 있다.

⑤ 직선 l과 직선 m은 점 D를 지나지 않는다.

1-2 오른쪽 그림에서 다음을 구하시오.

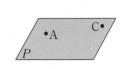

(1) 평면 P 위에 있는 점을 구하시오.

(　　　　　　　　　　　)

(2) 평면 P 위에 있지 않은 점을 구하시오.

(　　　　　　　　　　　)

□ 평면에서 두 직선의 위치 관계

2-1 오른쪽 그림과 같은 정팔각형에서 각 변을 연장한 직선에 대하여 다음을 구하시오.

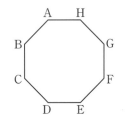

(1) 직선 AB와 만나는 직선을 구하시오.

(　　　　　　　　　　　)

(2) 직선 DE와 만나지 않는 직선을 구하시오.

(　　　　　　　　　　　)

2-2 오른쪽 그림과 같은 사다리꼴 ABCD에 대하여 옳은 것은 ○표, 옳지 않은 것은 ×표를 하시오.

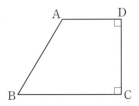

(1) 직선 AB와 직선 CD는 만나지 않는다.

(　　　　)

(2) 직선 AD와 직선 BC는 평행하다. (　　　　)

(3) 점 A에서 직선 CD에 내린 수선의 발은 직선 AD이다. (　　　　)

□ 공간에서 두 직선의 위치 관계

3-1 다음 중 평면 위에 있는 두 직선의 위치 관계가 <u>아닌</u> 것은? (　　)

① 일치한다.　　　② 평행하다.

③ 수직이다.　　　④ 한 점에서 만난다.

⑤ 꼬인 위치에 있다.

3-2 오른쪽 그림과 같은 육각기둥에서 모서리 AF와 꼬인 위치에 있는 모서리의 개수를 a개, 모서리 BH와 평행한 모서리의 개수를 b개라 할 때, $a+b$의 값을 구하시오.

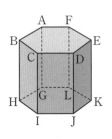

(　　　　　　　　　　　)

☐ **공간에서 직선과 평면의 위치 관계**

4-1 오른쪽 그림과 같은 삼각기둥에서 면 ABC와 평행한 모서리의 개수를 a개, 수직인 모서리의 개수를 b개라 할 때, $a+b$의 값을 구하시오.

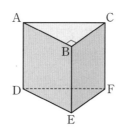

( )

4-2 오른쪽 그림과 같은 삼각기둥에 대하여 다음을 구하시오.

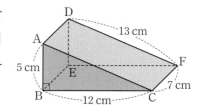

(1) 점 B와 면 DEF 사이의 거리를 구하시오.

( )

(2) 모서리 AC를 포함한 면을 구하시오.

( )

☐ **공간에서 두 평면의 위치 관계**

5-1 오른쪽 그림과 같은 직육면체에서 다음을 구하시오.

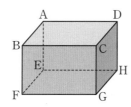

(1) 모서리 EF를 교선으로 하는 두 면을 구하시오.

( )

(2) 면 CGHD와 수직인 면은 몇 개인지 구하시오.

( )

5-2 오른쪽 그림과 같은 삼각기둥에서 다음을 구하시오.

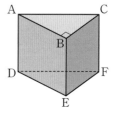

(1) 면 DEF와 평행한 면을 구하시오.

( )

(2) 면 BEFC와 수직인 면은 몇 개인지 구하시오.

( )

☐ **여러 가지 위치 관계** ⭐중요해요

6-1 서로 다른 세 평면 P, Q, R에 대하여 다음 ☐ 안에 알맞은 기호를 써넣으시오.

$P \perp Q$이고 $Q /\!/ R$이면 P ☐ R이다.

6-2 공간에서 서로 다른 세 직선 l, m, n과 서로 다른 두 평면 P, Q에 대하여 옳은 것을 모두 고르시오.

㉠ $l /\!/ m$이고 $l \perp n$이면 $m /\!/ n$이다.
㉡ $l \perp P$이고 $l \perp Q$이면 $P /\!/ Q$이다.
㉢ $l /\!/ P$이고 $m /\!/ P$이면 $l /\!/ m$이다.

( )

IV

도형의 기초

15 동위각과 엇각

• 정확하게 이해한 개념은 ☐안을 체크한다.
• 체크되지 않은 개념은 다시 한 번 복습하고 ☐안을 체크한다.

동위각과 엇각

• 동측 내각
같은 쪽의 안쪽에 있는 각
예 ∠b와 ∠e, ∠c와 ∠h

☐ 서로 다른 두 직선이 한 직선과 만나서 생기는 각 중에서

(1) 동위각: 서로 같은 위치에 있는 두 각

➡ ∠a와 ∠e, ∠b와 ∠f, ∠c와 ∠g, ∠d와 ∠h

(2) 엇각: 서로 엇갈린 위치에 있는 두 각

➡ ∠b와 ∠h, ∠c와 ∠e

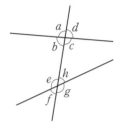

확인 오른쪽 그림을 보고 다음 각의 크기를 구하시오.

(1) ∠a의 동위각   (2) ∠b의 엇각

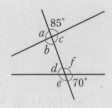

정답 및 풀이   (1) ∠a의 동위각은 ∠d이므로 ∠d=70°(맞꼭지각)

(2) ∠b의 엇각은 ∠f이므로 ∠f=180°-70°=110°

평행선의 성질

• 두 직선이 평행할 때 동측 내각의 합은 180°이다.

➡

l ———— a ⟋ b
m ———— c

$l /\!/ m$이면
$\angle a + \angle b = 180°$
$\angle a = \angle c$ (엇각)
∴ $\angle c + \angle b = 180°$

☐ **평행선의 성질: 평행한 두 직선이 다른 한 직선과 만날 때**

(1) 동위각의 크기는 같다.   (2) 엇각의 크기는 같다.

➡ $l /\!/ m$이면 $\angle a = \angle b$ ➡ $l /\!/ m$이면 $\angle c = \angle d$

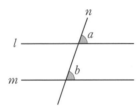   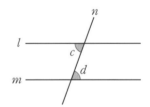

☐ **평행선이 되기 위한 조건: 서로 다른 두 직선이 다른 한 직선과 만날 때**

(1) 동위각의 크기가 같으면 두 직선은 평행하다.   (2) 엇각의 크기가 같으면 두 직선은 평행하다.

확인 다음 그림에서 $l /\!/ m$일 때, ∠x의 크기를 구하시오.

(1)   (2)

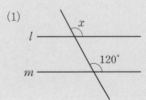   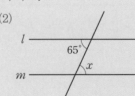

정답 및 풀이   (1) ∠x는 동위각과 크기가 같으므로 120°

(2) ∠x는 엇각과 크기가 같으므로 65°

개념 으로 기초력 잡기

동위각과 엇각

서로 다른 두 직선이 다른 한 직선과 만날 때, 서로 같은 위치에 있는 두 각을 $\boxed{\text{동위각}}$ 이라 하고, 서로 엇갈린 위치에 있는 두 각을 $\boxed{\text{엇각}}$ 이라 한다.

1 오른쪽 그림에서 다음을 구하시오.

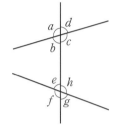

(1) ∠a의 동위각 (   )

(2) ∠c의 동위각 (   )

(3) ∠b의 엇각 (   )

(4) ∠c의 엇각 (   )

2 아래 그림에서 다음을 구하시오.

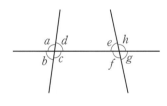

(1) ∠f의 동위각 (   )

(2) ∠d의 동위각 (   )

(3) ∠e의 엇각 (   )

(4) ∠d의 엇각 (   )

3 오른쪽 그림에서 다음 각의 크기를 구하시오.

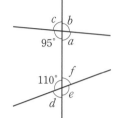

(1) ∠a의 엇각 (   )

(2) ∠b의 동위각 (   )

(3) ∠f의 엇각 (   )

(4) ∠d의 동위각 (   )

4 오른쪽 그림과 같이 세 직선이 만날 때, 다음을 모두 구하시오.

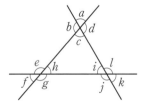

(1) ∠a의 동위각 (   )

(2) ∠i의 동위각 (   )

(3) ∠h의 엇각 (   )

(4) ∠j의 엇각 (   )

IV

도형의 기초

평행선의 성질

서로 다른 두 직선이 다른 한 직선과 만날 때, 두 직선이 서로 평행 하면 동위각과 엇각의 크기는 각각 같다 .

1 다음 그림에서 $l /\!/ m$일 때, $\angle x$의 크기를 구하시오.

(1)
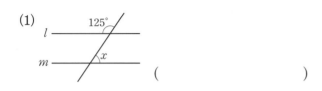
( )

(2)
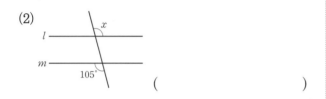
( )

(3)
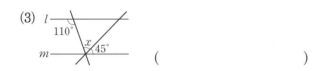
( )

2 다음 그림에서 $l /\!/ m$일 때, $\angle x$, $\angle y$의 크기를 구하시오.

(1)

( )

(2)
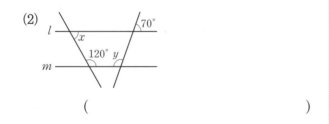
( )

(3)
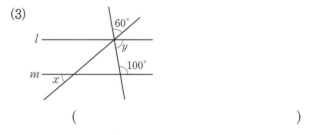
( )

3 다음 그림에서 $\angle x$의 크기를 구하고, 두 직선 l, m의 관계에 알맞은 말에 ○표를 하시오.

(1)
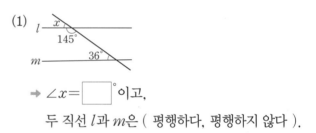

➡ $\angle x =$ ☐ °이고,

두 직선 l과 m은 (평행하다, 평행하지 않다).

(2)
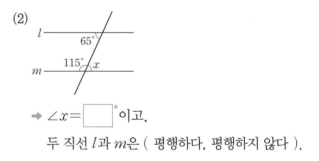

➡ $\angle x =$ ☐ °이고,

두 직선 l과 m은 (평행하다, 평행하지 않다).

(3)
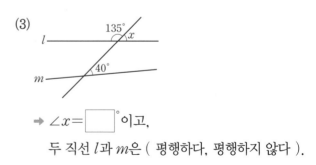

➡ $\angle x =$ ☐ °이고,

두 직선 l과 m은 (평행하다, 평행하지 않다).

개념플러스⁺로 기초력 잡기

중요해요
평행선과 평행한 보조선 그어 각의 크기 구하기

평행선 사이에 꺾인 선이 있는 경우
① 꺾인 선의 꺾인 점을 지나면서 평행선에 평행한 직선(보조선)을 긋기
② 평행선의 성질(동위각과 엇각의 크기가 같음)을 이용하여 각의 크기를 구하기

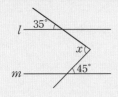 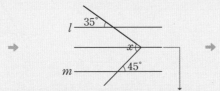 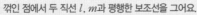 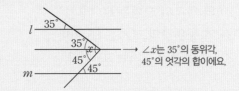

꺾인 점에서 두 직선 l, m과 평행한 보조선을 그어요.

→ $\angle x$는 35°의 동위각, 45°의 엇각의 합이에요.

∴ $\angle x = 35° + 45° = 80°$

---

1 다음 그림에서 $l /\!/ m$일 때, $\angle x$의 크기를 구하시오.

(1)
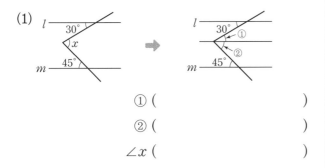

① (   )
② (   )
$\angle x$ (   )

(2)
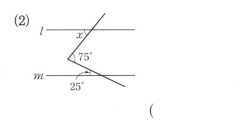

(   )

(3)
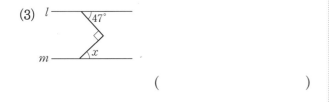

(   )

---

2 다음 그림에서 $l /\!/ m$일 때, $\angle x$의 크기를 구하시오.

(1)
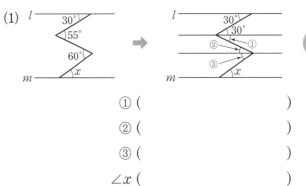

① (   )
② (   )
③ (   )
$\angle x$ (   )

(2)
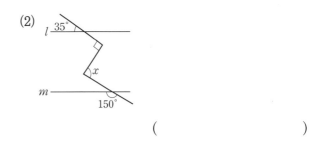

(   )

(3)
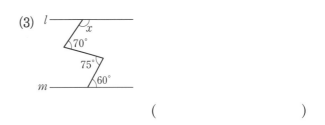

(   )

IV
도형의 기초

개념으로 **실력 키우기**

- 정확하게 이해한 유형은 ☐안을 체크한다.
- 체크되지 않은 유형은 다시 한 번 복습하고 ☐안을 체크한다.

☐ 동위각과 엇각

1-1 다음 중 오른쪽 그림에 대한 설명으로
옳지 <u>않은</u> 것은?　　　（　　　）

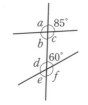

① ∠a의 동위각의 크기는 120°이다.
② ∠a의 엇각의 크기는 60°이다.
③ ∠b의 엇각의 크기는 60°이다.
④ ∠e의 동위각의 크기는 85°이다.
⑤ ∠d의 엇각의 크기는 95°이다.

1-2 다음 그림에서 ∠c의 동위각이면서 ∠h의 엇각인
각을 구하시오.

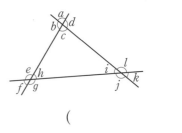

（　　　　　　）

☐ 평행선의 성질

2-1 다음 그림에서 $l /\!/ m$일 때, ∠a+∠b의 크기를
구하시오.

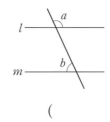

（　　　　　　）

2-2 다음 그림에서 $l /\!/ m$일 때, ∠x, ∠y의 크기를
구하시오.

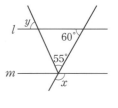

（　　　　　　）

☐ 평행선의 성질

3-1 다음 그림에서 $l /\!/ m$일 때, ∠x의 크기를 구하시오.

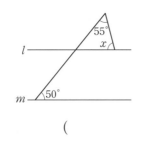

（　　　　　　）

3-2 다음 그림에서 $l /\!/ m$일 때, ∠x의 크기를 구하시오.

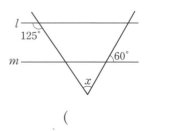

（　　　　　　）

평행선이 되기 위한 조건

4-1 다음 중 두 직선 l과 m이 평행하지 <u>않은</u> 것은?
( )

① l ┬ m
② l 135° / m 135°
③ l 75° / m 75°
④ l 40° / m 140°
⑤ l 105° / m 80°

4-2 다음 그림에서 평행한 직선을 찾아 기호 //를 사용하여 나타내시오.

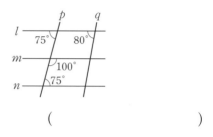

( )

평행한 보조선 그어 각의 크기 구하기

5-1 다음 그림에서 $l /\!/ m$일 때, $\angle x$의 크기를 구하시오.

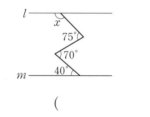

( )

5-2 다음 그림에서 $l /\!/ m$일 때, $\angle x$의 크기를 구하시오.

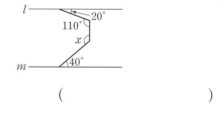

( )

평행선과 종이접기 중요해요

6-1 다음 그림과 같이 직사각형 모양의 종이를 접었을 때, $\angle x$의 크기를 구하시오.

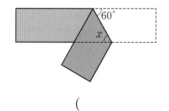

( )

6-2 다음 그림과 같이 직사각형 모양의 종이를 접었을 때, 다음을 구하시오.

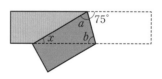

(1) $\angle a$의 크기를 구하시오.
( )

(2) $\angle b$의 크기를 구하시오.
( )

(3) $\angle x$의 크기를 구하시오.
( )

16 삼각형의 작도

• 정확하게 이해한 개념은 ☐안을 체크한다.
• 체크되지 않은 개념은 다시 한 번 복습하고 ☐안을 체크한다.

중등 연결 초등 개념

초등 4-2

삼각형

☐ **삼각형을 변의 길이에 따라 분류**

　(1) 이등변삼각형: 두 변의 길이가 같은 삼각형

　　➡ 성질: 길이가 같은 두 변에 있는 두 각의 크기가 같다.

　(2) 정삼각형: 세 변의 길이가 같은 삼각형

　　➡ 성질: 세 각의 크기가 같다.

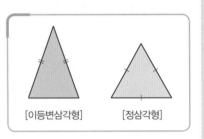

• 정삼각형은 두 변의 길이가 같으므로 이등변삼각형이다.

• $0° <$ (예각) $< 90°$,
$90° <$ (둔각) $< 180°$

☐ **삼각형을 각의 크기에 따라 분류**

　(1) 예각삼각형: 세 각이 모두 예각인 삼각형

　(2) 둔각삼각형: 한 각이 둔각인 삼각형

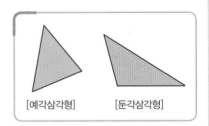

작도 <중요해요>

☐ **작도: 눈금 없는 자와 컴퍼스만을 사용하여 도형을 그리는 것**

• **눈금 없는 자**

두 점을 연결하여 선분을 그리거나 선분을 연장할 때 사용

　(1) 길이가 같은 선분의 작도

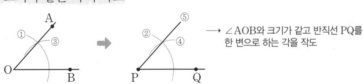

자로 직선 l을 긋고
점 P 잡기

$\overline{AB}$의 길이 재기

점 P를 중심으로 반지름의 길이가 $\overline{AB}$인 원 그리기

• **컴퍼스**

원을 그리거나 선분의 길이를 재어 옮길 때 사용

　(2) 크기가 같은 각의 작도

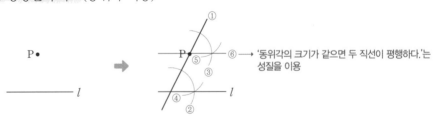

➝ ∠AOB와 크기가 같고 반직선 PQ를 한 변으로 하는 각을 작도

• **평행선의 작도 (엇각 이용)**

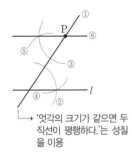

➡ '엇각의 크기가 같으면 두 직선이 평행하다.'는 성질을 이용

　(3) 평행선의 작도(동위각 이용)

➝ '동위각의 크기가 같으면 두 직선이 평행하다.'는 성질을 이용

확인

다음 중 작도할 때 사용하는 도구를 모두 고르시오.

　　㉠ 눈금 있는 자　　　　㉡ 눈금 없는 자　　　㉢ 각도기　　　㉣ 컴퍼스

정답 및 풀이　　㉡, ㉣

삼각형의 작도

・ **삼각형의 세 변의 길이 사이의 관계**

➡ (두 변의 길이의 합)

    >(나머지 한 변의 길이)

세 변의 길이가 주어졌을 때, 삼각형이 되려면
'(가장 긴 변의 길이)
<(나머지 두 변의 길이의 합)'
이어야 한다.

☐ **삼각형 ABC:** 세 꼭짓점이 **A, B, C**인 삼각형 ➡ △**ABC**

   (1) 대변: 한 각과 마주 보는 변

   (2) 대각: 한 변과 마주 보는 각

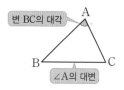

☐ **삼각형의 작도** ── 길이가 같은 선분의 작도, 크기가 같은 각의 작도를 이용하여 삼각형을 작도한다.

   (1) 세 변의 길이가 주어질 때

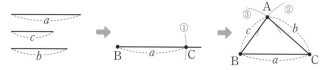

① 길이가 a인 $\overline{BC}$를 작도한다.
②, ③ 점 B, C를 중심으로 하고 반지름의 길이가 b, c인 원을 그려 그 교점을 A라 하여 점 A와 점 B, 점 A와 점 C를 각각 이으면 △ABC가 작도된다.

   (2) 두 변의 길이와 그 끼인각의 크기가 주어질 때

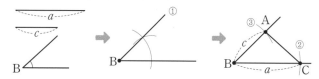

① ∠B와 크기가 같은 각을 작도한다.
②, ③ 점 B를 중심으로 하고 반지름의 길이가 a, c인 원을 각각 그려 ∠B와의 교점을 각각 C, A라 하여 두 점 C, A를 이으면 △ABC가 작도된다.

   (3) 한 변의 길이와 그 양 끝 각의 크기가 주어질 때

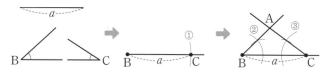

① 길이가 a인 $\overline{BC}$를 작도한다.
②, ③ ∠B와 ∠C와 크기가 같은 각을 작도하여 만나는 교점을 A라 하면 △ABC가 작도된다.

┌ 삼각형의 작도를 통하여 다음의 경우 삼각형이 하나로 정해짐을 확인

☐ **삼각형이 하나로 정해지는 조건:** 다음 경우에 삼각형은 모양과 크기가 하나로 정해짐

   (1) 세 변의 길이가 주어질 때

   (2) 두 변의 길이와 그 끼인각의 크기가 주어질 때

   (3) 한 변의 길이와 그 양 끝 각의 크기가 주어질 때

・ **삼각형이 하나로 정해지지 않는 경우**

① 두 변의 길이의 합이 나머지 한 변의 길이보다 작거나 같을 때
예
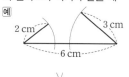

② 두 변의 길이와 그 끼인각이 아닌 다른 한 각의 크기가 주어질 때
예
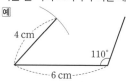

③ 세 각의 크기가 주어질 때
예
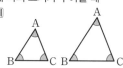

확인 세 변의 길이가 다음과 같을 때, 삼각형을 만들 수 있으면 ○표, 만들 수 없으면 ×표를 하시오.

   (1) 3 cm, 5 cm, 10 cm   (2) 4 cm, 4 cm, 6 cm

정답및풀이 (1) 10＞3＋5이므로 삼각형이 만들어지지 않는다.   **답** (1) ×

(2) 6＜4＋4이므로 삼각형이 만들어진다.   (2) ○

초등개념으로 기초력 잡기

삼각형

삼각형에서

(1) 두 변의 길이가 같은 삼각형은 **이등변삼각형**, 세 변의 길이가 같은 삼각형은 **정삼각형** 이다.

(2) **세** 각이 모두 예각인 삼각형은 예각삼각형, **한** 각이 둔각인 삼각형은 둔각삼각형이다.

1 다음은 이등변삼각형이다. ㉠, ㉡에 알맞은 수를 구하시오.

(1)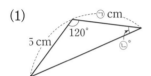
㉠ ( )
㉡ ( )

(2)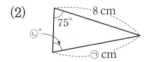
㉠ ( )
㉡ ( )

(3)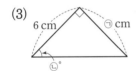
㉠ ( )
㉡ ( )

2 다음은 정삼각형이다. ㉠, ㉡에 알맞은 수를 구하시오.

(1)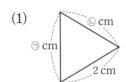
㉠ ( )
㉡ ( )

(2)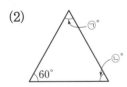
㉠ ( )
㉡ ( )

(3)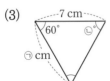
㉠ ( )
㉡ ( )

3 다음 삼각형을 분류하여 기호로 쓰시오.

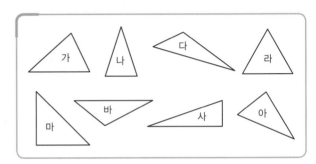

(1) 변의 길이에 따라 분류하시오.

세 변의 길이가 모두 다른 삼각형	
이등변삼각형	
정삼각형	

(2) 각의 크기에 따라 분류하시오.

예각삼각형	직각삼각형	둔각삼각형

(3) 변의 길이와 각의 크기에 따라 분류하시오.

	예각 삼각형	직각 삼각형	둔각 삼각형
세 변의 길이가 모두 다른 삼각형			
이등변삼각형			
정삼각형			

개념으로 기초력 잡기

작도

눈금 없는 자 와 컴퍼스 만을 사용하여 도형을 그리는 것을 작도라고 한다.

1 아래 그림은 $\overline{AB}$와 길이가 같은 $\overline{PQ}$를 작도하는 과정이다. 다음을 구하시오.

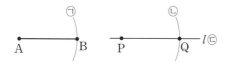

(1) 직선 l을 그릴 때 필요한 작도 도구를 쓰시오.
( )

(2) $\overline{AB}$의 길이를 잴 때 필요한 작도 도구를 쓰시오.
( )

(3) 작도 순서를 차례로 나열하시오.
( )

2 아래 그림은 $\angle XOY$와 크기가 같은 각을 작도하는 과정이다. 다음을 구하시오.

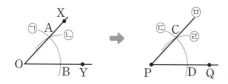

(1) 작도 순서를 차례로 나열하시오.
( )

(2) $\overline{OA}$와 길이가 같은 선분을 모두 구하시오.
( )

(3) $\angle AOB$와 크기가 같은 각을 구하시오.
( )

3 오른쪽 그림은 점 P를 지나고 직선 l에 평행한 직선을 작도하는 과정이다. 다음을 구하시오.

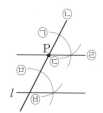

(1) 작도 순서를 차례로 나열하시오.
( )

(2) 이 작도에서 이용된 성질이다. □ 안에 알맞은 말을 써넣으시오.

> 서로 다른 두 직선이 다른 한 직선과 만날 때, □ 의 크기가 같으면 두 직선은 평행하다.

4 오른쪽 그림은 점 P를 지나고 직선 l에 평행한 직선을 작도하는 과정이다. 다음을 구하시오.

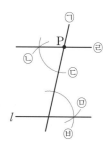

(1) 작도 순서를 차례로 나열하시오.
( )

(2) 이 작도에서 이용된 성질이다. □ 안에 알맞은 말을 써넣으시오.

> 서로 다른 두 직선이 다른 한 직선과 만날 때, □ 의 크기가 같으면 두 직선은 평행하다.

Ⅳ

도형의 기초

삼각형과 삼각형의 작도

세 변의 길이가 주어질 때, '(가장 긴 변의 길이) $<$ (나머지 두 변의 길이의 합)'이면 삼각형이 될 수 있다.

1 오른쪽 그림의 △ABC에서 다음을 구하시오.

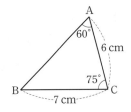

(1) ∠A의 대변의 길이

(   )

(2) ∠B의 대변의 길이

(   )

(3) $\overline{AB}$의 대각의 크기

(   )

(4) $\overline{AC}$의 대각의 크기

(   )

2 세 변의 길이가 다음과 같을 때, 삼각형을 만들 수 있으면 ○표, 만들 수 없으면 ×표를 하시오.

(1) 2 cm, 3 cm, 5 cm   (   )

(2) 4 cm, 5 cm, 7 cm   (   )

(3) 6 cm, 6 cm, 6 cm   (   )

(4) 5 cm, 5 cm, 12 cm   (   )

(5) 2 cm, 7 cm, 8 cm   (   )

3 다음은 △ABC를 작도하는 과정이다. ☐ 안에 알맞은 것을 써넣어 작도 순서를 완성하시오.

(1) 세 변의 길이가 주어질 때

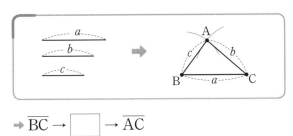

→ $\overline{BC}$ → ☐ → $\overline{AC}$

(2) 두 변의 길이와 그 끼인각의 크기가 주어질 때

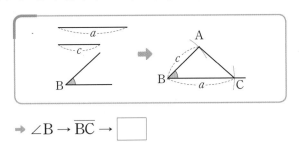

→ ∠B → $\overline{BC}$ → ☐

(3) 한 변의 길이와 그 양 끝 각의 크기가 주어질 때

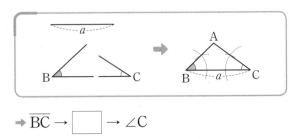

→ $\overline{BC}$ → ☐ → ∠C

삼각형이 하나로 정해지는 조건

다음의 경우에 삼각형은 모양과 크기가 하나로 정해진다.

(1) │ 세 변 │의 길이가 주어질 때

(2) 두 변의 길이와 그 │ 끼인각 │의 크기가 주어질 때

(3) 한 변의 길이와 그 │ 양 끝 각 │의 크기가 주어질 때

1 다음 중 △ABC가 하나로 정해지는 것은 ○표, 하나로 정해지지 않는 것은 ×표를 하시오.

(1) $\overline{AB}=6$ cm, $\overline{BC}=7$ cm, $\overline{CA}=13$ cm

(   )

(2) $\overline{AB}=3$ cm, $\overline{BC}=4$ cm, $\overline{CA}=5$ cm

(   )

(3) $\overline{BC}=4$ cm, $\overline{CA}=8$ cm, $\angle A=70°$

(   )

(4) $\overline{BC}=9$ cm, $\angle B=30°$, $\angle C=55°$ (   )

(5) $\overline{AB}=7$ cm, $\angle B=25°$, $\angle C=35°$ (   )

(6) $\overline{AB}=11$ cm, $\angle A=70°$, $\angle B=110°$

(   )

(7) $\angle A=30°$, $\angle B=60°$, $\angle C=90°$ (   )

2 △ABC에서 $\overline{AB}$의 길이가 주어질 때, 다음 중 △ABC가 하나로 정해지기 위해 필요한 조건인 것은 ○표, 필요한 조건이 아닌 것은 ×표를 하시오.

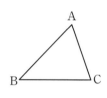

(1) $\overline{BC}$, $\overline{CA}$ (   )

(2) $\overline{BC}$, $\angle B$ (   )

(3) $\overline{BC}$, $\angle C$ (   )

(4) $\overline{AC}$, $\angle B$ (   )

(5) $\angle A$, $\angle B$ (   )

(6) $\angle B$, $\angle C$ (   )

IV

도형의 기초

개념으로 **실력 키우기**

• 정확하게 이해한 유형은 ☐안을 체크한다.
• 체크되지 않은 유형은 다시 한 번 복습하고 ☐안을 체크한다.

☐ 작도

1-1 다음 작도에서 사용해야 하는 도구를 쓰시오.

(1) 선분의 연장선을 그린다.
( )

(2) 선분의 길이를 재어 옮긴다.
( )

1-2 다음 중 작도에 대한 설명으로 옳은 것은?
( )

① 원을 그릴 때에는 컴퍼스를 사용한다.
② 길이가 같은 선분은 작도할 수 없다.
③ 두 선분의 길이를 비교할 때에는 자를 사용한다.
④ 크기가 같은 각을 작도할 때에는 각도기를 사용한다.
⑤ 눈금 있는 자와 컴퍼스만을 사용하여 도형을 그리는 것을 작도라 한다.

☐ 크기가 같은 각의 작도

2-1 아래 그림은 ∠XOY와 크기가 같은 각을 작도한 것이다. 작도한 순서를 차례로 나열하시오.

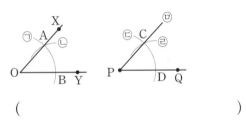

( )

2-2 아래 그림은 ∠XOY와 크기가 같은 각을 작도한 것이다. 다음 중 옳지 않은 것은? ( )

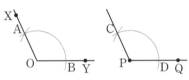

① $\overline{OA}=\overline{OB}$ ② $\overline{PC}=\overline{PD}$
③ $\overline{AB}=\overline{CD}$ ④ $\overline{AB}=\overline{PQ}$
⑤ ∠AOB=∠CPD

☐ 평행선의 작도

3-1 오른쪽 그림은 점 P를 지나고 직선 l과 평행한 직선 m을 작도한 것이다. 다음 중 옳지 않은 것은?
( )

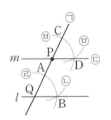

① $\overline{QA}=\overline{PD}$ ② $\overline{AB}=\overline{CD}$
③ $\overline{AB}=\overline{PD}$ ④ ∠AQB=∠CPD
⑤ 작도 순서는 ㉠ → ㉣ → ㉂ → ㉡ → ㉢ → ㉢이다.

3-2 오른쪽 그림은 점 P를 지나고 직선 l과 평행한 직선 m을 작도한 것이다. 이 작도는 평행선의 어떤 성질을 이용한 것인가? ( )

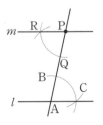

① 맞꼭지각의 크기는 같다.
② 동위각의 크기가 같으면 두 직선은 평행하다.
③ 엇각의 크기가 같으면 두 직선은 평행하다.
④ 두 직선이 평행하면 동위각의 크기는 같다.
⑤ 두 직선이 평행하면 엇각의 크기는 같다.

쌤Tip 가장 긴 변의 길이가 8 cm인 경우와 가장 긴 변의 길이가 x cm인 경우를 생각해 보세요.

삼각형의 세 변의 길이 사이의 관계

4-1 다음 중 삼각형의 세 변의 길이가 될 수 있는 것은?

(   )

① 1 cm, 2 cm, 3 cm   ② 3 cm, 4 cm, 8 cm

③ 7 cm, 7 cm, 7 cm   ④ 5 cm, 5 cm, 13 cm

⑤ 4 cm, 8 cm, 12 cm

4-2 삼각형의 세 변의 길이가 각각 4 cm, 8 cm, x cm 일 때, 다음 중 x의 값이 될 수 <u>없는</u> 것은?

(   )

① 4   ② 5   ③ 8

④ 10   ⑤ 11

삼각형의 작도

5-1 오른쪽 그림과 같이 $\overline{AB}$, $\overline{BC}$ 의 길이와 ∠B의 크기가 주어 질 때, 다음 중 △ABC의 작 도 순서가 될 수 <u>없는</u> 것은?

(   )

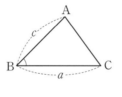

① ∠B → $\overline{AB}$ → $\overline{BC}$ ② ∠B → $\overline{BC}$ → $\overline{AB}$

③ $\overline{AB}$ → ∠B → $\overline{BC}$ ④ $\overline{BC}$ → ∠B → $\overline{AB}$

⑤ $\overline{AB}$ → $\overline{BC}$ → ∠B

5-2 오른쪽 그림과 같이 $\overline{BC}$의 길 이와 ∠B, ∠C의 크기가 주 어질 때, 다음 중 △ABC의 작도 순서가 될 수 <u>없는</u> 것은?

(   )

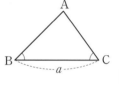

① $\overline{BC}$ → ∠B → ∠C   ② $\overline{BC}$ → ∠C → ∠B

③ ∠B → $\overline{BC}$ → ∠C   ④ ∠C → $\overline{BC}$ → ∠B

⑤ ∠B → ∠C → $\overline{BC}$

삼각형이 하나로 정해지는 조건

6-1 다음 중 △ABC가 하나로 정해지는 것은?

(   )

① $\overline{AB}$=6 cm, $\overline{BC}$=8 cm, $\overline{CA}$=15 cm

② $\overline{BC}$=4 cm, $\overline{CA}$=5 cm, ∠A=60°

③ $\overline{BC}$=7 cm, ∠B=85°, ∠C=95°

④ $\overline{AB}$=10 cm, ∠B=55°, ∠C=60°

⑤ ∠A=35°, ∠B=45°, ∠C=100°

6-2 오른쪽 그림과 같이 $\overline{BC}$의 길이 가 주어진 △ABC가 하나로 정해지기 위해 더 필요한 조건 이 <u>아닌</u> 것은? (   )

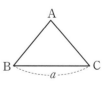

① $\overline{AB}$와 $\overline{AC}$ ② $\overline{AB}$와 ∠B

③ $\overline{AC}$와 ∠C   ④ $\overline{AB}$와 ∠C

⑤ ∠A와 ∠B

Ⅳ 도형의 기초

17 삼각형의 합동

중등 연결 **초등** 개념

초등 5-2

합동인 도형

☐ **도형의 합동**: 모양과 크기가 같아서 완전히 포개지는 두 도형을 서로 합동이라 한다.

(1) 합동인 두 도형을 포개었을 때,

겹치는 점을 대응점,

겹치는 변을 대응변,

겹치는 각을 대응각

(2) 합동인 도형의 성질: 대응변의 길이가 같고, 대응각의 크기가 같다.

➡ (변 ㄱㄴ, 변 ㄹㅁ), (변 ㄴㄷ, 변 ㅁㅂ), (변 ㄱㄷ, 변 ㄹㅂ)의 길이가 같다.

(각 ㄱㄴㄷ, 각 ㄹㅁㅂ), (각 ㄴㄷㄱ, 각 ㅁㅂㄹ), (각 ㄷㄱㄴ, 각 ㅂㄹㅁ)의 크기가 같다.

삼각형의 합동

- '≡'와 '='의 차이
- $\triangle ABC \equiv \triangle DEF$
➡ $\triangle ABC$와 $\triangle DEF$는 합동이다.
- $\triangle ABC = \triangle DEF$
➡ $\triangle ABC$와 $\triangle DEF$는 넓이가 같다.

중요해요
➡ 합동인 두 도형의 넓이는 같으나, 넓이가 같은 두 도형이 반드시 합동인 것은 아니다.

- S는 Side(변)의 첫 글자, A는 Angle(각)의 첫 글자

☐ **합동**: 모양과 크기가 같아서 완전히 포개지는 두 도형을 서로 합동

(1) $\triangle ABC$와 $\triangle DEF$가 합동이면

기호로 $\triangle ABC \equiv \triangle DEF$

 중요해요
└ 기호로 나타낼 때 대응점끼리 같은 순서로 쓴다.

(2) 합동인 도형은 대응변의 길이가 같고, 대응각의 크기가 같다.

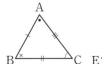

☐ **삼각형의 합동**: 두 삼각형은 다음의 경우 서로 합동

(1) 대응하는 세 변의 길이가 각각 같을 때 (SSS 합동)

➡ $\overline{AB}=\overline{DE}$, $\overline{BC}=\overline{EF}$, $\overline{AC}=\overline{DF}$

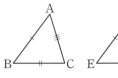

(2) 대응하는 두 변의 길이가 각각 같고,

그 끼인각의 크기가 같을 때 (SAS 합동)

➡ $\overline{AB}=\overline{DE}$, $\overline{BC}=\overline{EF}$, $\angle B=\angle E$

(3) 대응하는 한 변의 길이가 같고,

그 양 끝 각의 크기가 각각 같을 때 (ASA 합동)

➡ $\overline{BC}=\overline{EF}$, $\angle B=\angle E$, $\angle C=\angle F$

확인 오른쪽 그림에서 $\triangle ABC \equiv \triangle DEF$일 때, 다음을 구하시오.

(1) $\overline{DF}$의 길이　　　　(2) $\angle A$의 크기

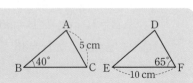

정답및풀이 (1) $\overline{DF}=\overline{AC}=5\ cm$

(2) $\angle C = \angle F = 65°$이므로 $\angle A = 180° - (40° + 65°) = 75°$

초등개념으로 기초력 잡기

합동인 도형

모양과 크기가 같아서 완전히 포개지는 두 도형을 서로 **합동** 이라 한다.

1 아래 그림의 두 삼각형이 합동일 때, 다음 ☐ 안에 알맞게 써넣으시오.

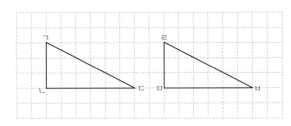

(1) 대응점을 구하시오.
→ 점 ㄱ과 점 ☐, 점 ㄴ과 점 ☐,
점 ㄷ과 점 ☐

(2) 대응변을 구하시오.
→ 변 ㄱㄴ과 변 ☐, 변 ㄴㄷ과 변 ☐,
변 ㄱㄷ과 변 ☐

(3) 대응각을 구하시오.
→ 각 ㄱㄴㄷ과 각 ☐, 각 ㄴㄷㄱ과
각 ☐, 각 ㄷㄱㄴ과 각 ☐

(4) 합동인 두 삼각형의 대응점은 ☐ 쌍, 대응변은
☐ 쌍, 대응각은 ☐ 쌍씩 있다.

(5) 대응변의 길이는 서로 ☐.

(6) 대응각의 크기는 서로 ☐.

2 아래 그림의 두 사각형은 합동이다. 다음을 구하시오.

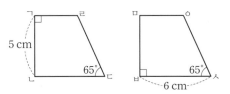

(1) 변 ㄴㄷ의 길이를 구하시오.
( )

(2) 변 ㅁㅂ의 길이를 구하시오.
( )

(3) 각 ㄱㄴㄷ의 크기를 구하시오.
( )

(4) 각 ㅁㅇㅅ의 크기를 구하시오.
( )

3 아래 그림을 보고 다음을 구하시오.

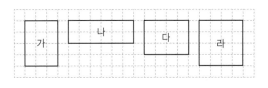

(1) 넓이가 같은 사각형을 모두 찾아 쓰시오.
( )

(2) 합동인 사각형을 모두 찾아 쓰시오.
( )

→ **쌤Tip** 합동인 도형의 넓이는 같으나, 넓이가 같다고 합동은 아니예요.

삼각형의 합동

두 삼각형은 다음의 경우 서로 합동이다.

(1) 대응하는 **세** 변의 길이가 각각 같을 때 (**SSS** 합동)

(2) 대응하는 두 변의 길이가 각각 같고, 그 **끼인각** 의 크기가 같을 때 (**SAS** 합동)

(3) 대응하는 한 변의 길이가 같고, 그 **양 끝 각** 의 크기가 각각 같을 때 (**ASA** 합동)

1 아래 그림에서 △ABC≡△DEF일 때, 다음을 구하시오.

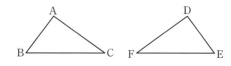

(1) 점 A의 대응점 (   )

(2) $\overline{BC}$의 대응변 (   )

(3) ∠F의 대응각 (   )

2 아래 그림에서 사각형 ABCD와 사각형 EFGH가 합동일 때, 다음을 구하시오.

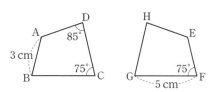

(1) $\overline{BC}$의 길이 (   )

(2) ∠B의 크기 (   )

(3) $\overline{EF}$의 대응변의 길이

(   )

3 다음 그림의 두 삼각형이 합동일 때, ☐ 안에 알맞게 써넣으시오.

(1)
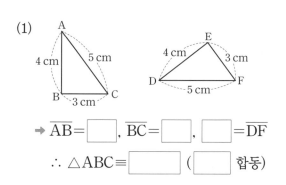

→ $\overline{AB}=$ ☐ , $\overline{BC}=$ ☐ , ☐ $=\overline{DF}$

∴ △ABC≡ ☐ (☐ 합동)

(2)
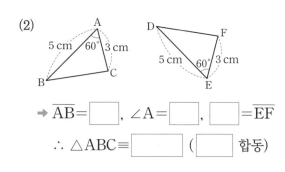

→ $\overline{AB}=$ ☐ , ∠A= ☐ , ☐ $=\overline{EF}$

∴ △ABC≡ ☐ (☐ 합동)

(3)
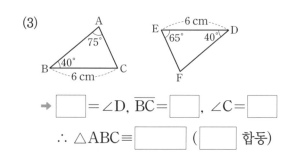

→ ☐ $=∠D$, $\overline{BC}=$ ☐ , ∠C= ☐

∴ △ABC≡ ☐ (☐ 합동)

4 다음 중 △ABC와 △DEF가 합동이면 ○표, 합동이 아니면 ×표를 하시오.

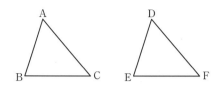

(1) $\overline{AB}=\overline{DE}$, $\overline{BC}=\overline{EF}$, $\overline{AC}=\overline{DF}$

(   )

(2) $\overline{AB}=\overline{DE}$, $\overline{BC}=\overline{EF}$, $\angle A=\angle D$

(   )

(3) $\overline{BC}=\overline{EF}$, $\overline{AC}=\overline{DF}$, $\angle C=\angle F$

(   )

(4) $\overline{BC}=\overline{EF}$, $\angle B=\angle E$, $\angle C=\angle F$

(   )

(5) $\overline{AC}=\overline{DF}$, $\angle B=\angle E$, $\angle C=\angle F$

(   )

(6) $\angle A=\angle D$, $\angle B=\angle E$, $\angle C=\angle F$

(   )

(7) $\overline{AB}=\overline{DE}$, $\overline{BC}=\overline{EF}$, $\angle B=\angle E$

(   )

5 다음 그림에서 두 삼각형이 합동임을 설명하는 과정이다. ☐ 안에 알맞게 써넣으시오.

(1)

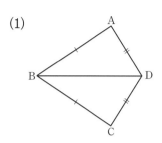

→ △ABD와 △CBD에서
$\overline{AB}=$ ☐ , $\overline{AD}=$ ☐ , $\overline{BD}$는 공통
∴ △ABD≡ ☐ (☐ 합동)

(2)

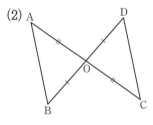

→ △ABO와 ☐ 에서
☐ $=\overline{CO}$, $\overline{BO}=$ ☐ ,
$\angle AOB=$ ☐ (맞꼭지각)
∴ △ABO≡ ☐ (☐ 합동)

(3)

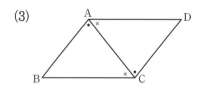

→ △ABC와 ☐ 에서
$\angle BAC=$ ☐ , $\angle BCA=$ ☐ ,
☐ 는 공통
∴ △ABC≡ ☐ (☐ 합동)

Ⅳ
도형의 기초

개념으로 **실력 키우기**

• 정확하게 이해한 유형은 ☐ 안을 체크한다.
• 체크되지 않은 유형은 다시 한 번 복습하고 ☐ 안을 체크한다.

☐ 합동인 도형의 성질

1-1 아래 그림에서 △ABC≡△DEF일 때, 다음을 구하시오.

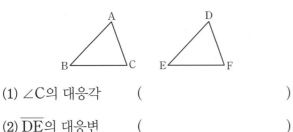

(1) ∠C의 대응각　　　(　　　　　　　　)

(2) $\overline{DE}$의 대응변　　　(　　　　　　　　)

1-2 아래 그림에서 사각형 ABCD와 사각형 EFGH가 합동일 때, 다음을 구하시오.

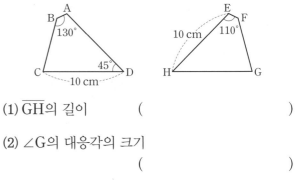

(1) $\overline{GH}$의 길이　　　(　　　　　　　　)

(2) ∠G의 대응각의 크기
(　　　　　　　　)

☐ 합동인 삼각형

2-1 다음 삼각형 중 서로 합동인 것을 모두 찾아 기호 ≡를 사용하여 나타내고, 그때의 합동 조건을 말하시오.

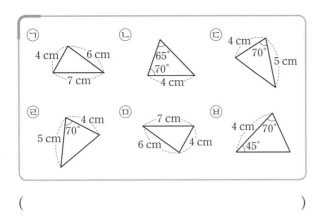

(　　　　　　　　　　　　　　　　)

2-2 다음 조건을 만족하여 △ABC와 △DEF가 합동이 될 때, 합동 조건을 말하시오.

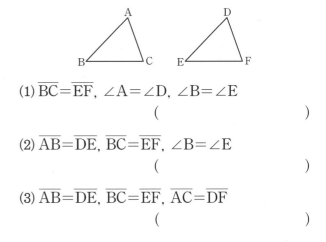

(1) $\overline{BC}=\overline{EF}$, ∠A=∠D, ∠B=∠E
(　　　　　　　　)

(2) $\overline{AB}=\overline{DE}$, $\overline{BC}=\overline{EF}$, ∠B=∠E
(　　　　　　　　)

(3) $\overline{AB}=\overline{DE}$, $\overline{BC}=\overline{EF}$, $\overline{AC}=\overline{DF}$
(　　　　　　　　)

☐ 합동이 되기 위한 조건

3-1 아래 그림에서 △ABC≡△DEF가 되기 위하여 필요한 나머지 한 조건을 모두 구하시오.

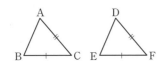

㉠ $\overline{AB}=\overline{DE}$　　　㉡ ∠A=∠D
㉢ ∠B=∠E　　　㉣ ∠C=∠F

(　　　　　　　　)

3-2 아래 그림에서 △ABC≡△DEF가 되기 위하여 필요한 나머지 한 조건을 모두 구하시오.

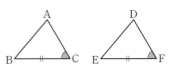

㉠ $\overline{AB}=\overline{DE}$　　　㉡ $\overline{AC}=\overline{DF}$
㉢ ∠A=∠D　　　㉣ ∠B=∠E

(　　　　　　　　)

☐ **삼각형의 합동 조건**

4-1 다음 그림에서 △ABC와 합동인 삼각형을 기호 ≡를 사용하여 나타내고, 그때의 합동 조건을 말하시오.

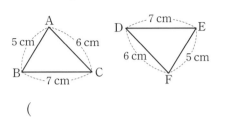

(   )

4-2 오른쪽 그림과 같이 $\overline{AB}=\overline{AC}$, $\overline{BM}=\overline{CM}$일 때, △ABM과 합동인 삼각형을 찾고, 그때의 합동 조건을 말하시오.

(   )

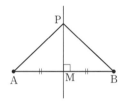

☐ **삼각형의 합동 조건**

5-1 다음 그림에서 △ABC와 합동인 삼각형을 기호 ≡를 사용하여 나타내고, 그때의 합동 조건을 말하시오.

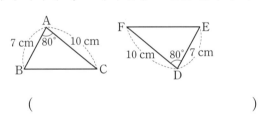

(   )

쌤Tip 두 삼각형이 합동임을 보이면 대응변의 길이가 같거나 대응각의 크기가 같음을 설명할 수 있어요.
중요해요

5-2 오른쪽 그림과 같이 점 P가 $\overline{AB}$의 수직이등분선 l 위에 있을 때, 다음은 $\overline{PA}=\overline{PB}$임을 보이는 과정이다. ☐ 안에 알맞은 것을 써넣으시오.

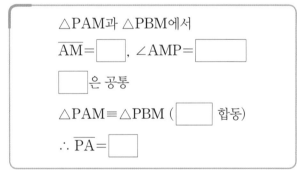

△PAM과 △PBM에서

$\overline{AM}=$ ☐ , ∠AMP= ☐

☐ 은 공통

△PAM≡△PBM (☐ 합동)

∴ $\overline{PA}=$ ☐

☐ **삼각형의 합동 조건**

6-1 다음 그림에서 △ABC와 합동인 삼각형을 기호 ≡를 사용하여 나타내고, 그때의 합동 조건을 말하시오.

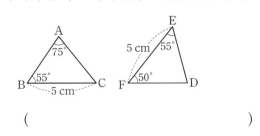

(   )

6-2 오른쪽 그림과 같이 ∠ABC=∠ADE, $\overline{AB}=\overline{AD}$일 때, 다음 중 △ABC≡△ADE임을 보이는 과정에서 이용되지 <u>않는</u> 것은? (   )

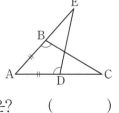

① ∠ABC=∠ADE   ② $\overline{AB}=\overline{AD}$
③ ∠A는 공통   ④ $\overline{BE}=\overline{DC}$
⑤ ASA 합동

01 직선, 반직선, 선분

다음 중 옳지 <u>않은</u> 것은? ( )

① 한 점을 지나는 직선은 무수히 많다.
② 서로 다른 두 점을 지나는 직선은 오직 하나이다.
③ 시작점이 같은 두 반직선은 같은 반직선이다.
④ 두 점을 잇는 가장 짧은 선은 선분이다.
⑤ 서로 다른 두 점에서 같은 거리에 있는 점은 중점이다.

02 직선, 반직선, 선분

아래 그림과 같이 직선 l 위에 네 점 A, B, C, D가 있을 때, 다음 중 옳지 <u>않은</u> 것은? ( )

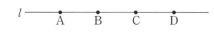

① $\overline{AB}=\overline{BA}$　　② $\overleftrightarrow{BC}=\overleftrightarrow{CD}$
③ $\overline{AB}=\overrightarrow{AC}$　　④ $\overrightarrow{AB}=\overrightarrow{AD}$
⑤ $\overrightarrow{BC}=\overrightarrow{BA}$

03 두 점 사이의 거리

다음 그림에서 세 점 B, C, D는 각각 선분 AE, BE, CE의 중점이다. $\overline{DE}=2$ cm일 때, $\overline{AE}$의 길이를 구하시오.

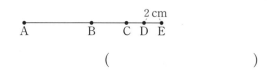

( )

04 맞꼭지각

다음 그림에서 ∠x의 크기를 구하시오.

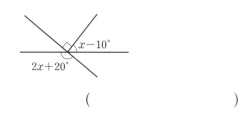

( )

05 수직과 수선

오른쪽 그림의 삼각형 ABC에 대하여 다음 중 옳지 <u>않은</u> 것은?
( )

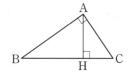

① $\overline{AB}\perp\overline{AC}$
② $\overline{AH}\perp\overline{BC}$
③ 점 B에서 $\overline{AC}$에 내린 수선의 발은 점 A이다.
④ 점 A에서 $\overline{BC}$에 내린 수선의 발은 $\overline{AH}$이다.
⑤ $\overline{AB}$는 $\overline{AC}$의 수선이고 $\overline{AC}$는 $\overline{AB}$의 수선이다.

06 평면에서 두 직선의 위치 관계

오른쪽 그림과 같은 정오각형에서 각 면을 연장한 직선에 대하여 직선 CD와 만나는 직선을 모두 구하시오.

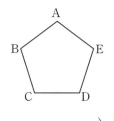

( )

07 공간에서 두 직선의 위치 관계

오른쪽 그림과 같은 오각기둥에서 모서리 AB와 꼬인 위치에 있는 모서리의 개수를 a개, 모서리 BG와 평행한 모서리의 개수를 b개라 할 때, $a+b$의 값을 구하시오.

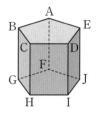

( )

08 공간에서 두 평면의 위치 관계

오른쪽 그림과 같은 정육면체에서 면 ABFE와 평행한 모서리의 개수를 a개, 면 ABCD와 만나는 면의 개수를 b개라 할 때, $a+b$의 값을 구하시오.

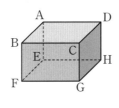

( )

09 여러 가지 위치 관계

공간에서 한 직선 l과 서로 다른 두 평면 P, Q에 대하여, 다음 □ 안에 알맞은 기호를 써넣으시오.

$l \perp P$, $P /\!/ Q$이면 l □ Q이다.

10 동위각과 엇각

다음 그림에서 $\angle a$의 엇각의 크기의 합을 구하시오.

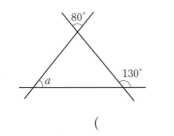

( )

11 평행한 보조선 그어 각의 크기 구하기

다음 그림에서 $l /\!/ m$일 때, $\angle x$의 크기를 구하시오.

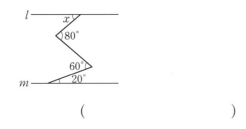

( )

12 평행선이 되기 위한 조건

다음 중 두 직선 l과 m이 평행하지 <u>않은</u> 것은? ( )

①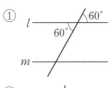

②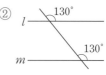

③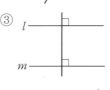

④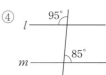

⑤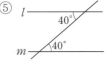

13 평행선과 종이접기

다음 그림과 같이 직사각형 모양의 종이를 접었을 때, $\angle x$의 크기를 구하시오.

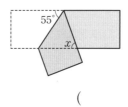

( )

14 작도

다음 중 작도할 때, 자와 컴퍼스의 용도를 각각 고르시오.

> ㉠ 원을 그린다.
> ㉡ 두 점을 연결하여 선을 그린다.
> ㉢ 선분의 길이를 재어 옮긴다.
> ㉣ 선분을 연장한다.

자 ( )
컴퍼스 ( )

대단원 TEST

15 크기가 같은 각의 작도

아래 그림은 ∠XOY와 크기가 같은 각을 작도한 것이다. 다음 중 $\overline{PD}$와 길이가 같지 <u>않은</u> 것은? (정답 2개)

(   )

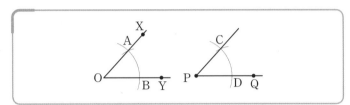

① $\overline{OA}$ ② $\overline{OB}$ ③ $\overline{AB}$
④ $\overline{CD}$ ⑤ $\overline{PC}$

16 평행선의 작도

오른쪽 그림은 점 P를 지나고 직선 l에 평행한 직선을 작도하는 과정이다. 작도 순서를 차례로 나열하시오.

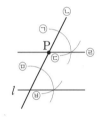

(   )

17 삼각형의 세 변의 길이 사이의 관계

다음 중 삼각형의 세 변의 길이가 될 수 <u>없는</u> 것은?

(   )

① 2 cm, 3 cm, 4 cm   ② 3 cm, 3 cm, 3 cm
③ 4 cm, 4 cm, 8 cm   ④ 5 cm, 5 cm, 8 cm
⑤ 3 cm, 5 cm, 7 cm

18 삼각형이 하나로 정해지는 조건

다음 중 △ABC가 하나로 정해지지 <u>않는</u> 것은? (   )

① $\overline{AB}$=5 cm, $\overline{BC}$=6 cm, $\overline{CA}$=7 cm
② $\overline{AB}$=3 cm, $\overline{BC}$=5 cm , ∠B=45°
③ $\overline{BC}$=8 cm, $\overline{CA}$=10 cm, ∠C=60°
④ $\overline{BC}$=6 cm , ∠A=30°, ∠C=90°
⑤ ∠A=30°, ∠B=60°, ∠C=90°

19 합동인 도형의 성질

다음 중 옳은 것은 ○표, 옳지 않은 것은 ×표를 하시오.

(1) 합동인 두 도형의 넓이는 같다.   (   )

(2) 넓이가 같은 두 도형은 합동이다.   (   )

20 삼각형의 합동 조건

오른쪽 그림과 같이 $\overline{OA}=\overline{OC}$, $\overline{AB}=\overline{CD}$일 때, △AOD≡△COB임을 보이는 과정이다. □ 안에 알맞은 것을 써넣으시오.

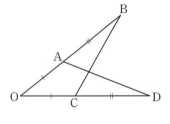

△AOD와 △COB에서
$\overline{OA}=$ □

$\overline{OD}=\overline{OC}+\overline{CD}=\overline{OA}+\overline{AB}=$ □

□ 는 공통인 각

∴ △AOD≡△COB (□ 합동)

21 삼각형의 합동 조건

오른쪽 그림과 같이 $\overline{AB}$∥$\overline{CD}$, $\overline{AB}=\overline{CD}$일 때, △ABO와 합동인 삼각형을 찾고, 그때의 합동 조건을 말하시오.

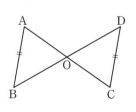

(   )

V

평면도형과 입체도형

18 다각형

- 정확하게 이해한 개념은 ☐ 안을 체크한다.
- 체크되지 않은 개념은 다시 한 번 복습하고 ☐ 안을 체크한다.

중등 연결 초등 개념

• **정다각형**
변의 길이가 모두 같고, 각의 크기가 모두 같은 다각형
예 정삼각형, 정사각형, …

• 삼각형은 대각선이 없다.

초등 4-1, 4-2

다각형

☐ **다각형: 선분으로만 둘러싸인 평면도형**

변이 **5**개인 도형	변이 **6**개인 도형	변이 **7**개인 도형	변이 **8**개인 도형
오각형	육각형	칠각형	팔각형

☐ **대각선: 다각형에서 서로 이웃하지 않는 두 꼭짓점을 이은 선분**

대각선

☐ **삼각형과 사각형의 내각의 크기의 합**

(1) 삼각형의 세 각의 크기의 합
➡ 180°

(2) 사각형의 네 각의 크기의 합
➡ 360°

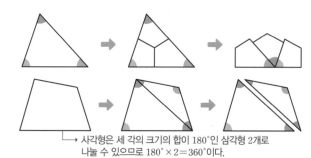

└➡ 사각형은 세 각의 크기의 합이 180°인 삼각형 2개로 나눌 수 있으므로 180°×2=360°이다.

다각형

☐ **다각형: 3개 이상의 선분으로 둘러싸인 평면도형**
예 삼각형, 사각형, 오각형, …

(1) 정다각형: ① 모든 변의 길이가 같고 ② 모든 내각의 크기가 같은 다각형
예 정삼각형, 정사각형, 정오각형, …

(2) 다각형의 대각선: 이웃하지 않는 두 꼭짓점을 이은 선분 중요해요

① n각형의 한 꼭짓점에서 그을 수 있는 대각선의 개수 ➡ $(n-3)$개
└➡ 자기 자신 점 1개와 이웃하는 2개의 점에는 대각선을 그을 수 없다.

② n각형의 대각선의 총 개수 ➡ $\dfrac{n(n-3)}{2}$개
└➡ 한 대각선을 2번씩 세었으므로 2로 나눈다.

③ n각형의 한 꼭짓점에서 대각선을 그었을 때 생기는 삼각형의 개수 ➡ $(n-2)$개

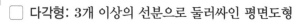
변 꼭짓점 내각 외각 외각

➡ 다각형의 한 꼭짓점에서
(내각의 크기)+(외각의 크기)
=180°

확인
육각형에 대하여 다음을 구하시오.
(1) 한 꼭짓점에서 그을 수 있는 대각선의 개수
(2) 대각선의 총 개수

정답 및 풀이 (1) 6-3=3(개)　　(2) $\dfrac{6×(6-3)}{2}$=9(개)

다각형의 내각과 외각

☐ **삼각형의 내각과 외각**

(1) 삼각형의 세 내각의 크기의 합

⮕ $\angle A + \angle B + \angle C = 180°$

⭐중요해요

(2) 삼각형의 한 외각의 크기는 그와 이웃하지 않는 두 내각의 크기의 합과 같다.

⮕ $\angle ACD = \angle A + \angle B$

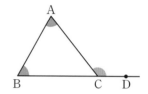

• 평행선을 이용한 삼각형의 내각과 외각 사이의 관계

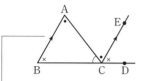

⮕ $\angle A + \angle B + \angle C = 180°$이고 $\angle ACD = \angle A + \angle B$이다.

↳ 꼭짓점 C를 지나고 변 AB에 평행한 반직선 CE를 그어 평행선의 성질을 이용

☐ **다각형의 내각의 크기의 합** ⭐중요해요

			……	n각형
삼각형의 개수	2	3	……	$n-2$
내각의 크기의 합	$180° \times 2 = 360°$	$180° \times 3 = 540°$	……	$180° \times (n-2)$

(1) n각형의 내각의 크기의 합 ⮕ $180° \times (n-2)$

(2) 정n각형의 한 내각의 크기 ⮕ $\dfrac{180° \times (n-2)}{n}$

☐ **다각형의 외각의 크기의 합** ⭐중요해요

			……	n각형
(내각의 크기의 합) +(외각의 크기의 합)	$180° \times 4$	$180° \times 5$	……	$180° \times n$
내각의 크기의 합	$180° \times 2$	$180° \times 3$	……	$180° \times (n-2)$
외각의 크기의 합	$180° \times 2$	$180° \times 2$	……	$180° \times 2 = 360°$

(1) n각형의 외각의 크기의 합 ⮕ 항상 $360°$ → 외각의 크기의 합은 $180° \times n$에서 $180° \times (n-2)$를 빼면 항상 $180° \times 2$인 $360°$이다.

(2) 정n각형의 한 외각의 크기 ⮕ $\dfrac{360°}{n}$

확인 정육각형에서 다음을 구하시오.

(1) 한 내각의 크기   (2) 한 외각의 크기

정답및풀이 (1) $\dfrac{180° \times (6-2)}{6} = \dfrac{180° \times 4}{6} = 120°$ (2) $\dfrac{360°}{6} = 60°$

다각형

삼각형의 세 각의 크기의 합은 $\boxed{180}^\circ$ 이고, 사각형의 네 각의 크기의 합은 $\boxed{360}^\circ$ 이다.

1 다음 그림을 보고 ☐ 안에 알맞은 기호나 말을 써넣으시오.

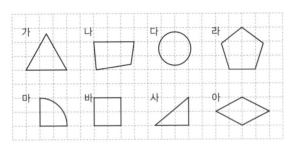

(1) 선분으로만 둘러싸인 도형 ☐, ☐, ☐, ☐, ☐, ☐를 ☐☐☐☐☐ 이라 한다.

(2) 곡선이 있는 도형 ☐, ☐ 는 ☐☐☐☐☐ 이 아니다.

(3) 3개의 선분으로 둘러싸인 도형을 ☐☐☐, 4개의 선분으로 둘러싸인 도형을 ☐☐☐, 5개의 선분으로 둘러싸인 도형을 ☐☐☐ 이라 한다.

(4) 변의 길이가 모두 같고, 각의 크기가 모두 같은 도형 ☐, ☐ 를 ☐☐☐☐☐ 이라 한다.

(5) 대각선을 그었을 때, 그 길이가 모두 같은 도형은 ☐, ☐ 이다.

(6) 대각선을 그을 수 없는 도형은 ☐, ☐, ☐, ☐ 이다.

2 아래 그림과 같이 삼각형 모양의 종이를 접어 세 각의 크기의 합을 구하려고 한다. 다음을 구하시오.

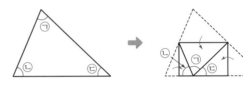

(1) 'ㄱ+ㄴ+ㄷ'의 값을 이용하여 삼각형의 세 각의 크기의 합을 구하시오.

(   )

(2) 삼각형의 세 각의 크기의 합을 이용하여 ☐ 안에 알맞은 수를 써넣으시오.

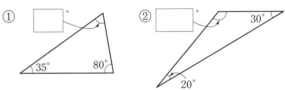

3 오른쪽 그림과 같이 사각형은 삼각형 2개로 나눌 수 있다. 다음을 구하시오.

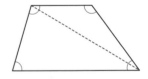

(1) '(삼각형의 세 각의 크기의 합)×2'를 이용하여 사각형의 네 각의 크기의 합을 구하시오.

(   )

(2) 사각형의 네 각의 크기의 합을 이용하여 ☐ 안에 알맞은 수를 써넣으시오.

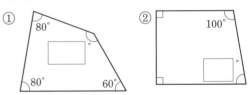

개념 으로 기초력 잡기

다각형과 정다각형

3개 이상의 선분으로만 둘러싸인 평면도형을 다각형 이라 하고, 모든 변의 길이가 같고 모든 내각의 크기가 같은 다각형 을 정다각형 이라 한다.

1 다음 중 다각형인 것은 ○표, 다각형이 아닌 것은 × 표를 하시오.

(1)
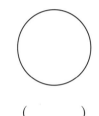
(   )

(2)
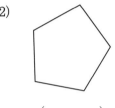
(   )

(3)
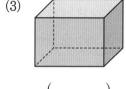
(   )

(4)
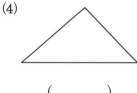
(   )

2 다음 그림에서 ∠x의 크기를 구하시오.

(1)
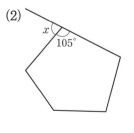
x 65°
(   )

(2)
x 105°
(   )

3 다음 조건을 모두 만족시키는 다각형을 구하시오.

(1)
> ㉠ 5개의 선분으로 둘러싸여 있다.
> ㉡ 모든 변의 길이가 같다.
> ㉢ 모든 내각의 크기가 같다.

(   )

(2)
> ㉠ 꼭짓점이 7개이다.
> ㉡ 모든 변의 길이가 같다.
> ㉢ 모든 내각의 크기가 같다.

(   )

4 다음 중 옳은 것은 ○표, 옳지 않은 것은 × 표를 하시오.

(1) 변의 길이가 모두 같은 다각형은 정다각형이다.
(   )

(2) 정다각형의 내각의 크기는 모두 같다.
(   )

(3) 내각의 크기가 모두 같은 다각형은 정다각형이다.
(   )

(4) 세 변의 길이가 같은 삼각형은 정삼각형이다.
(   )

다각형의 대각선

n각형에서 한 꼭짓점에서 그을 수 있는 대각선의 개수는 $(n-3)$ 개이고, 대각선의 총 개수는 $\dfrac{n(n-3)}{2}$ 개이다.

1 다음 표를 완성하시오.

				……	n각형
꼭짓점의 개수	4			……	n
한 꼭짓점에서 그을 수 있는 대각선의 개수	$4-3=1$			……	$n-3$
대각선의 총 개수	$\dfrac{4\times(4-3)}{2}=2$			……	$\dfrac{n\times(n-3)}{2}$

2 다음을 구하시오.

(1) 정육각형

① 한 꼭짓점에서 그을 수 있는 대각선의 수
(   )

② 대각선의 총 개수 (   )

(2) 정팔각형

① 한 꼭짓점에서 그을 수 있는 대각선의 수
(   )

② 대각선의 총 개수 (   )

(3) 정십삼각형

① 한 꼭짓점에서 그을 수 있는 대각선의 수
(   )

② 대각선의 총 개수 (   )

3 다음 다각형에서 한 꼭짓점에서 대각선을 그어 보고, 그었을 때 생기는 삼각형의 개수를 구하시오.

(1) 정사각형

(   )

(2) 정육각형

(   )

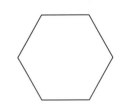

(3) 정오각형

(   )

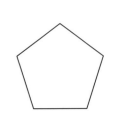

삼각형의 내각과 외각

삼각형의 한 외각 의 크기는 그와 이웃하지 않는 두 내각의 크기의 합과 같다.

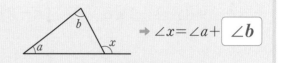

→ $\angle x = \angle a + \angle b$

---

1 다음 그림에서 $\angle x$의 크기를 구하시오.

(1)
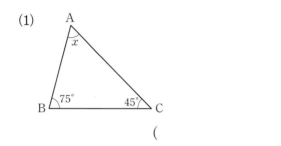
(   )

(2)
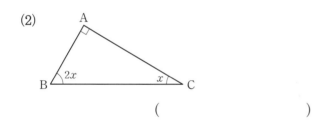
(   )

(3)
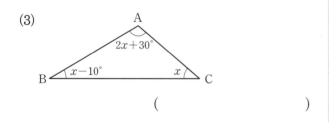
(   )

(4)
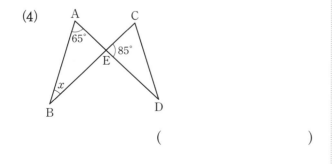
(   )

---

2 다음 그림에서 $\angle x$의 크기를 구하시오.

(1)
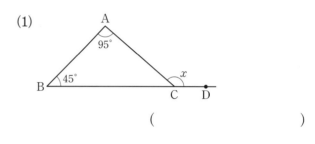
(   )

(2)
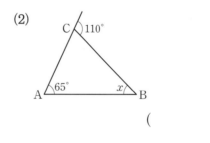
(   )

(3)
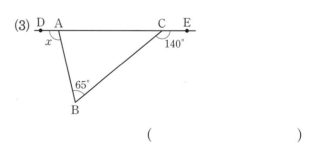
(   )

(4)
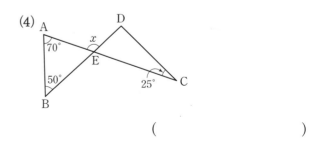
(   )

V 평면도형과 입체도형

다각형의 내각

n각형의 내각의 크기의 합은 $180° \times \boxed{(n-2)}$ 이고, 정n각형의 한 내각의 크기는 $\dfrac{180° \times (n-2)}{\boxed{n}}$ 이다.

1 다음 다각형의 내각의 크기의 합을 구하시오.

(1) 오각형 ( )

(2) 육각형 ( )

(3) 구각형 ( )

2 다음 그림에서 $\angle x$의 크기를 구하시오.

(1)
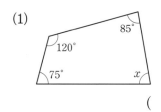
( )

(2)
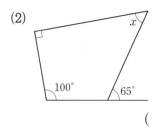
( )

(3)
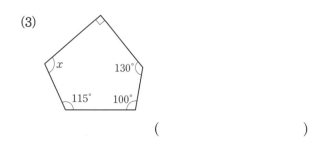
( )

(4)
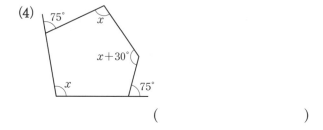
( )

(5)
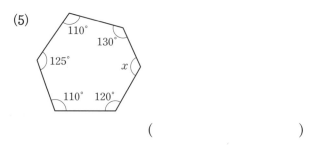
( )

(6)
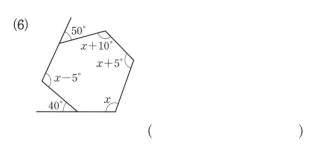
( )

3 다음 정다각형의 한 내각의 크기를 구하시오.

(1) 정오각형 ( )

(2) 정육각형 ( )

(3) 정팔각형 ( )

다각형의 외각

n각형의 외각의 크기의 합은 $\boxed{360}\,^\circ$이고, 정n각형의 한 외각의 크기는 $\dfrac{360^\circ}{\boxed{n}}$이다.

1 다음 다각형의 외각의 크기의 합을 구하시오.

(1) 사각형 ( )

(2) 오각형 ( )

(3) 칠각형 ( )

2 다음 그림에서 ∠x의 크기를 구하시오.

(1)
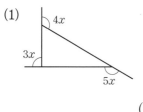

( )

(2)
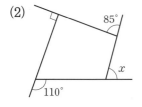

( )

(3)
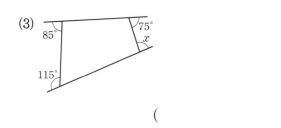

( )

(4)
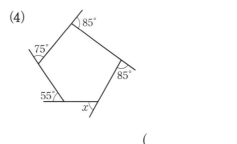

( )

(5)
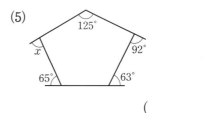

( )

(6)
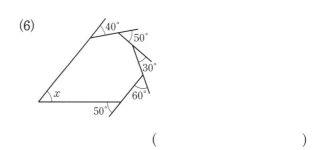

( )

3 다음 정다각형의 한 외각의 크기를 구하시오.

(1) 정사각형 ( )

(2) 정오각형 ( )

(3) 정육각형 ( )

개념으로 **실력 키우기**

- 정확하게 이해한 유형은 ☐ 안을 체크한다.
- 체크되지 않은 유형은 다시 한 번 복습하고 ☐ 안을 체크한다.

☐ **다각형**

1-1 다음 중 다각형인 것은? (   )

1-2 다음 중 다각형이 <u>아닌</u> 것은? (   )

① 삼각형　　② 마름모　　③ 정오각형
④ 정육면체　　⑤ 사다리꼴

☐ **정다각형**

2-1 다음 조건을 모두 만족시키는 다각형을 구하시오.

> ㈎ 6개의 선분으로 둘러싸여 있다.
> ㈏ 모든 변의 길이가 같고 모든 내각의 크기가 같다.

(   )

2-2 다음 도형이 정다각형이 되려면 필요한 조건을 고르시오.

> ㈎ 모든 변의 길이가 같다.
> ㈏ 모든 내각의 크기가 같다.

(   )

☐ **다각형의 대각선**

3-1 한 꼭짓점에서 그을 수 있는 대각선의 개수가 9인 다각형이 있다. 이 다각형의 대각선의 총 개수를 구하시오.

(   )

3-2 한 꼭짓점에서 대각선을 그었을 때, 7개의 삼각형이 만들어지는 다각형이 있다. 이 다각형의 대각선의 총 개수를 구하시오.

(   )

→ **쌤Tip** [초등 6-2 과정] 비례배분 $x+y+z=$ ■, $x:y:z=a:b:c$ 이면
➡ $x=$ ■ $\times \dfrac{a}{a+b+c}$, $y=$ ■ $\times \dfrac{b}{a+b+c}$, $z=$ ■ $\times \dfrac{c}{a+b+c}$

☐ 삼각형의 내각

4-1 다음은 삼각형의 세 내각의 크기의 합이 180°임을 설명하는 과정이다. ☐ 안에 알맞은 것을 써넣으시오.

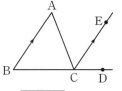

△ABC에서 변 BC의 연장선 위에 점 D를 잡고, 점 C에서 $\overline{AB} /\!/ \overline{CE}$가 되도록 반직선 CE를 그으면

$\angle A = \angle ACE$ (☐), $\angle B = $ ☐ (동위각)

∴ $\angle A + \angle B + \angle ACB$

    $= \angle ACE + $ ☐ $+ \angle ACB = $ ☐

4-2 삼각형의 세 내각의 크기의 비가 2 : 3 : 4일 때, 가장 큰 내각의 크기를 구하시오.

(   )

☐ 삼각형의 외각

5-1 다음 그림에서 $\angle x$의 크기를 구하시오.

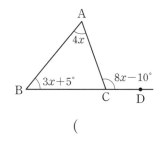

(   )

 중요해요

5-2 다음 그림에서 $\overline{AB} = \overline{AC} = \overline{DC}$이고 $\angle ABC = 25°$일 때, $\angle x$, $\angle y$의 크기를 구하시오.

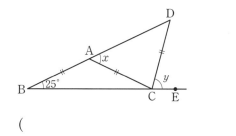

(   )

☐ 다각형의 내각과 외각

6-1 정팔각형에 대하여 다음을 구하시오.

(1) 내각의 크기의 합   (   )

(2) 한 내각의 크기   (   )

(3) 한 외각의 크기   (   )

6-2 다음을 구하시오.

(1) 내각의 크기의 합이 900°인 다각형

(   )

(2) 한 외각의 크기가 18°인 정다각형

(   )

19 원과 부채꼴

- 정확하게 이해한 개념은 ☐ 안을 체크한다.
- 체크되지 않은 개념은 다시 한 번 복습하고 ☐ 안을 체크한다.

중등 연결 **초등** 개념

중요해요

· 원주와 원의 넓이

① (원주)＝(지름)×(원주율)

② (원의 넓이)
＝(반지름)×(반지름)×(원주율)

초등 6-2

원주와 원의 넓이

☐ **원주: 원의 둘레**

☐ **원주율: 원의 지름에 대한 원주의 비율** → 원의 지름이 길어지면 원주도 길어진다.

➡ (원주율)＝(원주)÷(지름)＝3.141592…… → 원주율은 끝이 없는 소수로 나타나므로
3, 3.1, 3.14 등으로 어림하여 사용한다.

> (원주율)＝(원주)÷(지름)
> ➡ (원주)＝(지름)×(원주율)
> ➡ (지름)＝(원주)÷(원주율)

☐ **원의 넓이**

 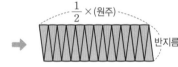

$\frac{1}{2}$×(원주)

반지름 → 원을 한없이 잘라 붙이면 직사각형이
되므로 직사각형의 넓이를 이용한다.
➡ (직사각형의 넓이)＝(가로)×(세로)

➡ (원의 넓이)＝$\frac{1}{2}$×(원주)×(반지름)

＝$\frac{1}{2}$×(지름)×(원주율)×(반지름)

＝(반지름)×(반지름)×(원주율)

원과 부채꼴 **중요해요**

☐ **원과 부채꼴**

(1) **원**: 평면 위의 한 점 O로부터 일정한 거리에 있는 점으로 이루어진
도형
└→ 원의 중심 └→ 원의 반지름

(2) **호 AB**: 원 위의 두 점 A, B를 양 끝 점으로 하는 원의 일부분
➡ $\overparen{AB}$

(3) **현 CD**: 원 위의 두 점 C, D를 이은 선분 ➡ $\overline{CD}$

(4) **부채꼴 AOB**: 원 O에서 두 반지름 OA, OB와 호 AB로 이루어진
도형

(5) **중심각**: 부채꼴 AOB에서 두 반지름 OA, OB가 이루는 각
➡ ∠AOB

(6) **활꼴**: 원에서 현과 호로 이루어진 도형

· 할선: 원과 두 점에서 만나는 직선

**· 반원은 활꼴
인 동시에 부
채꼴이다.**

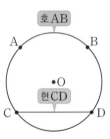

호 AB

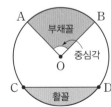

부채꼴

중심각

활꼴

☐ **부채꼴의 성질**: 한 원 또는 합동인 두 원에서

(1) 중심각의 크기와 호의 길이, 부채꼴의 넓이 사이의 관계

① 중심각의 크기가 같은 두 부채꼴의 호의 길이와 넓이는 각각 같다.

② 부채꼴의 호의 길이와 넓이는 각각 중심각의 크기에 정비례한다.

(2) 중심각의 크기와 현의 길이 사이의 관계

① 중심각의 크기가 같은 두 현의 길이는 같다.

② 현의 길이는 중심각의 크기에 정비례하지 않는다.

확인 다음 그림에서 x의 값을 구하시오.

(1)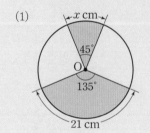

(2)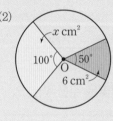

정답및풀이 (1) $x : 21 = 45° : 135°$

$\therefore x = 7$

(2) $x : 6 = 100° : 50°$

$\therefore x = 12$

부채꼴의 호의 길이와 넓이

☐ **원의 둘레의 길이와 넓이**

(1) 원주율: 원에서 지름의 길이에 대한 둘레의 길이의 비율 ➡ π (파이)

└─➡ $\pi = 3.141592\cdots$

(2) 원의 둘레의 길이와 넓이: 반지름의 길이가 r인 원의 둘레의 길이를 l, 넓이를 S라 하면

└─➡ 지름의 길이는 $2r$

① $l = 2\pi r$ ② $S = \pi r^2$

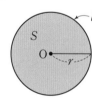

• 부채꼴의 호의 길이와 넓이는 각각 중심각의 크기에 정비례

➡ (부채꼴의 호의 길이)

$= (원의 둘레) \times \dfrac{(중심각)}{360°}$

(부채꼴의 넓이)

$= (원의 넓이) \times \dfrac{(중심각)}{360°}$

☐ **부채꼴의 호의 길이와 넓이**: 반지름의 길이가 r, 중심각의 크기가 $x°$인 부채꼴의 호의 길이를 l, 넓이를 S라 하면

① $l = 2\pi r \times \dfrac{x}{360}$ ② $S = \pi r^2 \times \dfrac{x}{360}$

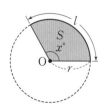

중요해요

• 부채꼴의 호의 길이와 넓이 사이의 관계: 반지름의 길이가 r, 호의 길이가 l인 부채꼴의 넓이를 S라 하면

➡ $S = \dfrac{1}{2}rl$

확인 오른쪽 그림과 같은 부채꼴에서 다음을 구하시오.

(1) 호의 길이 (2) 넓이

정답및풀이 (1) $2\pi \times 12 \times \dfrac{45}{360} = 3\pi$ (cm) (2) $\pi \times 12^2 \times \dfrac{45}{360} = 18\pi$ (cm^2)

초등개념 으로 기초력 잡기

원주와 원의 넓이

원의 지름에 대한 원주의 비율을 원주율 이라 하며, 원주는 (지름)×(원주율),

원의 넓이는 (반지름)×(반지름)×(원주율)로 구할 수 있다.

🐛 Tip 원의 크기는 달라도 (원주)÷(지름)의 값, 즉 원주율은 항상 일정해요.

1 다음을 구하시오.

원주	반지름	지름	(원주)÷(지름)
(1) 12.56 cm	2 cm		
(2) 25.12 cm		8 cm	
(3) 31.4 cm		10 cm	

2 원주를 구하려고 한다. ☐ 안에 알맞은 수를 써넣으시오. (원주율: 3.14)

(1)
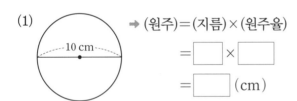
→ (원주)＝(지름)×(원주율)

＝ ☐ × ☐

＝ ☐ (cm)

(2)
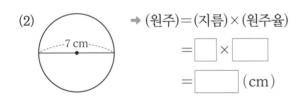
→ (원주)＝(지름)×(원주율)

＝ ☐ × ☐

＝ ☐ (cm)

(3)
→ (원주)＝(반지름)×2×(원주율)

＝ ☐ ×2× ☐

＝ ☐ (cm)

(4)
→ (원주)＝(반지름)×2×(원주율)

＝ ☐ ×2× ☐

＝ ☐ (cm)

3 원주가 다음과 같을 때, 지름을 구하시오.

(원주율: 3.1)

(1) 원주가 6.2 cm인 원

(   )

(2) 원주가 15.5 cm인 원

(   )

(3) 원주가 24.8 cm인 원

(   )

4 원의 넓이를 구하시오. (원주율: 3)

(1)

(   )

(2)
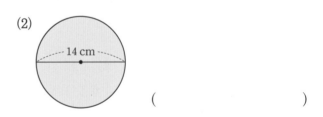

(   )

(3)

(   )

개념으로 기초력 잡기

원과 부채꼴

평면 위의 한 점 O로부터 일정한 거리에 있는 점으로 이루어진 도형을 **원** 이라 한다.

원 위에 두 점 A, B를 잡았을 때 나누어지는 원의 두 부분을 **호** AB라 하고 기호로 $\overparen{AB}$ 와

같이 나타낸다.

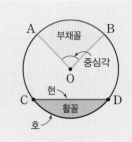

1 ☐ 안에 알맞은 말을 써넣으시오.

(1) 원 위에 두 점 A, B을 이은 선분을 ☐ AB라 하고 기호로 ☐ 와 같이 나타낸다.

(2) 원 O에서 두 반지름 OA, OB와 호 AB로 이루어진 도형을 ☐ AOB라 하고, 현 AB와 호 AB로 이루어진 도형을 ☐ 이라 한다.

2 다음을 원 O 위에 나타내시오.

(1) 호 AB →
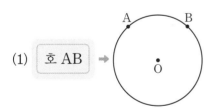

(2) 현 AB →
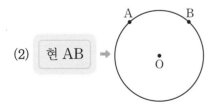

(3) 부채꼴 AOB →
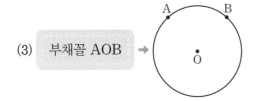

(4) 호 AB에 대한 중심각 →
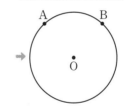

(5) 호 AB와 현 AB로 이루어진 활꼴

→

3 다음 중 옳은 것은 ○표, 옳지 않은 것은 ×표를 하시오.

(1) 현은 원 위의 서로 다른 두 점을 이은 선분이다.

(　　　)

(2) 부채꼴은 호와 현으로 이루어진 도형이다.

(　　　)

(3) 가장 긴 현은 원의 지름이다.　(　　　)

(4) 중심각의 크기가 180°인 부채꼴은 없다.

(　　　)

부채꼴의 성질

부채꼴의 호 의 길이와 넓이 는 각각 중심각의 크기에 정비례하고, 부채꼴의 현 의 길이는 중심각의 크기에 정비례하지 않는다.

1 x의 값을 구하시오.

(1)
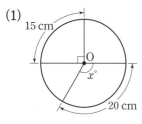

(   )

(2)
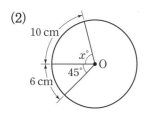

(   )

(3)
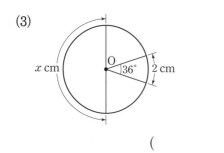

(   )

(4)
12 cm   6 cm
$x°$
O

(   )

2 x의 값을 구하시오.

(1)
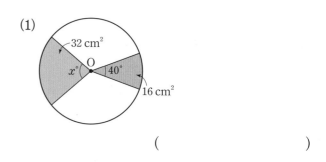

(   )

(2)
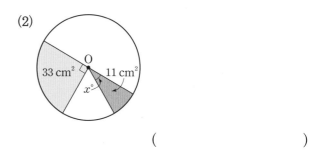

(   )

(3)
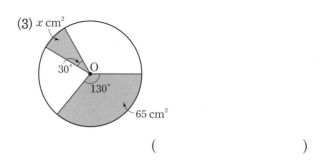

(   )

(4)
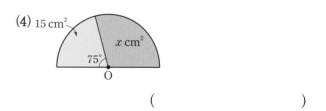

(   )

원의 둘레와 넓이

반지름의 길이가 r인 원의 둘레의 길이를 l, 넓이를 S라 하면

(1) $l = \boxed{2\pi r}$ (2) $S = \boxed{\pi r^2}$

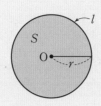

---

1 원의 둘레의 길이 l과 넓이 S를 구하시오.

(1)
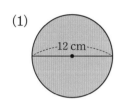

l: _____
S: _____

(2)
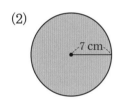

l: _____
S: _____

(3) 지름의 길이가 22 cm인 원

l: _____
S: _____

(4) 원의 둘레의 길이가 10π cm인 원의 넓이

S: _____

(5) 원의 넓이가 81π cm²인 원의 둘레의 길이

l: _____

---

2 색칠한 부분의 둘레의 길이 l과 넓이 S를 구하시오.

(1)
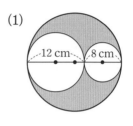

l: _____
S: _____

(2)
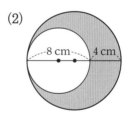

l: _____
S: _____

(3)
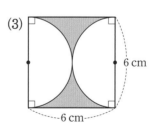

l: _____
S: _____

(4)
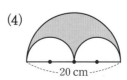

l: _____
S: _____

부채꼴의 호의 길이와 넓이

반지름의 길이가 r, 중심각의 크기가 $x°$인 부채꼴의 호의 길이를 l, 넓이를 S라 하면

(1) $l = \boxed{2\pi r} \times \dfrac{x}{360}$　　　　　(2) $S = \boxed{\pi r^2} \times \dfrac{x}{360}$

1 부채꼴의 호의 길이 l과 넓이 S를 구하시오.

(1)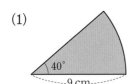

$l:$ _____

$S:$ _____

(2)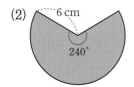

$l:$ _____

$S:$ _____

2 부채꼴의 반지름의 길이를 구하시오.

(1)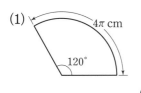

(　　　　　)

(2)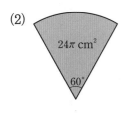

(　　　　　)

3 부채꼴의 중심각의 크기를 구하시오.

(1)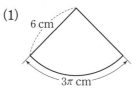

(　　　　　)

(2)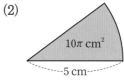

(　　　　　)

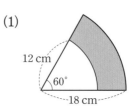
중요해요
4 색칠한 부분의 둘레의 길이 l과 넓이 S를 구하시오.

(1)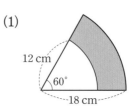

$l:$ _____

$S:$ _____

(2)

$l:$ _____

$S:$ _____

개념플러스로 기초력 잡기

부채꼴의 호의 길이와 넓이 사이의 관계

반지름의 길이가 r, 중심각의 크기가 $x°$인 부채꼴의 호의 길이를 l, 넓이를 S라 하면

$l=2\pi r\times\dfrac{x}{360}$, $S=\pi r^2\times\dfrac{x}{360}$이므로 $S=\dfrac{1}{2}rl$이다.

방법1 $S=\pi r^2\times\dfrac{x}{360}$

$=\dfrac{1}{2}\times2\times\pi\times r\times r\times\dfrac{x}{360}$

$=\dfrac{1}{2}\times r\times2\times\pi\times r\times\dfrac{x}{360}$

→ 부채꼴의 호의 길이 l

$=\dfrac{1}{2}rl$

부채꼴의 반지름 ⌐ └→ 부채꼴의 호

방법2 부채꼴을 잘라 붙이면 직사각형이 되므로

(부채꼴의 넓이)=(직사각형의 넓이)

$=\dfrac{1}{2}r\times l$

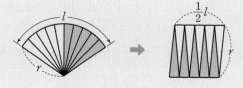

1 부채꼴의 넓이를 구하시오.

(1)
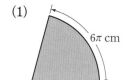
6π cm
14 cm

(   )

(2)
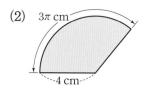
3π cm
4 cm

(   )

(3)
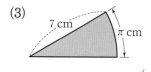
7 cm
π cm

(   )

2 다음을 구하시오.

(1) 반지름의 길이가 20 cm이고, 호의 길이가 30π cm인 부채꼴의 넓이

(   )

(2) 호의 길이가 2π cm이고, 넓이가 8π cm²인 부채꼴의 반지름의 길이

(   )

(3) 반지름의 길이가 6 cm이고, 넓이가 15π cm²인 부채꼴의 호의 길이

(   )

개념으로 **실력 키우기**

• 정확하게 이해한 유형은 ☐안을 체크한다.
• 체크되지 않은 유형은 다시 한 번 복습하고 ☐안을 체크한다.

☐ **원과 부채꼴**

1-1 다음 중 오른쪽 그림의 원 O 에 대한 설명으로 옳지 <u>않은</u> 것은? ( )

① $\widehat{AB}$는 현이다.
② $\widehat{AB}$와 $\overline{OA}$, $\overline{OB}$로 이루어 진 도형은 부채꼴이다.
③ $\widehat{BC}$와 $\overline{BC}$로 이루어진 도형은 활꼴이다.
④ 원 O에서 가장 긴 현의 길이는 10 cm이다.
⑤ ∠AOB는 $\widehat{AB}$에 대한 중심각이다.

1-2 한 원에서 부채꼴과 활꼴이 같아질 때, 부채꼴의 중 심각의 크기를 구하시오.

( )

☐ **부채꼴의 성질**

2-1 오른쪽 그림에서 $x+y$의 값을 구하시오.

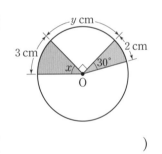

( )

2-2 오른쪽 그림에서 $x+y$ 의 값을 구하시오.

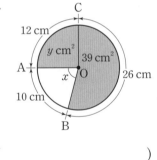

( )

☐ **원의 둘레의 길이와 넓이**

3-1 색칠한 부분의 둘레의 길이 l과 넓이 S를 구하시오.

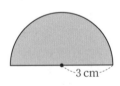

$l:$ _____
$S:$ _____

3-2 색칠한 부분의 둘레의 길이 l과 넓이 S를 구하시오.

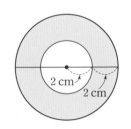

$l:$ _____
$S:$ _____

☐ **부채꼴의 호의 길이와 넓이**

4-1 반지름의 길이가 8 cm이고, 호의 길이가 4π cm인 부채꼴의 중심각의 크기를 구하시오.

(   )

4-2 색칠한 부분의 둘레의 길이 l과 넓이 S를 구하시오.

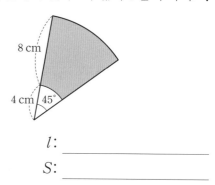

l: _____

S: _____

☐ **부채꼴의 호의 길이와 넓이 사이의 관계**

5-1 오른쪽 그림에서 부채꼴의 넓이를 구하시오.

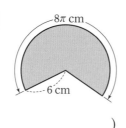

(   )

5-2 반지름의 길이가 8 cm이고 넓이가 48π cm²인 부채꼴의 호의 길이를 구하시오.

(   )

☐ **색칠한 부분의 둘레의 길이와 넓이**

6-1 색칠한 부분의 둘레의 길이 l과 넓이 S를 구하시오.

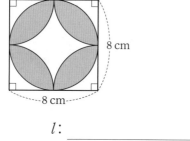

l: _____

S: _____

6-2 색칠한 부분의 둘레의 길이 l과 넓이 S를 구하시오.

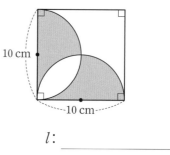

l: _____

S: _____

20 다면체

- 정확하게 이해한 개념은 ☐안을 체크한다.
- 체크되지 않은 개념은 다시 한 번 복습하고 ☐안을 체크한다.

중등 연결 초등 개념

- **★각기둥**
- 한 밑면의 변의 수: ★개
- 꼭짓점의 수: (★×2)개
- 모서리의 수: (★×3)개
- 면의 수: (★+2)개

초등 6-1

각기둥과 각뿔

☐ **각기둥: 마주 보는 두 면이 서로 평행하고 합동인 다각형으로 이루어진 입체도형**

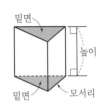

→ 밑면의 모양에 따라 삼각기둥, 사각기둥, …이라 한다.

(1) 밑면: 서로 평행하고 합동인 2개의 다각형인 면, 나머지 면과 모두 수직

(2) 옆면: 두 밑면과 만나는 면으로 모두 직사각형

- **▲각뿔**
- 밑면의 변의 수: ▲개
- 꼭짓점의 수: (▲+1)개
- 모서리의 수: (▲×2)개
- 면의 수: (▲+1)개

☐ **각뿔: 밑에 놓인 면이 다각형이고 옆면은 모두 삼각형인 뿔 모양의 입체도형**

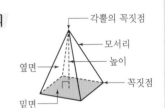

→ 밑면의 모양에 따라 삼각뿔, 사각뿔, …이라 한다.

(1) 밑면: 옆면이 아닌 1개의 다각형인 면

(2) 옆면: 밑면과 만나는 면으로 모두 삼각형

- 면의 개수에 따라
n각기둥 ➡ $(n+2)$면체
n각뿔 ➡ $(n+1)$면체
n각뿔대 ➡ $(n+2)$면체

다면체

☐ **다면체: 다각형인 면으로만 둘러싸인 입체도형**
└→ 4개 이상의 다각형인 면

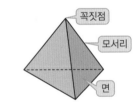

→ 면의 개수에 따라 사면체, 오면체, 육면체, …라 한다.

(1) 면: 다면체를 둘러싸고 있는 다각형

(2) 모서리: 다면체의 면을 이루는 다각형의 변

(3) 꼭짓점: 다면체의 면을 이루는 다각형의 꼭짓점

☐ **다면체의 종류** 중요해요

특징		n각기둥	n각뿔	n각뿔대
	겨냥도			
	밑면	밑면 2개가 평행하고 합동	밑면 1개	밑면 2개가 평행 └→ 합동은 아니다.
	옆면	직사각형	삼각형	사다리꼴
꼭짓점의 개수		$2n$	$n+1$	$2n$
모서리의 개수		$3n$	$2n$	$3n$
면의 개수		$n+2$	$n+1$	$n+2$

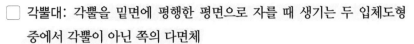

□ **각뿔대**: 각뿔을 밑면에 평행한 평면으로 자를 때 생기는 두 입체도형

　중에서 각뿔이 아닌 쪽의 다면체

　➡ 옆면의 모양은 모두 사다리꼴이다.

　　밑면의 모양에 따라 삼각뿔대, 사각뿔대, …라 한다.

　(1) **밑면**: 각뿔대에서 평행한 두 면

　(2) **옆면**: 각뿔대의 밑면이 아닌 면

　(3) **높이**: 각뿔대의 두 밑면 사이의 거리

확인 　다음 조건을 모두 만족하는 입체도형을 구하시오.

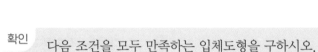

　　(개) 두 밑면은 평행　　　　　(내) 옆면의 모양은 사다리꼴　　　　　(대) 팔면체

정답및풀이 　두 밑면이 평행하고 옆면의 모양이 사다리꼴인 다면체는 각뿔대이고 면의 개수가 8이므로 육
각뿔대이다.

정다면체

□ **정다면체**: ① 각 면이 서로 합동인 정다각형　　┐ 두 가지 조건을 모두 만족해야
　　　　　　　② 각 꼭짓점에 모여 있는 면의 개수가 같은 다면체　┘ 정다면체이다.

• 두 가지 조건을 모두 만족하는
정다면체는 정사면체, 정육면체,
정팔면체, 정십이면체, 정이십면체
의 5가지뿐이다.

• **정다면체의 꼭짓점과 모서리의
개수**

(꼭짓점의 개수)

$= \dfrac{(\text{한 면의 꼭짓점의 개수}) \times (\text{면의 개수})}{(\text{한 꼭짓점에 모인 면의 개수})}$

└→ 중복된 꼭짓점의 개수

(모서리의 개수)

$= \dfrac{(\text{한 면의 모서리의 개수}) \times (\text{면의 개수})}{2}$

└→ 중복된 모서리의
개수

□ **정다면체의 종류** 중요해요

	정사면체	정육면체	정팔면체	정십이면체	정이십면체
겨냥도					
면의 모양	정삼각형	정사각형	정삼각형	정오각형	정삼각형
한 꼭짓점에 모인 면의 개수	3	3	4	3	5
꼭짓점의 개수	4	8	6	20	12
모서리의 개수	6	12	12	30	30
면의 개수	4	6	8	12	20

확인 　다음을 구하시오.

　(1) 면의 모양이 정삼각형인 정다면체

　(2) 한 꼭짓점에 모인 면의 개수가 3인 정다면체

정답및풀이 　(1) 정사면체, 정팔면체, 정이십면체　　　(2) 정사면체, 정육면체, 정십이면체

각기둥과 각뿔

두 밑면이 서로 평행하고 합동인 다각형으로 이루어진 입체도형은 　각기둥　 이고, 한 밑면이 다각형이고 옆면은 모두 삼각형인 뿔 모양의 입체도형은 　각뿔　 이다.

1 다음을 구하시오.

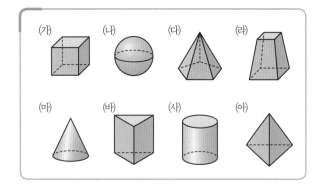

(1) 각기둥을 모두 고르시오.
　　　　(　　　　　　　　　　)

(2) 각뿔을 모두 고르시오.
　　　　(　　　　　　　　　　)

2 다음 입체도형의 밑면의 모양과 입체도형의 이름을 쓰시오.

(1)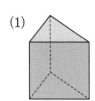
　　　　밑면의 모양
　　　　_____
　　　　입체도형의 이름
　　　　_____

(2)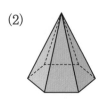
　　　　밑면의 모양
　　　　_____
　　　　입체도형의 이름
　　　　_____

3 다음은 각기둥과 각뿔에 대한 설명이다. 옳은 것은 ○표, 옳지 않은 것은 ×표를 하시오.

(1) 각기둥의 두 밑면은 수직이다. (　　　　)

(2) 각기둥의 옆면의 수와 밑면의 수는 같다.
　　　　　　　　　　　　　　　(　　　　)

(3) 각뿔의 밑면은 다각형이다. (　　　　)

(4) 각뿔의 밑면은 2개이다. (　　　　)

(5) 각기둥의 옆면은 직사각형이고 각뿔의 옆면은 삼각형이다. (　　　　)

4 다음 표를 완성하시오.

밑면의 변의 수		
꼭짓점의 개수		
모서리의 개수		
면의 개수		

개념 으로 기초력 잡기

다면체와 다면체의 종류

다각형인 면으로만 둘러싸인 입체도형을 **다면체** 라고 한다.

	n각기둥	n각뿔	n각뿔대
꼭짓점의 개수	$2n$	$n+1$	$2n$
모서리의 개수	$3n$	$2n$	$3n$
면의 개수	$n+2$	$n+1$	$n+2$

1 다면체인 것은 ○표, 다면체가 아닌 것은 ×표를 하시오.

(1)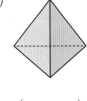

(   )

(2)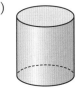

(   )

2 다음 다면체가 몇 면체인지 구하시오.

(1)

(   )

(2)

(   )

(3)

(   )

(4)

(   )

(5)   사각뿔

(   )

(6)   육각뿔대

(   )

3 다음 표를 완성하시오.

밑면의 모양			
옆면의 모양			
꼭짓점의 개수			
모서리의 개수			
면의 개수			

4 다음 조건을 모두 만족하는 입체도형을 구하시오.

(1)
> (가) 칠면체이다.
> (나) 두 밑면이 서로 평행하지만 합동은 아니다.
> (다) 옆면의 모양이 사다리꼴이다.

(   )

(2)
> (가) 꼭짓점의 개수는 7이다.
> (나) 밑면이 1개이다.
> (다) 옆면의 모양이 삼각형이다.

(   )

정다면체

각 면이 모두 합동인 정다각형 이고 각 꼭짓점에 모인 면의 개수가 모두 같은 다면체를 정다면체 라고 한다.

1 다음 조건을 만족시키는 정다면체를 쓰시오.

(1) 면의 모양

① 정삼각형: _____

② 정사각형: _____

③ 정오각형: _____

(2) 한 꼭짓점에 모인 면의 개수

① 3: _____

② 4: _____

③ 5: _____

2 정십이면체와 정이십면체의 꼭짓점의 개수와 모서리의 개수를 구하는 과정이다. ☐ 안에 알맞은 수를 써넣으시오.

(1)

정십이면체는 ☐ 인 면이 12개

① 꼭짓점의 개수

→ $\dfrac{\boxed{} \times 12}{3} = \boxed{}$ (개)

② 모서리의 개수

→ $\dfrac{\boxed{} \times 12}{2} = \boxed{}$ (개)

(2)

정이십면체는 ☐ 인 면이 20개

① 꼭짓점의 개수

→ 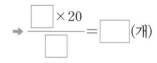 $\dfrac{\boxed{} \times 20}{\boxed{}} = \boxed{}$ (개)

② 모서리의 개수

→ $\dfrac{\boxed{} \times 20}{\boxed{}} = \boxed{}$ (개)

3 옳은 것은 ○표, 옳지 않은 것은 ×표를 하시오.

(1) 정다면체의 종류는 5가지뿐이다. (   )

(2) 각 면이 모두 합동인 정다각형으로 이루어진 입체도형은 정다면체이다. (   )

(3) 정다면체의 각 꼭짓점에 모인 면의 개수는 같다. (   )

(4) 면의 모양이 정육각형인 정다면체는 정이십면체이다. (   )

(5) 정팔면체와 정이십면체의 면의 모양이 같다. (   )

개념플러스╋로 **기초력 잡기**

중요해요
정다면체의 전개도

	정사면체	정육면체	정팔면체	정십이면체	정이십면체
겨냥도					
전개도					

중요해요

1 아래 그림의 전개도로 만든 정다면체이다. 다음을 구하시오.

(1)

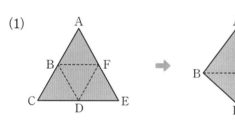

① 정다면체의 이름 (   )

② 꼭짓점 A와 겹치는 꼭짓점

(   )

③ 모서리 AB와 겹치는 모서리

(   )

(2)

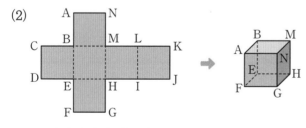

① 정다면체의 이름 (   )

② 꼭짓점 N과 겹치는 꼭짓점

(   )

③ 모서리 CD와 겹치는 모서리

(   )

2 다음 전개도로 만들어지는 정다면체에 대한 설명으로 옳은 것은 ○표, 옳지 않은 것은 ×표를 하시오.

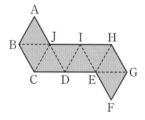

(1) 정팔면체이다.

(   )

(2) 모든 면의 모양은 정삼각형이다.

(   )

(3) 한 꼭짓점에 모이는 면의 개수는 3이다.

(   )

(4) 꼭짓점 A와 꼭짓점 I는 겹친다.

(   )

(5) 모서리 CD와 겹치는 모서리는 모서리 AB이다.

(   )

개념으로 **실력 키우기**

- 정확하게 이해한 유형은 ☐안을 체크한다.
- 체크되지 않은 유형은 다시 한 번 복습하고 ☐안을 체크한다.

☐ 다면체

1-1 다음 중 다면체가 <u>아닌</u> 것은?　　　(　　)

① 삼각뿔　　② 직육면체　　③ 오각뿔대

④ 원기둥　　⑤ 정이십면체

1-2 다음 중 오면체를 모두 고르시오.

㉠ 삼각기둥	㉡ 삼각뿔	㉢ 삼각뿔대
㉣ 사각기둥	㉤ 사각뿔	㉥ 사각뿔대

(　　　　　　　　)

☐ 다면체의 종류

2-1 다음 중 옆면의 모양이 사각형이 <u>아닌</u> 것은?

(　　)

① 삼각기둥　　② 사각뿔　　③ 오각뿔대

④ 정육면체　　⑤ 칠각기둥

2-2 다음 중 다면체와 그 옆면의 모양을 <u>잘못</u> 짝 지은 것은?　　　(　　)

① 직육면체 – 직사각형

② 육각뿔 – 육각형

③ 팔각뿔대 – 사다리꼴

④ 사각기둥 – 직사각형

⑤ 삼각뿔 – 삼각형

☐ 다면체의 종류

3-1 사각기둥의 꼭짓점의 개수를 a, 오각뿔의 모서리의 개수를 b, 육각뿔대의 면의 개수를 c라 할 때, $a+b+c$의 값을 구하시오.

(　　　　　　　　)

3-2 다음 조건을 모두 만족하는 입체도형의 꼭짓점의 개수를 구하시오.

> ㈎ 모서리의 개수는 15이다.
> ㈏ 두 밑면이 평행하고 합동이다.
> ㈐ 옆면의 모양이 직사각형이다.

(　　　　　　　　)

정다면체

4-1 다음 조건을 모두 만족하는 입체도형의 이름을 쓰시오.

> (가) 각 면의 모양이 모두 합동인 정다각형이다.
> (나) 한 꼭짓점에 모인 면의 개수가 같다.
> (다) 꼭짓점의 개수가 8이다.

( )

4-2 다음 조건을 모두 만족하는 입체도형의 이름을 쓰시오.

> (가) 각 면의 모양이 모두 합동인 정삼각형이다.
> (나) 각 꼭짓점에 모인 면의 개수는 5이다.

( )

정다면체

5-1 다음 중 정다면체에 대한 설명으로 옳지 <u>않은</u> 것은? ( )

① 정다면체의 종류는 5가지뿐이다.
② 정다면체의 모든 면은 합동이다.
③ 정다면체의 각 꼭짓점에 모인 면의 개수는 같다.
④ 정다면체의 면의 모양은 정삼각형, 정사각형, 정오각형 3가지뿐이다.
⑤ 한 꼭짓점에 모인 면의 개수가 5인 정다면체는 정십이면체이다.

5-2 정십이면체의 한 꼭짓점에 모인 면의 개수를 a개, 꼭짓점의 개수를 b개, 모서리의 개수를 c개라 할 때, $a+b+c$의 값을 구하시오.

( )

V

평면도형과 입체도형

정다면체의 전개도

6-1 다음 정다면체와 그 전개도를 짝 지으시오.

(1) 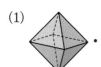 · · ㉠

(2) · · ㉡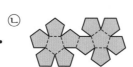

(3) · · ㉢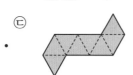

6-2 오른쪽 전개도로 만들어지는 정다면체에 대하여 다음을 구하시오.

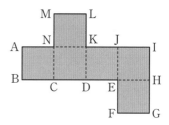

(1) 점 C와 겹치는 꼭짓점
( )

(2) 면 MNKL과 평행한 면
( )

21 회전체

중등 연결 **초등** 개념

원기둥, 원뿔, 구

• 원기둥 만들기

예
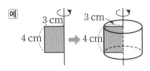

☐ **원기둥**: 마주 보는 두 면이 서로 평행하고 합동인 원으로 이루어진 입체도형

(1) 밑면: 서로 평행하고 합동인 두 면

(2) 옆면: 두 밑면과 만나는 면

(3) 높이: 두 밑면에 수직인 선분의 길이

원기둥의 옆면은 굽은 면이다. ←

☐ **원기둥의 전개도**: 원기둥을 잘라서 펼쳐 놓은 그림

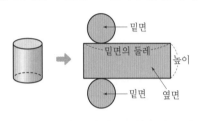

(옆면의 가로의 길이)
= (밑면의 둘레)
= (밑면의 지름) × (원주율)

(1) 두 밑면은 원이고 서로 합동이다.

(2) 옆면은 직사각형이다.

(3) 옆면의 가로는 밑면의 둘레와 같고 세로는 원기둥의 높이와 같다.

• 원뿔 만들기

예
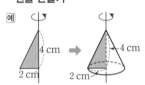

☐ **원뿔**: 평평한 면이 원이고 옆으로 둘러싼 면이 굽은 면인 뿔 모양의 입체도형

(1) 밑면: 평평한 면

(2) 옆면: 옆을 둘러싼 굽은 면

(3) 원뿔의 꼭짓점: 뾰족한 부분의 점

(4) 모선: 원뿔의 꼭짓점과 밑면인 원의 둘레의 한 점을 이은 선분

(5) 높이: 원뿔의 꼭짓점에서 밑면에 수직인 선분의 길이

• 구 만들기

예
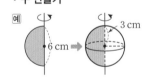

☐ **구**: 공 모양의 입체도형

(1) 구의 중심: 구에서 가장 안쪽에 있는 점

(2) 구의 반지름: 구의 중심에서 구의 겉면의 한 점을 이은 선분

회전체

☐ **회전체**: 평면도형을 한 직선을 축으로 하여 1회전 시킬 때 생기는 입체도형

(1) 회전축: 회전시킬 때 축으로 사용한 직선

(2) 모선: 회전체의 옆면을 만드는 선분

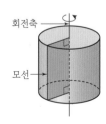

☐ **원뿔대:** 원뿔을 밑면에 평행한 평면으로 자를 때 생기는 두 입체도형 중에서
원뿔이 아닌 쪽의 입체도형

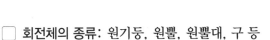

(1) 밑면: 원뿔대에서 평행한 두 면

(2) 옆면: 원뿔대의 밑면이 아닌 면

(3) 높이: 원뿔대의 두 밑면 사이의 거리

☐ **회전체의 종류:** 원기둥, 원뿔, 원뿔대, 구 등

• 구의 옆면을 만드는 것은 곡선이므로 구에서는 모선을 생각할 수 없다.

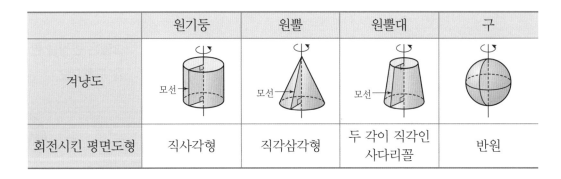

	원기둥	원뿔	원뿔대	구
겨냥도	모선	모선	모선	
회전시킨 평면도형	직사각형	직각삼각형	두 각이 직각인 사다리꼴	반원

확인 오른쪽 평면도형을 직선 l을 회전축으로 하여 1회전 시킬 때 생기는 입체도형을 그리시오.

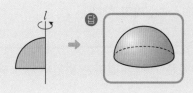

회전체의 단면

☐ **회전체의 단면** 중요해요

• 구는 어느 평면으로 잘라도 그 단면이 항상 원이다.

	원기둥	원뿔	원뿔대	구	성질
회전축에 수직인 평면으로 자른 단면					단면은 항상 원
회전축을 포함하는 평면으로 자른 단면	직사각형	이등변삼각형	사다리꼴	원	단면은 모두 합동이고 회전축에 대하여 선대칭도형

• **[초등 5-2 과정] 선대칭도형**
어떤 직선을 접는 선으로 하여 접었을 때 완전히 겹치는 도형

← 대칭축

확인 어느 평면으로 잘라도 그 단면이 항상 원인 입체도형의 이름을 쓰시오.

정답및풀이 구

초등개념 으로 기초력 잡기

원기둥, 원뿔, 구

  등과 같은 입체도형은 **원기둥** , 등과 같은 입체도형은 **원뿔** ,   등과 같은 입체도형은 **구** 라 한다.

---

1 그림을 보고 ☐ 안에 알맞은 말을 써넣으시오.

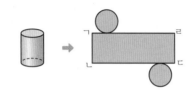

(1) 원기둥을 잘라 펼쳐 놓은 그림을 원기둥의 ☐ 라고 한다.

(2) 선분 ㄱㄹ의 길이는 밑면의 ☐ 와 같다.

(3) 선분 ㄱㄴ의 길이는 원기둥의 ☐ 와 같다.

2 그림의 원뿔에 대하여 밑면, 지름, 높이, 모선을 나타내는 선분을 각각 쓰시오.

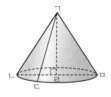

(1) 밑면의 지름 ( )

(2) 높이 ( )

(3) 모선 ( )

3 그림은 반원을 한 바퀴 돌려 만든 입체도형이다. 다음을 구하시오.

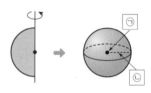

(1) ㉠, ㉡ 부분의 이름을 쓰시오.
㉠ ( ), ㉡ ( )

(2) 반원의 지름이 10 cm일 때, ㉡의 길이를 구하시오. ( )

4 입체도형을 보고 ☐ 안에 알맞은 말을 써넣으시오.

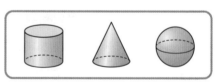

(1) 평행하고 합동인 밑면이 2개이고 그 모양이 원인 입체도형은 ☐ 이다.

(2) 밑면이 1개이고 꼭짓점이 있는 입체도형은 ☐ 이다.

(3) 위, 앞, 옆에서 본 모양이 모두 같은 입체도형은 ☐ 이다.

개념으로 기초력 잡기

회전체와 회전체의 종류

회전체는 원기둥, 원뿔, 원뿔대, 구 등이 있다.

	원기둥	원뿔	원뿔대	구
회전시킨 평면도형	**직사각형**	**직각삼각형**	**두 각이 직각인 사다리꼴**	**반원**

1 다음을 만족하는 입체도형을 고르시오.

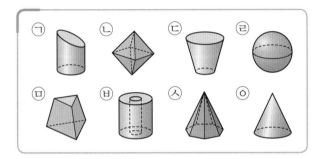

(1) 다면체 (   )

(2) 회전체 (   )

2 다음 그림과 같은 평면도형을 직선 l을 축으로 하여 1회전 시킬 때 생기는 회전체의 겨냥도를 그리고, 회전체의 이름을 쓰시오.

(1)
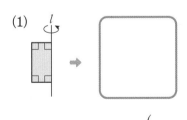
(   )

(2)
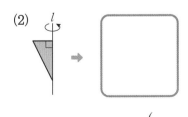
(   )

(3)
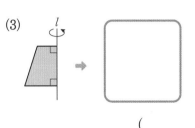
(   )

(4)
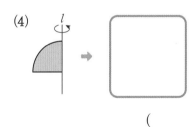
(   )

3 다음 그림과 같은 평면도형을 직선 l을 회전축으로 하여 1회전 시킬 때 생기는 회전체를 그리시오.

(1)
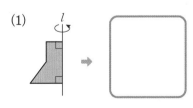

(2)
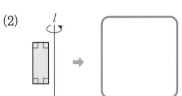

회전체의 성질

회전체를 (1) 회전축에 수직인 평면으로 자르면 그 단면은 항상 　원　 이다.

(2) 회전축을 포함하는 평면으로 자르면 그 단면은 모두 **합동** 이고, 회전축을 대칭축으로 하는 **선대칭** 도형이다.

1 다음 회전체를 회전축에 수직인 평면으로 자른 단면의 모양을 그리시오.

(1)
 ➡

(2)
 ➡

(3)
 ➡

2 다음 회전체를 회전축을 포함하는 평면으로 자른 단면의 모양을 그리시오.

(1)
 ➡

(2)
 ➡

(3)
 ➡

(4)
 ➡

(5)
 ➡

3 다음 중 옳은 것은 ○표, 옳지 않은 것은 ×표를 하시오.

(1) 회전체를 회전축을 포함하는 평면으로 자른 단면은 선대칭도형이다. 　(　　)

(2) 회전체에 수직인 평면으로 자른 단면은 항상 합동인 원이다. 　(　　)

(3) 회전체의 옆면을 만드는 선분을 모선이라 한다. 　(　　)

(4) 모든 회전체는 모선을 가지고 있다. (　　)

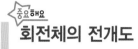

개념플러스로 기초력 잡기

중요해요
회전체의 전개도

	원기둥	원뿔	원뿔대
겨냥도	r h	l r	r r'
전개도	r (직사각형의 가로의 길이) =(밑면인 원의 둘레) h	(부채꼴의 호의 길이) =(밑면인 원의 둘레) l r	l r' (작은 밑면인 원의 둘레) (큰 밑면인 원의 둘레)

➡ 구의 전개도는 그릴 수 없다.

---

1 다음 그림과 같은 회전체의 전개도에 대하여 ☐ 안에 알맞게 써넣으시오.

(1)
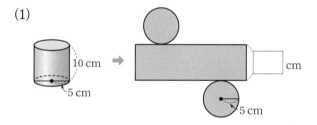
10 cm
5 cm
☐ cm
5 cm

① (직사각형의 가로의 길이)

  =(원의 ☐ 의 길이)

  =$2\pi \times$ ☐ = ☐ (cm)

② (직사각형의 ☐ 의 길이)

  =(원기둥의 높이)= ☐ cm

(2)
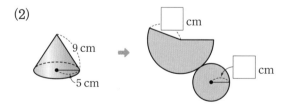
☐ cm
9 cm
5 cm
☐ cm

① (부채꼴의 호의 길이)

  =(원의 둘레의 길이)

  =$2\pi \times$ ☐ = ☐ (cm)

② (부채꼴의 반지름의 길이)

  =(원뿔의 ☐ 의 길이)= ☐ cm

---

2 다음 그림은 회전체와 그 전개도이다. ☐ 안에 알맞은 수를 써넣으시오.

(1)
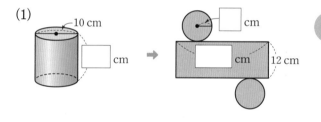
10 cm
☐ cm
☐ cm
☐ cm
12 cm

(2)
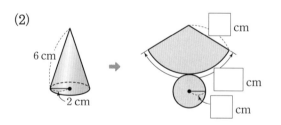
6 cm
2 cm
☐ cm
☐ cm
☐ cm

(3)
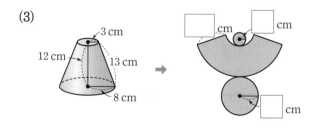
3 cm
12 cm
13 cm
8 cm
☐ cm ☐ cm
☐ cm

개념으로 실력 키우기

- 정확하게 이해한 유형은 ☐안을 체크한다.
- 체크되지 않은 유형은 다시 한 번 복습하고 ☐안을 체크한다.

☐ **회전체**

1-1 다음 도형 중 회전체를 모두 고르시오.

> ㉠ 원뿔대 ㉡ 구 ㉢ 정육면체
> ㉣ 삼각뿔대 ㉤ 원기둥 ㉥ 오각뿔

(   )

1-2 다음 중 회전체가 <u>아닌</u> 것은? (   )

① 원   ② 원뿔   ③ 원기둥
④ 구   ⑤ 반구

☐ **회전체의 종류**

2-1 다음 중 평면도형과 그 도형을 직선 *l*을 축으로 하여 1회전 시킬 때 생기는 회전체를 <u>잘못</u> 짝 지은 것은? (   )

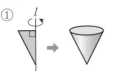
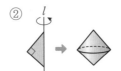
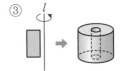
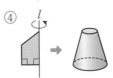
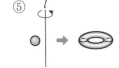

2-2 오른쪽 그림과 같은 회전체는 어떤 평면도형을 1회전 시킨 것인가? (   )

☐ **회전체의 종류**

3-1 다음 중 회전체와 그 회전체를 포함하는 평면으로 자른 단면, 회전축에 수직인 평면으로 자른 단면의 모양이 <u>잘못</u> 짝 지어진 것은? (   )

① 원기둥 – 직사각형 – 원
② 원뿔 – 이등변삼각형 – 원
③ 원뿔대 – 사다리꼴 – 원
④ 반구 – 타원 – 원
⑤ 구 – 원 – 원

3-2 다음 회전체 중 회전축을 포함하는 평면으로 자르거나 회전축에 수직인 평면으로 자를 때 생기는 단면의 모양이 같은 것은? (   )

① 원기둥   ② 원뿔   ③ 반구
④ 구   ⑤ 원뿔대

□ **회전체의 성질**

4-1 오른쪽 그림은 원뿔을 밑면에 평
행한 평면으로 잘라서 만든 입체
도형이다. 다음 중 옳은 것은?

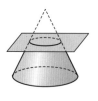

( )

① 다면체인 입체도형이다.
② 회전체인 입체도형이다.
③ 두 밑면이 평행하고 합동이다.
④ 회전축에 수직인 평면으로 자른 단면은 사다리
꼴이다.
⑤ 회전축을 포함하는 평면으로 자른 단면은 원이다.

4-2 다음 중 구에 대한 설명으로 옳은 것을 모두 고르
시오.

> ㉠ 회전축은 하나이다.
> ㉡ 전개도를 그릴 수 없다.
> ㉢ 구의 중심을 지나도록 자를 때 그 단면의 넓이
> 가 가장 크다.
> ㉣ 회전축에 수직인 평면으로 자르면 그 단면은
> 모두 합동인 원이다.

( )

□ **회전체의 성질**

5-1 오른쪽 그림과 같은 회전체를 회
전축에 수직인 평면으로 자를 때
생기는 단면의 넓이를 구하시오.

( )

5-2 오른쪽 그림과 같은 회전체를 회
전축을 포함하는 평면으로 자를
때 생기는 단면의 넓이를 구하시오.

( )

□ **회전체의 전개도**

6-1 다음 중 원뿔대의 전개도를 고르시오.

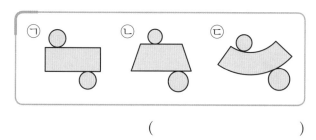

( )

6-2 다음은 밑면의 지름의 길이가 12 cm인 부채꼴의
전개도이다. □ 안에 알맞은 수를 구하시오.

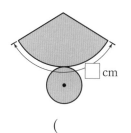

( )

22 입체도형의 겉넓이와 부피

- 정확하게 이해한 개념은 ☐ 안을 체크한다.
- 체크되지 않은 개념은 다시 한 번 복습하고 ☐ 안을 체크한다.

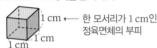

직육면체의 부피와 겉넓이

초등 6-1

• 부피의 단위

(1) $1\,cm^3$: 1 세제곱센티미터

— 한 모서리가 1 cm인 정육면체의 부피

(2) $1\,m^3$: 1 세제곱미터

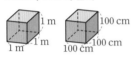

— 한 모서리가 1 m인 정육면체의 부피

• $1\,cm^3$와 $1\,m^3$의 관계

→ $1\,m^3 = 1000000\,cm^3$

☐ **직육면체와 정육면체의 부피** → 부피의 단위는 cm^3, m^3

(1) (직육면체의 부피)＝(가로)×(세로)×(높이)＝(밑면의 넓이)×(높이)

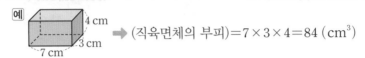

➡ (직육면체의 부피)＝$7×3×4＝84\,(cm^3)$

(2) (정육면체의 부피)＝(한 모서리의 길이)×(한 모서리의 길이)×(한 모서리의 길이)

예 (한 모서리의 길이가 5 m인 정육면체의 부피)＝$5×5×5＝125\,(m^3)$

☐ **직육면체와 정육면체의 겉넓이** → 넓이의 단위는 cm^2, m^2

(1) (직육면체의 겉넓이)＝(한 밑면의 넓이)×2＋(옆면의 넓이)

└→ 직육면체는 합동인 면이 3쌍이므로 겉넓이를 (세 면의 넓이의 합)×2로 구할 수 있다.

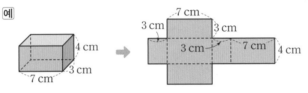

➡ (직육면체의 겉넓이)＝$(7×3)×2＋(3＋7＋3＋7)×4＝42＋80＝122\,(cm^2)$

(2) (정육면체의 겉넓이)＝(한 면의 넓이)×6

예 (한 모서리의 길이가 5 m인 정육면체의 겉넓이)＝$(5×5)×6＝150\,(m^2)$

기둥의 겉넓이와 부피

• 원의 반지름이 r일 때

- (원의 둘레의 길이)＝$2\pi r$
- (원의 넓이)＝πr^2

• 넓이와 부피의 단위

- 겉넓이 → cm^2
- 부피 → cm^3

☐ **기둥의 겉넓이**

(1) (기둥의 겉넓이)＝(밑넓이)×2＋(옆넓이)

(2) 밑면의 반지름의 길이가 r, 높이가 h인 원기둥의 겉넓이를 S ➡ $S＝2\pi r^2＋2\pi rh$

☐ **기둥의 부피**

(1) (기둥의 부피)＝(밑넓이)×(높이)

(2) 밑면의 반지름의 길이가 r, 높이가 h인 원기둥의 부피를 V ➡ $V＝\pi r^2 h$

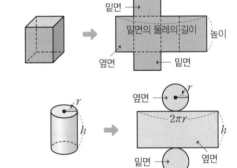

확인 오른쪽 원기둥의 겉넓이와 부피를 구하시오.

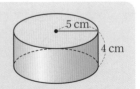

정답및풀이 (밑넓이)＝$\pi×5^2＝25\pi\,(cm^2)$, (옆넓이)＝$(2\pi×5)×4＝40\pi\,(cm^2)$

따라서 (겉넓이)＝$25\pi×2＋40\pi＝90\pi\,(cm^2)$, (부피)＝$25\pi×4＝100\pi\,(cm^3)$

뿔의 겉넓이와 부피

☐ **뿔의 겉넓이**

(1) (뿔의 겉넓이)=(밑넓이)+(옆넓이)

(2) 밑면의 반지름의 길이가 r, 모선의 길이가 l인
원뿔의 겉넓이를 S ➡ $S=\pi r^2+\pi rl$

☐ **뿔의 부피** ⟶ [실험 1] (뿔의 부피)=$\dfrac{1}{3}$×(기둥의 부피)

(1) (뿔의 부피)=$\dfrac{1}{3}$×(밑넓이)×(높이)
$\qquad\qquad\qquad$ └→ 기둥의 부피

(2) 밑면의 반지름의 길이가 r, 높이가 h인 원뿔의
부피를 V ➡ $V=\dfrac{1}{3}\pi r^2h$

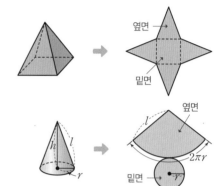

옆면
밑면

옆면 l
밑면 r
$2\pi r$

확인 오른쪽 원뿔의 겉넓이와 부피를 구하시오.

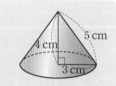
5 cm
4 cm
3 cm

정답및풀이 (밑넓이)=$\pi\times3^2=9\pi$ (cm^2),

(옆넓이)=$\dfrac{1}{2}\times5\times(2\pi\times3)=15\pi$ (cm^2)

따라서 (겉넓이)=$9\pi+15\pi=24\pi$ (cm^2), (부피)=$\dfrac{1}{3}\times9\pi\times4=12\pi$ (cm^3)

구의 겉넓이와 부피

☐ **구의 겉넓이**: 반지름의 길이가 r인 구의 겉넓이를 S ➡ $S=4\pi r^2$
$\qquad\qquad\qquad\qquad\qquad\qquad\qquad\qquad\qquad\qquad\quad$ ↓
$\qquad\qquad\qquad\qquad$ [실험 3] (반지름이 r인 구의 겉넓이)=(반지름이 $2r$인 원의 넓이)

r

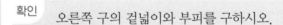
☐ **구의 부피**: 반지름의 길이가 r인 구의 부피를 V ➡ $V=\dfrac{4}{3}\pi r^3$
$\qquad\qquad\qquad\qquad\qquad\qquad\qquad\qquad\qquad\qquad\quad$ └→ [실험 2] (구의 부피)=$\dfrac{2}{3}$×(기둥의 부피)

확인 오른쪽 구의 겉넓이와 부피를 구하시오.

2 cm

정답및풀이 (겉넓이)=$4\pi\times2^2=16\pi$ (cm^2), (부피)=$\dfrac{4}{3}\pi\times2^3=\dfrac{32}{3}\pi$ (cm^3)

왼쪽 여백 (중요해요)

• **부채꼴의 넓이(S) 구하기**

(1) 중심각의 크기가 주어질 때

$x°$ r ➡ $S=\pi r^2\times\dfrac{x}{360}$

(2) 호의 길이가 주어질 때

r l ➡ $S=\dfrac{1}{2}rl$

• **뿔대의 겉넓이**
(뿔대의 겉넓이)
=(두 밑면의 넓이의 합)+(옆넓이)

• **뿔대의 부피**
(뿔대의 부피)
=(큰 뿔의 부피)−(작은 뿔의 부피)

• 구는 어느 평면으로 잘라도 그 단면이 항상 원이다.

[실험 1] (뿔의 부피)=$\dfrac{1}{3}$×(기둥의 부피)

➡ 뿔에 가득 찬 물을 밑면이 합동이고 높이가 같은 기둥에 부으면 물의 높이는 기둥 높이의 $\dfrac{1}{3}$이다.

 ,

[실험 2] (구의 부피)=$\dfrac{2}{3}$×(기둥의 부피)

➡ 원기둥 모양의 통에 꼭 들어맞는 공이 있다. 물을 가득 채운 통에 공을 완전히 잠길 때까지 넣었다가 꺼내면 남아 있는 물의 높이는 통의 높이의 $\dfrac{1}{3}$이다.

[실험 3] (반지름이 r인 구의 겉넓이)
$\qquad$=(반지름이 $2r$인 원의 넓이)

➡ 구의 겉면을 감았던 실을 풀어 평면 위에 원을 만들면 원의 반지름은 구의 반지름의 2배이다.

r $2r$

직육면체의 부피와 겉넓이

한 모서리의 길이가 1 cm인 정육면체의 부피는 $\boxed{\textbf{1 cm}^3}$ 이고, 한 모서리의 길이가 1 m인 정육면체의 부피는 $\boxed{\textbf{1 m}^3}$ 이다.

1 ☐ 안에 알맞은 수를 써넣으시오.

(1) 한 모서리의 길이가 1 m인 정육면체를 쌓으려면 부피가 1 cm³인 쌓기나무를 가로, 세로, 높이에 각각 ☐개, ☐개, ☐개를 놓아야 한다.

(2) 부피가 1 m³인 정육면체를 쌓을 때 부피가 1 cm³인 쌓기나무가 ☐개 필요하다.

(3) 1 m³= ☐ cm³

2 ☐ 안에 알맞은 수를 써넣으시오.

(1) 50 m³= ☐ cm³

(2) 2.3 m³= ☐ cm³

(3) 7000000 cm³= ☐ m³

(4) 800000 cm³= ☐ m³

(5) 90000 cm³= ☐ m³

3 다음 직육면체의 부피를 구하시오.

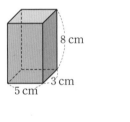

8 cm
3 cm
5 cm

( )

4 다음 정육면체의 겉넓이를 구하시오.

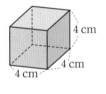

4 cm
4 cm
4 cm

( )

5 다음 전개도로 만든 입체도형의 부피와 겉넓이를 구하시오.

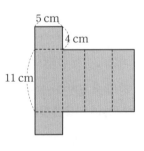

5 cm
4 cm
11 cm

부피 ( )
겉넓이 ( )

개념으로 기초력 잡기

기둥의 겉넓이

(기둥의 겉넓이)=(**밑넓이**)×2+(**옆넓이**)이므로

밑면의 반지름의 길이가 r, 높이가 h인 원기둥의 겉넓이를 S라 하면 $S=2\pi r^2+$ **$2\pi rh$**

1 다음 그림과 같은 기둥의 겉넓이를 구하시오.

(1)
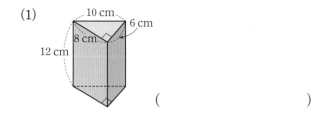
(   )

(2)

(   )

(3)
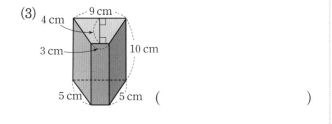
(   )

(4)
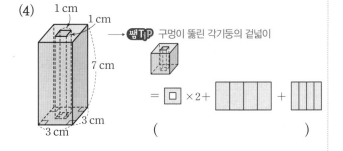

쌤Tip 구멍이 뚫린 각기둥의 겉넓이

= ▢ ×2+ ⬚⬚⬚⬚⬚ + ⬚⬚⬚

(   )

2 다음 그림과 같은 기둥의 겉넓이를 구하시오.

(1)
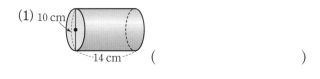
(   )

(2)
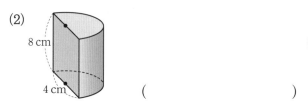
(   )

(3)
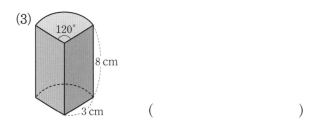
(   )

(4)
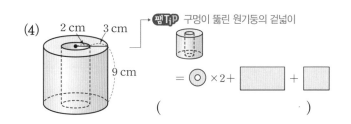

쌤Tip 구멍이 뚫린 원기둥의 겉넓이

= ◎ ×2+ ⬚⬚ + ⬚⬚

(   )

기둥의 부피

(기둥의 부피)=(밑넓이)×(높이)이므로

밑면의 반지름의 길이가 r, 높이가 h인 원기둥의 부피를 V라 하면 $V = \pi r^2 h$

1 다음 그림과 같은 기둥의 부피를 구하시오.

(1)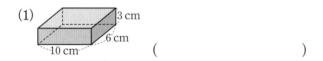
(   )

(2)
(   )

(3)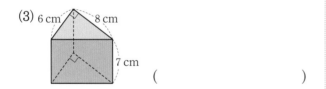
(   )

(4)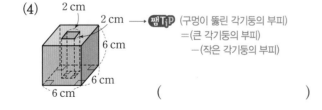

➡ 쌤Tip (구멍이 뚫린 각기둥의 부피)
=(큰 각기둥의 부피)
−(작은 각기둥의 부피)

(   )

2 다음 그림과 같은 기둥의 부피를 구하시오.

(1)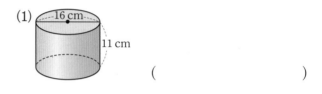
(   )

(2)
(   )

(3)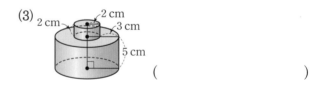
(   )

(4)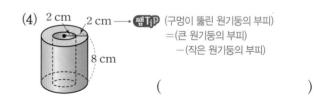

➡ 쌤Tip (구멍이 뚫린 원기둥의 부피)
=(큰 원기둥의 부피)
−(작은 원기둥의 부피)

(   )

뿔의 겉넓이

(뿔의 겉넓이)=(밑넓이)+(옆넓이)이므로

밑면의 반지름의 길이가 r, 모선의 길이가 l인 원뿔의 겉넓이를 S라 하면

$S=\pi r^2+ \pi r l$

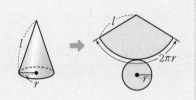

1 다음 그림과 같은 뿔의 겉넓이를 구하시오.

(1)
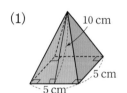

(　　　　　　　　)

(2)

(　　　　　　　　)

(3)
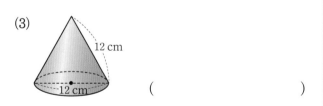

(　　　　　　　　)

(4)

(　　　　　　　　)

2 다음 그림과 같은 뿔대의 겉넓이를 구하시오.

(1)
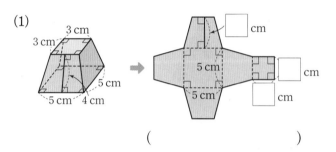

(　　　　　　　　)

(2)
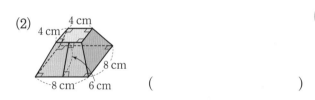

(　　　　　　　　)

(3)
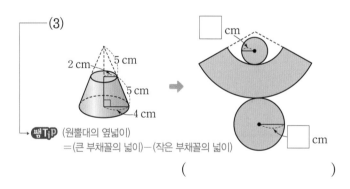

➤ **쌤Tip** (원뿔대의 옆넓이)
＝(큰 부채꼴의 넓이)−(작은 부채꼴의 넓이)

(　　　　　　　　)

(4)
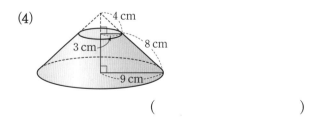

(　　　　　　　　)

Ⅴ
평면도형과 입체도형

뿔의 부피

(뿔의 부피)$=\dfrac{1}{3}\times$(밑넓이)$\times$(높이)이므로

밑면의 반지름의 길이가 r, 높이가 h인 원뿔의 부피를 V라 하면 $V=\dfrac{1}{3}\pi r^2 h$

1 다음 그림과 같은 뿔의 부피를 구하시오.

(1)
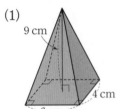
(   )

(2)
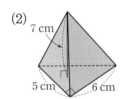
(   )

(3)
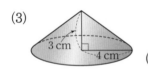
(   )

(4)
9 cm
8 cm
(   )

뽐Tip (뿔대의 부피)=(큰 뿔의 부피)−(작은 뿔의 부피)

2 다음 그림과 같은 뿔대의 부피를 구하시오.

(1)

(   )

(2)
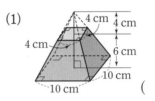
(   )

(3)
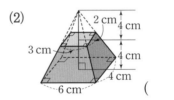
(   )

(4)
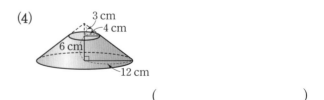
(   )

구의 겉넓이와 부피

반지름의 길이가 r인 구의 겉넓이를 S, 부피를 V라 하면

$S=\boxed{4\pi r^2}$, $V=\boxed{\dfrac{4}{3}\pi r^3}$

1 다음 그림과 같은 구의 겉넓이와 부피를 구하시오.

(1)
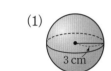
3 cm

겉넓이 (　　　　　　　　　)

부피 (　　　　　　　　　)

(2)

2 cm

겉넓이 (　　　　　　　　　)

부피 (　　　　　　　　　)

(3)

5 cm

겉넓이 (　　　　　　　　　)

부피 (　　　　　　　　　)

(4)

6 cm

겉넓이 (　　　　　　　　　)

부피 (　　　　　　　　　)

2 다음 그림과 같은 입체도형의 겉넓이와 부피를 구하시오.

(1)
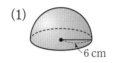
6 cm

겉넓이 (　　　　　　　　　)

부피 (　　　　　　　　　)

(2)

4 cm

겉넓이 (　　　　　　　　　)

부피 (　　　　　　　　　)

(3)
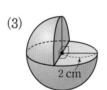
2 cm

겉넓이 (　　　　　　　　　)

부피 (　　　　　　　　　)

(4)
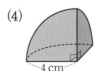
4 cm

겉넓이 (　　　　　　　　　)

부피 (　　　　　　　　　)

개념으로 **실력 키우기**

• 정확하게 이해한 유형은 ☐ 안을 체크한다.
• 체크되지 않은 유형은 다시 한 번 복습하고 ☐ 안을 체크한다.

☐ **기둥의 겉넓이**

1-1 다음 그림과 같은 전개도로 만든 사각기둥의 겉넓이를 구하시오.

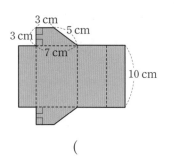

( )

1-2 다음 그림과 같은 기둥의 겉넓이를 구하시오.

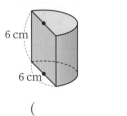

( )

☐ **기둥의 부피**

2-1 오른쪽 그림과 같은 사각형을 밑면으로 하는 사각기둥의 높이가 8 cm일 때, 이 사각기둥의 부피를 구하시오.

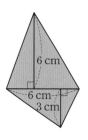

( )

2-2 다음 그림과 같이 부피가 같은 두 원기둥 A, B가 있을 때, 원기둥 A의 높이를 구하시오.

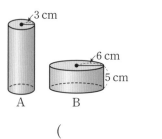

( )

☐ **뿔의 겉넓이**

3-1 오른쪽 그림과 같은 각뿔의 겉넓이를 구하시오.

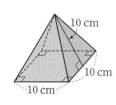

( )

3-2 오른쪽 그림과 같은 사다리꼴을 직선을 회전축으로 하여 1회전 시킬 때 생기는 입체도형의 겉넓이를 구하시오.

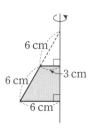

( )

뿔의 부피

4-1 오른쪽 그림과 같은 직각삼각형을
직선을 회전축으로 하여 1회전 시킬
때 생기는 입체도형의 부피를 구하
시오.

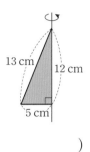

13 cm   12 cm

5 cm

(　　　　　)

4-2 물이 들어 있는 직육면체 모양의 그릇을 기울였더
니 다음과 같았다. 이때 물의 부피를 구하시오.

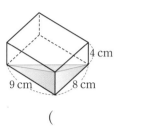

4 cm

9 cm   8 cm

(　　　　　)

구의 겉넓이

5-1 반지름의 길이가 4 cm인 구의 겉넓이는 반지름의
길이가 2 cm인 구의 겉넓이의 몇 배인지 구하시오.

(　　　　　)

5-2 오른쪽 그림과 같은 반구의 겉넓
이를 구하시오.

10 cm

(　　　　　)

구의 부피

6-1 오른쪽 그림은 반지름의 길이가
2 cm인 구의 $\frac{1}{8}$을 잘라내고 남은
입체도형이다. 이 입체도형의 부피
를 구하시오.

2 cm

(　　　　　)

6-2 오른쪽 그림과 같이 밑면의 지름
의 길이가 6 cm, 높이가 6 cm인
원기둥 안에 구와 원뿔이 꼭 맞게
들어 있다. 원뿔, 구, 원기둥의 부
피를 가장 간단한 자연수의 비로 나타내시오.

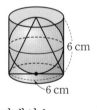

6 cm

6 cm

(　　　　　)

01 다각형의 외각

오른쪽 그림의 오각형에서 ∠CDE의
크기를 구하시오.

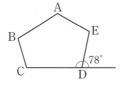

(   )

02 다각형의 대각선

한 꼭짓점에서 그을 수 있는 대각선의 개수가 8개인 다각형
이 있다. 이 다각형의 대각선의 총 개수를 구하시오.

(   )

03 삼각형의 내각과 외각

오른쪽 그림에서 ∠x의 크기를 구하
시오.

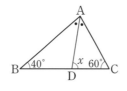

(   )

04 다각형의 내각과 외각

다음을 구하시오.

(1) 내각의 크기의 합이 720°인 다각형

(   )

(2) 한 외각의 크기가 30°인 정다각형

(   )

05 원과 부채꼴

오른쪽 그림의 원 O에서
∠AOB=∠COD=∠DOE일 때,
다음 중 옳지 <u>않은</u> 것은?   (   )

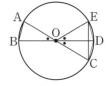

① $\overline{AB}=\overline{CD}$
② $\widehat{AB}=\widehat{DE}$
③ $\widehat{CE}=2\widehat{AB}$
④ $2\overline{AB}=\overline{CE}$
⑤ (부채꼴 AOB의 넓이)×2=(부채꼴 COE의 넓이)

06 원의 둘레와 넓이

다음 그림에서 $\overline{AB}=12$ cm일 때, 색칠한 부분의 둘레의
길이를 구하시오.

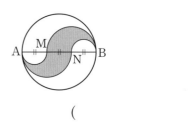

(   )

07 부채꼴의 호의 길이와 넓이 사이의 관계

다음을 구하시오.

(1) 반지름의 길이가 8 cm일 때, 중심각의 크기가 45°인
부채꼴의 호의 길이

(   )

(2) 반지름의 길이가 6 cm, 호의 길이가 11π cm일 때, 부
채꼴의 넓이

(   )

08 색칠한 부분의 둘레의 길이와 넓이

오른쪽 그림에서 색칠한 부분의 넓이를 구하시오.

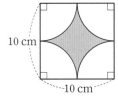

10 cm

10 cm

( )

09 다면체의 종류

다음 중 면의 개수가 가장 많은 것은? ( )

① 사각기둥   ② 오각뿔   ③ 팔면체
④ 팔각뿔대   ⑤ 정육면체

10 다면체의 종류

다음 조건을 모두 만족하는 입체도형의 꼭짓점의 개수를 구하시오.

㉮ 모서리의 개수는 18이다.
㉯ 두 밑면이 평행하다.
㉰ 옆면의 모양이 사다리꼴이다.

( )

11 정다면체

다음 정다면체 중에서 면의 모양이 같은 것을 모두 고르시오.

㉠ 정사면체   ㉡ 정육면체   ㉢ 정팔면체
㉣ 정십이면체   ㉤ 정이십면체

( )

12 정다면체

오른쪽 그림과 같은 정다면체에 대한 설명으로 옳지 <u>않은</u> 것은? ( )

① 정십이면체이다.
② 면의 모양은 정오각형이다.
③ 한 꼭짓점에 모이는 면의 개수는 3이다.
④ 꼭짓점의 개수는 20이다.
⑤ 모서리의 개수는 20이다.

13 회전체

다음을 모두 고르시오.

㉠ 정사각형   ㉡ 정육면체   ㉢ 원뿔
㉣ 정십이면체   ㉤ 구   ㉥ 정팔각형

(1) 다면체   ( )
(2) 회전체   ( )

14 회전체의 종류

회전체와 회전축을 포함하는 평면으로 자를 때 생기는 단면의 모양이 <u>잘못</u> 짝 지어진 것은? ( )

① 구 − 원
② 반구 − 반원
③ 원기둥 − 직사각형
④ 원뿔 − 직각삼각형
⑤ 원뿔대 − 사다리꼴

15 회전체의 종류

오른쪽 그림과 같은 사다리꼴 ABCD 의 각 변을 축으로 1회전 시킬 때 생기는 회전체가 <u>아닌</u> 것은? (   )

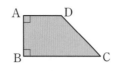

①   ②   ③

④   ⑤

16 회전체의 성질

오른쪽 그림과 같은 평면도형을 직선 l을 축으로 하여 1회전 시킬 때 생기는 회전체를 회전축을 포함하는 평면으로 자른 단면의 넓이를 구하시오.

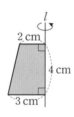

(   )

17 기둥의 부피

겉넓이가 150 cm²인 정육면체의 부피를 구하시오.

(   )

18 기둥의 겉넓이

오른쪽 그림과 같은 입체도형의 겉넓이를 구하시오.

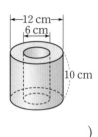

(   )

19 뿔의 부피

오른쪽 그림에서 정육면체의 세 꼭짓점 B, G, D를 지나는 평면으로 잘랐을 때 생기는 삼각뿔의 부피를 구하시오.

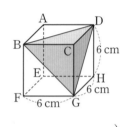

(   )

20 구의 부피

오른쪽 그림과 같은 입체도형의 부피를 구하시오.

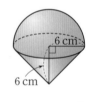

(   )

21 구의 겉넓이

오른쪽 그림과 같이 반지름의 길이가 r cm 인 구의 부피가 36π cm³일 때, 구의 겉넓이를 구하시오.

(   )

VI

통계

줄기와 잎 그림, 도수분포표

줄기와 잎 그림

☐ **변량**: 키, 몸무게, 성적 등의 자료를 수량으로 나타낸 것

☐ **줄기와 잎 그림**: 줄기와 잎을 이용하여 자료를 나타낸 그림

예 [1반 학생들의 수학 점수]

(단위: 점)

줄기←┘└→잎

53	79	80	80	87
90	60	80	83	72
80	73	67	55	75
95	85	79	60	98

줄기는 작은 수부터 세로로, 잎은 작은 수부터 가로로 쓴다.

(5|3은 53점) → 줄기와 잎을 설명한다.

줄기	잎
5	3 5
6	0 0 7
7	2 3 5 9 9
8	0 0 0 0 3 5 7
9	0 5 8

→ 중복되는 잎은 중복되는 횟수만큼 쓴다.

확인 위의 줄기와 잎 그림에서 다음을 구하시오.

(1) 잎이 가장 많은 줄기

(2) 점수가 60점 이하인 학생 수

정답및풀이 (1) 8

(2) 53점, 55점, 60점, 60점인 학생으로 4명

도수분포표

☐ **계급과 도수** **중요해요**

(1) **계급**: 변량을 일정한 간격으로 나눈 구간 예 50점 이상 60점 미만, ⋯, 90점 이상 100점 미만

(2) **계급의 크기**: 구간의 너비, 즉 계급의 양 끝 값의 차 예 $60-50=10$(점)

(3) **계급값**: 계급을 대표하는 값으로 각 계급의 중앙의 값 → $(계급값)=\dfrac{(계급의\ 양\ 끝\ 값의\ 합)}{2}$

예 55점, 65점, ⋯, 95점

(4) **도수**: 각 계급에 속하는 변량의 개수 예 2명, 3명, ⋯, 3명

☐ **도수분포표**: 자료를 몇 개의 계급으로 나누고 각 계급의 도수를 나타낸 표

예 [1반 학생들의 수학 점수]

(단위: 점)

53	79	80	80	87
90	60	80	83	72
80	73	67	55	75
95	85	79	60	98

수학 점수(점)	도수(명)
50^{이상} ~ 60^{미만}	2
60 ~ 70	3
70 ~ 80	5
80 ~ 90	7
90 ~ 100	3
합계	20

확인 위의 도수분포표에서 다음을 구하시오.

(1) 계급의 크기

(2) 도수가 가장 큰 계급

정답및풀이 (1) 10점

(2) 80점 이상 90점 미만

개념으로 기초력 잡기

줄기와 잎 그림

키, 몸무게, 성적 등의 자료를 수량으로 나타낸 것을 **변량** 이라고 한다.

1 아래 자료를 줄기와 잎 그림으로 나타내시오.

(1) 세은이네 반 학생들의 줄넘기 기록

(단위: 회)

30	25	10	14	42	21	39
38	29	37	35	43	37	23

↓

(3|0은 30회)

줄기	잎
1	
2	
3	
4	

(2) 주원이네 모둠의 영어 듣기 평가 점수

(단위: 점)

52	61	88	73	84	94	62	77
66	75	60	75	58	80	66	66

↓

(5|2는 52점)

줄기	잎
5	
6	
7	
8	
9	

2 어느 반 학생들의 등교하는 데 걸리는 시간을 조사하여 나타낸 줄기와 잎 그림이다. 다음을 구하시오.

(0|3은 3분)

줄기	잎						
0	3	3	4	5	5	7	9
1	0	1	3	6	8	8	
2	2	4	6	7			
3	0	2	3				

(1) 전체 학생 수

( )

(2) 등교하는 데 걸리는 시간이 10분 이상 25분 미만인 학생 수

( )

3 어느 반 학생들의 1년 동안 읽은 책의 수를 조사하여 줄기와 잎 그림으로 나타낸 것이다. 다음을 구하시오.

(1|0은 10권)

잎(남학생)					줄기	잎(여학생)				
8	8	7	2	0	1	4	8	8	9	
		6	3	1	2	0	3	3	6	7
				5	3	1	2			

(1) 전체 남학생의 수

( )

(2) 전체 여학생의 수

( )

도수분포표

자료를 몇 개의 계급으로 나누고 각 계급의 도수를 나타낸 표를 도수분포표 라고 한다.

1 어느 반 학생들의 1분 동안의 윗몸일으키기 기록을 조사하여 나타낸 도수분포표이다. 다음을 구하시오.

윗몸일으키기 기록(회)	도수(명)
$10^{이상} \sim 20^{미만}$	3
20 ~ 30	8
30 ~ 40	9
40 ~ 50	5
합계	25

(1) 계급의 개수

( )

(2) 계급의 크기

( )

(3) 도수가 가장 큰 계급

( )

(4) 도수가 가장 작은 계급의 계급값

( )

(5) 도수의 총합

( )

2 아래 자료를 도수분포표로 나타내고 다음을 구하시오.

(1) 지율이네 반 학생들의 키

(단위: cm)

160	152	161	158	166	168	157	167
157	164	158	162	154	159	163	155

① 도수분포표로 나타내시오.

키(cm)	도수(명)
$150^{이상} \sim 155^{미만}$	
155 ~160	
160 ~165	
165 ~170	
합계	

② 도수가 가장 작은 계급

( )

③ 키가 155 cm 이상 165 cm 미만인 학생 수

( )

④ 키가 4번째로 큰 학생이 속하는 계급

( )

⑤ 키가 165 cm인 지율이가 속하는 계급의 계급값

( )

(2) 하린이네 반 학생들의 일주일 평균 통화 시간

(단위: 분)

| 10 | 3 | 24 | 19 | 7 | 23 | 10 | 38 | 5 | 16 |
| 17 | 22 | 12 | 33 | 20 | 5 | 35 | 23 | 16 | 47 |

① 도수분포표로 나타내시오.

시간(분)	도수(명)
$0^{이상}\sim10^{미만}$	
합계	

② 계급의 개수와 계급의 크기를 각각 구하시오.

계급의 개수 (   )

계급의 크기 (   )

③ 학생 수가 가장 많은 계급의 계급값을 구하시오.

(   )

④ 통화 시간이 33분인 학생이 속하는 계급을 구하시오.

(   )

⑤ 통화 시간이 20분 미만인 학생은 전체의 몇 %인지 구하시오.

(   )

3 다음은 어느 동아리 학생 50명의 하루 동안의 운동 시간을 조사하여 나타낸 도수분포표이다. 다음을 구하시오.

시간(분)	도수(명)
$0^{이상}\sim 30^{미만}$	9
30 ~ 60	A
60 ~ 90	15
90 ~120	6
120 ~150	5
150 ~180	4
합계	50

(1) A의 값을 구하시오.

(   )

(2) 도수가 가장 큰 계급을 구하시오.

(   )

(3) 운동 시간이 10번째로 긴 학생이 속하는 계급의 도수를 구하시오.

(   )

(4) 운동 시간이 60분 이상 120분 미만인 학생은 전체의 몇 %인지 구하시오.

(   )

(5) 운동 시간이 가장 긴 학생의 운동 시간을 구할 수 있는지 말하시오.

(   )

개념 으로 **실력 키우기**

- 정확하게 이해한 유형은 ☐안을 체크한다.
- 체크되지 않은 유형은 다시 한 번 복습하고 ☐안을 체크한다.

☐ **줄기와 잎 그림**

1-1 다음은 어느 반 학생 15명의 수학 점수를 조사하여 나타낸 것이다. 줄기와 잎 그림을 완성하시오.

[수학 점수]

(단위: 점)   (6|5는 65점)

65	77	89
82	85	73
69	78	95
83	90	85
70	82	98

→

줄기	잎
6	5 9
7	

1-2 1-1의 줄기와 잎 그림을 보고 다음을 구하시오.

(1) 잎이 가장 많은 줄기

(   )

(2) 70점대 학생 수

(   )

(3) 수학 점수가 5번째로 높은 학생의 점수

(   )

☐ **줄기와 잎 그림**

2-1 다음은 A와 B 모둠의 영어 점수를 조사하여 나타낸 것이다. 줄기와 잎 그림을 완성하시오.

[A 모둠의 영어 점수]

(단위: 점)

88	95	72
70	76	80

[B 모둠의 영어 점수]

(단위: 점)

82	86	75
96	88	93

↓

잎(A 모둠)	줄기	잎(B 모둠)
	7	
	8	
	9	

2-2 2-1의 줄기와 잎 그림을 보고 다음을 구하시오.

(1) 어느 모둠의 영어 성적이 더 좋다고 할 수 있는지 구하시오.

(   )

(2) 두 모둠에서 90점대 학생들이 전체의 몇 %인지 구하시오.

(   )

☐ **줄기와 잎 그림과 도수분포표**

3-1 다음 중 옳은 것에 ○표를 하시오.

(1) 줄기와 잎 그림에서는 변량을 알 수 (있다, 없다).

(2) 줄기와 잎 그림에서 잎의 개수와 변량의 개수는 (같다, 다르다).

3-2 다음 중 옳은 것에 ○표를 하시오.

(1) 도수분포표에서는 변량을 알 수 (있다, 없다).

(2) 변량의 개수가 많을 때에는 (줄기와 잎 그림, 도수분포표)으로(로) 나타내는 것이 더 편리하다.

☐ **도수분포표**

4-1 다음은 어느 동아리 사람들의 나이를 조사하여 나타낸 것이다. 도수분포표를 완성하시오.

(단위: 세)

30	28	30	25
32	22	35	34
26	35	33	35
36	28	23	27
33	31	24	32

나이(세)	도수(명)
20^{이상} ~ 25^{미만}	
25 ~ 30	
30 ~ 35	
35 ~ 40	
합계	

4-2 **4**-1의 도수분포표를 보고 다음을 구하시오.

(1) 계급의 개수   (   )

(2) 계급의 크기   (   )

(3) 도수가 가장 큰 계급

(   )

(4) 도수가 가장 작은 계급의 계급값

(   )

☐ **도수분포표**

5-1 다음 표는 어느 야구팀 30명의 홈런 수를 조사하여 나타낸 도수분포표이다. 도수분포표를 완성하시오.

홈런 수(개)	도수(명)
0 ^{이상} ~ 10 ^{미만}	6
☐ ~ ☐	12
20 ~ 30	☐
30 ~ 40	4
합계	☐

5-2 **5**-1의 도수분포표를 보고 다음을 구하시오.

(1) 홈런 수가 많은 쪽에서 5번째인 선수가 속하는 계급을 구하시오.

(   )

(2) 홈런 수가 10개 미만인 선수는 전체의 몇 %인지 구하시오.

(   )

☐ **도수분포표**

6-1 다음 도수분포표에 대한 설명 중 옳은 것은 ○표, 옳지 않은 것은 ✕표를 하시오.

(1) 도수분포표는 계급의 크기를 크게 할수록 좋다.

(   )

(2) 각 계급에 속하는 자료의 개수를 계급값이라 한다.   (   )

6-2 도수분포표에 대한 설명 중 옳지 <u>않은</u> 것은?

(   )

① 자료를 수량으로 나타낸 것을 변량이라 한다.
② 변량을 일정한 간격으로 나눈 구간이 계급이다.
③ 계급의 개수는 많을수록 좋다.
④ 계급의 구간의 너비는 계급의 크기이다.
⑤ 도수분포표에서는 변량의 실제 값을 알 수 없다.

VI

통계

24 히스토그램과 도수분포다각형

중등 연결 초등 개념

★중요해요

• 표와 그래프의 특징
① 표: 자료별 수량과 합계를 알기 쉽다.
② 막대그래프: 자료별 수량의 많고 적음을 한눈에 비교하기 쉽다.
③ 꺾은선그래프: 시간에 따른 연속적인 변화를 알기 쉽고 중간값을 예상할 수 있다.

막대그래프와 꺾은선그래프

☐ **막대그래프: 조사한 자료를 막대 모양으로 나타낸 그래프**

[예] 학생들이 좋아하는 색깔을 조사

색깔	빨강	파랑	노랑	검정	합계
학생 수(명)	5	7	9	2	23

➡ 학생들이 좋아하는 색깔

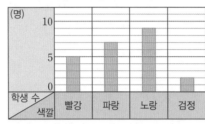

① 가로는 색깔, 세로는 학생 수를 나타낸다.
② 막대의 길이는 색깔별 학생 수를 나타낸다.
③ 세로 눈금 한 칸은 1명을 나타낸다.

☐ **꺾은선그래프: 수량을 점으로 표시하고, 그 점들을 선분으로 연결하여 나타낸 그래프**

[예] 실내 온도를 조사

시각(시)	오전 10	오전 11	오후 12	오후 1	오후 2
온도(℃)	6	8	13	15	14

➡ 실내 온도

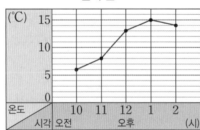

① 가로는 시각, 세로는 온도를 나타낸다.
② 시각별 온도를 나타낸다.
③ 세로 눈금 한 칸은 1 ℃를 나타낸다.

★중요해요

• 막대그래프와 히스토그램의 차이
① 막대그래프: 좋아하는 색깔(빨강, 파랑, 노랑 등)과 같은 비연속적인 자료를 나타낼 때 사용한다.
② 히스토그램: 수학 점수와 같은 연속적인 자료를 나타낼 때 사용한다.

히스토그램

☐ **히스토그램: 가로축에 계급을, 세로축에 도수를 표시하여 도수분포표를 직사각형 모양으로 나타낸 그래프**

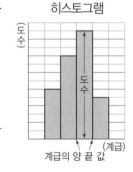

히스토그램

➡ 히스토그램을 그리는 방법
① 가로축에 각 계급의 양 끝 값을 차례로 표시한다.
② 세로축에 도수를 차례로 표시한다.
③ 각 계급의 크기를 가로로 하고, 도수의 세로로 하는 직사각형을 차례로 그린다.

☐ **히스토그램의 특징** ★중요해요
(1) 자료의 분포 상태를 한눈에 알아볼 수 있다.
(2) 각 직사각형의 넓이는 각 계급의 도수에 정비례한다.
(3) (직사각형의 넓이의 합)=(계급의 크기)×(도수의 총합)

예 1반 학생들의 수학 점수

수학 점수(점)	도수(명)
50^{이상}~ 60^{미만}	2
60 ~ 70	3
70 ~ 80	5
80 ~ 90	7
90 ~100	3
합계	20

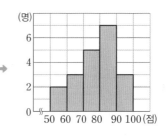

확인 위의 히스토그램에서 직사각형의 넓이의 합을 구하시오.

정답및풀이 (직사각형의 넓이의 합)=(계급의 크기)×(도수의 총합)=10×20＝200

도수분포다각형

☐ **도수분포다각형**: 히스토그램에서 각 직사각형의 윗변의 중점과 양 끝에 도수가 **0**인 계급의 중앙의 점을 선분으로 연결하여 나타낸 다각형 모양의 그래프

☐ **도수분포다각형의 특징** 중요해요
(1) 자료의 분포 상태를 연속적으로 관찰할 수 있다.
(2) 두 개 이상의 자료를 비교하는 데 편리하다.
(3) (도수분포다각형과 가로축으로 둘러싸인 부분의 넓이)
　　=(히스토그램의 직사각형의 넓이의 합) → (계급의 크기)×(도수의 총합)
　　예 1반 학생들의 수학 점수

• **도수분포다각형의 넓이**
두 삼각형 A와 B는 밑변의 길이와 높이가 같은 직각삼각형이므로 넓이가 같다.

수학 점수(점)	도수(명)
50^{이상}~ 60^{미만}	2
60 ~ 70	3
70 ~ 80	5
80 ~ 90	7
90 ~100	3
합계	20

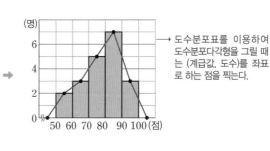

→ 도수분포표를 이용하여 도수분포다각형을 그릴 때는 (계급값, 도수)를 좌표로 하는 점을 찍는다.

확인 위의 도수분포다각형과 가로축으로 둘러싸인 부분의 넓이를 구하시오.

정답및풀이 (도수분포다각형과 가로축으로 둘러싸인 부분의 넓이)
　　＝(히스토그램의 직사각형의 넓이의 합)
　　＝(계급의 크기)×(도수의 총합)
　　＝10×20＝200

막대그래프와 꺾은선그래프

조사한 자료를 막대 모양으로 나타낸 그래프를 막대그래프 라 하고, 수량을 점으로 표시하고 그 점들을 선분으로 연결하여 나타낸 그래프를 꺾은선그래프 라 한다.

1 어느 반 학생들이 좋아하는 과목을 조사하여 나타낸 막대그래프이다. 다음을 구하시오.

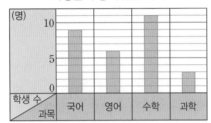

학생들이 좋아하는 과목

(1) 세로 눈금 한 칸은 몇 명을 나타내는지 구하시오.
( )

(2) 가장 많은 학생들이 좋아하는 과목을 구하시오.
( )

(3) 가장 적은 학생들이 좋아하는 과목을 구하시오.
( )

(4) 국어를 좋아하는 학생은 과학을 좋아하는 학생의 몇 배인지 구하시오.
( )

(5) 수학을 좋아하는 학생은 영어를 좋아하는 학생보다 몇 명 더 많은지 구하시오.
( )

2 어느 전자 제품 회사의 월별 에어컨 판매량을 조사하여 나타낸 꺾은선그래프이다. 다음을 구하시오.

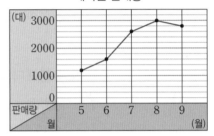

에어컨 판매량

(1) 그래프의 가로와 세로는 각각 무엇을 나타내는지 구하시오.
가로 ( )
세로 ( )

(2) 세로 눈금 한 칸은 몇 대를 나타내는지 구하시오.
( )

(3) 판매량이 가장 적은 달을 구하시오.
( )

(4) 5월과 6월의 판매량의 차를 구하시오.
( )

(5) 지난달과 비교하여 판매량이 가장 많이 늘어난 달을 구하시오.
( )

개념으로 기초력 잡기

히스토그램

가로축에 각 계급의 양 끝 값을, 세로축에 도수를 차례로 표시하여 직사각형 모양으로 나타낸 그래프를 **히스토그램** 이라 한다. 이때 직사각형의 넓이의 합은 (**계급의 크기**)×(도수의 총합)으로 구할 수 있다.

1 아래는 어느 반 학생들의 $50 \, \text{m}$ 달리기 기록을 나타낸 도수분포표이다. 히스토그램으로 나타내고, □ 안에 알맞은 것을 써넣으시오.

기록(초)	도수(명)
$8^{이상} \sim 10^{미만}$	5
$10 \quad \sim 12$	8
$12 \quad \sim 14$	9
$14 \quad \sim 16$	3
합계	

↓

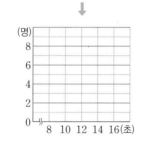

(1) (계급의 크기)=(직사각형의 □의 길이)

　　　　　　 = □ −8= □(초)

(2) (계급의 개수)=(직사각형의 □)= □(개)

(3) (12초 이상 14초 미만인 계급의 도수)

　　 = □(명)

(4) (직사각형의 넓이의 합)

　　 =(□)×(도수의 총합)

2 아래는 서원이네 반 학생들의 한 달 동안 읽은 책의 수를 조사하여 나타낸 히스토그램이다. 다음을 구하시오.

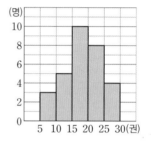

(1) 전체 학생 수를 구하시오.

　　　　　　　　(　　　　　　)

(2) 한 달 동안 26권을 읽은 서원이가 속하는 계급을 구하시오.

　　　　(　　　　　　　)

(3) 책은 6번째로 많이 읽은 학생이 속하는 계급의 계급값을 구하시오.

　　　　　　　　(　　　　　　)

(4) 20권 이상 읽은 학생은 전체의 몇 %인지 구하시오.

　　　　　　　(　　　　　　)

(5) 히스토그램의 직사각형의 넓이의 합을 구하시오.

　　　　　(　　　　　　)

도수분포다각형

히스토그램에서 각 직사각형의 윗변의 중점을 선분으로 연결하여 나타낸 다각형 모양의 그래프를 | **도수분포다각형** | 이라 한다. 이때 | **도수분포다각형** | 과 가로축으로 둘러싸인 부분의 넓이는 | **히스토그램** | 의 직사각형의 넓이와 같다.

1 아래는 어느 반 학생들이 일주일 동안의 TV 시청 시간을 조사해서 나타낸 도수분포표이다. 도수분포다각형으로 나타내고, ☐ 안에 알맞은 것을 써넣으시오.

시청 시간(시간)	도수(명)
$1^{이상} \sim 3^{미만}$	2
3 ～ 5	3
5 ～ 7	10
7 ～ 9	5
합계	

↓

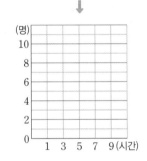

(1) (계급의 크기)$=3-$☐$=$☐(시간)

(2) (계급의 개수)$=$☐(개)

(3) (3시간 이상 5시간 미만인 계급의 도수)
   $=$☐(명)

(4) (전체 학생 수)
   $=2+$☐$+$☐$+5=$☐(명)

2 아래는 어느 반 학생들의 몸무게를 조사하여 나타낸 도수분포다각형이다. 다음을 구하시오.

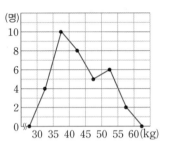

(1) 계급의 개수를 구하시오.
   ( )

(2) 전체 학생 수를 구하시오.
   ( )

(3) 도수가 가장 큰 계급의 계급값을 구하시오.
   ( )

(4) 40 kg 미만인 학생은 전체의 몇 %인지 구하시오.
   ( )

(5) 도수분포다각형과 가로축으로 둘러싸인 부분의 넓이를 구하시오.
   ( )

개념플러스로 기초력 잡기

일부가 보이지 않는 그래프

히스토그램이나 도수분포다각형에서 일부가 보이지 않는 경우

① 도수의 총합이 주어지면

→ (보이지 않는 계급의 도수)=(도수의 총합)−(나머지 보이는 계급의 도수의 합)

② 도수의 총합이 주어지지 않으면

→ (도수의 총합)=x라 하고 주어진 조건을 이용하여 도수의 총합을 먼저 구하고 보이지 않는 계급의 도수를 구한다.

1 다음은 어느 반 40명의 국어 점수를 조사하여 나타낸 히스토그램인데 일부가 찢어져 보이지 않는다. 다음을 구하시오. → 도수의 총합이 주어진 경우

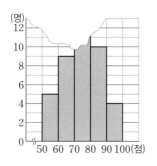

(1) 70점 이상 80점 미만인 계급의 도수를 구하시오.

(   )

(2) 70점 이상 90점 미만인 학생 수를 구하시오.

(   )

(3) 70점 이상 90점 미만인 학생은 전체의 몇 %인지 구하시오.

(   )

2 다음은 어느 반의 방학 동안 봉사활동 시간을 조사하여 나타낸 도수분포다각형인데 얼룩이 생겨 일부가 보이지 않는다. 봉사활동 시간이 15시간 미만인 학생이 전체의 20 %일 때, 다음을 구하시오.

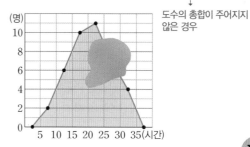

도수의 총합이 주어지지 않은 경우

(1) 봉사활동 시간이 15시간 미만인 학생 수를 구하시오.

(   )

(2) 전체 학생 수를 구하시오.

(   )

(3) 봉사활동 시간이 25시간 이상 30시간 미만인 학생 수를 구하시오.

(   )

VI

통계

개념으로 **실력 키우기**

• 정확하게 이해한 유형은 ☐ 안을 체크한다.
• 체크되지 않은 유형은 다시 한 번 복습하고 ☐ 안을 체크한다.

☐ **히스토그램**

1-1 다음은 어느 반 학생들의 일주일 동안의 운동 시간을 조사하여 나타낸 도수분포표이다. 히스토그램으로 나타내시오.

운동 시간(분)	도수(명)
$30^{이상} \sim 60^{미만}$	9
60 ~ 90	6
90 ~ 120	8
120 ~ 150	2
합계	

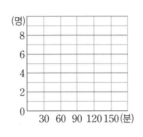

1-2 1-1의 히스토그램을 보고 알 수 <u>없는</u> 것은?

( )

① 계급의 개수
② 계급의 크기
③ 전체 학생 수
④ 학생들의 운동 시간의 분포 상태
⑤ 운동을 가장 많이 한 학생의 운동 시간

☐ **히스토그램**

2-1 다음은 어느 반 학생들의 하루 동안의 수면 시간을 조사하여 나타낸 히스토그램이다. 6시간 이상 7시간 미만인 계급의 직사각형의 넓이는 9시간 이상 10시간 미만인 계급의 직사각형의 넓이의 3배일 때, 히스토그램을 완성하시오.

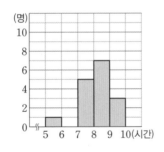

2-2 2-1의 히스토그램을 보고 다음을 구하시오.

(1) 전체 학생 수

( )

(2) 수면 시간이 7시간 미만인 학생 수

( )

(3) 수면 시간이 7시간 미만인 학생은 전체의 몇 % 인지 구하시오.

( )

☐ **히스토그램**

3-1 오른쪽은 어느 미술관 관람객 30명의 나이를 조사하여 나타낸 히스토그램인데 일부가 찢어져 보이지 않는다. 30세 이상 40세 미만인 관람객 수를 구하시오.

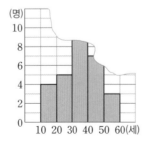

( )

3-2 3-1의 히스토그램에서 찢어져 보이지 않는 30세 이상 40세 미만의 계급의 직사각형의 넓이를 구하시오.

( )

☐ **도수분포다각형**

4-1 다음은 어느 반 학생들의 턱걸이 기록을 조사하여 나타낸 히스토그램이다. 히스토그램의 직사각형의 중점을 찍어 도수분포다각형을 나타내시오.

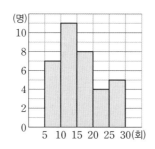

4-2 4-1의 도수분포다각형을 보고 다음을 구하시오.

(1) 전체 학생 수

(   )

(2) 도수가 가장 큰 계급의 계급값

(   )

(3) 계급의 개수

(   )

☐ **도수분포다각형**

5-1 오른쪽은 어느 반 학생들의 줄넘기 기록을 조사하여 나타낸 히스토그램인데 일부가 찢어져 보이지 않는다.

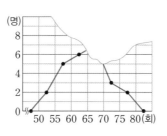

기록이 70회 이상인 학생이 20 %일 때 기록이 65회 이상 70회 미만인 학생 수를 구하시오.

(   )

5-2 5-1의 도수분포다각형과 가로축으로 둘러싸인 부분의 넓이를 구하시오.

(   )

> **쌤Tip** 도수분포다각형은 두 개 이상의 집단의 자료를 나타낼 수 있어 분포 상태를 비교하는데 편리하다.

☐ **도수분포다각형**

6-1 다음은 어느 반 25명의 1차와 2차 영어 듣기 평가 점수를 나타낸 도수분포다각형이다. 영어 듣기 평가 점수가 더 좋은 것은 1차와 2차 시험 중 어느 것인지 구하시오.

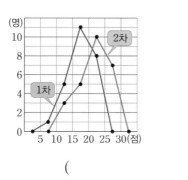

(   )

6-2 아래는 A반과 B반의 수학 점수를 나타낸 도수분포다각형이다. 다음을 구하시오.

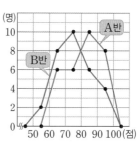

(1) A반과 B반의 전체 학생 수를 각각 구하시오.

(   )

(2) A반과 B반의 80점 이상인 학생 수를 각각 구하시오.

(   )

VI
통계

상대도수

• 정확하게 이해한 개념은 ☐안을 체크한다.
• 체크되지 않은 개념은 다시 한 번 복습하고 ☐안을 체크한다.

중등 연결 초등 개념

• 비율

기준량에 대한 비교하는 양의 크기 즉, 두 수의 비를 분수 또는 소수로 나타낸 것

• 백분율

기준량을 100으로 할 때의 비율 즉, (비율)×100 (%)

초등 6-1

원그래프와 띠그래프

☐ **띠그래프**: 전체에 대한 각 부분의 비율을 띠 모양에 나타낸 그래프

☐ **원그래프**: 전체에 대한 각 부분의 비율을 원 모양에 나타낸 그래프

☐ **띠그래프와 원그래프의 특징**

(1) 전체에 대한 각 부분의 비율을 한눈에 알아보기 쉽다.
  └→ 각 항목의 백분율

(2) 각 항목끼리의 비율을 쉽게 나타낼 수 있다.
  └→ 띠그래프(각 항목의 길이), 원그래프(각 항목의 넓이)

예 좋아하는 과목별 학생 수

과목	국어	수학	영어	사회	과학	합계
학생 수	10	12	8	4	6	40
백분율(%)	25	30	20	10	15	100

좋아하는 과목별 학생 수

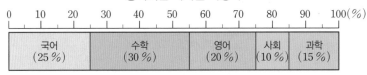

좋아하는 과목별 학생 수

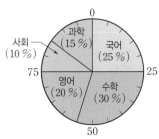

국어: $\frac{10}{40} \times 100 = 25$ (%), 수학: $\frac{12}{40} \times 100 = 30$ (%),

영어: $\frac{8}{40} \times 100 = 20$ (%), 사회: $\frac{4}{40} \times 100 = 10$ (%),

과학: $\frac{6}{40} \times 100 = 15$ (%)

➡ 각 항목의 백분율을 구하고 백분율의 합계가 100 %가 되는지 확인한다.

상대도수

• 상대도수는 일반적으로 각 계급에 해당하는 도수의 비율을 쉽게 비교하기 위해 소수로 나타낸다.

☐ **상대도수**: 전체 도수에 대한 각 계급의 도수의 비율

중요해요

➡ (계급의 상대도수) = $\dfrac{(계급의\ 도수)}{(도수의\ 총합)}$

① (계급의 도수) = (계급의 상대도수) × (도수의 총합)

② (도수의 총합) = $\dfrac{(계급의\ 도수)}{(계급의\ 상대도수)}$

도, 상, 총 중에서 구하고자 하는 것을 가리면 공식이 보인다.

☐ **상대도수의 분포표**: 각 계급의 상대도수를 나타낸 표

• (백분율)=(상대도수)×100 (%)
└→ 비율

예 1반 학생의 수학 점수에 대한 상대도수의 분포표

수학 점수(점)	도수(명)	상대도수	
50^{이상}~ 60^{미만}	2	0.1	→ $\frac{2}{20}$
60 ~ 70	3	0.15	→ $\frac{3}{20}$
70 ~ 80	5	0.25	→ $\frac{5}{20}$
80 ~ 90	7	0.35	→ $\frac{7}{20}$
90 ~100	3	0.15	→ $\frac{3}{20}$
합계	20	1	

• 도수의 총합이 다른 두 집단을 비교

예 수학 시험 만점 학생

	전체	40명
A반	만점 학생	8명
	상대도수	0.2
	전체	25명
B반	만점 학생	6명
	상대도수	0.24

➡ 만점은 A반 학생 수가 많으나 만점의 비율은 B반이 높다.
따라서 B반이 상대적으로 성적이 더 우수하다.

□ 상대도수의 특징 중요해요

(1) 상대도수의 총합은 항상 1이다. → 각 계급의 상대도수는 0 이상 1 이하이다.

(2) 각 계급의 상대도수는 그 계급의 도수에 정비례한다. → 도수가 2배, 3배, …가 되면 상대도수도 2배, 3배, …가 된다.

(3) 도수의 총합이 다른 두 집단의 분포 상태를 비교할 때 편리하다.

확인 위의 상대도수의 분포표에서 70점 이상 80점 미만인 학생은 전체의 몇 %인지 구하시오.

정답및풀이 (백분율)=(상대도수)×100 (%)이고 70점 이상 80점 미만인 계급의 상대도수는 0.25이므로 0.25×100=25 (%)

상대도수의 분포를 나타낸 그래프

• 상대도수는 도수의 총합이 다른 두 개 이상의 자료의 분포 상태를 비교할 때 도수분포다각형으로 나타내서 비교하기도 한다.

□ 상대도수의 분포를 나타낸 그래프 → 히스토그램이나 도수분포다각형 모양의 그래프로 나타낼 수 있다.

예 1반 학생의 수학 점수에 대한 상대도수의 분포표와 그 그래프

수학 점수(점)	상대도수
50^{이상}~ 60^{미만}	0.1
60 ~ 70	0.15
70 ~ 80	0.25
80 ~ 90	0.35
90 ~100	0.15
합계	1

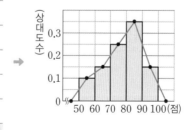

확인 위의 상대도수의 그래프에서 80점 이상 90점 미만인 계급의 도수가 7명일 때 도수의 총합을 구하시오.

정답및풀이 (도수의 총합)=$\frac{(계급의 도수)}{(계급의 상대도수)}=\frac{7}{0.35}=7÷0.35=7×\frac{100}{35}=20$(명)

VI
통계

띠그래프와 원그래프

전체에 대한 각 부분의 비율을 띠 모양에 나타낸 그래프는 **띠그래프** , 원 모양에 나타낸 그래프는 **원그래프** 이다.

1 예원이네 반 학생들이 좋아하는 과일을 조사하여 나타낸 표이다. 다음을 구하시오.

좋아하는 과일별 학생 수

과일	딸기	수박	사과	바나나	합계
학생 수	14	12	8	6	40
백분율(%)					

(1) 위의 표를 완성하시오.

(2) 표를 보고 띠 그래프를 완성하시오.

좋아하는 과일별 학생 수

```
0   10  20  30  40  50  60  70  80  90  100(%)
├──┼──┼──┼──┼──┼──┼──┼──┼──┼──┤
│  딸기  │                                    │
│ (35%) │                                    │
```

(3) 사과 또는 바나나를 좋아하는 학생은 모두 몇 %인지 구하시오.

( )

(4) 수박을 좋아하는 학생은 바나나를 좋아하는 학생 수의 몇 배인지 구하시오.

( )

2 하은이네 반 학생들이 좋아하는 운동을 조사하여 나타낸 표이다. 다음을 구하시오.

좋아하는 운동별 학생 수

운동	축구	야구	농구	수영	합계
학생 수		9	3	6	
백분율(%)	40	30	10	20	100

(1) 야구를 좋아하는 학생이 9명이고 야구를 좋아하는 학생의 비율이 30%일 때, 전체 학생 수를 구하시오.

( )

(2) (1)에서 전체 학생 수를 구했다면 축구를 좋아하는 학생의 비율이 40%일 때, 축구를 좋아하는 학생 수를 구하시오.

( )

(3) 표를 보고 원그래프를 완성하시오.

좋아하는 운동별 학생 수

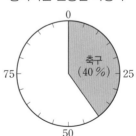

개념으로 기초력 잡기

상대도수와 상대도수의 분포표

전체 도수에 대한 각 계급의 도수의 비율을 $\boxed{\textbf{상대도수}}$ 라 하고 (계급의 $\boxed{\textbf{상대도수}}$)$=\dfrac{(계급의 도수)}{(\boxed{\textbf{도수의 총합}})}$이다.

1 다음을 구하시오.

(1) 어떤 계급의 상대도수가 0.25이고 도수의 총합이 40일 때, 이 계급의 도수를 구하시오.

(   )

(2) 어떤 계급의 도수가 12이고 도수의 총합이 30일 때, 이 계급의 상대도수를 구하시오.

(   )

(3) 어떤 계급의 도수가 8이고 상대도수가 0.2일 때, 도수의 총합을 구하시오.

(   )

2 아래는 어느 반 학생들의 하루 평균 수면 시간을 조사하여 나타낸 상대도수의 분포표이다. 표를 완성하시오.

수면 시간(시간)	도수(명)	상대도수
4^{이상}~ 5^{미만}	5	
5 ~ 6	10	
6 ~ 7	12	
7 ~ 8	15	
8 ~ 9	8	
합계	50	

3 아래는 어느 반 학생들의 100 m 달리기 기록을 조사하여 나타낸 상대도수의 분포표이다. 다음을 구하시오.

기록(초)	도수(명)	상대도수
16^{이상}~ 17^{미만}	2	0.05
18 ~ 19	A	0.1
19 ~ 20	10	
20 ~ 21		0.45
21 ~ 22	6	B
합계		

➔ **팸TiP** 도수의 총합을 구할 때에는 도수와 상대도수를 알고 있는 계급을 공략해요.

(1) 전체 학생 수를 구하시오.

(   )

(2) A의 값을 구하시오.

(   )

(3) B의 값을 구하시오.

(   )

(4) 기록이 19초 미만인 학생은 전체의 몇 %인지 구하시오.

(   )

(5) 기록이 19초 이상 21초 미만인 학생은 전체의 몇 %인지 구하시오.

(   )

상대도수의 분포를 나타낸 그래프

상대도수의 분포를 그래프로 나타낼 때 [히스토그램]이나 [도수분포다각형] 모양의 그래프로 나타낸다. 이때 두 개 이상의 자료를 비교할 때는 [도수분포다각형] 모양의 그래프가 더 편리하다.

1 다음은 어느 동아리의 사람 50명의 나이를 조사하여 나타낸 상대도수의 분포표이다. 히스토그램으로 나타내고 다음을 구하시오.

나이(세)	상대도수
$10^{이상} \sim 20^{미만}$	0.08
$20 \sim 30$	0.24
$30 \sim 40$	0.36
$40 \sim 50$	0.2
$50 \sim 60$	0.12
합계	1

↓

(세로축: 상대도수, 가로축: 10 20 30 40 50 60(세))

(1) 30세 미만인 사람들은 전체의 몇 %인지 구하시오.

(   )

(2) 40세 이상 50세 미만인 사람들은 모두 몇 명인지 구하시오.

(   )

2 아래는 어느 반 학생들의 한 달 동안 사용한 문자 메시지 개수에 대한 상대도수의 분포를 나타낸 그래프이다. 문자 메시지를 20개 이상 30개 미만 사용한 학생 수가 6명일 때, 다음을 구하시오.

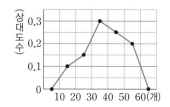

(1) 상대도수가 가장 작은 계급을 구하시오.

(   )

(2) 도수가 가장 큰 계급의 상대도수를 구하시오.

(   )

(3) 전체 학생 수를 구하시오.

(   )

(4) 문자 메시지를 50개 이상 60개 미만 사용한 학생 수를 구하시오.

(   )

개념플러스로 기초력 잡기

도수의 총합이 다른 두 개 이상의 자료의 비교

도수의 총합이 다른 두 개 이상의 자료의 분포를 비교할 때
① 각 계급의 도수를 비교하는 것보다 상대도수를 비교하는 것이 더 적절하다.
② 도수분포다각형 모양의 상대도수의 분포를 나타낸 그래프를 이용하면 비교가 더 편리하다.

1 아래는 1반과 2반의 학생들이 일주일 동안 읽은 책의 수를 조사하여 나타낸 상대도수의 분포표이다. 1반과 2반의 10권 이상 12권 미만인 계급의 학생 수가 3명으로 같을 때, 다음을 구하시오.

책의 수(권)	상대도수	
	1반	2반
2^{이상}~ 4^{미만}	0.08	0.05
4 ～ 6	0.24	0.15
6 ～ 8	0.24	0.3
8 ～10	0.32	0.35
10 ～12	0.12	0.15
합계	1	1

(1) 1반과 2반의 전체 학생 수를 각각 구하시오.

1반 (   )

2반 (   )

(2) 1반과 2반의 8권 이상 12권 미만인 계급의 상대도수를 각각 구하시오.

1반 (   )

2반 (   )

(3) 1반과 2반 중에서 일주일 동안 책을 상대적으로 더 많이 읽은 반은 어느 반인지 말하시오.

(   )

2 아래는 A 중학교 학생 250명과 B 중학교 학생 200명의 수학 경시대회 점수에 대한 상대도수의 분포를 나타낸 그래프이다. 다음을 구하시오.

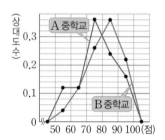

(1) A 중학교와 B 중학교의 60점 이상 70점 미만인 계급의 학생 수를 각각 구하시오.

A 중학교 (   )

B 중학교 (   )

(2) A 중학교와 B 중학교의 80점 이상 100점 미만인 계급의 상대도수를 구하시오.

A 중학교 (   )

B 중학교 (   )

(3) A 중학교와 B 중학교 중에서 수학 경시대회 점수가 상대적으로 더 높은 중학교를 말하시오.

(   )

VI

통계

개념으로 **실력 키우기**

• 정확하게 이해한 유형은 ☐ 안을 체크한다.
• 체크되지 않은 유형은 다시 한 번 복습하고 ☐ 안을 체크한다.

☐ **상대도수**

1-1 아래는 어느 반 학생들의 일주일 평균 통화 시간을 조사하여 나타낸 상대도수의 분포표이다. 표를 완성하시오.

통화 시간(분)	도수(명)	상대도수
$0^{이상} \sim 10^{미만}$	4	
10 ~ 20	6	
20 ~ 30	18	
30 ~ 40	12	
합계	40	

1-2 1-1의 상대도수의 분포표를 보고 다음을 구하시오.

(1) 통화 시간이 10분 이상 20분 미만인 계급의 상대도수는 20분 이상 30분 미만인 계급의 상대도수의 몇 배인지 구하시오.

( )

(2) 통화 시간이 20분 미만인 학생은 전체의 몇 % 인지 구하시오.

( )

☐ **상대도수**

2-1 다음을 구하시오.

(1) 어떤 계급의 상대도수가 0.15이고 도수의 총합이 60일 때, 이 계급의 도수를 구하시오.

( )

(2) 어떤 계급의 도수가 18이고 상대도수가 0.36일 때, 도수의 총합을 구하시오.

( )

2-2 다음은 어느 반 학생들의 턱걸이 기록을 조사하여 나타낸 상대도수의 분포표인데 일부가 찢어져 보이지 않는다. 다음을 구하시오.

턱걸이 기록(개)	도수(명)	상대도수
$0^{이상} \sim 10^{미만}$	12	0.3
10 ~ 20		0.35

(1) 전체 학생 수 ( )

(2) 턱걸이 기록이 10개 이상 20개 미만인 학생 수

( )

☐ **상대도수**

3-1 아래는 어느 반 학생들의 몸무게를 조사하여 나타낸 상대도수의 분포표이다. 전체 학생 수를 구하시오.

몸무게(kg)	도수(명)	상대도수
$30^{이상} \sim 35^{미만}$	A	0.12
35 ~ 40	6	B
40 ~ 45	10	C
45 ~ 50	D	0.16
50 ~ 55	2	0.08
합계		E

( )

3-2 3-1의 상대도수의 분포표에서 A에서 E의 값 중 옳지 <u>않은</u> 것은? ( )

① $A=3$　　② $B=0.24$　　③ $C=0.4$
④ $D=4$　　⑤ $E=25$

☐ **상대도수의 분포를 나타낸 그래프**

4-1 다음은 어느 반 학생들의 하루 동안 손을 씻는 횟수를 조사해서 나타낸 상대도수의 분포표이다. 10회 이상 12회 미만인 계급의 상대도수를 써넣으시오.

손을 씻는 횟수(회)	상대도수
2^{이상} ~ 4^{미만}	0.14
4 ~ 6	0.18
6 ~ 8	0.34
8 ~ 10	0.2
10 ~ 12	
합계	

4-2 4-1의 상대도수의 분포표를 보고 히스토그램으로 나타내시오.

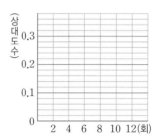

☐ **상대도수의 분포를 나타낸 그래프**

5-1 오른쪽 그림은 어느 학교 학생 200명의 제기차기 기록에 대한 상대도수의 분포를 나타낸 그래프이다. 도수가 가장 큰 계급의 도수를 구하시오.

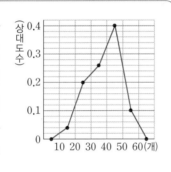

( )

5-2 오른쪽은 어느 반 학생들의 하루 동안 휴대전화 사용 시간에 대한 상대도수의 분포를 나타낸 그래프인데 얼룩이 생겨 일부가 보이지 않는다. 사용 시간이 20분 이상 30분 미만인 학생 수가 5명일 때, 사용 시간이 30분 이상 40분 미만인 학생 수를 구하시오.

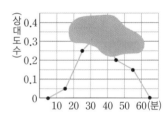

( )

☐ **상대도수**

6-1 오른쪽 그림은 어느 중학교 1학년과 2학년 학생들의 50 m 달리기 기록에 대한 상대도수의 분포를 나타낸 그래프이다. 1학년과 2학년 중에서 기록이 상대적으로 더 좋은 학년을 말하시오.

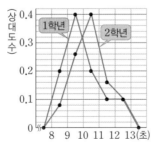

( )

6-2 6-1의 상대도수의 그래프를 보고 옳은 것은 ○표, 옳지 않은 것은 ×표를 하시오.

(1) 1학년의 9초 이상 10초 미만의 학생 수와 2학년의 10초 이상 11초 미만의 학생 수는 같다.

( )

(2) 2학년에서 기록이 10초 미만인 학생은 전체의 68 %이다.

( )

VI

통계

대단원 TEST

[01~02] 다음은 어느 반 학생들의 키를 조사하여 나타낸 줄기와 잎 그림이다. 물음에 답하시오.

(13|7은 137 cm)

줄기	잎
13	7 8 9
14	1 2 2 5 7 8
15	0 3 6 8 8 9 9
16	1 1 4 7

01 줄기와 잎 그림

키가 156 cm인 학생은 큰 쪽에서 몇 번째인지 구하시오.

(   )

02 줄기와 잎 그림

키가 3번째로 작은 학생과 3번째로 큰 학생의 키의 합을 구하시오.

(   )

[03~04] 다음은 어느 반 학생들의 방학 동안 읽은 책의 수를 조사하여 나타낸 것이다. 물음에 답하시오.

(0|1은 1권)

잎(남학생)	줄기	잎(여학생)
8 5 4 4 1	0	3 6 9
7 6 2 1	1	0 1 1 7 8
6 5 0	2	2 4 4 5 9
2	3	3 5

03 줄기와 잎 그림

다음 중 옳은 것은 ○표, 옳지 않은 것은 ✕표를 하시오.

(1) 책을 가장 적게 읽은 학생은 여학생 중에 있다.

(   )

(2) 남학생 수보다 여학생 수가 더 많다. (   )

04 줄기와 잎 그림

책을 25권 이상 읽은 학생은 전체의 몇 %인지 구하시오.

(   )

05 줄기와 잎 그림과 도수분포표

다음 설명 중 옳지 <u>않은</u> 것은? (   )

① 변량은 계급에 속하는 자료의 개수이다.
② 줄기와 잎 그림에서는 변량을 알 수 있다.
③ 도수분포표에서는 변량을 알 수 없다.
④ 줄기와 잎 그림에서의 잎의 개수는 변량의 개수와 같다.
⑤ 도수분포표에서 도수의 총합은 변량의 총 개수이다.

[06~07] 다음은 어느 마을의 25일 동안 하루 최고 기온을 조사하여 나타낸 도수분포표이다. 물음에 답하시오.

최고 기온(℃)	날수(일)
$10^{이상} \sim 15^{미만}$	A
15 ~ 20	4
20 ~ 25	11
25 ~ 30	
30 ~ 35	2
합계	25

06 도수분포표

최고 기온이 25 ℃ 이상 30 ℃ 미만인 날수는 10 ℃ 이상 15 ℃ 미만인 날수의 3배일 때, A의 값을 구하시오.

(   )

07 도수분포표

최고 기온이 25 ℃ 이상인 날은 전체의 몇 %인지 구하시오.

(   )

08 히스토그램

다음 중 히스토그램에 대한 설명으로 옳지 <u>않은</u> 것은?

( )

① 가로축은 계급을 나타낸다.
② 세로축은 도수를 나타낸다.
③ 직사각형의 세로의 길이는 도수에 정비례한다.
④ 직사각형의 넓이는 도수에 정비례한다.
⑤ 직사각형의 넓이의 합은 도수의 총합과 같다.

[09~10] 다음은 어느 반 학생들의 하루 평균 수면 시간을 조사하여 나타낸 히스토그램이다. 물음에 답하시오.

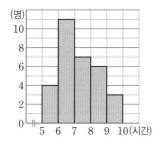

09 히스토그램

도수가 가장 큰 계급의 계급값과 도수가 가장 작은 계급의 계급값의 합을 구하시오.

( )

10 히스토그램

평균 수면 시간이 긴 쪽에서 10번째인 학생이 속하는 계급을 구하시오.

( )

[11~13] 다음은 어느 반 학생들이 가지고 있는 만화책 수를 조사하여 나타낸 도수분포다각형이다. 물음에 답하시오.

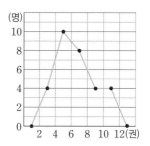

11 도수분포다각형

전체 학생 수를 구하시오.

( )

12 도수분포다각형

계급의 크기를 구하시오.

( )

13 도수분포다각형

도수분포다각형과 가로축으로 둘러싸인 부분의 넓이를 구하시오.

( )

14 도수분포다각형

다음은 어느 반 학생들의 수학 점수를 조사하여 나타낸 도수분포다각형인데 일부가 찢어져 보이지 않는다. 수학 점수가 50점 미만인 학생이 전체의 5 %일 때, 수학 점수가 80점 이상 90점 미만인 학생 수를 구하시오.

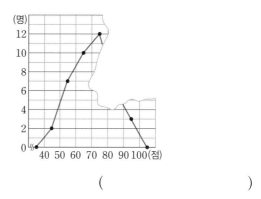

( )

15 상대도수

도시별 남녀 비율을 비교하려고 할 때, 다음 중 편리한 것은?

(   )

① 줄기와 잎 그림   ② 도수분포표

③ 히스토그램   ④ 도수분포다각형

⑤ 상대도수의 분포표

16 상대도수

민주네 반 학생들의 시력을 조사하여 나타낸 도수분포표에서 도수가 8명인 계급의 상대도수가 0.2이었을 때, 민주네 반 전체 학생 수를 구하시오.

(   )

17 상대도수

다음은 일부가 찢어진 상대도수의 분포표이다. 5 이상 10 미만인 계급의 도수를 구하시오.

계급	도수	상대도수
0 이상 ~ 5 미만	12	0.3
5 ~ 10		0.15
10 ~ 15		

(   )

[18~19] 다음은 박물관 관람객의 나이를 조사하여 나타낸 상대도수의 분포표이다. 물음에 답하시오.

나이(세)	도수(명)	상대도수
10 이상 ~ 15 미만	2	0.05
15 ~ 20	6	A
20 ~ 25		B
25 ~ 30	C	0.35
합계	D	E

18 상대도수

다음 A에서 E의 값 중 옳지 않은 것은?   (   )

① $A=0.15$ ② $B=0.35$ ③ $C=14$

④ $D=40$ ⑤ $E=1$

19 상대도수

20세 이상 25세 미만인 관람객 수는 15세 이상 20세 미만인 관람객 수의 몇 배인지 구하시오.

(   )

20 상대도수의 분포를 나타낸 그래프

오른쪽 그림은 어느 반 학생들의 50 m 달리기 기록에 대한 상대도수의 분포를 나타낸 그래프인데 일부가 찢어져 보이지 않는다. 기록이 9초 미만인 학생 수가 12명일 때 9초 이상 10초 미만인 학생 수를 구하시오.

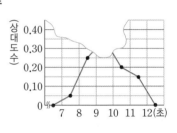

(   )

21 상대도수의 분포를 나타낸 그래프

오른쪽 그림은 어느 중학교 남학생과 여학생의 영어 듣기 평가 점수에 대한 상대도수의 분포를 나타낸 것이다. 다음 중 옳은 것은?   (   )

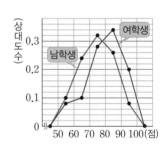

① 남학생 수와 여학생 수는 같다.

② 80점 이상 90점 미만인 계급은 여학생 수가 남학생 수보다 많다.

③ 도수가 같은 계급은 없다.

④ 영어 듣기 평가 점수는 남학생보다 여학생이 상대적으로 더 높다.

⑤ 도수를 구할 수 없으므로 두 집단의 성적을 비교할 수 없다.

한 권으로 미리 볼 다시 볼 기초 개념서
중학수학1 / 뿜

한 권으로 미리 봄 다시 봄 기초 개념서
중학수학1 / 봄

한 권으로 미리 봄 다시 봄 기초 개념서
중학수학1 / 봄

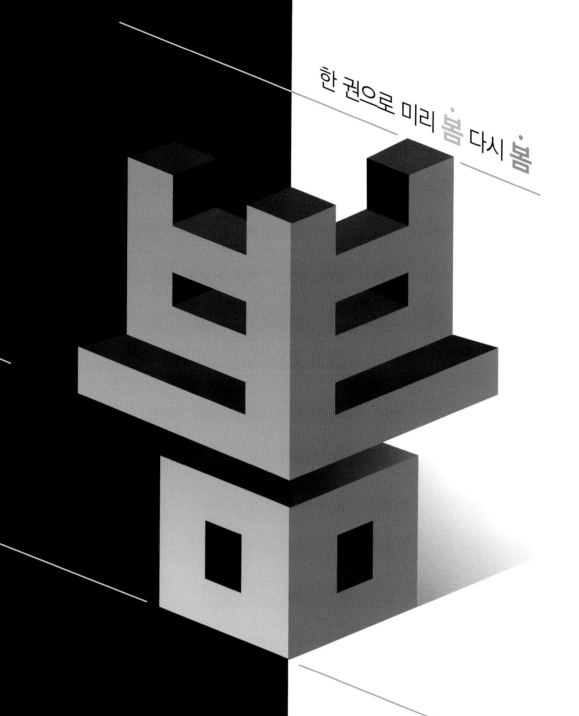

뽐 중학수학1

기초 개념서

정답 및 풀이

빠른정답 포함

한 권으로 미리 봄 다시 봄

뽐 중학수학1 기초 개념서

I 수와 연산

01 소인수분해

010쪽

1 (1) 1, 3, 5, 15 (2) 1, 17 (3) 1, 2, 3, 4, 6, 8, 12, 24 (4) 1, 5, 25, 125
2 (1) 9, 18, 27 (2) 11, 22, 33 (3) 15, 30, 45 (4) 27, 54, 81 (5) 100, 200, 300 **3** (1) ○ (2) × (3) ○ (4) × (5) ×

011쪽

1 (1) 1, 19 / 소수 (2) 1, 3, 5, 9, 15, 45 / 합성수 (3) 1, 83 / 소수 (4) 1, 11, 121 / 합성수 (5) 1, 7, 19, 133 / 합성수 **2** (1) × (2) ○ (3) × (4) ○ (5) × (6) ○ (7) ×

012쪽

1 (1) 3, 11 (2) 10, 5 (3) 144, 2 (4) $\frac{1}{5}$, 3 **2** (1) 2^5 (2) 13^3 (3) $5^4 \times 7^2$ (4) $2^3 \times 3^2 \times 11$ (5) $3^3 + 7^3$
3 (1) 3 (2) $\frac{4}{7}$ (3) 5 (4) 3

013~014쪽

1 (1) 1, 7 / 7 (2) 1, 2, 3, 6, 9, 18 / 2, 3 (3) 1, 3, 9, 27 / 3 (4) 1, 2, 3, 5, 6, 10, 15, 30 / 2, 3, 5 (5) 1, 2, 4, 7, 8, 14, 28, 56 / 2, 7 **2** (1) 2, 2, 5, 2 (2) 28, 2, 7, 7 (3) 3, 7, 3, 7 (4) 3, 3, 5, 3 **3** (1) $2^2 \times 3$ (2) 3^3 (3) $2^2 \times 3^2$ (4) $2 \times 3 \times 7$ (5) 2×3^3 (6) $2^2 \times 5^2$ (7) $2^3 \times 3 \times 5$ (8) $2^2 \times 3^2 \times 7$
4 (1) 2^4 / 2 (2) $2^2 \times 5$ / 2, 5 (3) $2^3 \times 3$ / 2, 3 (4) $2^2 \times 3 \times 7$ / 2, 3, 7 (5) 11^2 / 11 (6) 5×7^2 / 5, 7

015쪽

1 (1) 3, 3^2, $3^2 \times 2$ (2) 2^2, 5, 5×2^2, $5^2 \times 2$, $5^2 \times 2^2$
2 (1) 6 (2) 18 (3) 12

016~017쪽

1-1 3 **1-2** 7 **2-1** ③
2-2 ③ **3-1** ⑤ **3-2** ②
4-1 2, 3, 5 **4-2** 5 **5-1** 9
5-2 6 **6-1** (1) 6개 (2) 12개 (3) 8개 (4) 7개 **6-2** ④

02 최대공약수와 최소공배수

020쪽

1 (1) 1, 2, 3, 4, 6, 12 / 1, 2, 3, 6, 9, 18 / 1, 2, 3, 6 / 6 / 1, 2, 3, 6 (2) 1, 2, 4, 8, 16 / 1, 2, 3, 4, 6, 8, 12, 24 / 1, 2, 4, 8 / 8 / 1, 2, 4, 8 (3) 1, 2, 3, 6, 9, 18 **2** (1) 6, 12, 18, 24, 30, 36, 42, 48, ··· / 8, 16, 24, 32, 40, 48, ··· / 24, 48, 72, ··· / 24 / 24, 48, 72, ··· (2) 10, 20, 30, 40, 50, 60, ··· / 15, 30, 45, 60, ··· / 30, 60, 90, ··· / 30 / 30, 60, 90, ··· (3) 143, 286, 429, ···

021쪽

1 (1) ○ (2) ○ (3) × (4) ×
2 (1) × (2) ○ (3) ○ (4) × (5) ○ (6) ×
3 (1) 60 (2) 180

022~023쪽

1 (1) 1, 2, 3, 6 (2) 1, 2, 5, 10 (3) 1, 2, 3, 4, 6, 12 (4) 1, 5, 25 (5) 1, 3, 11, 33 (6) 1, 41 **2** (1) $2^2 \times 5$, 20 (2) 2×3, 6 (3) 2×7, 14 (4) 3×7, 21 (5) $2^2 \times 3$, 12 **3** (1) 12, 15, 4, 5, 2×3, 6 (2) 27, 36, 3, 9, 12, 3, 4, 2×3^2, 18 (3) $2^3 \times 3$, 24 (4) 2×3, 6 (5) 3×7, 21 **4** (1) 6 (2) 5 (3) 12 (4) 45 (5) 3 (6) 15 (7) 15 (8) 18

024~025쪽

1 (1) 6, 12, 18 (2) 10, 20, 30 (3) 11, 22, 33 (4) 15, 30, 45 (5) 21, 42, 63 (6) 36, 72, 108 **2** (1) $2^2 \times 3 \times 7$, 84 (2) $2^4 \times 5 \times 7$, 560 (3) $2 \times 3^2 \times 5^2$, 450 (4) $2^3 \times 3 \times 5^2$, 600 (5) $2^2 \times 3^3 \times 5$, 540 **3** (1) 3, 7, $3 \times 5 \times 7$, 105 (2) 2, 6, 14, 3, 7, $2^2 \times 3 \times 7$, 84 (3) $2 \times 3^3 \times 5$, 270 (4) $2^2 \times 3 \times 5$, 60 (5) $2 \times 3^2 \times 5 \times 7$, 630 **4** (1) 176 (2) 420 (3) 90 (4) 504 (5) 16 (6) 135 (7) 714 (8) 540

026~027쪽

1-1 ⑤ **1-2** ① **2-1** ③
2-2 ⑤ **3-1** (1) 12 (2) 8
3-2 (1) 6 (2) 9 **4-1** ④
4-2 ④ **5-1** (1) 184 (2) 360
5-2 (1) 1584 (2) 1260 **6-1** 10
6-2 5

03 정수와 유리수

030쪽

1 (1) $\frac{3}{11}$ (2) $\frac{6}{10}$, $\frac{3}{5}$ (3) $\frac{15}{21}$, $\frac{10}{14}$, $\frac{5}{7}$
2 (1) $\frac{2}{3}$ (2) $\frac{3}{5}$ (3) $\frac{11}{12}$ (4) $\frac{8}{9}$
3 (1) $\frac{14}{21}$, $\frac{12}{21}$ (2) $\frac{15}{20}$, $\frac{16}{20}$ (3) $\frac{70}{126}$, $\frac{9}{126}$ **4** (1) $\frac{9}{24}$, $\frac{10}{24}$ (2) $\frac{45}{70}$, $\frac{22}{70}$ (3) $\frac{24}{105}$, $\frac{2}{105}$ (4) $\frac{33}{126}$, $\frac{26}{126}$

031쪽

1 (1) $-15\,℃$, $+20\,℃$ (2) $+37$층, -1층 (3) $-300\,\text{m}$, $+340\,\text{m}$ (4) -7일, $+1$일 (5) $+0.5\,\%$, $-6\,\%$ (6) $+40\,\text{kg}$, $-\frac{2}{3}\,\text{kg}$ **2** (1) $+2$, 양수 (2) -7, 음수 (3) $-\frac{1}{2}$, 음수 (4) $+2.5$, 양수
3 (1) $+35$, $\frac{15}{2}$, 9 (2) -6.4, -1 (3) 0

032쪽

1 (1) 1.76, $+5$, $+\frac{8}{4}$ (2) $-5\frac{2}{3}$, -2, -0.9 (3) $+5$, $+\frac{8}{4}$ (4) -2 (5) $-5\frac{2}{3}$, 1.76, -0.9 (6) $-5\frac{2}{3}$, 0, 1.76, $+5$, -2, $+\frac{8}{4}$, -0.9

2

	0	11	$-\frac{12}{3}$	$+0.7$	$-\frac{5}{4}$
양수	×	○	×	○	×
음수	×	×	○	×	○
정수	○	○	○	×	×
유리수	○	○	○	○	○

3 (1) × (2) ○ (3) ○ (4) ×

033쪽

1 (1) -3, $+1$ (2) 0, $+3\frac{1}{2}\left(=+\frac{7}{2}\right)$ (3) $-\frac{1}{2}$, $+1\frac{2}{3}\left(=+\frac{5}{3}\right)$ (4) $-2\frac{2}{3}\left(=-\frac{8}{3}\right)$, $+2\frac{2}{3}\left(=+\frac{8}{3}\right)$ (5) $-3\frac{1}{2}\left(=-\frac{7}{2}\right)$, $+\frac{1}{3}$
2 (1) $|-49|=49$ (2) $|+3.1|=3.1$ (3) $\left|-5\frac{2}{3}\right|=5\frac{2}{3}$
3 (1) 5 (2) 5 (3) 5, -5 (4) 5, -5

034쪽

1 (1) $<$ (2) $>$ (3) $<$ (4) $>$ (5) $>$ (6) $<$ (7) $>$ (8) $<$ (9) $<$ (10) $>$ (11) $>$ (12) $<$ (13) $<$
2 (1) -10, -0.5, 0, $\frac{1}{3}$, $+7.7$ (2) -13, $-|1|$, 0, $|-4.5|$, $|+5|$

035쪽

1 (1) $<$ (2) $\geq$ (3) $<$ (4) $>$ (5) $\geq$ (6) $\leq$ (7) $\geq$ (8) $\leq$ (9) $<$, $\leq$ (10) $\leq$, $<$
2 (1) $x \geq -1$ (2) $x < 3.1$ (3) $-\frac{11}{12} < x \leq -\frac{2}{3}$ (4) $1.2 \leq x < 1.3$

036~037쪽

1-1 ③ **1-2** ⑤ **2-1** $\frac{18}{3}$, -4, 0, $+19$ **2-2** ②
3-1 ② **3-2** 풀이 참조 / -2, -1, 0, $+1$ **4-1** ① **4-2** -21.5
5-1 ⑤ **5-2** $+11$ **6-1** 5개
6-2 6개

04 정수와 유리수의 덧셈과 뺄셈

040쪽

1 (1) $\dfrac{20}{21}$ (2) $\dfrac{7}{18}$ (3) $1\dfrac{7}{40}$ (4) $1\dfrac{11}{60}$

(5) $1\dfrac{7}{8}$ (6) $4\dfrac{25}{28}$ (7) $6\dfrac{1}{6}$ (8) $5\dfrac{13}{60}$

2 (1) $\dfrac{3}{8}$ (2) $\dfrac{20}{39}$ (3) $\dfrac{13}{48}$ (4) $3\dfrac{7}{9}$

(5) $1\dfrac{19}{30}$ (6) $\dfrac{11}{24}$ (7) $\dfrac{43}{60}$ (8) $2\dfrac{83}{84}$

041쪽

1 (1) 2.3 (2) 6 (3) 2.5 (4) 5.62
(5) 7.751 (6) 4.43 (7) 4.021 (8) 16.78
2 (1) 2.1 (2) 0.4 (3) 3.38 (4) 4.24
(5) 3.92 (6) 11.5 (7) 13.9 (8) 0.01

042쪽

1 (1) $+25$ (2) -16 (3) -30 (4) $+7$
(5) -1 (6) 0 **2** (1) $+3.8$ (2) $+0.6$
(3) $-\dfrac{35}{12}$ (4) $-\dfrac{41}{15}$ (5) -0.1 (6) -0.05

3 (1) $+7$ (2) -4 (3) $+1.2$ (4) $+\dfrac{8}{21}$

043쪽

1 (1) $+4$, $+4$, -10, $+4$, -6 / 덧셈의 교환법칙, 덧셈의 결합법칙
(2) $+1.6$, $+1.6$, $+2$, $+1$ / 덧셈의 교환법칙, 덧셈의 결합법칙
(3) $-\dfrac{2}{3}$, -1, -0.5 / 덧셈의 결합법칙

2 (1) -15 (2) $+7$ (3) $+\dfrac{4}{9}$ (4) $+1$
(5) $+0.5$ (6) 0

044쪽

1 (1) $+5$ (2) -16 (3) $+32$ (4) -32
(5) -36 (6) $+15$ (7) -7 **2** (1) -8.6
(2) -5.1 (3) $+\dfrac{29}{28}$ (4) $-\dfrac{23}{30}$ (5) $+1.7$

3 (1) -1 (2) -5 (3) -1 (4) $+\dfrac{37}{12}$

045쪽

1 (1) -10 (2) $+11$ (3) $+5.9$ (4) 0
2 (1) -11 (2) -8 (3) $+4$ (4) $+5$

046~047쪽

1-1 ① **1**-2 $(-3)+(+6)=+3$
2-1 ③ **2**-2 ②
3-1 덧셈의 교환법칙, 덧셈의 결합법칙
3-2 $-\dfrac{1}{2}$, $+3$, $+5.8$
4-1 ① **4**-2 ③ **5**-1 11
5-2 $+10$ **6**-1 -24.5 **6**-2 -0.65

05 정수와 유리수의 곱셈과 나눗셈

050쪽 **1** (1) $\dfrac{4}{35}$ (2) $\dfrac{5}{36}$ (3) $1\dfrac{1}{11}$ (4) $7\dfrac{1}{2}$

(5) $2\dfrac{1}{12}$ (6) 36 (7) $3\dfrac{5}{7}$ (8) 8

2 (1) $\dfrac{15}{22}$ (2) $\dfrac{1}{2}$ (3) $\dfrac{2}{3}$ (4) 12 (5) $\dfrac{1}{16}$

(6) $\dfrac{7}{10}$ (7) $3\dfrac{1}{3}$ (8) $1\dfrac{1}{6}$

051쪽

1 (1) 12.3, 1.23, 0.123 (2) 3.25, 32.5,
325 **2** (1) 0.72 (2) 23.5 (3) 3.6
(4) 2.78 (5) 6.594 **3** (1) 10, 10, 64,
4, 16, 16 (2) 100, 100, 128, 16, 8, 8
4 (1) 1.4 (2) 4 (3) 3.5 (4) 2.1 (5) 8

052쪽

1 (1) $+16$ (2) $+45$ (3) $+12$ (4) $+63$
(5) -18 (6) -48 (7) -20 (8) 0 (9) 0
2 (1) -7.5 (2) $+7.7$ (3) $-\dfrac{24}{5}$ (4) $+\dfrac{9}{2}$

(5) 0 (6) 0 (7) $+\dfrac{15}{2}$ (8) $-\dfrac{3}{4}$

053쪽

1 (1) -2, -2, $+170$ / 곱셈의 교환법칙, 곱셈의 결합법칙 (2) -1.38, -1.38, -1.38, $+138$ / 곱셈의 교환법칙, 곱셈의 결합법칙 (3) $-\dfrac{2}{7}$, $-\dfrac{2}{7}$, $+4$, -8.4 / 곱셈의 교환법칙, 곱셈의 결합법칙 **2** (1) $+390$ (2) -60
(3) -126 (4) $+28$ (5) -0.63

054쪽

1 (1) 100, 3, 1300, 39, 1339
(2) -4, -4, -200, 4, -196
2 (1) $+12$ (2) -27 (3) 24
3 (1) 31, 50, 200 (2) -9, -9, -9
4 (1) 600 (2) -314 (3) 26

055쪽

1 (1) $+900$ (2) -1 (3) $+\dfrac{3}{8}$ (4) $+28$
(5) -24 **2** (1) ① 9 ② -27
(2) ① 1 ② -1 (3) ① 25 ② -25
(4) $-\dfrac{4}{25}$ (5) $+\dfrac{1}{4}$

056쪽

1 (1) -5 (2) -7 (3) $+4$ (4) $+3$ (5) -3
2 (1) $\dfrac{5}{3}$ (2) $-\dfrac{1}{7}$ (3) -2 (4) 1 (5) $-\dfrac{8}{9}$

(6) $\dfrac{10}{7}$ **3** (1) $+6$ (2) $+\dfrac{5}{18}$ (3) -1

(4) $-\dfrac{9}{4}$ (5) -5

057쪽

1 (1) 6 (2) $+\dfrac{9}{2}$ (3) $-\dfrac{1}{2}$ (4) $-\dfrac{3}{2}$

2 (1) -12 (2) $\dfrac{24}{5}$ (3) 8 (4) 7

058~059쪽

1-1 ㉣, ㉡, ㉢, ㉠ **1**-2 $-\dfrac{4}{5}$
2-1 곱셈의 결합법칙 **2**-2 -2.5,

-1, $+\dfrac{11}{12}$ **3**-1 ⑤ **3**-2 100,
100, 3700, 3737 **4**-1 ④
4-2 $\dfrac{9}{4}$ **5**-1 ㉣ **5**-2 $+5$
6-1 $-\dfrac{2}{3}$ **6**-2 4

대단원 TEST

060~062쪽

01 ④ **02** ⑤ **03** 9
04 10 **05** 3 **06** 4개
07 1, 3, 7, 21
08 72, 144, 216 **09** $2\times3^2\times5$,
$2^2\times3^2\times5\times7$ **10** ③
11 ⑤ **12** 8 **13** 7개
14 $+6\dfrac{1}{12}$ **15** $-\dfrac{7}{8}$ **16** -176
17 ① **18** 5 **19** 1
20 -4 **21** ㉡, ㉢, ㉣, ㉠, ㉤

II 문자와 식

06 문자를 사용한 식의 값

066쪽

1 (1) $6+\square=11$, 5 (2) $41-\square=19$,
22 (3) $6\times\square=24$, 4
2 (1) 17 (2) 42 (3) 8 (4) 33 (5) 12
(6) 9 (7) 8 (8) 120

067쪽

1 (1) $(2000-300\times x)$원 (2) $10\times a+b$
(3) $\dfrac{x+y}{2}$ 점 (4) $(17-a)$ 살

(5) $(60\times t)$ km (6) $\left(\dfrac{9}{100}\times x\right)$ g

2 (1) $\left(\dfrac{1}{2}\times a\times h\right)$ cm^2

(2) $\left\{\dfrac{1}{2}\times(x+y)\times h\right\}$ cm^2

(3) $\left(\dfrac{1}{2}\times a\times b\right)$ cm^2

068쪽

1 (1) $-2a$ (2) $-xy$ (3) $0.1ab^3$
(4) $-7(x+2y)$ (5) $-\dfrac{10}{a}$ (6) $\dfrac{5m}{n}$

(7) $\dfrac{4x-y}{15}$ (8) $-(a+b)$ (9) $\dfrac{3a}{2(b-5)}$

2 (1) $\dfrac{a}{9b}$ (2) $\dfrac{3x}{2y}$ (3) $\dfrac{ab^2}{2c}$ (4) $\dfrac{xy}{a-b}$

(5) $-\dfrac{ab}{8c}$ (6) $-3x+y^2$ (7) $\dfrac{3}{a-2b}-6c$

(8) $-\dfrac{5}{a}-\dfrac{b}{c}$

069쪽

1 (1) 3, 12 (2) $\dfrac{1}{2}$, 7 (3) 2, 20

2 (1) 2 (2) 6 (3) -4 (4) $\dfrac{1}{2}$

3 (1) $\dfrac{1}{2}$ (2) 0 (3) $-\dfrac{1}{4}$ (4) 7

4 (1) -5 (2) -1

1-1 ② **1-2** ②

2-1 (1) $\dfrac{2x^2}{y}$ (2) $-\dfrac{6m}{a+b}$

2-2 (1) $x+\dfrac{1}{xy}$ (2) $\dfrac{a}{b}+\dfrac{1}{y}$

3-1 ㉢, ㉣ **3-2** (1) $\dfrac{a}{3}$ L (2) $\dfrac{x}{5}$ %

4-1 ④ **4-2** ③

5-1 2 **5-2** 50

6-1 (1) $\left\{\dfrac{1}{2}(x+y)h\right\}$ cm² (2) 20 cm²

6-2 (1) $(2ab+6a+6b)$ cm²

(2) 108 cm²

07 일차식과 그 계산

1 (1) ① $3x^2$, $-5x$, 1 ② 1 ③ 3

④ -5 ⑤ 2 (2) ① $-x^2$, $+\dfrac{x}{4}$, -2

② -2 ③ -1 ④ $+\dfrac{1}{4}$ ⑤ 2 (3) ① $2y$,

y^3, $-\dfrac{2}{7}$ ② $-\dfrac{2}{7}$ ③ 1 ④ 2 ⑤ 3

2 (1) ① ㉡, ㉣ ② ㉠, ㉡, ㉢, ㉣ ③
㉠, ㉡ (2) ① ㉠, ㉢ ② ㉠, ㉡, ㉢, ㉣
③ ㉠, ㉣ **3** (1) × (2) × (3) ○

1 (1) $-12x$ (2) $14a$ (3) $16a$ (4) $-\dfrac{1}{2}x$

(5) $14a$ (6) $3y$ (7) $-28x^2$ (8) $-3y^2$

2 (1) $4a$ (2) $7x$ (3) $-\dfrac{1}{5}x$ (4) $14a$

(5) $-4y$ (6) $-18x^2$ (7) $6y^2$ (8) $-40x$

1 (1) $8x+16$ (2) $-8a+2$ (3) $15x-10$

(4) $-x-3$ (5) $-4a-6$ (6) $-y+1$

(7) $3x-\dfrac{3}{2}$ (8) $4x+3$ **2** (1) $3a-2$

(2) $11x-1$ (3) $-2a-\dfrac{1}{9}$ (4) $-35x-10$

(5) $24x-2$ (6) $a-5$ (7) $-4y+3$

(8) $\dfrac{4}{3}x+\dfrac{2}{3}$

1 (1) × (2) ○ (3) ○ (4) × (5) ○ (6) ○
(7) × **2** (1) $3x$ (2) $11a$ (3) $-8x$
(4) $-7a$ (5) $7x$ (6) $-8x-1$ (7) $6a-9b$
(8) 0 (9) $-x+y$

1 (1) $4x+5$ (2) $-3a-3$ (3) $-8a+11$

(4) $16x+5$ (5) $y+1$ (6) $x+1$

2 (1) $x-9$ (2) $-29a-4$ (3) $-19b+18$

(4) $-3x$ (5) $7x+2$ (6) $-2y-15$ (7) $\dfrac{1}{2}$

3 (1) $a+5$ (2) $4a-18$ (3) $8x-13$

1 (1) $\dfrac{17}{6}x-\dfrac{7}{6}$ (2) $\dfrac{3}{2}x+\dfrac{1}{6}$

(3) $-\dfrac{15}{14}x+\dfrac{23}{14}$ (4) $\dfrac{x}{2}-\dfrac{1}{2}$

(5) $\dfrac{2}{5}x+\dfrac{16}{15}$ (6) $-\dfrac{17}{12}x+\dfrac{17}{12}$

1-1 ① **1-2** $-\dfrac{1}{5}$ **2-1** ㉠, ㉢

2-2 ① **3-1** ⑤ **3-2** ④

4-1 ㉠과 ㉢, ㉡과 ㉢, ㉣과 ㉤

4-2 ③ **5-1** (1) $10a-3$

(2) $-13x+31$ **5-2** 1

6-1 $-\dfrac{19}{6}x+\dfrac{23}{6}$

6-2 $\dfrac{6}{5}x-\dfrac{13}{5}$

08 일차방정식

1 (1) $\dfrac{1}{2}x-11=5$ (2) $50-3x=7$

(3) $x+6=3x-1$ (4) $4x=20$

2 (1) $x=1$ (2) $x=2$ (3) $x=0$

3 (1) 방 (2) 항 (3) 방 (4) 항

4 (1) 6 (2) 1 (3) $-\dfrac{1}{3}$, 2 (4) -1, 11

(5) -1, 3

1 (1) × (2) ○ (3) × (4) ○

2 (1) ○ (2) ○ (3) × (4) ○ (5) × (6) ×
(7) ○ (8) ○ **3** (1) $x=9$ (2) $x=11$

(3) $x=-27$ (4) $x=-\dfrac{1}{3}$

1 (1) $+$ (2) $-$ (3) $-$ (4) $+$

2 (1) $x=9-3$ (2) $7x+4x=5$

(3) $2x-3x=4+1$

(4) $-13x+x=7+6$

3 (1) × (2) × (3) ○ (4) × (5) ○ (6) ×
(7) ○ (8) ×

1 (1) $x=-4$ (2) $x=-3$ (3) $x=3$

(4) $x=1$ (5) $x=11$ (6) $x=\dfrac{1}{5}$ (7) $x=8$

2 (1) $x=-1$ (2) $x=\dfrac{1}{2}$ (3) $x=-1$

(4) $x=2$ (5) $x=-6$ (6) $x=\dfrac{4}{7}$

1-1 ③ **1-2** $a=7$, $b=11$

2-1 ⑤ **2-2** ④ **3-1** ㉢, ㉣

3-2 ② **4-1** 9 **4-2** 0

5-1 (1) $x=6$ (2) $x=-5$

5-2 (1) $x=-\dfrac{13}{2}$ (2) $x=\dfrac{1}{14}$

6-1 $x=\dfrac{1}{2}$ **6-2** $x=4$

09 일차방정식의 활용

1 (1) ① 8, 3 ② $\dfrac{3}{8}$, 0.375 (2) ① 10, 7

② $\dfrac{7}{10}$, 0.7 **2** (1) $\dfrac{300}{3}(=100)$

(2) $\dfrac{13}{50}(=0.26)$ (3) $\dfrac{1}{50}$ (4) $\dfrac{4}{9}$

3 (1) 12 % (2) 41 % (3) 20 %

1 8 **2** 28 **3** 26년 후

4 4개 **5** 14 **6** 11명

1 6 km **2** 400 m **3** 91 km

4 $\dfrac{81}{7}$ km

1 300 g **2** 100 g **3** 35 g

4 75 g

1-1 21, 22 **1-2** 19 **2-1** 16세

2-2 15세 **3-1** 36 **3-2** 54

4-1 학생 수: 15명, 공책의 수: 55권

4-2 친구 수: 8명, 사탕의 수: 47개

5-1 $\dfrac{17}{3}$ km **5-2** 200 m

6-1 50 g **6-2** 300 g

대단원 TEST

01 ③ **02** ⑤ **03** ④

04 ⑤ **05** 4 **06** 8

07 ㄱ, ㄹ, ㅁ **08** ㄴ, ㅁ

09 -18 **10** -1

11 $\dfrac{11}{12}x-\dfrac{13}{12}$ **12** $a=5$,

$b=-15$ **13** ④ **14** ②

15 2 **16** -2 **17** 7개

18 쿠키 상자의 개수: 9개,
쿠키 개수: 75개 **19** 14 cm

20 120 km **21** 300 g

Ⅲ 좌표평면과 그래프

10 순서쌍과 좌표

104~105쪽

1 (1) $A(-3)$, $B\left(\dfrac{1}{2}\right)$, $C(2)$

(2) $A\left(-\dfrac{7}{3}\right)$, $B\left(\dfrac{3}{2}\right)$, $C\left(\dfrac{11}{3}\right)$

2 (1)
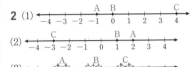

3 (1) $A(-4, 3)$, $B(3, 0)$, $C(0, -2)$, $D(1, -4)$ (2) $A(1, 5)$, $B(5, 1)$, $C(-1, 1)$, $D(-4, -2)$ (3) $A(-1, 0)$, $B(0, 4)$, $C(-3, -3)$, $D(3, -2)$ (4) $A(1, 2)$, $B(-2, 1)$, $C(-3, 0)$, $D(3, -3)$

4 (1)
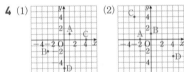

(3)
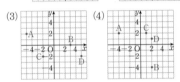

5 (1) $(5, -7)$ (2) $(-8, -9)$ (3) $(4, 4)$ (4) $(0, 6)$ (5) $(-2, 0)$ (6) $(3, 0)$ (7) $(0, -1)$ (8) $(0, 0)$

106쪽

1 (1) 제3사분면 (2) 제4사분면 (3) 제1사분면 (4) 어느 사분면에도 속하지 않는다. (5) 제2사분면 (6) 어느 사분면에도 속하지 않는다. (7) 제3사분면 (8) 어느 사분면에도 속하지 않는다.
2 (1) 제1사분면 (2) 제2사분면 (3) 제3사분면 (4) 제4사분면 **3** (1) 제2사분면 (2) 제4사분면 (3) 제3사분면

107쪽

1 (1)
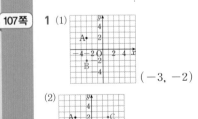
$(-3, -2)$

(2)
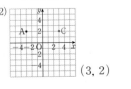
$(3, 2)$

(3)
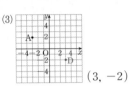
$(3, -2)$

2 (1) ① $(6, -7)$ ② $(-6, 7)$ ③ $(-6, -7)$ (2) ① $(2, 4)$ ② $(-2, -4)$ ③ $(-2, 4)$ (3) ① $(-5, 1)$ ② $(5, -1)$ ③ $(5, 1)$ (4) ① $(-3, -3)$ ② $(3, 3)$ ③ $(3, -3)$

108~109쪽

1-1 ④	**1-2** ⑤	**2-1** ③
2-2 ③	**3-1** 1	**3-2** -1
4-1 ⑤	**4-2** ⑤	
5-1 제2사분면		**5-2** ⑤
6-1 7	**6-2** $a=-6$, $b=4$	

11 그래프

111쪽

1 (1) 10, 15, 20 (2) $● \times 5 = ▲$ 또는 $▲ \div 5 = ●$ (3) ㉢ **2** (1) 4, 7, 10 (2) 3, 1 (3) $★ \times 3 + 1 = ■$ (4) 16개

112~114쪽

1 (1) 40, 30, 20, 10, 0 / $(5, 50)$, $(10, 40)$, $(15, 30)$, $(20, 20)$, $(25, 10)$, $(30, 0)$

(2)
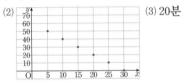
(3) 20분

2 (1)
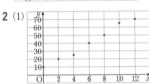
(2) $10\,℃$ (3) $30\,℃$
3 (1) ㉢ (2) ㉣ (3) ㉡ (4) ㉠
4 (1) ㉢ (2) ㉡ (3) ㉠ (4) ㉣
5 (1) $2\,km$ (2) 15분 (3) 15분
6 (1) 5초 (2) 5초 (3) $30\,m$
7 (1) $5\,m$ (2) $25\,m$ (3) 8분

115쪽

1-1 ㉢ **1-2** (1) ㉡ (2) ㉠
2-1 (1) 2시간 (2) 12번 **2-2** ①

12 정비례와 반비례

118~119쪽

1 (1) ○ (2) ○ (3) × (4) × (5) ○ (6) × (7) × (8) ○ (9) × **2** (1) $y = -4x$

(2) $y = \dfrac{1}{3}x$ (3) $y = -3x$ (4) $y = \dfrac{3}{2}x$

3 (1) $-6, -3, 0, 3, 6$ /

(2) $6, 3, 0, -3, -6$ /

(3) $-2, -1, 0, 1, 2$ /

4 (1) 4 /
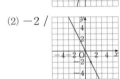

(2) -2 /
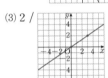

(3) 2 /

120~121쪽

1 (1) 원점 (2) 위 (3) 1, 3 (4) 증가 (5) 3 **2** (1) 원점 (2) 아래 (3) 2, 4 (4) 감소 (5) -4
3 (1) ㉠, ㉡, ㉢, ㉣, ㉤, ㉥ (2) ㉡, ㉢, ㉥ (3) ㉠, ㉣ (4) ㉠, ㉣ (5) ㉡, ㉢, ㉥ (6) ㉠, ㉣, ㉥ (7) ㉡, ㉢, ㉥ (8) ㉡ (9) ㉥
4 (1) $y = -2x$ (2) $y = \dfrac{1}{2}x$

(3) $y = \dfrac{1}{3}x$ (4) $y = -\dfrac{3}{2}x$

122~123쪽

1 (1) × (2) ○ (3) × (4) × (5) ○ (6) × (7) × (8) ○ (9) × **2** (1) $y = -\dfrac{18}{x}$

(2) $y = -\dfrac{15}{x}$ (3) $y = \dfrac{24}{x}$ (4) $y = \dfrac{1}{x}$

3 (1) $2, 4, -4, -2$ /

(2) −1, −2, −3, −6, 6, 3, 2, 1
/
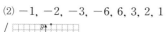

(3) 1, 2, 3, 6, −6, −3, −2, −1
/

4 (1) −2, −3, −4, −6, 6, 4, 3, 2
/

(2) −1, −2, −4, 4, 2, 1
/

(3) 1, 2, 4, −4, −2, −1
/

124~125쪽
1 (1) 원점 (2) 1, 3 (3) 감소 (4) 4
2 (1) 원점 (2) 2, 4 (3) 증가 (4) 1
3 (1) ㉠, ㉡, ㉢, ㉣, ㉤, ㉥ (2) ㉡, ㉣ (3) ㉠, ㉢, ㉥ (4) ㉠, ㉢, ㉥ (5) ㉡, ㉣, ㉤ (6) ㉥ (7) ㉢ **4** (1) $y=\dfrac{5}{x}$
(2) $y=-\dfrac{12}{x}$ (3) $y=-\dfrac{9}{x}$ (4) $y=\dfrac{16}{x}$

126~127쪽
1-1 ㉠, ㉡ 1-2 $y=-3x$
2-1 $y=\dfrac{2}{5}x$
2-2 (1) $y=-\dfrac{3}{4}x$ (2) $-\dfrac{3}{2}$
3-1 ③ 3-2 ⑤
4-1 ③ 4-2 $y=-\dfrac{20}{x}$
5-1 $y=-\dfrac{8}{x}$
5-2 (1) $y=\dfrac{12}{x}$ (2) 3
6-1 ⑤ 6-2 (1) × (2) ○

대단원 TEST

128~130쪽
01 [수직선 A −2, B 4]
/ 6 **02** $a=-5$, $b=15$
03 ② 04 −2 05 ⑤
06 ① 07 제2사분면
08 0 09 $a=2$, $b=3$
10 (1) ㉢ (2) ㉠ 11 ①
12 ③ 13 ③ 14 ①
15 4 16 ④ 17 ①
18 4개 19 ㉢, ㉣, ㉤, ㉥
20 ⑤ 21 ②

IV 도형의 기초

13 점, 선, 면, 각

135쪽
1 (1) ▸────▸ (2) ▸────▸ (3) ▸────▸ (4) ▸────▸ **2** (1) ㉣ (2) ㉠
3 (1) 수직 (2) 나 (3) 수직 (4) 라 (5) 나

136쪽
1 (1) ○ (2) × (3) ○ (4) × (5) ○ (6) ○ (7) × (8) × **2** (1) 4, 0 (2) 5, 0 (3) 4, 6 (4) 8, 12 (5) 10, 15

137쪽
1 (1) = / ① A B C D ② A B C D
(2) ≠ / ① A B C D ② A B C D
(3) = / ① A B C D ② A B C D
(4) ≠ / ① A B C D ② A B C D
(5) ≠ / ① A B C D ② A B C D
(6) ≠ / ① A B C D ② A B C D
2 (1) ○ (2) × (3) × (4) ○ (5) ○ (6) ○

138쪽
1 (1) ① 8 cm ② 8 cm ③ 16 cm / $\dfrac{1}{2}$, 8 (2) ① 9 cm ② 18 cm ③ 18 cm / 2, 2, 18 **2** (1) ① 3 cm ② 6 cm ③ 12 cm / 4, 2, 12 (2) ① 10 cm ② 5 cm ③ 5 cm / $\dfrac{1}{2}$, $\dfrac{1}{4}$ (3) ① 12 cm ② 6 cm ③ 18 cm / $\dfrac{1}{4}$, $\dfrac{3}{4}$, 18

3 ① 4 cm ② 8 cm ③ 12 cm / 3, 12
139쪽
1 (1) × (2) × (3) ○ (4) ×
2 (1) ㉠, ㉡, ㉦ (2) ㉢, ㉣, ㉤ (3) ㉥, ㉨, ㉧ (4) ㉪ **3** (1) 55° (2) 18° (3) 80° (4) 30°

140쪽
1 (1) ∠DOE (2) ∠DOF (3) ∠FOA (4) ∠EOA **2** (1) 35° (2) 20° (3) 35° **3** (1) $\angle x=130°$, $\angle y=50°$ (2) $\angle x=55°$, $\angle y=60°$ (3) $\angle x=60°$, $\angle y=90°$

141쪽
1 (1) 직교, ⊥ (2) 수직이등분선 (3) $\overrightarrow{CD}$, $\overrightarrow{AB}$ (4) H (5) 3 **2** (1) $\overline{CD}$, $\overline{CD}$ (2) C (3) 6 (4) 4 (5) $\overline{CD}$, $\overline{DC}$

142~143쪽
1-1 26
1-2 (1) 평면도형 (2) 5개 (3) 0개
2-1 ④
2-2 (1) = (2) ≠ (3) = (4) =
3-1 6 cm 3-2 10 cm
4-1 (1) ㉤ (2) ㉡, ㉢ 4-2 30°
5-1 30° 5-2 $\angle x=20°$, $\angle y=15°$
6-1 ⑤ 6-2 (1) 2.4 cm (2) 4 cm

14 점, 직선, 평면의 위치 관계

146쪽
1 (1) 나, 다 (2) 평행 (3) 평행선
2 (1) ㄱㄹ (2) ㄴㄷ, ㄱㄹ **3** (1) ㄱㄴ (2) 평행선 (3) 1 (4) 4 **4** 3 cm

147쪽
1 (1) ○ (2) × (3) ○ (4) ○
2 (1) 모서리 AB, 모서리 AE, 모서리 AD (2) 점 F, 점 G (3) 점 A, 점 B, 점 C, 점 D **3** (1) 변 DC (2) 변 AD, 변 BC **4** (1) 직선 ED (2) 직선 BC, 직선 CD, 직선 EF, 직선 FA (3) 직선 AF (4) 직선 AB, 직선 BC, 직선 DE, 직선 EF

148쪽
1 (1) ㉡ (2) ㉣ (3) ㉠ (4) ㉢
2 (1) ① ②
③ 모서리 CF, 모서리 DF, 모서리 EF
(2) ① ②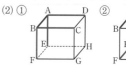

③ 모서리 CG, 모서리 DH, 모서리
EH, 모서리 FG

(3) ①

②

③ 모서리 CH, 모서리 DI, 모서리 EJ,
모서리 GH, 모서리 HI, 모서리 IJ,
모서리 JF

149쪽
1 (1) 모서리 AE, 모서리 BF, 모서리
CG, 모서리 DH (2) 모서리 EF, 모서
리 FG, 모서리 GH, 모서리 HE (3)
모서리 BF, 모서리 FG, 모서리 GC,
모서리 CB　2 (1) 면 ABCDE,
면 FGHIJ (2) 면 ABCDE, 면 CHID
(3) 면 ABCDE　3 (1) 면 ABFE,
면 BFGC, 면 CGHD, 면 AEHD
(2) 면 CGHD　4 (1) 6개 (2) 4개
(3) 면 GHIJKL (4) 면 EFLK

150~151쪽
1-1 ②
1-2 (1) 점 A, 점 C (2) 점 B
2-1 직선 BC, 직선 CD, 직선 DE,
직선 FG, 직선 GH, 직선 AH
(2) 직선 AH 2-2 (1) × (2) ○ (3) ×
3-1 ⑤　3-2 13　4-1 6
4-2 (1) 7 cm (2) 면 ABC, 면 ACFD
5-1 (1) 면 ABFE, 면 EFGH (2) 4개
5-2 (1) 면 ABC (2) 3개
6-1 ⊥　6-2 ㉡

15 동위각과 엇각

153쪽
1 (1) ∠e (2) ∠g (3) ∠h (4) ∠e
2 (1) ∠b (2) ∠h (3) ∠c (4) ∠f
3 (1) 110° (2) 70° (3) 95° (4) 95°
4 (1) ∠e, ∠l (2) ∠b, ∠e (3) ∠b,
∠j (4) ∠h

154쪽
1 (1) 55° (2) 105° (3) 65°
2 (1) ∠x=95°, ∠y=55°
(2) ∠x=60°, ∠y=110°
(3) ∠x=40°, ∠y=80°　3 (1) 35,
평행하지 않다에 ○표 (2) 65, 평행하
다에 ○표 (3) 45, 평행하지 않다에 ○표

155쪽
1 (1) ① 30° ② 45° / 75° (2) 50° (3) 43°
2 (1) ① 25° ② 25° ③ 35° / 35°
(2) 85° (3) 125°

156~157쪽
1-1 ②　1-2 ∠j　2-1 180°
2-2 ∠x=120°, ∠y=65°

3-1 75°　3-2 65°　4-1 ⑤
4-2 l∥n　5-1 135°　5-2 130°
6-1 60°
6-2 (1) 75° (2) 75° (3) 30°

16 삼각형의 작도

160쪽
1 (1) ㉠ 5 ㉡ 30 (2) ㉠ 8 ㉡ 75 (3) ㉠
6 ㉡ 45　2 (1) ㉠ 2 ㉡ 2
(2) ㉠ 60 ㉡ 60 (3) ㉠ 7 ㉡ 60
3 (1) 가, 다, 바, 사, 아 / 나, 라, 마 / 라
(2) 가, 나, 라, 아 / 마, 사 / 다, 바
(3) 가, 아 / 사 / 다, 바 / 나, 라 / 마 / 라

161쪽
1 (1) 눈금 없는 자 (2) 컴퍼스
(3) ㉢, ㉠, ㉡　2 (1) ㉠, ㉡, ㉢, ㉣, ㉤
(2) OB, PC, PD (3) ∠CPD
3 (1) ㉡, ㉤, ㉠, ㉣, ㉢, ㉣ (2) 동위각
4 (1) ㉠, ㉤, ㉢, ㉣, ㉡, ㉣ (2) 엇각

162쪽
1 (1) 7 cm (2) 6 cm (3) 75° (4) 45°
2 (1) × (2) ○ (3) ○ (4) × (5) ○
3 (1) AB (2) AB (3) ∠B

163쪽
1 (1) × (2) ○ (3) × (4) ○ (5) ○ (6) ○
(7) ×　2 (1) ○ (2) ○ (3) ○
(4) × (5) ○ (6) ○

164~165쪽
1-1 (1) 눈금 없는 자 (2) 컴퍼스
1-2 ①　2-1 ㉠, ㉢, ㉡, ㉣, ㉤
2-2 ④　3-1 ③　3-2 ③
4-1 ④　4-2 ①　5-1 ⑤
5-2 ⑤　6-1 ④　6-2 ④

17 삼각형의 합동

167쪽
1 (1) ㄹ, ㅁ, ㅂ (2) ㄹㅁ, ㅁㅂ, ㄹㅂ
(3) ㄹㅁㅂ, ㅁㅂㄹ, ㅂㄹㅁ (4) 3, 3, 3
(5) 같다 (6) 같다
2 (1) 6 cm (2) 5 cm (3) 90° (4) 115°
3 (1) 가, 나, 다 (2) 가, 다

168~169쪽
1 (1) 점 D (2) EF (3) ∠C
2 (1) 5 cm (2) 75° (3) 3 cm
3 (1) DE, EF, AC, △DEF, SSS
(2) ED, ∠E, AC, △EDF, SAS
(3) ∠B, DE, ∠E, △FDE, ASA
4 (1) ○ (2) × (3) ○ (4) ○ (5) ○ (6) ×
(7) ○　5 (1) CB, CD, △CBD,
SSS (2) △CDO, AO, DO, ∠COD,
△CDO, SAS (3) △CDA, ∠DCA,
∠DAC, AC, △CDA, ASA

170~171쪽
1-1 (1) ∠F (2) AB
1-2 (1) 10 cm (2) 75°
2-1 ㉠과 ㉤: SSS 합동,
㉡과 ㉱: ASA 합동,
㉢과 ㉣: SAS 합동
2-2 (1) ASA합동 (2) SAS 합동
(3) SSS 합동
3-1 ㉠, ㉣　3-2 ㉡, ㉢, ㉣
4-1 △ABC≡△FED (SSS 합동)
4-2 △ABM≡△ACM (SSS 합동)
5-1 △ABC≡△DEF (SAS 합동)
5-2 BM, ∠BMP, PM, SAS, PB
6-1 △ABC≡△DEF (ASA 합동)
6-2 ④

172~174쪽
01 ③　02 ⑤　03 16 cm
04 60°　05 ④　06 직선 AB,
직선 BC, 직선 DE, 직선 EA
07 11　08 8　09 ⊥
10 230°　11 40°　12 ①
13 70°　14 ㉡, ㉣ / ㉠, ㉢
15 ③, ④　16 ㉡, ㉣ / ㉠, ㉱, ㉢, ㉣
17 ③　18 ⑤　19 (1) ○
(2) ×　20 OC, OB, ∠O, SAS
21 △CDO, ASA 합동

V 평면도형과 입체도형

18 다각형

178쪽
1 (1) 가, 나, 라, 바, 사, 아, 다각형
(2) 다, 마, 다각형 (3) 삼각형, 사각형,
오각형 (4) 라, 바, 정다각형 (5) 라, 바
(6) 가, 다, 마, 사
2 (1) 180° (2) ① 65 ② 130
3 (1) 360° (2) ① 140 ② 80

179쪽
1 (1) × (2) ○ (3) × (4) ○
2 (1) 115° (2) 75°
3 (1) 정오각형 (2) 정칠각형
4 (1) × (2) ○ (3) × (4) ○

180쪽
1 5, 6 / 5−3=2, 6−3=3
/ $\frac{5\times(5-3)}{2}=5$, $\frac{6\times(6-3)}{2}=9$
2 (1) ① 3개 ② 9개 (2) ① 5개 ② 20개
(3) ① 10개 ② 65개
3 (1) 2개 (2) 4개 (3) 3개

181쪽
1 (1) 60° (2) 30° (3) 40° (4) 30°
2 (1) 140° (2) 45° (3) 105° (4) 120°

182쪽
1 (1) 540° (2) 720° (3) 1260°
2 (1) 80° (2) 55° (3) 105°
(4) 100° (5) 125° (6) 110°
3 (1) 108° (2) 120° (3) 135°

183쪽
1 (1) 360° (2) 360° (3) 360°
2 (1) 30° (2) 75° (3) 85° (4) 60° (5) 85°
(6) 50° 3 (1) 90° (2) 72° (3) 60°

184~185쪽
1-1 ④ 1-2 ④
2-1 정육각형 2-2 (가)
3-1 54개 3-2 27개
4-1 엇각, ∠ECD, ∠ECD, 180°
4-2 80° 5-1 15°
5-2 $\angle x=50°$, $\angle y=75°$
6-1 (1) 1080° (2) 135° (3) 45°
6-2 (1) 칠각형 (2) 정이십각형

19 원과 부채꼴

188쪽
1 (1) 4 cm, 3.14 (2) 4 cm, 3.14
(3) 5 cm, 3.14
2 (1) 10, 3.14, 31.4 (2) 7, 3.14, 21.98
(3) 3, 3.14, 18.84 (4) 4, 3.14, 25.12
3 (1) 2 cm (2) 5 cm (3) 8 cm
4 (1) 12 cm² (2) 147 cm² (3) 75 cm²

189쪽
1 (1) 현, $\overline{AB}$ (2) 부채꼴, 활꼴
2 (1)~(5)
3 (1) ○ (2) × (3) ○ (4) ×

190쪽
1 (1) 120 (2) 75 (3) 10 (4) 120
2 (1) 80 (2) 30 (3) 15 (4) 21

191쪽
1 (1) 12π cm, 36π cm² (2) 14π cm, 49π cm² (3) 22π cm, 121π cm²
(4) 25π cm² (5) 18π cm
2 (1) 40π cm, 48π cm²
(2) 20π cm, 20π cm²

(3) (12+6π) cm, (36−9π) cm²
(4) 20π cm, 25π cm²

192쪽
1 (1) 2π cm, 9π cm²
(2) 8π cm, 24π cm² 2 (1) 6 cm
(2) 12 cm 3 (1) 90° (2) 144°
4 (1) (10π+12) cm, 30π cm²
(2) 10π cm, (50π−100) cm²

193쪽
1 (1) 42π cm² (2) 6π cm² (3) $\frac{7}{2}π$ cm²
2 (1) 300π cm² (2) 8 cm (3) 5π cm

194~195쪽
1-1 ① 1-2 180°
2-1 51 2-2 93
3-1 (3π+6) cm, $\frac{9}{2}π$ cm²
3-2 12π cm, 12π cm²
4-1 90°
4-2 (4π+16) cm, 16π cm²
5-1 24π cm² 5-2 12π cm
6-1 16π cm, (32π−64) cm²
6-2 (10π+20) cm, 50 cm²

20 다면체

198쪽
1 (1) (가), (바) (2) (다), (아)
2 (1) 삼각형, 삼각기둥
(2) 육각형, 육각뿔
3 (1) × (2) × (3) ○ (4) × (5) ○
4 (1) 5, 5 / 10, 6 / 15, 10 / 7, 6

199쪽
1 (1) ○ (2) × 2 (1) 육면체 (2) 육면체
(3) 칠면체 (4) 칠면체 (5) 오면체
(6) 팔면체 3 육각형, 육각형, 육각형
/ 직사각형, 삼각형, 사다리꼴 / 12, 7,
12 / 18, 12, 18 / 8, 7, 8
4 (1) 오각뿔대 (2) 육각뿔

200쪽
1 (1) ① 정사면체, 정팔면체, 정이십면체
② 정육면체 ③ 정십이면체
(2) ① 정사면체, 정육면체, 정십이면체
② 정팔면체 ③ 정이십면체
2 (1) ① 5, 20 ② 5, 30
(2) ① 3, 5, 12 ② 3, 2, 30
3 (1) ○ (2) × (3) ○ (4) × (5) ○

201쪽
1 (1) ① 정사면체 ② 점 C, 점 E
③ 모서리 CB, 모서리 EB
(2) ① 정육면체 ② 점 L ③ 모서리 KJ
2 (1) ○ (2) ○ (3) × (4) ○ (5) ×

202~203쪽
1-1 ④ 1-2 ㉠, ㉢, ㉤
2-1 ② 2-2 ②
3-1 26 3-2 10개
4-1 정육면체
4-2 정이십면체
5-1 ⑤ 5-2 53
6-1 (1) ㉢ (2) ㉡ (3) ㉠
6-2 (1) 점 G (2) 면 HGFE

21 회전체

206쪽
1 (1) 전개도 (2) 둘레 (3) 높이
2 (1) 선분 ㄴㄷ (2) 선분 ㄱㄹ
(3) 선분 ㄱㄴ, 선분 ㄱㄷ, 선분 ㄱㅁ
3 (1) ㉠ 구의 중심 ㉡ 구의 반지름
(2) 5 cm
4 (1) 원기둥 (2) 원뿔 (3) 구

207쪽
1 (1) ㉡, ㉤, ㉦ (2) ㉢, ㉣, ㉥, ㉧
2 (1) 원기둥 (2) 원뿔
(3) 원뿔대 (4) 반구
3 (1) (2)

208쪽
1 (1) 예 (2) 예 (3) 예
2 (1) (2)
(3) (4) (5)
3 (1) ○ (2) × (3) ○ (4) ×

209쪽
1 (1) 10 ① 둘레, 5, 10π ② 세로, 10
(2) 9, 5 ① 5, 10π ② 모선, 9
2 (1) 12, 5, 10π (2) 6, 4π, 2 (3) 13, 3, 8

210~211쪽
1-1 ㉠, ㉡, ㉤ 1-2 ①
2-1 ④ 2-2 ② 3-1 ④
3-2 ④ 4-1 ④ 4-2 ㉡, ㉢
5-1 45π cm² 5-2 100 cm²
6-1 ㉢ 6-2 12π

22 입체도형의 겉넓이와 부피

214쪽
1 (1) 100, 100, 100 (2) 1000000
(3) 1000000 2 (1) 50000000
(2) 2300000 (3) 7 (4) 0.8 (5) 0.09

3 120 cm³ **4** 96 cm² **5** 220 cm³,
238 cm²

215쪽

1 (1) 336 cm² (2) 216 cm² (3) 268 cm²
(4) 128 cm² **2** (1) 190π cm²
(2) (32+20π) cm² (3) (48+22π) cm²
(4) 168π cm²

216쪽

1 (1) 180 cm³ (2) 125 cm³ (3) 168 cm³
(4) 192 cm³ **2** (1) 704π cm³
(2) $\frac{81}{2}$ π cm³ (3) 133π cm³ (4) 96π cm³

217쪽

1 (1) 125 cm² (2) 48 cm² (3) 108π cm²
(4) 144π cm² **2** (1) 4, 3, 3
/ 98 cm² (2) 224 cm² (3) 2, 4 / 50π cm²
(4) 186π cm²

218쪽

1 (1) 72 cm³ (2) 35 cm³ (3) 16π cm³
(4) 48π cm³ **2** (1) 312 cm³ (2) 56 cm³
(3) 84π cm³ (4) 416π cm³

219쪽

1 (1) 36π cm², 36π cm³ (2) 16π cm²,
$\frac{32}{3}$ π cm³ (3) 100π cm², $\frac{500}{3}$ π cm³
(4) 144π cm², 288π cm³
2 (1) 108π cm², 144π cm³
(2) 32π cm², $\frac{64}{3}$ π cm³ (3) 16π cm²,
8π cm³ (4) 20π cm², $\frac{32}{3}$ π cm³

220~
221쪽

1-1 210 cm²   **1-2** (36+27π) cm²
2-1 216 cm³   **2-2** 20 cm
3-1 300 cm²   **3-2** 99π cm²
4-1 100π cm³   **4-2** 48 cm³
5-1 4배   **5-2** 75π cm²

6-1 $\frac{28}{3}$ π cm³   **6-2** 1 : 2 : 3

대단원 TEST

222~
224쪽

01 102°   **02** 44개   **03** 80°
04 (1) 육각형 (2) 정십이각형
05 ④   **06** 12π cm
07 (1) 2π cm (2) 33π cm²
08 (100−25π) cm² **09** ④
10 12개   **11** ㉠, ㉢, ㉤
12 ⑤   **13** (1) ㉡, ㉣ (2) ㉢, ㉤
14 ④   **15** ⑤
16 20 cm² **17** 125 cm³
18 234π cm²   **19** 36 cm³
20 216π cm³   **21** 36π cm²

VI 통계

23 줄기와 잎 그림, 도수분포표

227쪽

1 (1)

줄기	잎
1	0 4
2	1 3 5 9
3	0 5 7 7 8 9
4	2 3

(2)

줄기	잎
5	2 8
6	0 1 2 6 6 6
7	3 5 5 7
8	0 4 8
9	4

2 (1) 20명 (2) 8명
3 (1) 9명 (2) 11명

228~
229쪽

1 (1) 4개 (2) 10회
(3) 30회 이상 40회 미만 (4) 15회
(5) 25명
2 (1) ①

키(cm)	도수(명)
150^{이상}~155^{미만}	2
155 ~160	6
160 ~165	5
165 ~170	3
합계	16

② 150 cm 이상 155 cm 미만
③ 11명 ④ 160 cm 이상 165 cm 미만
⑤ 167.5 cm
(2) ①

시간(분)	도수(명)
0^{이상}~10^{미만}	4
10 ~20	7
20 ~30	5
30 ~40	3
40 ~50	1
합계	20

② 5개, 10분 ③ 15분
④ 30분 이상 40분 미만 ⑤ 55 %
3 (1) 11 (2) 60분 이상 90분 미만
(3) 6명 (4) 42 % (5) 구할 수 없다.

230~
231쪽

1-1

줄기	잎
6	5 9
7	0 3 7 8
8	2 2 3 5 5 9
9	0 5 8

1-2 (1) 8 (2) 4명 (3) 85점
2-1

잎(A 모둠)	줄기	잎(B 모둠)
6 2 0	7	5
8 0	8	2 6 8
5	9	3 6

2-2 (1) B 모둠 (2) 25 %
3-1 (1) 있다에 ○표 (2) 같다에 ○표
3-2 (1) 없다에 ○표
(2) 도수분포표에 ○표
4-1

나이(세)	도수(명)
20^{이상}~ 25^{미만}	3
25 ~ 30	5
30 ~ 35	8
35 ~ 40	4
합계	20

4-2 (1) 4개 (2) 5세
(3) 30세 이상 35세 미만 (4) 22.5세
5-1 10, 20, 8, 30
5-2 (1) 20개 이상 30개 미만 (2) 20 %
6-1 (1) × (2) ×   **6-2** ③

24 히스토그램과 도수분포다각형

234쪽

1 (1) 1명 (2) 수학 (3) 과학 (4) 3배
(5) 5명   **2** (1) 월, 에어컨 판매량
(2) 200대 (3) 5월 (4) 400대 (5) 7월

235쪽

1

(1) 가로, 10, 2 (2) 개수, 4 (3) 9
(4) 계급의 크기, 2, 25, 50
2 (1) 30명 (2) 25권 이상 30권 미만
(3) 22.5권 (4) 40 % (5) 150

236쪽

1
(1) 1, 2　(2) 4　(3) 3　(4) 3, 10, 20
2 (1) 6개　(2) 35명　(3) 37.5 kg
(4) 40 %　(5) 175

237쪽

1 (1) 12명　(2) 22명　(3) 55 %
2 (1) 8명　(2) 40명　(3) 7명

238~239쪽

1-1 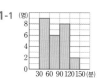　**1-2** ⑤

2-1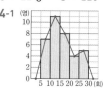

2-2 (1) 25명　(2) 10명　(3) 40 %
3-1 11명　**3-2** 110
4-1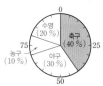

4-2 (1) 35명　(2) 12.5회　(3) 5개
5-1 7명　　**5-2** 125　　**6-1** 2차
6-2 (1) A반: 30명, B반: 30명
(2) A반: 18명, B반: 10명

25 상대도수

242쪽

1 (1) 35, 30, 20, 15, 100
(2) 좋아하는 과일별 학생 수

0	10	20	30	40	50	60	70	80	90	100(%)
딸기 (35 %)			수박 (30 %)			사과 (20 %)		바나나 (15 %)		

(3) 35 %　(4) 2배
2 12, 30 / (1) 30명　(2) 12명
(3) 좋아하는 운동별 학생 수

축구 (40 %)
수영 (20 %)
야구 (30 %)
농구 (10 %)

243쪽

1 (1) 10　(2) 0.4　(3) 40
2

수면 시간(시간)	도수(명)	상대도수
4이상 ~ 5미만	5	$0.1\left(=\dfrac{5}{50}\right)$
5 ~ 6	10	$0.2\left(=\dfrac{10}{50}\right)$
6 ~ 7	12	$0.24\left(=\dfrac{12}{50}\right)$
7 ~ 8	15	$0.3\left(=\dfrac{15}{50}\right)$
8 ~ 9	8	$0.16\left(=\dfrac{8}{50}\right)$
합계	50	1

3 (1) 40명　(2) 4　(3) 0.15　(4) 15 %
(5) 70 %

244쪽

1 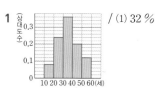　/ (1) 32 %

(2) 10명　　**2** (1) 10개 이상 20개 미만
(2) 0.3　(3) 40명　(4) 8명

245쪽

1 (1) 25명, 20명　(2) 0.44, 0.5　(3) 2반
2 (1) 30명, 24명　(2) 0.4, 0.58
(3) B 중학교

246~247쪽

1-1

통화 시간(분)	도수(명)	상대도수
0이상 ~ 10미만	4	0.1
10 ~ 20	6	0.15
20 ~ 30	18	0.45
30 ~ 40	12	0.3
합계	40	1

1-2 (1) $\dfrac{1}{3}$배　(2) 25 %
2-1 (1) 9　(2) 50
2-2 (1) 40명　(2) 14명
3-1 25명　　**3-2** ⑤　　　**4-1** 0.14
4-2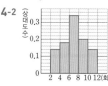

5-1 80명　　**5-2** 7명
6-1 1학년　　**6-2** (1) ×　(2) ×

248~250쪽

대단원 TEST

01 9번째　**02** 300 cm
03 (1) ×　(2) ○　　**04** 25 %
05 ①　　**06** 2　　**07** 32 %
08 ⑤　　**09** 16시간
10 7시간 이상 8시간 미만
11 30명　**12** 2권　**13** 60
14 6명　**15** ⑤　**16** 40명
17 6　**18** ②　**19** 3배
20 14명　**21** ④

I 수와 연산

01 소인수분해

초등개념으로 기초력 잡기 010쪽

약수와 배수 010쪽

1 (1) 1, 3, 5, 15 (2) 1, 17 (3) 1, 2, 3, 4, 6, 8, 12, 24 (4) 1, 5, 25, 125 **2** (1) 9, 18, 27 (2) 11, 22, 33 (3) 15, 30, 45 (4) 27, 54, 81 (5) 100, 200, 300 **3** (1) ○ (2) × (3) ○ (4) × (5) ×

1 답 (1) 1, 3, 5, 15 (2) 1, 17 (3) 1, 2, 3, 4, 6, 8, 12, 24 (4) 1, 5, 25, 125

(1) $15=1\times15=3\times5$이므로 15의 약수는 1, 3, 5, 15이다.

(2) $17=1\times17$이므로 17의 약수는 1, 17이다.

(3) $24=1\times24=2\times12=3\times8=4\times6$이므로
24의 약수는 1, 2, 3, 4, 6, 8, 12, 24이다.

(4) $125=1\times125=5\times25$이므로 125의 약수는 1, 5, 25, 125이다.

2 답 (1) 9, 18, 27 (2) 11, 22, 33 (3) 15, 30, 45 (4) 27, 54, 81 (5) 100, 200, 300

(1) $9\times1=9$, $9\times2=18$, $9\times3=27$

(2) $11\times1=11$, $11\times2=22$, $11\times3=33$

(3) $15\times1=15$, $15\times2=30$, $15\times3=45$

(4) $27\times1=27$, $27\times2=54$, $27\times3=81$

(5) $100\times1=100$, $100\times2=200$, $100\times3=300$

3 답 (1) ○ (2) × (3) ○ (4) × (5) ×

(2) 16은 4의 배수이다.

(4) 7은 21의 약수이다.

(5) 49의 가장 작은 배수는 49이다.

개념으로 기초력 잡기 011~014쪽

소수와 합성수 011쪽

1 (1) 1, 19 / 소수 (2) 1, 3, 5, 9, 15, 45 / 합성수 (3) 1, 83 / 소수 (4) 1, 11, 121 / 합성수 (5) 1, 7, 19, 133 / 합성수
2 (1) × (2) ○ (3) × (4) ○ (5) × (6) ○ (7) ×

1 답 (1) 1, 19 / 소수 (2) 1, 3, 5, 9, 15, 45 / 합성수 (3) 1, 83 / 소수 (4) 1, 11, 121 / 합성수 (5) 1, 7, 19, 133 / 합성수

(1) $19=1\times19$이고 19의 약수는 1, 19이므로 19는 소수이다.

(2) $45=1\times45=3\times15=5\times9$이고 45의 약수는 1, 3, 5, 9, 15, 45
이므로 45는 합성수이다.

(3) $83=1\times83$이고 83의 약수는 1, 83이므로 83은 소수이다.

(4) $121=1\times121=11\times11$이고 121의 약수는 1, 11, 121이므로
121은 합성수이다.

(5) $133=1\times133=7\times19$이고 133의 약수는 1, 7, 19, 133이므로
133은 합성수이다.

2 답 (1) × (2) ○ (3) × (4) ○ (5) × (6) ○ (7) ×

(1) 자연수는 1과 소수와 합성수로 이루어져 있다.

(3) 9, 15, 21, …은 홀수이지만 소수는 아니다.

(4) 2는 2의 배수 중 유일한 소수이다.

(5) 2는 유일한 짝수인 소수이다.

(7) 합성수는 약수가 3개 이상이다.

거듭제곱 012쪽

1 (1) 3, 11 (2) 10, 5 (3) 144, 2 (4) $\frac{1}{5}$, 3

2 (1) 2^5 (2) 13^3 (3) $5^4\times7^2$ (4) $2^3\times3^2\times11$ (5) 3^3+7^3

3 (1) 3 (2) $\frac{4}{7}$ (3) 5 (4) 3

2 답 (1) 2^5 (2) 13^3 (3) $5^4\times7^2$ (4) $2^3\times3^2\times11$ (5) 3^3+7^3

(1) $\underbrace{2\times2\times2\times2\times2}_{2가\ 5번}=2^5$

(5) 덧셈 기호에 주의한다.

3 답 (1) 3 (2) $\frac{4}{7}$ (3) 5 (4) 3

(1) $\frac{1}{2}\times\frac{1}{2}\times\frac{1}{2}=\left(\frac{1}{2}\right)^3$이므로 □=3이다.

(2) $\frac{4}{7}\times\frac{4}{7}\times\frac{4}{7}\times\frac{4}{7}\times\frac{4}{7}\times\frac{4}{7}=\left(\frac{4}{7}\right)^6$이므로 □=$\frac{4}{7}$이다.

(3) $\frac{1}{3\times3\times3\times3\times3}=\frac{1}{3^5}$이므로 □=5이다.

(4) $\frac{1}{5\times5\times11\times11\times11}=\frac{1}{5^2\times11^3}$이므로 □=3이다.

소인수분해 013~014쪽

1 (1) 1, 7 / 7 (2) 1, 2, 3, 6, 9, 18 / 2, 3 (3) 1, 3, 9, 27 / 3 (4) 1, 2, 3, 5, 6, 10, 15, 30 / 2, 3, 5 (5) 1, 2, 4, 7, 8, 14, 28, 56 / 2, 7 **2** (1) 2, 2, 5, 2 (2) 28, 2, 7, 7 (3) 3, 7, 3, 7 (4) 3, 3, 5, 3 **3** (1) $2^2\times3$ (2) 3^3 (3) $2^2\times3^2$ (4) $2\times3\times7$ (5) 2×3^3 (6) $2^2\times5^2$ (7) $2^3\times3\times5$ (8) $2^2\times3^2\times7$ **4** (1) 2^4 / 2 (2) $2^2\times5$ / 2, 5 (3) $2^3\times3$ / 2, 3 (4) $2^2\times3\times7$ / 2, 3, 7 (5) 11^2 / 11 (6) 5×7^2 / 5, 7

1 답 (1) 1, 7 / 7 (2) 1, 2, 3, 6, 9, 18 / 2, 3 (3) 1, 3, 9, 27 / 3 (4) 1, 2, 3, 5, 6, 10, 15, 30 / 2, 3, 5 (5) 1, 2, 4, 7, 8, 14, 28, 56 / 2, 7

(1) $7=1\times7$이므로 약수는 1, 7이다.
이때 소수인 약수는 7이다.

(2) $18=1\times18=2\times9=3\times6$이므로 약수는 1, 2, 3, 6, 9, 18이다.
이때 소수인 약수는 2, 3이다.

(3) $27=1\times27=3\times9$이므로 약수는 1, 3, 9, 27이다.
이때 소수인 약수는 3이다.

(4) $30=1\times30=2\times15=3\times10=5\times6$이므로
약수는 1, 2, 3, 5, 6, 10, 15, 30이다.
이때 소수인 약수는 2, 3, 5이다.

(5) $56=1\times56=2\times28=4\times14=7\times8$이므로
약수는 1, 2, 4, 7, 8, 14, 28, 56이다.
이때 소수인 약수는 2, 7이다.

3 답 (1) $2^2\times3$ (2) 3^3 (3) $2^2\times3^2$ (4) $2\times3\times7$ (5) 2×3^3
(6) $2^2\times5^2$ (7) $2^3\times3\times5$ (8) $2^2\times3^2\times7$

(1) $12=2\times6=2\times2\times3=2^2\times3$

(2) $27=3\times9=3\times3\times3=3^3$

(3) $36=2\times18=2\times2\times9=2\times2\times3\times3=2^2\times3^2$

(4) $42=2\times21=2\times3\times7$

(5) $54=2\times27=2\times3\times9=2\times3\times3\times3=2\times3^3$

(6) $100=2\times50=2\times2\times25=2\times2\times5\times5=2^2\times5^2$

(7) $120=2\times60=2\times2\times30=2\times2\times2\times15$
$\qquad=2\times2\times2\times3\times5=2^3\times3\times5$

(8) $252=2\times126=2\times2\times63=2\times2\times3\times21$
$\qquad=2\times2\times3\times3\times7=2^2\times3^2\times7$

4 답 (1) 2^4 / 2 (2) $2^2\times5$ / 2, 5 (3) $2^3\times3$ / 2, 3 (4) $2^2\times3\times7$
/ 2, 3, 7 (5) 11^2 / 11 (6) 5×7^2 / 5, 7

(1) $16=2\times8=2\times2\times4=2\times2\times2\times2=2^4$

(2) $20=2\times10=2\times2\times5=2^2\times5$

(3) $24=2\times12=2\times2\times6=2\times2\times2\times3=2^3\times3$

(4) $84=2\times42=2\times2\times21=2\times2\times3\times7=2^2\times3\times7$

(5) $121=11\times11=11^2$

(6) $245=5\times49=5\times7\times7=5\times7^2$

개념플러스+로 기초력 잡기

소인수분해를 이용하여 약수와 약수의 개수 구하기 015쪽

1 (1) 3, 3^2, $3^2\times2$ (2) 2^2, 5, 5×2^2, $5^2\times2$, $5^2\times2^2$

2 (1) 6 (2) 18 (3) 12

2 답 (1) 6 (2) 18 (3) 12

(2) $3^5\times11^2$의 약수의 개수는 $(5+1)\times(2+1)=18$이다.

(3) $200=2^3\times5^2$의 약수의 개수는 $(3+1)\times(2+1)=12$이다.

016~017쪽

1-1 3	1-2 7
2-1 ③	2-2 ③
3-1 ⑤	3-2 ②
4-1 2, 3, 5	4-2 5
5-1 9	5-2 6
6-1 (1) 6개 (2) 12개 (3) 8개 (4) 7개	
6-2 ④	

1-1 답 3

소수는 3, 19, 37로 3개이다.

1-2 답 7

소수는 2, 31로 2개이므로 $a=2$이고, 합성수는 8, 12, 21, 54, 93
으로 5개이므로 $b=5$이다.
따라서 $a+b=2+5=7$이다.

2-1 답 ③

① 홀수 중에는 9, 15, 21, …과 같은 합성수도 있다.

② 가장 작은 소수는 2이다.

④ 합성수의 약수의 개수는 3개 이상이다.

⑤ 자연수는 1과 소수와 합성수로 이루어져 있다.

2-2 답 ③

② 5 이하의 소수는 2, 3, 5로 3개이다.

③ 가장 작은 합성수는 4이다.

④ 소수도 합성수도 아닌 자연수는 1이다.

3-1 답 ⑤

① $2\times2\times2=2^3$

② $2+2+2=2\times3$

③ $3^4=3\times3\times3\times3=81$

④ $\dfrac{1}{7}\times\dfrac{1}{7}\times\dfrac{1}{7}\times\dfrac{1}{7}=\left(\dfrac{1}{7}\right)^4$

3-2 답 ②

② $5\times5+7\times7\times7=5^2+7^3$

4-1 답 2, 3, 5

$60=2^2\times3\times5$이고 60의 소인수는 2, 3, 5이다.

4-2 답 5

$125=5^3$이고 125의 소인수는 5이다.

5-1 답 9

$180=2^2\times3^2\times5$이므로 $a=2$, $b=2$, $c=5$이다.
따라서 $a+b+c=2+2+5=9$이다.

5-2 답 6

$240=2^4\times3\times5$이므로 $a=4$, $b=3$, $c=1$이다.
따라서 $a+b-c=4+3-1=6$이다.

정답 및 풀이 **11**

6-1 답 (1) 6개 (2) 12개 (3) 8개 (4) 7개

(1) $12=2^2 \times 3$의 약수의 개수는 $(2+1) \times (1+1)=6$(개)이다.

(2) $72=2^3 \times 3^2$의 약수의 개수는 $(3+1) \times (2+1)=12$(개)이다.

(3) $2^3 \times 7$의 약수의 개수는 $(3+1) \times (1+1)=8$(개)이다.

(4) 11^6의 약수의 개수는 $6+1=7$(개)이다.

6-2 답 ④

① $18=2 \times 3^2$의 약수의 개수는 $(1+1) \times (2+1)=6$(개)이다.

② $135=3^3 \times 5$의 약수의 개수는 $(3+1) \times (1+1)=8$(개)이다.

③ 7×13의 약수의 개수는 $(1+1) \times (1+1)=4$(개)이다.

④ $2^5 \times 3^2$의 약수의 개수는 $(5+1) \times (2+1)=18$(개)이다.

⑤ $2 \times 3^2 \times 5$의 약수의 개수는
$(1+1) \times (2+1) \times (1+1)=12$(개)이다.

02 최대공약수와 최소공배수

초등개념 으로 기초력 잡기
020쪽

공약수와 최대공약수, 공배수와 최소공배수
020쪽

1 (1) 1, 2, 3, 4, 6, 12 / 1, 2, 3, 6, 9, 18 / 1, 2, 3, 6 / 6 / 1, 2, 3, 6 (2) 1, 2, 4, 8, 16 / 1, 2, 3, 4, 6, 8, 12, 24 / 1, 2, 4, 8 / 1, 2, 4, 8 (3) 1, 2, 3, 6, 9, 18 **2** (1) 6, 12, 18, 24, 30, 36, 42, 48, ⋯ / 8, 16, 24, 32, 40, 48, ⋯ / 24, 48, 72, ⋯ / 24 / 24, 48, 72, ⋯ (2) 10, 20, 30, 40, 50, 60, ⋯ / 15, 30, 45, 60, ⋯ / 30, 60, 90, ⋯ / 30 / 30, 60, 90, ⋯ (3) 143, 286, 429, ⋯

1 답 (1) 1, 2, 3, 4, 6, 12 / 1, 2, 3, 6, 9, 18 / 1, 2, 3, 6 / 6 / 1, 2, 3, 6 (2) 1, 2, 4, 8, 16 / 1, 2, 3, 4, 6, 8, 12, 24 / 1, 2, 4, 8 / 8 / 1, 2, 4, 8 (3) 1, 2, 3, 6, 9, 18

(3) 36과 54의 최대공약수: 18

2 답 (1) 6, 12, 18, 24, 30, 36, 42, 48, ⋯ / 8, 16, 24, 32, 40, 48, ⋯ / 24, 48, 72, ⋯ / 24 / 24, 48, 72, ⋯ (2) 10, 20, 30, 40, 50, 60, ⋯ / 15, 30, 45, 60, ⋯ / 30, 60, 90, ⋯ / 30 / 30, 60, 90, ⋯ (3) 143, 286, 429, ⋯

(3) 11과 13의 최소공배수: 143

개념 으로 기초력 잡기
021~025쪽

서로소
021쪽

1 (1) ○ (2) ○ (3) × (4) × (5) ○ (6) × **2** (1) × (2) ○ (3) ○ (4) × (5) ○ (6) × **3** (1) 60 (2) 180

---

1 답 (1) ○ (2) ○ (3) × (4) ×

(3) $42=2 \times 3 \times 7$과 $63=3^2 \times 7$의 최대공약수는 $3 \times 7=21$이므로 서로소가 아니다.

(4) $77=7 \times 11$과 $121=11 \times 11$의 최대공약수는 11이므로 서로소가 아니다.

2 답 (1) × (2) ○ (3) ○ (4) × (5) ○ (6) ×

(1) 서로소인 두 자연수의 공약수는 1이므로 공통인 약수는 1개 있다.

(4) 4와 21은 서로소이지만 두 수 모두 합성수이다.

(6) 두 자연수 9와 15는 홀수이지만 최대공약수가 3이므로 서로소가 아니다.

3 답 (1) 60 (2) 180

(1) $5 \times 12=60$

(2) $9 \times 20=180$

공약수와 최대공약수
022~023쪽

1 (1) 1, 2, 3, 6 (2) 1, 2, 5, 10 (3) 1, 2, 3, 4, 6, 12 (4) 1, 5, 25 (5) 1, 3, 11, 33 (6) 1, 41 **2** (1) $2^2 \times 5$, 20 (2) 2×3, 6 (3) 2×7, 14 (4) 3×7, 21 (5) $2^2 \times 3$, 12 **3** (1) 12, 15, 4, 5, 2×3, 6 (2) 27, 36, 3, 9, 12, 3, 4, 2×3^2, 18 (3) $2^3 \times 3$, 24 (4) 2×3, 6 (5) 3×7, 21 **4** (1) 6 (2) 5 (3) 12 (4) 45 (5) 3 (6) 15 (7) 15 (8) 18

1 답 (1) 1, 2, 3, 6 (2) 1, 2, 5, 10 (3) 1, 2, 3, 4, 6, 12 (4) 1, 5, 25 (5) 1, 3, 11, 33 (6) 1, 41

(2) 공약수는 최대공약수 10의 약수이다.

(3) 공약수는 최대공약수 12의 약수이다.

(4) 공약수는 최대공약수 25의 약수이다.

(5) 공약수는 최대공약수 33의 약수이다.

(6) 공약수는 최대공약수 41의 약수이다.

2 답 (1) $2^2 \times 5$, 20 (2) 2×3, 6 (3) 2×7, 14 (4) 3×7, 21 (5) $2^2 \times 3$, 12

(1) 공통인 소인수의 지수는 작거나 같은 것을 택하여 곱한다.

3 답 (1) 12, 15, 4, 5, 2×3, 6 (2) 27, 36, 3, 9, 12, 3, 4, 2×3^2, 18 (3) $2^3 \times 3$, 24 (4) 2×3, 6 (5) 3×7, 21

(3)
```
2) 96 120
2) 48  60
2) 24  30
3) 12  15
    4   5
```

(4)
```
2) 36 42 84
3) 18 21 42
    6  7 14
```

(5)
```
3) 42 63 84
7) 14 21 28
    2  3  4
```

4 답 (1) 6 (2) 5 (3) 12 (4) 45 (5) 3 (6) 15 (7) 15 (8) 18

(1)
$$2^3 \times 3^2$$
$$\underline{2 \times 3 \qquad \times 11}$$
$$2 \times 3 \qquad = 6$$

(2)
$$3^3 \times 5 \times 7$$
$$\underline{2^2 \qquad \times 5^2}$$
$$5 \qquad = 5$$

(3)
$$2^2 \times 3^2$$
$$2^3 \times 3$$
$$\underline{2^2 \times 3}$$
$$2^2 \times 3 = 12$$

(4)
$$2^2 \times 3^2 \times 5$$
$$2 \times 3^4 \times 5^2$$
$$\underline{3^3 \times 5^2 \times 7}$$
$$3^2 \times 5 \qquad = 45$$

(5)
$$3 \,)\, \underline{12 \quad 15}$$
$$\, 4 \quad 5$$
➡ (최대공약수)=3

(6)
$$3 \,)\, \underline{45 \quad 105}$$
$$3 \,)\, \underline{15 \quad 35}$$
$$\, 3 \quad 7$$
➡ (최대공약수)=$3 \times 5 = 15$

(7)
$$3 \,)\, \underline{30 \quad 45 \quad 75}$$
$$5 \,)\, \underline{10 \quad 15 \quad 25}$$
$$\, 2 \quad 3 \quad 5$$
➡ (최대공약수)=$3 \times 5 = 15$

(8)
$$2 \,)\, \underline{36 \quad 72 \quad 90}$$
$$3 \,)\, \underline{18 \quad 36 \quad 45}$$
$$3 \,)\, \underline{6 \quad 12 \quad 15}$$
$$\, 2 \quad 4 \quad 5$$
➡ (최대공약수)=$2 \times 3^2 = 18$

공배수와 최소공배수

024~025쪽

1 (1) 6, 12, 18 (2) 10, 20, 30 (3) 11, 22, 33 (4) 15, 30, 45 (5) 21, 42, 63 (6) 36, 72, 108 **2** (1) $2^2 \times 3 \times 7$, 84 (2) $2^4 \times 5 \times 7$, 560 (3) $2 \times 3^2 \times 5^2$, 450 (4) $2^3 \times 3 \times 5^2$, 600 (5) $2^2 \times 3^3 \times 5$, 540
3 (1) 3, 7, $3 \times 5 \times 7$, 105 (2) 2, 6, 14, 3, 7, $2^2 \times 3 \times 7$, 84 (3) $2 \times 3^3 \times 5$, 270 (4) $2^2 \times 3 \times 5$, 60 (5) $2 \times 3^2 \times 5 \times 7$, 630
4 (1) 176 (2) 420 (3) 90 (4) 504 (5) 16 (6) 135 (7) 714 (8) 540

1 답 (1) 6, 12, 18 (2) 10, 20, 30 (3) 11, 22, 33 (4) 15, 30, 45 (5) 21, 42, 63 (6) 36, 72, 108

(1) 공배수는 최소공배수 6의 배수이다.
(2) 공배수는 최소공배수 10의 배수이다.
(3) 공배수는 최소공배수 11의 배수이다.
(4) 공배수는 최소공배수 15의 배수이다.
(5) 공배수는 최소공배수 21의 배수이다.
(6) 공배수는 최소공배수 36의 배수이다.

2 답 (1) $2^2 \times 3 \times 7$, 84 (2) $2^4 \times 5 \times 7$, 560 (3) $2 \times 3^2 \times 5^2$, 450 (4) $2^3 \times 3 \times 5^2$, 600 (5) $2^2 \times 3^3 \times 5$, 540

(1) 공통인 소인수는 지수가 같거나 큰 것을 택하여 곱하고, 공통이 아닌 소인수를 모두 곱한다.

3 답 (1) 3, 7, $3 \times 5 \times 7$, 105 (2) 2, 6, 14, 3, 7, $2^2 \times 3 \times 7$, 84 (3) $2 \times 3^3 \times 5$, 270 (4) $2^2 \times 3 \times 5$, 60 (5) $2 \times 3^2 \times 5 \times 7$, 630

(3)
$$2 \,)\, \underline{54 \quad 90}$$
$$3 \,)\, \underline{27 \quad 45}$$
$$3 \,)\, \underline{9 \quad 15}$$
$$\, 3 \quad 5$$

(4)
$$5 \,)\, \underline{15 \quad 20 \quad 30}$$
$$2 \,)\, \underline{3 \quad 4 \quad 6}$$
$$3 \,)\, \underline{3 \quad 2 \quad 3}$$
$$\, 1 \quad 2 \quad 1$$

(5)
$$7 \,)\, \underline{35 \quad 42 \quad 63}$$
$$3 \,)\, \underline{5 \quad 6 \quad 9}$$
$$\, 5 \quad 2 \quad 3$$

4 답 (1) 176 (2) 420 (3) 90 (4) 504 (5) 16 (6) 135 (7) 714 (8) 540

(1)
$$2^4$$
$$\underline{2^2 \times 11}$$
(최소공배수)=$2^4 \times 11 = 176$

(2)
$$2^2 \qquad \times 7$$
$$\underline{3 \times 5 \times 7}$$
(최소공배수)=$2^2 \times 3 \times 5 \times 7 = 420$

(3)
$$2 \times 3^2 \times 5$$
$$\underline{2 \times 3 \times 5}$$
(최소공배수)=$2 \times 3^2 \times 5 = 90$

(4)
$$2^3 \times 3$$
$$2^2 \times 3^2$$
$$\underline{2 \times 3 \times 7}$$
(최소공배수)=$2^3 \times 3^2 \times 7 = 504$

(5)
$$2 \,)\, \underline{4 \quad 16}$$
$$2 \,)\, \underline{2 \quad 8}$$
$$\, 1 \quad 4$$
➡ (최소공배수)=$2^2 \times 4 = 16$

(6)
$$3 \,)\, \underline{27 \quad 45}$$
$$3 \,)\, \underline{9 \quad 15}$$
$$\, 3 \quad 5$$
➡ (최소공배수)=$3^3 \times 5 = 135$

(7)
$$2 \,)\, \underline{6 \quad 14 \quad 34}$$
$$\, 3 \quad 3 \quad 17$$
➡ (최소공배수)=$2 \times 3 \times 7 \times 17 = 714$

(8)
$$2 \,)\, \underline{36 \quad 60 \quad 108}$$
$$2 \,)\, \underline{18 \quad 30 \quad 54}$$
$$3 \,)\, \underline{9 \quad 15 \quad 27}$$
$$3 \,)\, \underline{3 \quad 5 \quad 9}$$
$$\, 1 \quad 5 \quad 3$$
➡ (최소공배수)=$2^2 \times 3^3 \times 5 = 540$

개념 으로실력 키우기

026~027쪽

1-1 ⑤	**1-2** ①
2-1 ③	**2-2** ⑤
3-1 (1) 12 (2) 8	**3-2** (1) 6 (2) 9
4-1 ④	**4-2** ④
5-1 (1) 184 (2) 360	**5-2** (1) 1584 (2) 1260
6-1 10	**6-2** 5

정답 및 풀이 **13**

1-1 답 ⑤

⑤ 5와 105의 최대공약수는 5이므로 서로소가 아니다.

1-2 답 ①

② 최대공약수가 3이다.
③ 최대공약수가 12이다.
④ 최대공약수가 11이다.
⑤ 최대공약수가 20이다.

2-1 답 ③

두 자연수의 공약수는 최대공약수 18의 약수이므로
1, 2, 3, 6, 9, 18이다.

2-2 답 ⑤

두 자연수의 공약수는 최대공약수 $2^2 \times 5$의 약수이므로
1, 2, 2^2, 5, 2×5, $2^2 \times 5$이다.

3-1 답 (1) 12 (2) 8

(1)
$$\begin{array}{r} 2\,\overline{)\,36\ \ 60} \\ 2\,\overline{)\,18\ \ 30} \\ 3\,\overline{)\ \ 9\ \ 15} \\ 3\ \ \ 5 \end{array}$$
➡ (최대공약수)$=2^2 \times 3=12$

(2)
$$\begin{array}{r} 2^5 \\ 120=2^3 \times 3\ \times 5 \\ \hline (최대공약수)=2^3\qquad\ \ =8 \end{array}$$

3-2 답 (1) 6 (2) 9

(1)
$$\begin{array}{r} 2\,\overline{)\,18\ \ 30\ \ 42} \\ 3\,\overline{)\ \ 9\ \ 15\ \ 21} \\ 3\ \ \ 5\ \ \ 7 \end{array}$$
➡ (최대공약수)$=2 \times 3=6$

(2)
$$\begin{array}{r} 63=\quad 3^2\ \times 7 \\ 3^2 \times 5 \\ 2^2 \times 3^2\ \times 7 \\ \hline (최대공약수)=\ \ 3^2\qquad =9 \end{array}$$

4-1 답 ④

두 자연수의 공배수는 최소공배수 21의 배수이므로
21, 42, 63, 84, …이다.

4-2 답 ④

① $2 \times 3^2=(2 \times 3^2) \times 1$
② $2^2 \times 3^2=(2 \times 3^2) \times 2$
③ $2 \times 3^3=(2 \times 3^2) \times 3$
⑤ $2 \times 3^2 \times 5=(2 \times 3^2) \times 5$

5-1 답 (1) 184 (2) 360

(1) 서로소인 두 자연수의 최소공배수는 두 수의 곱이므로
$8 \times 23=184$이다.

(2)
$$\begin{array}{r} 2^3\qquad \times 5 \\ 180=2^2 \times 3^2 \times 5 \\ \hline (최소공배수)=2^3 \times 3^2 \times 5=360 \end{array}$$

5-2 답 (1) 1584 (2) 1260

(1)
$$\begin{array}{r} 2\,\overline{)\,48\ \ 66\ \ 72} \\ 3\,\overline{)\,24\ \ 33\ \ 36} \\ 2\,\overline{)\ \ 8\ \ 11\ \ 12} \\ 2\,\overline{)\ \ 4\ \ 11\ \ \ 6} \\ 2\ \ 11\ \ \ 3 \end{array}$$
➡ (최소공배수)$=2^4 \times 3^2 \times 11=1584$

(2)
$$\begin{array}{r} 2^2 \times 3 \\ 2^2 \times 3\qquad \times 7 \\ 630=2\ \times 3^2 \times 5 \times 7 \\ \hline (최소공배수)=2^2 \times 3^2 \times 5 \times 7=1260 \end{array}$$

6-1 답 10

$$\begin{array}{r} 2^2 \times 3\ \times 5^2 \\ 3^2 \times 5\ \times 7 \\ \hline (최대공약수)=\quad 3\ \times 5 \\ (최소공배수)=2^2 \times 3^2 \times 5^2 \times 7 \end{array}$$
따라서 $a=1$, $b=2$, $c=7$이므로 $a+b+c=1+2+7=10$이다.

6-2 답 5

$$\begin{array}{r} 2^a \times 3^2 \\ 2^3 \times 3^b \times 5 \\ \hline (최대공약수)=2^3 \times 3 \\ (최소공배수)=2^4 \times 3^2 \times 5 \end{array}$$
따라서 $a=4$, $b=1$이므로 $a+b=4+1=5$이다.

03 정수와 유리수

초등개념 으로 기초력 잡기   030쪽

약분과 통분   030쪽

1 (1) $\dfrac{3}{11}$ (2) $\dfrac{6}{10}$, $\dfrac{3}{5}$ (3) $\dfrac{15}{21}$, $\dfrac{10}{14}$, $\dfrac{5}{7}$

2 (1) $\dfrac{2}{3}$ (2) $\dfrac{3}{5}$ (3) $\dfrac{11}{12}$ (4) $\dfrac{8}{9}$

3 (1) $\dfrac{14}{21}$, $\dfrac{12}{21}$ (2) $\dfrac{15}{20}$, $\dfrac{16}{20}$ (3) $\dfrac{70}{126}$, $\dfrac{9}{126}$

4 (1) $\dfrac{9}{24}$, $\dfrac{10}{24}$ (2) $\dfrac{45}{70}$, $\dfrac{22}{70}$ (3) $\dfrac{24}{105}$, $\dfrac{2}{105}$ (4) $\dfrac{33}{126}$, $\dfrac{26}{126}$

1 답 (1) $\dfrac{3}{11}$ (2) $\dfrac{6}{10}$, $\dfrac{3}{5}$ (3) $\dfrac{15}{21}$, $\dfrac{10}{14}$, $\dfrac{5}{7}$

(1) 1을 제외한 6과 22의 공약수 2로 나누어 약분한다.

(2) 1을 제외한 12와 20의 공약수 2, 4로 각각 나누어 약분한다.

(3) 1을 제외한 30과 42의 공약수 2, 3, 6으로 각각 나누어 약분한다.

2 답 (1) $\dfrac{2}{3}$ (2) $\dfrac{3}{5}$ (3) $\dfrac{11}{12}$ (4) $\dfrac{8}{9}$

(1) 14와 21의 최대공약수 7로 약분하면 $\dfrac{14}{21}=\dfrac{14\div7}{21\div7}=\dfrac{2}{3}$이다.

(2) 18과 30의 최대공약수 6으로 약분하면 $\dfrac{18}{30}=\dfrac{18\div6}{30\div6}=\dfrac{3}{5}$이다.

(3) 44와 48의 최대공약수 4로 약분하면 $\dfrac{44}{48}=\dfrac{44\div4}{48\div4}=\dfrac{11}{12}$이다.

(4) 64와 72의 최대공약수 8로 약분하면 $\dfrac{64}{72}=\dfrac{64\div8}{72\div8}=\dfrac{8}{9}$이다.

3 답 (1) $\dfrac{14}{21}$, $\dfrac{12}{21}$ (2) $\dfrac{15}{20}$, $\dfrac{16}{20}$ (3) $\dfrac{70}{126}$, $\dfrac{9}{126}$

(1) $\left(\dfrac{2}{3}, \dfrac{4}{7}\right)=\left(\dfrac{2\times7}{3\times7}, \dfrac{4\times3}{7\times3}\right)=\left(\dfrac{14}{21}, \dfrac{12}{21}\right)$

(2) $\left(\dfrac{3}{4}, \dfrac{4}{5}\right)=\left(\dfrac{3\times5}{4\times5}, \dfrac{4\times4}{5\times4}\right)=\left(\dfrac{15}{20}, \dfrac{16}{20}\right)$

(3) $\left(\dfrac{5}{9}, \dfrac{1}{14}\right)=\left(\dfrac{5\times14}{9\times14}, \dfrac{1\times9}{14\times9}\right)=\left(\dfrac{70}{126}, \dfrac{9}{126}\right)$

4 답 (1) $\dfrac{9}{24}$, $\dfrac{10}{24}$ (2) $\dfrac{45}{70}$, $\dfrac{22}{70}$ (3) $\dfrac{24}{105}$, $\dfrac{2}{105}$

(4) $\dfrac{33}{126}$, $\dfrac{26}{126}$

(1) 8과 12의 최소공배수 24로 통분하면

$\left(\dfrac{3}{8}, \dfrac{5}{12}\right)=\left(\dfrac{3\times3}{8\times3}, \dfrac{5\times2}{12\times2}\right)=\left(\dfrac{9}{24}, \dfrac{10}{24}\right)$이다.

(2) 14와 35의 최소공배수 70으로 통분하면

$\left(\dfrac{9}{14}, \dfrac{11}{35}\right)=\left(\dfrac{9\times5}{14\times5}, \dfrac{11\times2}{35\times2}\right)=\left(\dfrac{45}{70}, \dfrac{22}{70}\right)$이다.

(3) 35와 105의 최소공배수 105로 통분하면

$\left(\dfrac{8}{35}, \dfrac{2}{105}\right)=\left(\dfrac{8\times3}{35\times3}, \dfrac{2}{105}\right)=\left(\dfrac{24}{105}, \dfrac{2}{105}\right)$이다.

(4) 42와 63의 최소공배수 126으로 통분하면

$\left(\dfrac{11}{42}, \dfrac{13}{63}\right)=\left(\dfrac{11\times3}{42\times3}, \dfrac{13\times2}{63\times2}\right)=\left(\dfrac{33}{126}, \dfrac{26}{126}\right)$이다.

개념 으로 기초력 잡기

031~035쪽

양수와 음수
031쪽

1 (1) $-15\,℃$, $+20\,℃$ (2) $+37$층, -1층 (3) $-300\,$m, $+340\,$m (4) -7일, $+1$일 (5) $+0.5\,\%$, $-6\,\%$ (6) $+40\,$kg, $-\dfrac{2}{3}\,$kg **2** (1) $+2$, 양수 (2) -7, 음수 (3) $-\dfrac{1}{2}$, 음수 (4) $+2.5$, 양수 **3** (1) $+35$, $\dfrac{15}{2}$, 9 (2) -6.4, -1 (3) 0

정수와 유리수
032쪽

1 (1) 1.76, $+5$, $+\dfrac{8}{4}$ (2) $-5\dfrac{2}{3}$, -2, -0.9 (3) $+5$, $+\dfrac{8}{4}$ (4) -2

(5) $-5\dfrac{2}{3}$, 1.76, -0.9 (6) $-5\dfrac{2}{3}$, 0, 1.76, $+5$, -2, $+\dfrac{8}{4}$, -0.9

2

	0	11	$-\dfrac{12}{3}$	$+0.7$	$-\dfrac{5}{4}$
양수	×	○	×	○	×
음수	×	×	○	×	○
정수	○	○	○	×	×
유리수	○	○	○	○	○

3 (1) × (2) ○ (3) ○ (4) ×

1 답 (1) 1.76, $+5$, $+\dfrac{8}{4}$ (2) $-5\dfrac{2}{3}$, -2, -0.9 (3) $+5$, $+\dfrac{8}{4}$ (4) -2 (5) $-5\dfrac{2}{3}$, 1.76, -0.9 (6) $-5\dfrac{2}{3}$, 0, 1.76, $+5$, -2, $+\dfrac{8}{4}$, -0.9

(1) $1.76=+1.76$

(3) $+\dfrac{8}{4}=+2$

3 답 (1) × (2) ○ (3) ○ (4) ×

(1) 정수는 양의 정수(자연수), 0, 음의 정수이므로 0은 정수이다.

(4) 유리수는 부호에 따라 양의 유리수, 0, 음의 유리수로 나눌 수 있다.

수직선과 절댓값
033쪽

1 (1) -3, $+1$ (2) 0, $+3\dfrac{1}{2}\left(=+\dfrac{7}{2}\right)$ (3) $-\dfrac{1}{2}$, $+1\dfrac{2}{3}\left(=+\dfrac{5}{3}\right)$

(4) $-2\dfrac{2}{3}\left(=-\dfrac{8}{3}\right)$, $+2\dfrac{2}{3}\left(=+\dfrac{8}{3}\right)$ (5) $-3\dfrac{1}{2}\left(=-\dfrac{7}{2}\right)$, $+\dfrac{1}{3}$

2 (1) $|-49|=49$ (2) $|+3.1|=3.1$ (3) $\left|-5\dfrac{2}{3}\right|=5\dfrac{2}{3}$

3 (1) 5 (2) 5 (3) 5, -5 (4) 5, -5

3 답 (1) 5 (2) 5 (3) 5, -5 (4) 5, -5

(1) $|5|=5$

(2) $|-5|=5$

(3) $|5|=5$, $|-5|=5$이므로 절댓값이 5인 수는 5, -5이다.

(4) 원점에서 거리가 5인 수는 절댓값이 5인 수와 같다.

수의 대소관계
034쪽

1 (1) < (2) > (3) < (4) > (5) > (6) < (7) > (8) < (9) < (10) > (11) > (12) < (13) < **2** (1) -10, -0.5, 0, $\dfrac{1}{3}$, $+7.7$ (2) -13, $-|1|$, 0, $|-4.5|$, $|+5|$

1 답 (1) < (2) > (3) < (4) > (5) > (6) < (7) > (8) <
(9) < (10) > (11) > (12) < (13) <

(1) $0 <$ (양수)

(2) $0 >$ (음수)

(3) (음수) < (양수)

(4) (양수) > (음수)

(5) $|+25|=25 > |+15|=15$이고 양수는 절댓값이 클수록 큰 수이므로 $+25 > +15$이다.

(6) $\left|+\dfrac{2}{3}\right|=\dfrac{2}{3} < |+1|=1$이고 양수는 절댓값이 클수록 큰 수이므로 $+\dfrac{2}{3} < +1$이다.

(7) $|7|=7 > |+6.5|=6.5$이고 양수는 절댓값이 클수록 큰 수이므로 $7 > +6.5$이다.

(8) $\left|\dfrac{2}{5}\right|=\dfrac{2}{5}=\dfrac{14}{35} < \left|\dfrac{3}{7}\right|=\dfrac{3}{7}=\dfrac{15}{35}$이고 양수는 절댓값이 클수록 큰 수이므로 $\dfrac{2}{5} < \dfrac{3}{7}$이다.

(9) $|-22|=22 > |-11|=11$이고 음수는 절댓값이 클수록 작은 수이므로 $-22 < -11$이다.

(10) $\left|-\dfrac{5}{9}\right|=\dfrac{5}{9} < \left|-\dfrac{7}{9}\right|=\dfrac{7}{9}$이고 음수는 절댓값이 클수록 작은 수이므로 $-\dfrac{5}{9} > -\dfrac{7}{9}$이다.

(11) $\left|-\dfrac{23}{25}\right|=\dfrac{23}{25} < |-2|=2$이고 음수는 절댓값이 클수록 작은 수이므로 $-\dfrac{23}{25} > -2$이다.

(12) $|-3.5|=3.5 > |-3.25|=3.25$이고 음수는 절댓값이 클수록 작은 수이므로 $-3.5 < -3.25$이다.

(13) $\left|-\dfrac{1}{6}\right|=\dfrac{1}{6}=\dfrac{5}{30}$, $0.9=\dfrac{9}{10}=\dfrac{27}{30}$이고 $\dfrac{5}{30} < \dfrac{27}{30}$이므로 $\left|-\dfrac{1}{6}\right| < 0.9$이다.

2 답 (1) -10, -0.5, 0, $\dfrac{1}{3}$, $+7.7$ (2) -13, $-|1|$, 0, $|-4.5|$, $|+5|$

(1) $-10 < -0.5 < 0 < \dfrac{1}{3} < +7.7$이다.

(2) $|1|=1$이므로 $-|1|=-1$이다.
따라서 $-13 < -|1|=-1 < 0 < |-4.5|=4.5 < |+5|=5$이다.

부등호의 사용 035쪽

1 (1) < (2) ≥ (3) < (4) > (5) ≥ (6) ≤ (7) ≥ (8) ≤ (9) <, ≤ (10) ≤, <

2 (1) $x \geq -1$ (2) $x < 3.1$ (3) $-\dfrac{11}{12} < x \leq -\dfrac{2}{3}$ (4) $1.2 \leq x < 1.3$

개념 으로실력 키우기 036~037쪽

1-1 ③	1-2 ⑤
2-1 $\dfrac{18}{3}$, -4, 0, $+19$	2-2 ②
3-1 ②	3-2 풀이 참조 / -2, -1, 0, $+1$
4-1 ①	4-2 -21.5
5-1 ⑤	5-2 $+11$
6-1 5개	6-2 6개

1-1 답 ③
① $-3\,\text{kg}$ ② -5일 ④ $+30.8\,\text{℃}$ ⑤ $+10\,\%$

1-2 답 ⑤
① $+1$시간 ② $+5.4\,\%$ ③ $+38$개 ④ $+7$점 ⑤ $-\dfrac{21}{5}$

2-1 답 $\dfrac{18}{3}$, -4, 0, $+19$
정수는 양의 정수(자연수), 0, 음의 정수이므로
$\dfrac{18}{3}(=6)$, -4, 0, $+19$이다.

2-2 답 ②
② 1과 2 사이에는 1.1, 1.2, 1.3, …과 같은 무수히 많은 유리수가 존재한다.

3-1 답 ②
② $-1\dfrac{1}{3}$

3-2 답 -2, -1, 0, $+1$

-3과 $+2$ 사이의 정수는 -2, -1, 0, $+1$이다.

4-1 답 ①
① 절댓값은 항상 0 또는 양수이다.
② $|-19|=19$
③ $\left|+\dfrac{1}{2}\right|=\dfrac{1}{2}$, $\left|-\dfrac{1}{2}\right|=\dfrac{1}{2}$
④ $|0|=0$
⑤ $|+5|=5$, $|-5|=5$이므로 절댓값이 5인 수는 5, -5이다.

4-2 답 -21.5
원점에서 가장 멀리 떨어진 수는 절댓값이 가장 큰 수이다.
$|0|=0 < \left|+\dfrac{7}{2}\right|=\dfrac{7}{2} < |+11|=11 < |-21.5|=21.5$이므로 절댓값이 가장 큰 수는 -21.5이다.

5-1 답 ⑤
① $-1.8 < 0$ ② $+\dfrac{1}{3} > +\dfrac{1}{4}$
③ $-6 < -5.1$ ④ $|-9|=9 > |+3|=3$
⑤ $\left|-\dfrac{1}{10}\right|=\dfrac{1}{10} > -\dfrac{1}{10}$

5-2 답 +11

수직선 위에 가장 오른쪽에 있는 수는 가장 큰 수이다.

$-12.5 < 0 < +\dfrac{5}{3} < +11$이므로 가장 큰 수는 $+11$이다.

6-1 답 5개

$-0.5 < x \leq +4$를 만족시키는 정수 x는 0, $+1$, $+2$, $+3$, $+4$이므로 5개이다.

6-2 답 6개

$4.2 \leq x < 11$이고 이를 만족시키는 정수 x는
5, 6, 7, 8, 9, 10이므로 6개이다.

04 정수와 유리수의 덧셈과 뺄셈

초등개념 으로 **기초력 잡기**

분수의 덧셈과 뺄셈

040쪽

1 (1) $\dfrac{20}{21}$ (2) $\dfrac{7}{18}$ (3) $1\dfrac{7}{40}$ (4) $1\dfrac{11}{60}$ (5) $1\dfrac{7}{8}$ (6) $4\dfrac{25}{28}$ (7) $6\dfrac{1}{6}$

(8) $5\dfrac{13}{60}$ **2** (1) $\dfrac{3}{8}$ (2) $\dfrac{20}{39}$ (3) $\dfrac{13}{48}$ (4) $3\dfrac{7}{9}$ (5) $1\dfrac{19}{30}$ (6) $\dfrac{11}{24}$

(7) $\dfrac{43}{60}$ (8) $2\dfrac{83}{84}$

1 답 (1) $\dfrac{20}{21}$ (2) $\dfrac{7}{18}$ (3) $1\dfrac{7}{40}$ (4) $1\dfrac{11}{60}$ (5) $1\dfrac{7}{8}$ (6) $4\dfrac{25}{28}$

(7) $6\dfrac{1}{6}$ (8) $5\dfrac{13}{60}$

(1) $\dfrac{2}{7} + \dfrac{2}{3} = \dfrac{6}{21} + \dfrac{14}{21} = \dfrac{20}{21}$

(2) $\dfrac{1}{6} + \dfrac{2}{9} = \dfrac{3}{18} + \dfrac{4}{18} = \dfrac{7}{18}$

(3) $\dfrac{7}{8} + \dfrac{3}{10} = \dfrac{35}{40} + \dfrac{12}{40} = \dfrac{47}{40} = 1\dfrac{7}{40}$

(4) $\dfrac{11}{12} + \dfrac{4}{15} = \dfrac{55}{60} + \dfrac{16}{60} = \dfrac{71}{60} = 1\dfrac{11}{60}$

(5) $\dfrac{1}{8} + 1\dfrac{3}{4} = \dfrac{1}{8} + 1\dfrac{6}{8} = 1 + \left(\dfrac{1}{8} + \dfrac{6}{8}\right) = 1\dfrac{7}{8}$

(6) $1\dfrac{3}{4} + 3\dfrac{1}{7} = 1\dfrac{21}{28} + 3\dfrac{4}{28} = (1+3) + \left(\dfrac{21}{28} + \dfrac{4}{28}\right) = 4\dfrac{25}{28}$

(7) $3\dfrac{1}{2} + 2\dfrac{2}{3} = 3\dfrac{3}{6} + 2\dfrac{4}{6} = (3+2) + \left(\dfrac{3}{6} + \dfrac{4}{6}\right) = 5\dfrac{7}{6} = 6\dfrac{1}{6}$

(8) $2\dfrac{11}{12} + 2\dfrac{3}{10} = 2\dfrac{55}{60} + 2\dfrac{18}{60} = (2+2) + \left(\dfrac{55}{60} + \dfrac{18}{60}\right)$
$\qquad = 4\dfrac{73}{60} = 5\dfrac{13}{60}$

2 답 (1) $\dfrac{3}{8}$ (2) $\dfrac{20}{39}$ (3) $\dfrac{13}{48}$ (4) $3\dfrac{7}{9}$ (5) $1\dfrac{19}{30}$ (6) $\dfrac{11}{24}$ (7) $\dfrac{43}{60}$

(8) $2\dfrac{83}{84}$

(1) $\dfrac{1}{2} - \dfrac{1}{8} = \dfrac{4}{8} - \dfrac{1}{8} = \dfrac{3}{8}$

(2) $\dfrac{2}{3} - \dfrac{2}{13} = \dfrac{26}{39} - \dfrac{6}{39} = \dfrac{20}{39}$

(3) $\dfrac{7}{12} - \dfrac{5}{16} = \dfrac{28}{48} - \dfrac{15}{48} = \dfrac{13}{48}$

(4) $4 - \dfrac{2}{9} = 3\dfrac{9}{9} - \dfrac{2}{9} = 3\dfrac{7}{9}$

(5) $2\dfrac{4}{5} - 1\dfrac{1}{6} = 2\dfrac{24}{30} - 1\dfrac{5}{30} = 1\dfrac{19}{30}$

(6) $1\dfrac{7}{8} - 1\dfrac{5}{12} = 1\dfrac{21}{24} - 1\dfrac{10}{24} = \dfrac{11}{24}$

(7) $3\dfrac{1}{4} - 2\dfrac{8}{15} = 3\dfrac{15}{60} - 2\dfrac{32}{60} = 2\dfrac{75}{60} - 2\dfrac{32}{60} = \dfrac{43}{60}$

(8) $7\dfrac{1}{14} - 4\dfrac{1}{12} = 7\dfrac{6}{84} - 4\dfrac{7}{84} = 6\dfrac{90}{84} - 4\dfrac{7}{84} = 2\dfrac{83}{84}$

소수의 덧셈과 뺄셈

041쪽

1 (1) 2.3 (2) 6 (3) 2.5 (4) 5.62 (5) 7.751 (6) 4.43 (7) 4.021
(8) 16.78 **2** (1) 2.1 (2) 0.4 (3) 3.38 (4) 4.24 (5) 3.92 (6) 11.5
(7) 13.9 (8) 0.01

1 답 (1) 2.3 (2) 6 (3) 2.5 (4) 5.62 (5) 7.751 (6) 4.43
(7) 4.021 (8) 16.78

(1)
```
    1
   1.4
 + 0.9
 ─────
   2.3
```

(2)
```
    1
   2.3
 + 3.7
 ─────
   6.0
```

(3)
```
   1 1
  0.5 6
+ 1.9 4
───────
  2.5 0
```

(4)
```
    1
  3.7 2
+ 1.9 0
───────
  5.6 2
```

(5)
```
  6.5 0 0
+ 1.2 5 1
─────────
  7.7 5 1
```

2 답 (1) 2.1 (2) 0.4 (3) 3.38 (4) 4.24 (5) 3.92 (6) 11.5
(7) 13.9 (8) 0.01

(1)
```
   2.8
 - 0.7
 ─────
   2.1
```

(2)
```
   4 10
   5.3
 - 4.9
 ─────
   0.4
```

(3)
```
     4 10
   4.5 7
 - 1.1 9
 ───────
   3.3 8
```

(4)
```
     5 10
   8.6 0
 - 4.3 6
 ───────
   4.2 4
```

정답 및 풀이 **17**

(5)
$$
\begin{array}{r}
{\scriptstyle 6\ 10} \\
\not{7}.\not{7}\,2 \\
-\ 3.8\,0 \\
\hline
3.9\,2
\end{array}
$$

개념으로 기초력 잡기

042~044쪽

유리수의 덧셈
042쪽

1 (1) $+25$ (2) -16 (3) -30 (4) $+7$ (5) -1 (6) 0

2 (1) $+3.8$ (2) $+0.6$ (3) $-\dfrac{35}{12}$ (4) $-\dfrac{41}{15}$ (5) -0.1 (6) -0.05

3 (1) $+7$ (2) -4 (3) $+1.2$ (4) $+\dfrac{8}{21}$

1 답 (1) $+25$ (2) -16 (3) -30 (4) $+7$ (5) -1 (6) 0

(1) $(+16)+(+9)=+(16+9)=+25$

(2) $(-6)+(-10)=-(6+10)=-16$

(3) $(-18)+(-12)=-(18+12)=-30$

(4) $(+24)+(-17)=+(24-17)=+7$

(5) $(+14)+(-15)=-(15-14)=-1$

2 답 (1) $+3.8$ (2) $+0.6$ (3) $-\dfrac{35}{12}$ (4) $-\dfrac{41}{15}$ (5) -0.1

(6) -0.05

(1) $(+0.6)+(+3.2)=+(0.6+3.2)=+3.8$

(2) $(-1.7)+(+2.3)=+(2.3-1.7)=+0.6$

(3) $\left(-\dfrac{15}{4}\right)+\left(+\dfrac{5}{6}\right)=\left(-\dfrac{45}{12}\right)+\left(+\dfrac{10}{12}\right)$
$$=-\left(\dfrac{45}{12}-\dfrac{10}{12}\right)=-\dfrac{35}{12}$$

(4) $\left(-\dfrac{2}{5}\right)+\left(-\dfrac{7}{3}\right)=\left(-\dfrac{6}{15}\right)+\left(-\dfrac{35}{15}\right)$
$$=-\left(\dfrac{6}{15}+\dfrac{35}{15}\right)=-\dfrac{41}{15}$$

(5) $(+2.4)+\left(-\dfrac{5}{2}\right)=(+2.4)+(-2.5)=-(2.5-2.4)=-0.1$

(6) $\left(-\dfrac{13}{4}\right)+(+3.2)=(-3.25)+(+3.2)$
$$=-(3.25-3.2)=-0.05$$

3 답 (1) $+7$ (2) -4 (3) $+1.2$ (4) $+\dfrac{8}{21}$

(1) $(+5)+(+2)=+(5+2)=+7$

(2) $(-3)+(-1)=-(3+1)=-4$

(3) $(+1.7)+(-0.5)=+(1.7-0.5)=+1.2$

(4) $\left(-\dfrac{2}{7}\right)+\left(+\dfrac{2}{3}\right)=\left(-\dfrac{6}{21}\right)+\left(+\dfrac{14}{21}\right)$
$$=+\left(\dfrac{14}{21}-\dfrac{6}{21}\right)=+\dfrac{8}{21}$$

덧셈의 계산 법칙
043쪽

1 (1) $+4$, $+4$, -10, $+4$, -6 / 덧셈의 교환법칙, 덧셈의 결합법칙 (2) $+1.6$, $+1.6$, $+2$, $+1$ / 덧셈의 교환법칙, 덧셈의 결합법칙 (3) $-\dfrac{2}{3}$, -1, -0.5 / 덧셈의 결합법칙

2 (1) -15 (2) $+7$ (3) $+\dfrac{4}{9}$ (4) $+1$ (5) $+0.5$ (6) 0

2 답 (1) -15 (2) $+7$ (3) $+\dfrac{4}{9}$ (4) $+1$ (5) $+0.5$ (6) 0

(1) $(-11)+(+15)+(-19)=(-11)+(-19)+(+15)$
$$=\{(-11)+(-19)\}+(+15)$$
$$=(-30)+(+15)$$
$$=-15$$

(2) $(+12)+(-20)+(+15)=(+12)+(+15)+(-20)$
$$=\{(+12)+(+15)\}+(-20)$$
$$=(+27)+(-20)$$
$$=+7$$

(3) $\left(+\dfrac{7}{9}\right)+\left(-\dfrac{5}{9}\right)+\left(+\dfrac{2}{9}\right)=\left(+\dfrac{7}{9}\right)+\left(+\dfrac{2}{9}\right)+\left(-\dfrac{5}{9}\right)$
$$=\left\{\left(+\dfrac{7}{9}\right)+\left(+\dfrac{2}{9}\right)\right\}+\left(-\dfrac{5}{9}\right)$$
$$=\left(+\dfrac{9}{9}\right)+\left(-\dfrac{5}{9}\right)=+\dfrac{4}{9}$$

(4) $(+2.8)+(-3)+(+1.2)=(+2.8)+(+1.2)+(-3)$
$$=\{(+2.8)+(+1.2)\}+(-3)$$
$$=(+4)+(-3)$$
$$=+1$$

(5) $(+5.5)+\left(-\dfrac{7}{3}\right)+\left(-\dfrac{8}{3}\right)=(+5.5)+\left\{\left(-\dfrac{7}{3}\right)+\left(-\dfrac{8}{3}\right)\right\}$
$$=(+5.5)+(-5)$$
$$=+0.5$$

(6) $\left(-\dfrac{3}{4}\right)+\left(+\dfrac{7}{5}\right)+\left(-\dfrac{5}{4}\right)+\left(+\dfrac{3}{5}\right)$
$$=\left(-\dfrac{3}{4}\right)+\left(-\dfrac{5}{4}\right)+\left(+\dfrac{7}{5}\right)+\left(+\dfrac{3}{5}\right)$$
$$=\left\{\left(-\dfrac{3}{4}\right)+\left(-\dfrac{5}{4}\right)\right\}+\left\{\left(+\dfrac{7}{5}\right)+\left(+\dfrac{3}{5}\right)\right\}$$
$$=(-2)+(+2)$$
$$=0$$

유리수의 뺄셈
044쪽

1 (1) $+5$ (2) -16 (3) $+32$ (4) -32 (5) -36 (6) $+15$ (7) -7

2 (1) -8.6 (2) -5.1 (3) $+\dfrac{29}{28}$ (4) $-\dfrac{23}{30}$ (5) $+1.7$

3 (1) -1 (2) -5 (3) -1 (4) $+\dfrac{37}{12}$

1

답 (1) $+5$ (2) -16 (3) $+32$ (4) -32 (5) -36 (6) $+15$ (7) -7

(1) $(+16)-(+11)=(+16)+(-11)=+(16-11)=+5$
(2) $(+5)-(+21)=(+5)+(-21)=-(21-5)=-16$
(3) $(+1)-(-31)=(+1)+(+31)=+(1+31)=+32$
(4) $(-50)-(-18)=(-50)+(+18)=-(50-18)=-32$
(5) $(-25)-(+11)=(-25)+(-11)=-(25+11)=-36$
(6) $0-(-15)=0+(+15)=+15$
(7) $0-(+7)=0+(-7)=-7$

2

답 (1) -8.6 (2) -5.1 (3) $+\dfrac{29}{28}$ (4) $-\dfrac{23}{30}$ (5) $+1.7$

(1) $(+8.2)-(+16.8)=(+8.2)+(-16.8)$
$\qquad\qquad\qquad=-(16.8-8.2)=-8.6$
(2) $(-0.4)-(+4.7)=(-0.4)+(-4.7)=-(0.4+4.7)=-5.1$
(3) $\left(+\dfrac{3}{4}\right)-\left(-\dfrac{2}{7}\right)=\left(+\dfrac{3}{4}\right)+\left(+\dfrac{2}{7}\right)=\left(+\dfrac{21}{28}\right)+\left(+\dfrac{8}{28}\right)$
$\qquad\qquad\qquad=+\left(\dfrac{21}{28}+\dfrac{8}{28}\right)=+\dfrac{29}{28}$
(4) $\left(-\dfrac{16}{15}\right)-\left(-\dfrac{3}{10}\right)=\left(-\dfrac{16}{15}\right)+\left(+\dfrac{3}{10}\right)$
$\qquad\qquad\qquad=\left(-\dfrac{32}{30}\right)+\left(+\dfrac{9}{30}\right)$
$\qquad\qquad\qquad=-\left(\dfrac{32}{30}-\dfrac{9}{30}\right)=-\dfrac{23}{30}$
(5) $(+1.5)-\left(-\dfrac{1}{5}\right)=(+1.5)+\left(+\dfrac{1}{5}\right)=(+1.5)+(+0.2)$
$\qquad\qquad\qquad=+(1.5+0.2)=+1.7$

3

답 (1) -1 (2) -5 (3) -1 (4) $+\dfrac{37}{12}$

(1) $(+4)-(+5)=(+4)+(-5)=-(5-4)=-1$
(2) $(-22)-(-17)=(-22)+(+17)=-(22-17)=-5$
(3) $(-0.5)-\left(+\dfrac{1}{2}\right)=(-0.5)+\left(-\dfrac{1}{2}\right)$
$\qquad\qquad\qquad=(-0.5)+(-0.5)=-1$
(4) $\left(+\dfrac{11}{6}\right)-\left(-\dfrac{5}{4}\right)=\left(+\dfrac{11}{6}\right)+\left(+\dfrac{5}{4}\right)=\left(+\dfrac{22}{12}\right)+\left(+\dfrac{15}{12}\right)$
$\qquad\qquad\qquad=+\left(\dfrac{22}{12}+\dfrac{15}{12}\right)=+\dfrac{37}{12}$

개념플러스⁺로 기초력 잡기

045쪽

부호가 생략된 유리수의 계산
045쪽

1 (1) -10 (2) $+11$ (3) $+5.9$ (4) 0
2 (1) -11 (2) -8 (3) $+4$ (4) $+5$

1

답 (1) -10 (2) $+11$ (3) $+5.9$ (4) 0

(1) $(-15)+(-3)-(-8)=(-15)+(-3)+(+8)$
$\qquad\qquad\qquad=\{(-15)+(-3)\}+(+8)$
$\qquad\qquad\qquad=(-18)+(+8)=-10$
(2) $(+12)-(+6)+(+5)=(+12)+(-6)+(+5)$
$\qquad\qquad\qquad=(+12)+(+5)+(-6)$
$\qquad\qquad\qquad=\{(+12)+(+5)\}+(-6)$
$\qquad\qquad\qquad=(+17)+(-6)=+11$
(3) $(+4.7)-\left(-\dfrac{5}{2}\right)-(+1.3)=(+4.7)+\left(+\dfrac{5}{2}\right)+(-1.3)$
$\qquad\qquad\qquad=\{(+4.7)+(+2.5)\}+(-1.3)$
$\qquad\qquad\qquad=(+7.2)+(-1.3)=+5.9$
(4) $\left(-\dfrac{2}{3}\right)+\left(-\dfrac{1}{2}\right)-\left(+\dfrac{1}{3}\right)-\left(-\dfrac{3}{2}\right)$
$\quad=\left(-\dfrac{2}{3}\right)+\left(-\dfrac{1}{2}\right)+\left(-\dfrac{1}{3}\right)+\left(+\dfrac{3}{2}\right)$
$\quad=\left\{\left(-\dfrac{2}{3}\right)+\left(-\dfrac{1}{3}\right)\right\}+\left\{\left(-\dfrac{1}{2}\right)+\left(+\dfrac{3}{2}\right)\right\}$
$\quad=(-1)+(+1)=0$

2

답 (1) -11 (2) -8 (3) $+4$ (4) $+5$

(1) $12-7-16=(+12)-(+7)-(+16)$
$\qquad\qquad=(+12)+(-7)+(-16)$
$\qquad\qquad=(+12)+\{(-7)+(-16)\}$
$\qquad\qquad=(+12)+(-23)=-11$
(2) $8-13-7+4=(+8)-(+13)-(+7)+(+4)$
$\qquad\qquad=(+8)+(-13)+(-7)+(+4)$
$\qquad\qquad=\{(+8)+(+4)\}+\{(-13)+(-7)\}$
$\qquad\qquad=(+12)+(-20)=-8$
(3) $5-1.6-0.4+1=(+5)-(+1.6)-(+0.4)+(+1)$
$\qquad\qquad=(+5)+(-1.6)+(-0.4)+(+1)$
$\qquad\qquad=\{(+5)+(+1)\}+\{(-1.6)+(-0.4)\}$
$\qquad\qquad=(+6)+(-2)=+4$
(4) $-\dfrac{1}{4}-\dfrac{5}{3}+7-\dfrac{1}{12}$
$\quad=\left(-\dfrac{1}{4}\right)-\left(+\dfrac{5}{3}\right)+(+7)-\left(+\dfrac{1}{12}\right)$
$\quad=\left(-\dfrac{1}{4}\right)+\left(-\dfrac{5}{3}\right)+(+7)+\left(-\dfrac{1}{12}\right)$
$\quad=\left(-\dfrac{1}{4}\right)+\left(-\dfrac{5}{3}\right)+\left(-\dfrac{1}{12}\right)+(+7)$
$\quad=\left\{\left(-\dfrac{3}{12}\right)+\left(-\dfrac{20}{12}\right)+\left(-\dfrac{1}{12}\right)\right\}+(+7)$
$\quad=(-2)+(+7)=+5$

정답 및 풀이

개념 으로 실력 키우기

046~047쪽

1-1 ①	**1-2** $(-3)+(+6)=+3$
2-1 ③	**2-2** ②
3-1 덧셈의 교환법칙, 덧셈의 결합법칙	
3-2 $-\dfrac{1}{2}$, $+3$, $+5.8$	
4-1 ①	**4-2** ③
5-1 11	**5-2** $+10$
6-1 -24.5	**6-2** -0.65

1-1 답 ①

수직선의 원점에서 오른쪽으로 2만큼 간 후 다시
왼쪽으로 3만큼 갔으므로 $(+2)+(-3)=-1$이다.

2-1 답 ③

① $(-11)+(-13)=-(11+13)=-24$

② $(-21)+(+6)=-(21-6)=-15$

④ $(+2)+\left(-\dfrac{3}{4}\right)=\left(+\dfrac{8}{4}\right)+\left(-\dfrac{3}{4}\right)=+\left(\dfrac{8}{4}-\dfrac{3}{4}\right)=+\dfrac{5}{4}$

⑤ $\left(+\dfrac{7}{2}\right)+\left(-\dfrac{33}{5}\right)=\left(+\dfrac{35}{10}\right)+\left(-\dfrac{66}{10}\right)$
$=-\left(\dfrac{66}{10}-\dfrac{35}{10}\right)=-\dfrac{31}{10}$

2-2 답 ②

① $0+(-12)=-12$

② $(-14)+(-1)=-(14+1)=-15$

③ $(+9)+(-9)=0$

④ $(-3.25)+(+13.25)=+(13.25-3.25)=+10$

⑤ $\left(+\dfrac{7}{3}\right)+\left(-\dfrac{16}{5}\right)=\left(+\dfrac{35}{15}\right)+\left(-\dfrac{48}{15}\right)$
$=-\left(\dfrac{48}{15}-\dfrac{35}{15}\right)=-\dfrac{13}{15}$

3-2 답 $-\dfrac{1}{2}$, $+3$, $+5.8$

$\left(+\dfrac{7}{2}\right)+(+2.8)+\left(-\dfrac{1}{2}\right)=\left(+\dfrac{7}{2}\right)+\left(-\dfrac{1}{2}\right)+(+2.8)$
$=\left\{\left(+\dfrac{7}{2}\right)+\left(-\dfrac{1}{2}\right)\right\}+(+2.8)$
$=(+3)+(+2.8)=+5.8$

4-1 답 ①

② $(+17)-(+6)=(+17)+(-6)=+(17-6)=+11$

③ $(-3)-(+1.82)=(-3)+(-1.82)=-4.82$

④ $\left(+\dfrac{7}{6}\right)-\left(-\dfrac{1}{9}\right)=\left(+\dfrac{7}{6}\right)+\left(+\dfrac{1}{9}\right)$
$=\left(+\dfrac{21}{18}\right)+\left(+\dfrac{2}{18}\right)=+\dfrac{23}{18}$

⑤ $(-2.5)-\left(+\dfrac{11}{2}\right)=(-2.5)+\left(-\dfrac{11}{2}\right)$
$=(-2.5)+(-5.5)=-8$

4-2 답 ③

① $(-8)-0=-8$

② $0-(-8)=0+(+8)=+8$

③ $(+16)-(-7)=(+16)+(+7)=+23$

④ $(-5.2)-(+3)=(-5.2)+(-3)=-8.2$

⑤ $(-1.25)-\left(-\dfrac{5}{4}\right)=(-1.25)+\left(+\dfrac{5}{4}\right)$
$=(-1.25)+(+1.25)=0$

5-1 답 11

$\left(+\dfrac{7}{3}\right)-\left(-\dfrac{8}{5}\right)-\left(+\dfrac{4}{15}\right)+(-1)$
$=\left(+\dfrac{7}{3}\right)+\left(+\dfrac{8}{5}\right)+\left(-\dfrac{4}{15}\right)+(-1)$
$=\left(+\dfrac{35}{15}\right)+\left(+\dfrac{24}{15}\right)+\left(-\dfrac{4}{15}\right)+(-1)$
$=\left(+\dfrac{55}{15}\right)+(-1)=+\dfrac{40}{15}=+\dfrac{8}{3}=+\dfrac{b}{a}$

$a=3$, $b=8$이므로 $a+b=3+8=11$이다.

6-1 답 -24.5

$-7+3.2-19-1.7$
$=(-7)+(+3.2)-(+19)-(+1.7)$
$=(-7)+(+3.2)+(-19)+(-1.7)$
$=(-7)+(-19)+(+3.2)+(-1.7)$
$=\{(-7)+(-19)\}+\{(+3.2)+(-1.7)\}$
$=(-26)+(+1.5)=-24.5$

6-2 답 -0.65

$2.5-\dfrac{1}{2}-\dfrac{9}{4}-0.4$
$=(+2.5)-\left(+\dfrac{1}{2}\right)-\left(+\dfrac{9}{4}\right)-(+0.4)$
$=(+2.5)+\left(-\dfrac{1}{2}\right)+\left(-\dfrac{9}{4}\right)+(-0.4)$
$=\{(+2.5)+(-0.4)\}+\left\{\left(-\dfrac{1}{2}\right)+\left(-\dfrac{9}{4}\right)\right\}$
$=(+2.1)+\left(-\dfrac{11}{4}\right)=(+2.1)+(-2.75)=-0.65$

05 정수와 유리수의 곱셈과 나눗셈

초등개념 으로 기초력 잡기

050~051쪽

분수의 곱셈과 나눗셈

050쪽

1 (1) $\dfrac{4}{35}$ (2) $\dfrac{5}{36}$ (3) $1\dfrac{1}{11}$ (4) $7\dfrac{1}{2}$ (5) $2\dfrac{1}{12}$ (6) 36 (7) $3\dfrac{5}{7}$

(8) 8 　　**2** (1) $\dfrac{15}{22}$ (2) $\dfrac{1}{2}$ (3) $\dfrac{2}{3}$ (4) 12 (5) $\dfrac{1}{16}$ (6) $\dfrac{7}{10}$

(7) $3\dfrac{1}{3}$ (8) $1\dfrac{1}{6}$

1 답 $(1)\ \dfrac{4}{35}$ $(2)\ \dfrac{5}{36}$ $(3)\ 1\dfrac{1}{11}$ $(4)\ 7\dfrac{1}{2}$ $(5)\ 2\dfrac{1}{12}$ $(6)\ 36$

$(7)\ 3\dfrac{5}{7}$ $(8)\ 8$

$(1)\ \dfrac{1}{5}\times\dfrac{4}{7}=\dfrac{1\times4}{5\times7}=\dfrac{4}{35}$

$(2)\ \dfrac{2}{9}\times\dfrac{5}{8}=\dfrac{\overset{1}{2}\times5}{9\times\underset{4}{8}}=\dfrac{5}{36}$

$(3)\ \dfrac{3}{11}\times4=\dfrac{3}{11}\times\dfrac{4}{1}=\dfrac{3\times4}{11\times1}=\dfrac{12}{11}=1\dfrac{1}{11}$

$(4)\ 9\times\dfrac{5}{6}=\dfrac{9}{1}\times\dfrac{5}{6}=\dfrac{\overset{3}{9}\times5}{1\times\underset{2}{6}}=\dfrac{15}{2}=7\dfrac{1}{2}$

$(5)\ 3\dfrac{1}{3}\times\dfrac{5}{8}=\dfrac{\overset{5}{10}}{3}\times\dfrac{5}{\underset{4}{8}}=\dfrac{25}{12}=2\dfrac{1}{12}$

$(6)\ 2\dfrac{4}{7}\times14=\dfrac{18}{\underset{1}{7}}\times\dfrac{\overset{2}{14}}{1}=36$

$(7)\ 2\dfrac{1}{6}\times1\dfrac{5}{7}=\dfrac{13}{\underset{1}{6}}\times\dfrac{\overset{2}{12}}{7}=\dfrac{26}{7}=3\dfrac{5}{7}$

$(8)\ 2\dfrac{2}{9}\times3\dfrac{3}{5}=\dfrac{\overset{4}{20}}{\underset{1}{9}}\times\dfrac{\overset{2}{18}}{\underset{1}{5}}=8$

2 답 $(1)\ \dfrac{15}{22}$ $(2)\ \dfrac{1}{2}$ $(3)\ \dfrac{2}{3}$ $(4)\ 12$ $(5)\ \dfrac{1}{16}$ $(6)\ \dfrac{7}{10}$ $(7)\ 3\dfrac{1}{3}$

$(8)\ 1\dfrac{1}{6}$

$(1)\ \dfrac{5}{8}\div\dfrac{11}{12}=\dfrac{5}{\underset{2}{8}}\times\dfrac{\overset{3}{12}}{11}=\dfrac{15}{22}$

$(2)\ \dfrac{3}{9}\div\dfrac{6}{9}=\dfrac{\overset{1}{3}}{\underset{1}{9}}\times\dfrac{\overset{1}{9}}{\underset{2}{6}}=\dfrac{1}{2}$

$(3)\ \dfrac{2}{21}\div\dfrac{1}{7}=\dfrac{2}{\underset{3}{21}}\times\overset{1}{7}=\dfrac{2}{3}$

$(4)\ 10\div\dfrac{5}{6}=\overset{2}{10}\times\dfrac{6}{\underset{1}{5}}=12$

$(5)\ 2\dfrac{1}{8}\div34=\dfrac{17}{8}\div34=\dfrac{\overset{1}{17}}{8}\times\dfrac{1}{\underset{2}{34}}=\dfrac{1}{16}$

$(6)\ \dfrac{9}{10}\div1\dfrac{2}{7}=\dfrac{9}{10}\div\dfrac{9}{7}=\dfrac{\overset{1}{9}}{10}\times\dfrac{7}{\underset{1}{9}}=\dfrac{7}{10}$

$(7)\ 5\dfrac{5}{6}\div1\dfrac{3}{4}=\dfrac{35}{6}\div\dfrac{7}{4}=\dfrac{\overset{5}{35}}{\underset{3}{6}}\times\dfrac{\overset{2}{4}}{\underset{1}{7}}=\dfrac{10}{3}=3\dfrac{1}{3}$

$(8)\ 3\dfrac{1}{9}\div2\dfrac{2}{3}=\dfrac{28}{9}\div\dfrac{8}{3}=\dfrac{\overset{7}{28}}{\underset{3}{9}}\times\dfrac{\overset{1}{3}}{\underset{2}{8}}=\dfrac{7}{6}=1\dfrac{1}{6}$

소수의 곱셈과 나눗셈 051쪽

1 $(1)\ 12.3,\ 1.23,\ 0.123$ $(2)\ 3.25,\ 32.5,\ 325$
2 $(1)\ 0.72$ $(2)\ 23.5$ $(3)\ 3.6$ $(4)\ 2.78$ $(5)\ 6.594$
3 $(1)\ 10,\ 10,\ 64,\ 4,\ 16,\ 16$ $(2)\ 100,\ 100,\ 128,\ 16,\ 8,\ 8$
4 $(1)\ 1.4$ $(2)\ 4$ $(3)\ 3.5$ $(4)\ 2.1$ $(5)\ 8$

2 답 $(1)\ 0.72$ $(2)\ 23.5$ $(3)\ 3.6$ $(4)\ 2.78$ $(5)\ 6.594$

$(1)\ 1.2\times0.6=\dfrac{12}{10}\times\dfrac{6}{10}=\dfrac{72}{100}=0.72$

$(2)\ 4.7\times5=\dfrac{47}{10}\times5=\dfrac{235}{10}=23.5$

$(3)\ 1.5\times2.4=\dfrac{15}{10}\times\dfrac{24}{10}=\dfrac{360}{100}=3.6$

$(4)\ 2\times1.39=2\times\dfrac{139}{100}=\dfrac{278}{100}=2.78$

$(5)\ 3.14\times2.1=\dfrac{314}{100}\times\dfrac{21}{10}=\dfrac{6594}{1000}=6.594$

4 답 $(1)\ 1.4$ $(2)\ 4$ $(3)\ 3.5$ $(4)\ 2.1$ $(5)\ 8$

$(1)\ 9.8\div7=98\div70=1.4$

$(2)\ 2.4\div0.6=24\div6=4$

$(3)\ 1.75\div0.5=175\div50=3.5$

$(4)\ 2.73\div1.3=273\div130=2.1$

$(5)\ 10\div1.25=1000\div125=8$

개념 으로 기초력 잡기 052~054쪽

유리수의 곱셈 052쪽

1 $(1)\ +16$ $(2)\ +45$ $(3)\ +12$ $(4)\ +63$ $(5)\ -18$ $(6)\ -48$ $(7)\ -20$
$(8)\ 0$ $(9)\ 0$ **2** $(1)\ -7.5$ $(2)\ +7.7$ $(3)\ -\dfrac{24}{5}$ $(4)\ +\dfrac{9}{2}$ $(5)\ 0$ $(6)\ 0$
$(7)\ +\dfrac{15}{2}$ $(8)\ -\dfrac{3}{4}$

1 답 $(1)\ +16$ $(2)\ +45$ $(3)\ +12$ $(4)\ +63$ $(5)\ -18$
$(6)\ -48$ $(7)\ -20$ $(8)\ 0$ $(9)\ 0$

$(1)\ (+2)\times(+8)=+(2\times8)=+16$

$(2)\ (+15)\times(+3)=+(15\times3)=+45$

$(3)\ (-4)\times(-3)=+(4\times3)=+12$

$(4)\ (-9)\times(-7)=+(9\times7)=+63$

$(5)\ (+6)\times(-3)=-(6\times3)=-18$

$(6)\ (+6)\times(-8)=-(6\times8)=-48$

$(7)\ (-5)\times(+4)=-(5\times4)=-20$

2 답 (1) -7.5 (2) $+7.7$ (3) $-\dfrac{24}{5}$ (4) $+\dfrac{9}{2}$ (5) 0 (6) 0

(7) $+\dfrac{15}{2}$ (8) $-\dfrac{3}{4}$

(1) $(+1.5)\times(-5)=-(1.5\times5)=-7.5$

(2) $(-7)\times(-1.1)=+(7\times1.1)=+7.7$

(3) $\left(-\dfrac{8}{3}\right)\times\left(+\dfrac{9}{5}\right)=-\left(\dfrac{8}{\overset{}{3}}\times\dfrac{\overset{3}{9}}{5}\right)=-\dfrac{24}{5}$

(4) $\left(+\dfrac{12}{7}\right)\times\left(+\dfrac{21}{8}\right)=+\left(\dfrac{\overset{3}{12}}{7}\times\dfrac{\overset{3}{21}}{\underset{2}{8}}\right)=+\dfrac{9}{2}$

(7) $\left(-\dfrac{25}{3}\right)\times(-0.9)=\left(-\dfrac{25}{3}\right)\times\left(-\dfrac{9}{10}\right)$

$\qquad\qquad=+\left(\dfrac{\overset{5}{25}}{\overset{}{3}}\times\dfrac{\overset{3}{9}}{\underset{2}{10}}\right)=+\dfrac{15}{2}$

(8) $(-2.1)\times\left(+\dfrac{5}{14}\right)=\left(-\dfrac{21}{10}\right)\times\left(+\dfrac{5}{14}\right)$

$\qquad\qquad=-\left(\dfrac{\overset{3}{21}}{\underset{2}{10}}\times\dfrac{\overset{1}{5}}{\underset{2}{14}}\right)=-\dfrac{3}{4}$

곱셈의 계산 법칙
053쪽

1 (1) -2, -2, $+170$ / 곱셈의 교환법칙, 곱셈의 결합법칙
(2) -1.38, -1.38, $+138$ / 곱셈의 교환법칙, 곱셈의 결합
법칙 (3) $-\dfrac{2}{7}$, $-\dfrac{2}{7}$, $+4$, -8.4 / 곱셈의 교환법칙, 곱셈의 결합
법칙   **2** (1) $+390$ (2) -60 (3) -126 (4) $+28$ (5) -0.63

1 답 (1) -2, -2, $+170$ / 곱셈의 교환법칙, 곱셈의 결합법칙
(2) -1.38, -1.38, -1.38, $+138$ / 곱셈의 교환법칙, 곱셈의 결합
법칙 (3) $-\dfrac{2}{7}$, $-\dfrac{2}{7}$, $+4$, -8.4 / **곱셈의 교환법칙, 곱셈의 결합법칙**

(1) $(-5)\times(+17)\times(-2)$
　$=(-5)\times(-2)\times(+17)$ $\}$ 곱셈의 교환법칙
　$=\{(-5)\times(-2)\}\times(+17)$ $\}$ 곱셈의 결합법칙
　$=(+10)\times(+17)=+170$

(2) $(+25)\times(-1.38)\times(-4)$
　$=(-1.38)\times(+25)\times(-4)$ $\}$ 곱셈의 교환법칙
　$=(-1.38)\times\{(+25)\times(-4)\}$ $\}$ 곱셈의 결합법칙
　$=(-1.38)\times(-100)=+138$

(3) $(-14)\times(-2.1)\times\left(-\dfrac{2}{7}\right)$
　$=(-14)\times\left(-\dfrac{2}{7}\right)\times(-2.1)$ $\}$ 곱셈의 교환법칙
　$=\left\{(-14)\times\left(-\dfrac{2}{7}\right)\right\}\times(-2.1)$ $\}$ 곱셈의 결합법칙
　$=(+4)\times(-2.1)=-8.4$

2 답 (1) $+390$ (2) -60 (3) -126 (4) $+28$ (5) -0.63

(1) $(-13)\times(+10)\times(-3)=(-13)\times(-3)\times(+10)$
$\qquad\qquad=\{(-13)\times(-3)\}\times(+10)$
$\qquad\qquad=(+39)\times(+10)$
$\qquad\qquad=+390$

(2) $(-2)\times(-6)\times(-5)=(-2)\times(-5)\times(-6)$
$\qquad\qquad=\{(-2)\times(-5)\}\times(-6)$
$\qquad\qquad=(+10)\times(-6)$
$\qquad\qquad=-60$

(3) $(-21)\times(-1.5)\times(-4)=(-21)\times\{(-1.5)\times(-4)\}$
$\qquad\qquad=(-21)\times(+6)$
$\qquad\qquad=-126$

(4) $\left(+\dfrac{4}{5}\right)\times(-14)\times\left(-\dfrac{5}{2}\right)=\left(+\dfrac{4}{5}\right)\times\left(-\dfrac{5}{2}\right)\times(-14)$
$\qquad\qquad=\left\{\left(+\dfrac{4}{5}\right)\times\left(-\dfrac{5}{2}\right)\right\}\times(-14)$
$\qquad\qquad=(-2)\times(-14)$
$\qquad\qquad=+28$

(5) $(-4.5)\times\left(+\dfrac{7}{3}\right)\times(-0.2)\times\left(-\dfrac{3}{10}\right)$
$\quad=(-4.5)\times(-0.2)\times\left(+\dfrac{7}{3}\right)\times\left(-\dfrac{3}{10}\right)$
$\quad=\{(-4.5)\times(-0.2)\}\times\left\{\left(+\dfrac{7}{3}\right)\times\left(-\dfrac{3}{10}\right)\right\}$
$\quad=(+0.9)\times\left(-\dfrac{7}{10}\right)$
$\quad=(+0.9)\times(-0.7)$
$\quad=-0.63$

분배법칙
054쪽

1 (1) 100, 3, 1300, 39, 1339 (2) -4, -4, -200, 4, -196
2 (1) $+12$ (2) -27 (3) 24
3 (1) 31, 50, 200 (2) -9, -9, -9
4 (1) 600 (2) -314 (3) 26

2 답 (1) $+12$ (2) -27 (3) 24

(1) $(-3)\times(4-8)=(-3)\times4-(-3)\times8$
$\qquad\qquad=(-12)-(-24)$
$\qquad\qquad=(-12)+(+24)=+12$

(2) $20\times\left\{\left(-\dfrac{11}{4}\right)+\dfrac{7}{5}\right\}=20\times\left(-\dfrac{11}{4}\right)+20\times\dfrac{7}{5}$
$\qquad\qquad=-55+28=-27$

(3) $(100-4)\times0.25=100\times0.25-4\times0.25$
$\qquad\qquad=25-1=24$

3 답 (1) 31, 50, 200 (2) -9, -9, -9

(1) $4\times19+4\times31=4\times(19+31)=4\times50=200$

(2) $(-56)\times(-9)+57\times(-9)=(-56+57)\times(-9)$
$\qquad\qquad=1\times(-9)=-9$

4 답 **(1) 600 (2) −314 (3) 26**

(1) $6 \times 25 + 6 \times 75 = 6 \times (25+75)$
$\qquad\qquad\qquad\quad = 6 \times 100$
$\qquad\qquad\qquad\quad = 600$

(2) $(-3.14) \times 99 + (-3.14) \times 1 = (-3.14) \times (99+1)$
$\qquad\qquad\qquad\qquad\qquad\qquad\quad = -3.14 \times 100$
$\qquad\qquad\qquad\qquad\qquad\qquad\quad = -314$

(3) $(-35) \times \left(-\dfrac{13}{21}\right) - 7 \times \left(-\dfrac{13}{21}\right) = (-35-7) \times \left(-\dfrac{13}{21}\right)$
$\qquad\qquad\qquad\qquad\qquad\qquad\qquad = (-42) \times \left(-\dfrac{13}{21}\right)$
$\qquad\qquad\qquad\qquad\qquad\qquad\qquad = 26$

개념플러스로 기초력 잡기

세 개 이상의 수의 곱셈(거듭제곱의 계산)
055쪽

1 (1) $+900$ (2) -1 (3) $+\dfrac{3}{8}$ (4) $+28$ (5) -24 **2** (1) ① 9

② -27 (2) ① 1 ② -1 (3) ① 25 ② -25 (4) $-\dfrac{4}{25}$ (5) $+\dfrac{1}{4}$

1 답 **(1) $+900$ (2) -1 (3) $+\dfrac{3}{8}$ (4) $+28$ (5) -24**

(1) $(-4) \times (+25) \times (-9) = +(4 \times 25 \times 9) = +900$

(2) $(+6) \times \left(+\dfrac{2}{3}\right) \times \left(-\dfrac{1}{4}\right) = -\left(6 \times \dfrac{2}{3} \times \dfrac{1}{4}\right) = -1$

(3) $\left(-\dfrac{1}{3}\right) \times \left(+\dfrac{9}{2}\right) \times \left(-\dfrac{1}{4}\right) = +\left(\dfrac{1}{3} \times \dfrac{9}{2} \times \dfrac{1}{4}\right) = +\dfrac{3}{8}$

(4) $(-1.4) \times (+10) \times \left(-\dfrac{12}{5}\right) \times \left(+\dfrac{5}{6}\right)$
$\qquad = +\left(1.4 \times 10 \times \dfrac{12}{5} \times \dfrac{5}{6}\right)$
$\qquad = +28$

(5) $(+3) \times (-0.8) \times (-5) \times (-2) = -(3 \times 0.8 \times 5 \times 2) = -24$

2 답 **(1) ① 9 ② -27 (2) ① 1 ② -1 (3) ① 25 ② -25**
(4) $-\dfrac{4}{25}$ (5) $+\dfrac{1}{4}$

(4) $(-1)^3 \times \left(-\dfrac{2}{5}\right)^2 = (-1) \times \dfrac{4}{25} = -\dfrac{4}{25}$

(5) $\left(-\dfrac{1}{2}\right)^5 \times (-2^3) = +\left(\dfrac{1}{2} \times \dfrac{1}{2} \times \dfrac{1}{2} \times \dfrac{1}{2} \times \dfrac{1}{2} \times 2 \times 2 \times 2\right)$
$\qquad\qquad\qquad\qquad = +\dfrac{1}{4}$

개념으로 기초력 잡기

유리수의 나눗셈
056쪽

1 (1) -5 (2) -7 (3) $+4$ (4) $+3$ (5) -3

2 (1) $\dfrac{5}{3}$ (2) $-\dfrac{1}{7}$ (3) -2 (4) 1 (5) $-\dfrac{8}{9}$ (6) $\dfrac{10}{7}$

3 (1) $+6$ (2) $+\dfrac{5}{18}$ (3) -1 (4) $-\dfrac{9}{4}$ (5) -5

1 답 **(1) -5 (2) -7 (3) $+4$ (4) $+3$ (5) -3**

(1) $(+20) \div (-4) = -(20 \div 4) = -5$

(2) $(-49) \div (+7) = -(49 \div 7) = -7$

(3) $(-60) \div (-15) = +(60 \div 15) = +4$

(4) $(+33) \div (+11) = +(33 \div 11) = +3$

(5) $(+126) \div (-42) = -(126 \div 42) = -3$

2 답 **(1) $\dfrac{5}{3}$ (2) $-\dfrac{1}{7}$ (3) -2 (4) 1 (5) $-\dfrac{8}{9}$ (6) $\dfrac{10}{7}$**

(1) $\dfrac{3}{5} \times \dfrac{5}{3} = 1$이므로 $\dfrac{3}{5}$의 역수는 $\dfrac{5}{3}$이다.

(2) $(-7) \times \left(-\dfrac{1}{7}\right) = 1$이므로 -7의 역수는 $-\dfrac{1}{7}$이다.

(3) $\left(-\dfrac{1}{2}\right) \times (-2) = 1$이므로 $-\dfrac{1}{2}$의 역수는 -2이다.

(5) $\left(-\dfrac{9}{8}\right) \times \left(-\dfrac{8}{9}\right) = 1$이므로 $-\dfrac{9}{8}$의 역수는 $-\dfrac{8}{9}$이다.

(6) $0.7 = \dfrac{7}{10}$이고 $\dfrac{7}{10} \times \dfrac{10}{7} = 1$이므로
0.7의 역수는 $\dfrac{10}{7}$이다.

3 답 **(1) $+6$ (2) $+\dfrac{5}{18}$ (3) -1 (4) $-\dfrac{9}{4}$ (5) -5**

(1) $(+4) \div \left(+\dfrac{2}{3}\right) = (+4) \times \left(+\dfrac{3}{2}\right) = +6$

(2) $\left(-\dfrac{25}{6}\right) \div (-15) = \left(-\dfrac{25}{6}\right) \times \left(-\dfrac{1}{15}\right) = +\dfrac{5}{18}$

(3) $\left(+\dfrac{6}{5}\right) \div (-1.2) = \left(+\dfrac{6}{5}\right) \div \left(-\dfrac{12}{10}\right)$
$\qquad\qquad\qquad\quad = \left(+\dfrac{6}{5}\right) \times \left(-\dfrac{10}{12}\right)$
$\qquad\qquad\qquad\quad = -1$

(4) $\left(-\dfrac{21}{2}\right) \div \left(+\dfrac{14}{3}\right) = \left(-\dfrac{21}{2}\right) \times \left(+\dfrac{3}{14}\right) = -\dfrac{9}{4}$

(5) $(-4.5) \div (+0.9) = \left(-\dfrac{45}{10}\right) \div \left(+\dfrac{9}{10}\right)$
$\qquad\qquad\qquad\quad = \left(-\dfrac{45}{10}\right) \times \left(+\dfrac{10}{9}\right)$
$\qquad\qquad\qquad\quad = -5$

정답 및 풀이 **23**

정답 및 풀이

개념플러스로 기초력 잡기

057쪽

정수와 유리수의 혼합 계산
057쪽

1 (1) 6 (2) $+\dfrac{9}{2}$ (3) $-\dfrac{1}{2}$ (4) $-\dfrac{3}{2}$

2 (1) -12 (2) $\dfrac{24}{5}$ (3) 8 (4) 7

---

1 답 (1) 6 (2) $+\dfrac{9}{2}$ (3) $-\dfrac{1}{2}$ (4) $-\dfrac{3}{2}$

(1) $(-9) \div 3 \times (-2) = (-9) \times \dfrac{1}{3} \times (-2) = 6$

(2) $(-3)^2 \times (-5) \div (-10) = (+9) \times (-5) \div (-10)$
$= (+9) \times (-5) \times \left(-\dfrac{1}{10}\right)$
$= +\dfrac{9}{2}$

(3) $\left(-\dfrac{5}{4}\right) \div (-1)^{10} \times \dfrac{2}{5} = \left(-\dfrac{5}{4}\right) \div 1 \times \dfrac{2}{5}$
$= \left(-\dfrac{5}{4}\right) \times 1 \times \dfrac{2}{5}$
$= -\dfrac{1}{2}$

(4) $-2^2 \times \left(\dfrac{3}{2}\right)^2 \div 6 \times 1^3 = -4 \times \dfrac{9}{4} \div 6 \times 1$
$= -4 \times \dfrac{9}{4} \times \dfrac{1}{6} \times 1$
$= -\dfrac{3}{2}$

2 답 (1) -12 (2) $\dfrac{24}{5}$ (3) 8 (4) 7

(1) $-11 - \{1 + 3 - (-2 + 5)\} = -11 - \{1 + (3 - 3)\}$
$= -11 - (1 + 0)$
$= -11 - 1 = -12$

(2) $(-2)^3 \div (6 - 11) \times 3 = (-8) \div (-5) \times 3$
$= (-8) \times \left(-\dfrac{1}{5}\right) \times 3$
$= \dfrac{8}{5} \times 3 = \dfrac{24}{5}$

(3) $7 + \{-5 + (-3)^2 \times 2\} \div 13 = 7 + (-5 + 9 \times 2) \div 13$
$= 7 + (-5 + 18) \div 13$
$= 7 + 13 \div 13$
$= 7 + 1 = 8$

(4) $(-28) \div \left\{-1 + (-2)^3 \times \left(-\dfrac{1}{2}\right)\right\}$
$= (-28) \div \left\{-1 \times (-8) \times \left(-\dfrac{1}{2}\right)\right\}$
$= (-28) \div (-4) = 7$

개념으로 실력 키우기

058~059쪽

1-1 ㉣, ㉡, ㉢, ㉠	1-2 $-\dfrac{4}{5}$
2-1 곱셈의 결합법칙	2-2 $-2.5,\ -1,\ +\dfrac{11}{12}$
3-1 ⑤	3-2 $100,\ 100,\ 3700,\ 3737$
4-1 ④	4-2 $\dfrac{9}{4}$
5-1 ㉣	5-2 $+5$
6-1 $-\dfrac{2}{3}$	6-2 4

1-1 답 ㉣, ㉡, ㉢, ㉠

㉠ $(-15) \times (-3) = +(15 \times 3) = +45$

㉡ $(+7) \times (-6) = -(7 \times 6) = -42$

㉢ $\left(+\dfrac{49}{8}\right) \times \left(+\dfrac{40}{7}\right) = +\left(\dfrac{49}{8} \times \dfrac{40}{7}\right) = +35$

㉣ $(-12.5) \times (+4) = -(12.5 \times 4) = -50$

1-2 답 $-\dfrac{4}{5}$

$A = (-6) \times \left(-\dfrac{5}{9}\right) = +\left(6 \times \dfrac{5}{9}\right) = +\dfrac{10}{3}$

$B = (+1.2) \times (-0.2) = -(1.2 \times 0.2) = -0.24$

$A \times B = \left(+\dfrac{10}{3}\right) \times (-0.24) = \left(+\dfrac{10}{3}\right) \times \left(-\dfrac{24}{100}\right) = -\dfrac{4}{5}$

2-2 답 $-2.5,\ -1,\ +\dfrac{11}{12}$

$(+0.4) \times \left(-\dfrac{11}{12}\right) \times (-2.5) = (+0.4) \times (-2.5) \times \left(-\dfrac{11}{12}\right)$
$= \{(+0.4) \times (-2.5)\} \times \left(-\dfrac{11}{12}\right)$
$= (-1) \times \left(-\dfrac{11}{12}\right) = +\dfrac{11}{12}$

3-1 답 ⑤

$4.52 \times 133 + 4.52 \times (-33) = 4.52 \times \{133 + (-33)\}$
$= 4.52 \times 100 = 452$

4-1 답 ④

① $(-1)^3 = (-1) \times (-1) \times (-1) = -1$

② $(-2)^2 = (-2) \times (-2) = +4$

③ $(-2)^3 = (-2) \times (-2) \times (-2) = -8$

④ $-3^2 = -(3 \times 3) = -9$

⑤ $-(-3)^2 = -(-3) \times (-3) = -(+9) = -9$

4-2 답 $\dfrac{9}{4}$

$-2^2 = -(2 \times 2) = -4$,

$(-1)^3 = (-1) \times (-1) \times (-1) = -1$,

$\left(-\dfrac{3}{4}\right)^2 = \dfrac{9}{16}$

24 뿜 중학수학1

$$\rightarrow -2^2 \times (-1)^3 \times \left(-\frac{3}{4}\right)^2 = (-4) \times (-1) \times \frac{9}{16} = \frac{9}{4}$$

5-1 답 ㄹ

㉠ $(+14) \div (-2) = -(14 \div 2) = -7$

㉡ $(+48) \div (-8) = -(48 \div 8) = -6$

㉢ $\left(+\frac{25}{4}\right) \div (+10) = \left(+\frac{25}{4}\right) \times \left(+\frac{1}{10}\right) = +\frac{5}{8}$

㉣ $(-2.5) \div \left(-\frac{1}{4}\right) = (-2.5) \times (-4) = +10$

5-2 답 $+5$

$A = \left(-\frac{4}{3}\right) \div (-0.2) = \left(-\frac{4}{3}\right) \div \left(-\frac{2}{10}\right)$

$\quad = \left(-\frac{4}{3}\right) \times \left(-\frac{10}{2}\right) = +\frac{20}{3}$

$B = (+6) \div \left(-3\frac{3}{5}\right) = (+6) \times \left(-\frac{5}{18}\right) = -\frac{5}{3}$

$A + B = \left(+\frac{20}{3}\right) + \left(-\frac{5}{3}\right) = +5$

6-1 답 $-\frac{2}{3}$

$\left(-\frac{2}{3}\right)^2 \div (-2) \times (+3) = \left(+\frac{4}{9}\right) \times \left(-\frac{1}{2}\right) \times (+3)$

$\qquad\qquad = -\left(\frac{4}{9} \times \frac{1}{2} \times 3\right) = -\frac{2}{3}$

6-2 답 4

$3 + \{(-2)^3 + (5 \times 2)\} \div 2 = 3 + \{(-8) + 10\} \div 2$

$\qquad\qquad\qquad = 3 + 2 \div 2$

$\qquad\qquad\qquad = 3 + 1$

$\qquad\qquad\qquad = 4$

대단원 TEST

060~062쪽

01 ④	02 ⑤	03 9	04 10	05 3	06 4개
07 1, 3, 7, 21		08 72, 144, 216		09 $2 \times 3^2 \times 5$,	
$2^2 \times 3^2 \times 5 \times 7$		10 ③	11 ③	12 8	13 7개
14 $+6\frac{1}{12}$	15 $-\frac{7}{8}$	16 -176	17 ①	18 5	19 1
20 -4	21 ㉡, ㉢, ㉣, ㉠, ㉤				

01 답 ④

④ 51의 약수는 1, 3, 17, 51이므로 합성수이다.

02 답 ⑤

① 1은 모든 수의 약수이다.

② 가장 작은 소수는 2이다.

③ 소수의 약수는 1과 자기 자신 2개다.

④ 합성수의 약수는 3개 이상이다.

03 답 9

$2^6 = 64$, $5^3 = 125$이므로 $a = 6$, $b = 3$이다.

따라서 $a + b = 9$이다.

04 답 10

$360 = 2^3 \times 3^2 \times 5$이고 소인수는 2, 3, 5이다.

따라서 $2 + 3 + 5 = 10$이다.

05 답 3

$(2+1) \times (x+1) \times (1+1) = 24$이므로 $x+1 = 4$이고 $x = 3$이다.

06 답 4개

6의 약수는 1, 2, 3, 6이므로 6과 서로소인 자연수는 11, 13, 17, 19로 모두 4개이다.

07 답 1, 3, 7, 21

두 자연수의 공약수는 최대공약수 21의 약수이므로 1, 3, 7, 21이다.

08 답 72, 144, 216

18과 24의 최소공배수는 $2 \times 3 \times 3 \times 4 = 72$이므로

18과 24의 공배수는 72의 배수이다.

따라서 72, 144, 216이다.

$$\begin{array}{r} 2)\underline{18 \quad 24} \\ 3)\underline{9 \quad 12} \\ 3 \quad 4 \end{array}$$

09 답 $2 \times 3^2 \times 5$, $2^2 \times 3^2 \times 5 \times 7$

$$\begin{array}{l} \quad\quad 2^2 \times 3^2 \times 5 \\ \underline{\quad\quad\quad 2 \times 3^2 \times 5 \times 7} \\ \text{(최대공약수)} = 2 \times 3^2 \times 5 \\ \text{(최소공배수)} = 2^2 \times 3^2 \times 5 \times 7 \end{array}$$

10 답 ③

① 자연수는 $\frac{8}{2} = 4$, $+15$이므로 2개이다.

② 양수는 $\frac{8}{2}$, $+15$, 2.7이므로 3개이다.

③ 음의 유리수는 -1, $-\frac{6}{4}$이므로 2개이다.

④ 정수가 아닌 유리수는 $-\frac{6}{4}$, 2.7이므로 2개이다.

⑤ 주어진 수는 모두 유리수이다.

11 답 ③

수직선에서 가장 왼쪽에 있는 수는 가장 작은 수이므로 $-\frac{7}{2}$이다.

12 답 8

$|-17| = 17$이므로 $a = 17$이고

절댓값이 9인 수는 9와 -9이므로 $b = -9$이다.

따라서 $a + b = 17 + (-9) = 8$이다.

13 답 7개

$-\frac{5}{2} \leq x < 5$를 만족시키는 정수 x는 $-2, -1, 0, 1, 2, 3, 4$이므로 7개이다.

14 답 $+6\dfrac{1}{12}$

$A=(-6)+(+13)=+(13-6)=+7$

$B=\left(+\dfrac{5}{3}\right)-\left(+\dfrac{3}{4}\right)=\left(+\dfrac{5}{3}\right)+\left(-\dfrac{3}{4}\right)$

$\qquad =\left(+\dfrac{20}{12}\right)+\left(-\dfrac{9}{12}\right)=+\dfrac{11}{12}$

$A-B=(+7)-\left(+\dfrac{11}{12}\right)=\left(+6\dfrac{12}{12}\right)+\left(-\dfrac{11}{12}\right)=+6\dfrac{1}{12}$

15 답 $-\dfrac{7}{8}$

$\left(-\dfrac{2}{3}\right)+\left(+\dfrac{3}{4}\right)-\left(+\dfrac{5}{6}\right)-\left(+\dfrac{1}{8}\right)$

$=\left(-\dfrac{2}{3}\right)+\left(+\dfrac{3}{4}\right)+\left(-\dfrac{5}{6}\right)+\left(-\dfrac{1}{8}\right)$

$=\left\{\left(-\dfrac{2}{3}\right)+\left(-\dfrac{5}{6}\right)\right\}+\left\{\left(+\dfrac{3}{4}\right)+\left(-\dfrac{1}{8}\right)\right\}$

$=\left(-\dfrac{3}{2}\right)+\left(+\dfrac{5}{8}\right)=-\dfrac{7}{8}$

16 답 -176

$A=(-4)\times(-22)=+(4\times22)=88$

$B=\left(+\dfrac{4}{3}\right)\times\left(-\dfrac{3}{2}\right)=-\left(\dfrac{4}{3}\times\dfrac{3}{2}\right)=-2$

따라서 $A\times B=88\times(-2)=-176$이다.

17 답 ①

② 결합법칙 ③ $-\dfrac{4}{3}$ ④ $+6$ ⑤ -6.6

18 답 5

$a\times(b+c)=a\times b+a\times c$이므로 $(-3)+a\times c=2$이고 $a\times c=5$
이다.

19 답 1

$(-1)^{15}=-1$, $(-1)^{16}=1$, $(-1)^{17}=-1$이므로
$(-1)^{15}+(-1)^{16}-(-1)^{17}=(-1)+1-(-1)=1$이다.

20 답 -4

$-0.7=-\dfrac{7}{10}$의 역수는 $a=-\dfrac{10}{7}$,

$+2\dfrac{4}{5}=+\dfrac{14}{5}$의 역수는 $b=+\dfrac{5}{14}$이므로

$a\div b=\left(-\dfrac{10}{7}\right)\div\left(+\dfrac{5}{14}\right)=\left(-\dfrac{10}{7}\right)\times\left(+\dfrac{14}{5}\right)=-4$이다.

21 답 ㉡, ㉢, ㉣, ㉠, ㉤

$10\times\left\{\left(-\dfrac{1}{8}\right)\div\left(-\dfrac{1}{4}\right)-\dfrac{4}{5}\right\}+1$

$=10\times\left(\dfrac{1}{2}-\dfrac{4}{5}\right)+1=10\times\left(-\dfrac{3}{10}\right)+1=(-3)+1=-2$

따라서 ㉡, ㉢, ㉣, ㉠, ㉤이다.

II 문자와 식

06 문자를 사용한 식의 값

초등개념 으로 기초력 잡기
066쪽

□를 사용한 식
066쪽

1 (1) $6+\square=11$, 5 (2) $41-\square=19$, 22 (3) $6\times\square=24$, 4

2 (1) 17 (2) 42 (3) 8 (4) 33 (5) 12 (6) 9 (7) 8 (8) 120

1 답 (1) $6+\square=11$, 5 (2) $41-\square=19$, 22 (3) $6\times\square=24$, 4

(1) $6+\square=11$, $\square=11-6=5$

(2) $41-\square=19$, $\square=41-19=22$

(3) $6\times\square=24$, $\square=24\div6=4$

2 답 (1) 17 (2) 42 (3) 8 (4) 33 (5) 12 (6) 9 (7) 8 (8) 120

(1) $\square=35-18=17$

(2) $\square=59-17=42$

(3) $\square=21-13=8$

(4) $\square=6+27=33$

(5) $\square=132\div11=12$

(6) $\square=189\div21=9$

(7) $\square=72\div9=8$

(8) $\square=10\times12=120$

개념 으로 기초력 잡기
067~069쪽

문자를 사용한 식
067쪽

1 (1) $(2000-300\times x)$원 (2) $10\times a+b$ (3) $\dfrac{x+y}{2}$점

(4) $(17-a)$살 (5) $(60\times t)$ km (6) $\left(\dfrac{9}{100}\times x\right)$g

2 (1) $\left(\dfrac{1}{2}\times a\times h\right)$ cm^2 (2) $\left\{\dfrac{1}{2}\times(x+y)\times h\right\}$ cm^2

(3) $\left(\dfrac{1}{2}\times a\times b\right)$ cm^2

1 답 (1) $(2000-300\times x)$원 (2) $10\times a+b$ (3) $\dfrac{x+y}{2}$점

(4) $(17-a)$살 (5) $(60\times t)$ km (6) $\left(\dfrac{9}{100}\times x\right)$g

(1) (거스름돈)=(지불한 금액)−(물건의 가격)

(3) (평균)$=\dfrac{(자료\ 전체의\ 합)}{(자료의\ 개수)}$

(5) (거리)=(속력)×(시간)

(6) (소금의 양)$=\dfrac{(소금물의\ 농도)}{100}\times(소금물의\ 양)$

곱셈, 나눗셈 기호의 생략

1 (1) $-2a$ (2) $-xy$ (3) $0.1ab^3$ (4) $-7(x+2y)$ (5) $-\dfrac{10}{a}$

(6) $\dfrac{5m}{n}$ (7) $\dfrac{4x-y}{15}$ (8) $-(a+b)$ (9) $\dfrac{3a}{2(b-5)}$

2 (1) $\dfrac{a}{9b}$ (2) $\dfrac{3x}{2y}$ (3) $\dfrac{ab^2}{2c}$ (4) $\dfrac{xy}{a-b}$ (5) $-\dfrac{ab}{8c}$ (6) $-3x+y^2$

(7) $\dfrac{3}{a-2b}-6c$ (8) $-\dfrac{5}{a}-\dfrac{b}{c}$

---

2 답 (1) $\dfrac{a}{9b}$ (2) $\dfrac{3x}{2y}$ (3) $\dfrac{ab^2}{2c}$ (4) $\dfrac{xy}{a-b}$ (5) $-\dfrac{ab}{8c}$

(6) $-3x+y^2$ (7) $\dfrac{3}{a-2b}-6c$ (8) $-\dfrac{5}{a}-\dfrac{b}{c}$

(1) $a\div b\div 9=a\times\dfrac{1}{b}\times\dfrac{1}{9}=\dfrac{a}{9b}$

(2) $x\div(2y\div3)=x\div\left(2y\times\dfrac{1}{3}\right)=x\div\dfrac{2y}{3}=x\times\dfrac{3}{2y}=\dfrac{3x}{2y}$

(3) $a\times b\times b\div 2c=a\times b\times b\times\dfrac{1}{2c}=\dfrac{ab^2}{2c}$

(4) $x\div(a-b)\times y=x\times\dfrac{1}{a-b}\times y=\dfrac{xy}{a-b}$

(5) $a\times b\div c\div(-8)=a\times b\times\dfrac{1}{c}\times\left(-\dfrac{1}{8}\right)=-\dfrac{ab}{8c}$

(7) $3\div(a-2b)-6\times c=3\times\dfrac{1}{a-2b}-6\times c=\dfrac{3}{a-2b}-6c$

(8) $(-5)\div a-b\div c=(-5)\times\dfrac{1}{a}-b\times\dfrac{1}{c}=-\dfrac{5}{a}-\dfrac{b}{c}$

식의 값

1 (1) 3, 12 (2) $\dfrac{1}{2}$, 7 (3) 2, 20 **2** (1) 2 (2) 6 (3) -4 (4) $\dfrac{1}{2}$

3 (1) $\dfrac{1}{2}$ (2) 0 (3) $-\dfrac{1}{4}$ (4) 7 **4** (1) -5 (2) -1

---

2 답 (1) 2 (2) 6 (3) -4 (4) $\dfrac{1}{2}$

(1) $3x+2y=3\times2+2\times(-2)=6-4=2$

(2) $x^2-y=2^2-(-2)=4+2=6$

(3) $-y^2=-(-2)^2=-4$

(4) $\dfrac{x}{2}+\dfrac{1}{y}=2\div2+1\div(-2)=1-\dfrac{1}{2}=\dfrac{1}{2}$

3 답 (1) $\dfrac{1}{2}$ (2) 0 (3) $-\dfrac{1}{4}$ (4) 7

(1) $2x+y=2\times\dfrac{1}{2}+\left(-\dfrac{1}{2}\right)=1+\left(-\dfrac{1}{2}\right)=\dfrac{1}{2}$

(2) $\dfrac{1}{x}+\dfrac{1}{y}=1\div\dfrac{1}{2}+1\div\left(-\dfrac{1}{2}\right)=1\times2+1\times(-2)=2-2=0$

(3) $-\dfrac{x}{2}=\left(-\dfrac{1}{2}\right)\div2=\left(-\dfrac{1}{2}\right)\times\dfrac{1}{2}=-\dfrac{1}{4}$

(4) $1-\dfrac{3}{y}=1-3\div\left(-\dfrac{1}{2}\right)=1+6=7$

---

4 답 (1) -5 (2) -1

(1) $\dfrac{1}{a}+b^3=1\div\dfrac{1}{3}+(-2)^3=1\times3+(-8)$

$\qquad=3-8=-5$

(2) $\dfrac{1}{m}-\dfrac{n}{10}=1\div\left(-\dfrac{2}{3}\right)-(-5)\div10$

$\qquad=1\times\left(-\dfrac{3}{2}\right)-(-5)\times\dfrac{1}{10}=\left(-\dfrac{3}{2}\right)+\dfrac{1}{2}=-1$

개념 으로실력 키우기

1-1 ②   **1-2** ②

2-1 (1) $\dfrac{2x^2}{y}$ (2) $-\dfrac{6m}{a+b}$ **2-2** (1) $x+\dfrac{1}{xy}$ (2) $\dfrac{a}{b}+\dfrac{1}{y}$

3-1 ㉢, ㉣   **3-2** (1) $\dfrac{a}{3}$ L (2) $\dfrac{x}{5}$ %

4-1 ④   **4-2** ③

5-1 2   **5-2** 50

6-1 (1) $\left\{\dfrac{1}{2}(x+y)h\right\}$ cm² (2) 20 cm²

6-2 (1) $(2ab+6a+6b)$ cm² (2) 108 cm²

1-1 답 ②

① $a\times a\times(-0.1)=-0.1a^2$ ③ $4\div a\times b=\dfrac{4b}{a}$

④ $a+b\div c=a+\dfrac{b}{c}$ ⑤ $a\times(-2)+5\div b=-2a+\dfrac{5}{b}$

1-2 답 ②

$a\div b\times c=a\times\dfrac{1}{b}\times c=\dfrac{ac}{b}$

① $a\div b\div c=a\times\dfrac{1}{b}\times\dfrac{1}{c}=\dfrac{a}{bc}$

② $a\div(b\div c)=a\div\dfrac{b}{c}=a\times\dfrac{c}{b}=\dfrac{ac}{b}$

③ $a\times b\div c=a\times b\times\dfrac{1}{c}=\dfrac{ab}{c}$

④ $a\div(b\times c)=a\div bc=\dfrac{a}{bc}$

⑤ $a\times(b\div c)=a\times\dfrac{b}{c}=\dfrac{ab}{c}$

2-1 답 (1) $\dfrac{2x^2}{y}$ (2) $-\dfrac{6m}{a+b}$

(1) $2\times x\times x\div y=2\times x\times x\times\dfrac{1}{y}=\dfrac{2x^2}{y}$

(2) $m\div(a+b)\times(-6)=m\times\dfrac{1}{a+b}\times(-6)=-\dfrac{6m}{a+b}$

2-2 답 (1) $x+\dfrac{1}{xy}$ (2) $\dfrac{a}{b}+\dfrac{1}{y}$

(1) $x+1\div xy=x+1\times\dfrac{1}{xy}=x+\dfrac{1}{xy}$

(2) $a\div b-(-1)\div y=a\times\dfrac{1}{b}-(-1)\times\dfrac{1}{y}=\dfrac{a}{b}+\dfrac{1}{y}$

정답 및 풀이 **27**

3-1 답 ㉢, ㉣

㉠ $(24-x)$시간

㉡ $100 \times a + 10 \times b + c = 100a + 10b + c$

3-2 답 (1) $\dfrac{a}{3}$ L (2) $\dfrac{x}{5}$ %

(1) $a \div 3 = \dfrac{a}{3}$ (L)

(2) $\dfrac{x}{500} \times 100 = \dfrac{x}{5}$ (%)

4-1 답 ④

① $x^3 + 5 = (-3)^3 + 5 = -27 + 5 = -22$

② $3x - 1 = 3 \times (-3) - 1 = -9 - 1 = -10$

③ $2 - \dfrac{1}{3}x = 2 - \dfrac{1}{3} \times (-3) = 2 + 1 = 3$

④ $x^2 = (-3)^2 = 9$

⑤ $-\dfrac{1}{x} - x = -\left(-\dfrac{1}{3}\right) - (-3) = \dfrac{1}{3} + 3 = \dfrac{10}{3}$

4-2 답 ③

① $ab^2 = 4 \times (-2)^2 = 4 \times 4 = 16$

② $\dfrac{1}{2}a + b = \dfrac{1}{2} \times 4 + (-2) = 2 - 2 = 0$

③ $5b - a = 5 \times (-2) - 4 = -10 - 4 = -14$

④ $\dfrac{b}{a} + \dfrac{a}{b} = \left(-\dfrac{2}{4}\right) + \left(-\dfrac{4}{2}\right) = \left(-\dfrac{1}{2}\right) + (-2) = -\dfrac{5}{2}$

⑤ $a^2 - b^2 = 4^2 - (-2)^2 = 16 - 4 = 12$

5-1 답 2

$$\dfrac{5}{x} - 16y^2 + 1 = 5 \div \dfrac{1}{2} - 16 \times \left(-\dfrac{3}{4}\right)^2 + 1$$
$$= 5 \times 2 - 16 \times \dfrac{9}{16} + 1$$
$$= 10 - 9 + 1 = 2$$

5-2 답 50

$$\dfrac{a}{3} + \dfrac{b}{2} - \dfrac{5}{c} = \left(-\dfrac{1}{2}\right) \div 3 + \dfrac{1}{3} \div 2 - 5 \div \left(-\dfrac{1}{10}\right)$$
$$= \left(-\dfrac{1}{2}\right) \times \dfrac{1}{3} + \dfrac{1}{3} \times \dfrac{1}{2} - 5 \times (-10)$$
$$= -\dfrac{1}{6} + \dfrac{1}{6} + 50$$
$$= 50$$

6-1 답 (1) $\left\{\dfrac{1}{2}(x+y)h\right\}$ cm² (2) 20 cm²

(1) $\dfrac{1}{2} \times (x+y) \times h = \dfrac{1}{2}(x+y)h$ (cm²)

(2) $\dfrac{1}{2} \times (x+y) \times h = \dfrac{1}{2} \times (2+6) \times 5 = 20$ (cm²)

6-2 답 (1) $(2ab+6a+6b)$ cm² (2) 108 cm²

(1) $2 \times a \times b + 2 \times a \times 3 + 2 \times b \times 3$
$= 2ab + 6a + 6b$ (cm²)

(2) $2 \times 6 \times 4 + 6 \times 6 + 6 \times 4$
$= 48 + 36 + 24$
$= 108$ (cm²)

07 일차식과 그 계산

개념으로 기초력 잡기

074~078쪽

다항식과 일차식

074쪽

1 (1) ① $3x^2$, $-5x$, 1 ② 1 ③ 3 ④ -5 ⑤ 2 (2) ① $-x^2$, $+\dfrac{x}{4}$, -2 ② -2 ③ -1 ④ $+\dfrac{1}{4}$ ⑤ 2 (3) ① $2y$, y^3, $-\dfrac{2}{7}$ ② $-\dfrac{2}{7}$ ③ 1 ④ 2 ⑤ 3 **2** (1) ① ㉡, ㉣ ② ㉠, ㉡, ㉢, ㉣ ③ ㉠, ㉡ (2) ① ㉠, ㉢ ② ㉠, ㉡, ㉢, ㉣ ③ ㉠, ㉣ **3** (1) × (2) × (3) ○

1 답 (1) ① $3x^2$, $-5x$, 1 ② 1 ③ 3 ④ -5 ⑤ 2

(2) ① $-x^2$, $+\dfrac{x}{4}$, -2 ② -2 ③ -1 ④ $+\dfrac{1}{4}$ ⑤ 2 (3) ① $2y$, y^3, $-\dfrac{2}{7}$ ② $-\dfrac{2}{7}$ ③ 1 ④ 2 ⑤ 3

(1) ⑤ $3x^2$의 차수는 2, $-5x$의 차수는 1, $+1$의 차수는 0이므로 주어진 다항식의 차수는 2이다.

(2) ④ $+\dfrac{x}{4} = +\dfrac{1}{4}x$이므로 x의 계수는 $+\dfrac{1}{4}$이다.

⑤ $-x^2$의 차수는 2, $+\dfrac{x}{4}$의 차수는 1, -2의 차수는 0이므로 주어진 다항식의 차수는 2이다.

(3) ⑤ $2y$의 차수는 1, y^3의 차수는 3, $-\dfrac{2}{7}$의 차수는 0이므로 주어진 다항식의 차수는 3이다.

2 답 (1) ① ㉡, ㉣ ② ㉠, ㉡, ㉢, ㉣ ③ ㉠, ㉡ (2) ① ㉠, ㉢ ② ㉠, ㉡, ㉢, ㉣ ③ ㉠, ㉣

(1) ㉠ $x^2 + 3x - x^2 - 1 = 3x - 1$이다.

(2) ㉣ $a^2 + a + 1 - a^2 = a + 1$이다.

3 답 (1) × (2) × (3) ○

(1) 분모에 문자를 포함한 식은 다항식이 아니므로 일차식도 아니다.

(2) $-\dfrac{x}{3} - 5 = -\dfrac{1}{3}x - 5$이므로 일차식이다.

단항식과 수의 곱셈과 나눗셈

1 (1) $-12x$ (2) $14a$ (3) $16a$ (4) $-\dfrac{1}{2}x$ (5) $14a$ (6) $3y$ (7) $-28x^2$

(8) $-3y^2$ **2** (1) $4a$ (2) $7x$ (3) $-\dfrac{1}{5}x$ (4) $14a$ (5) $-4y$

(6) $-18x^2$ (7) $6y^2$ (8) $-40x$

1 답 (1) $-12x$ (2) $14a$ (3) $16a$ (4) $-\dfrac{1}{2}x$ (5) $14a$ (6) $3y$

(7) $-28x^2$ (8) $-3y^2$

(1) $4x \times (-3) = 4 \times x \times (-3) = -12x$

(2) $2 \times 7a = 2 \times 7 \times a = 14a$

(3) $(-8) \times (-2a) = (-8) \times (-2) \times a = 16a$

(4) $(-x) \times \dfrac{1}{2} = (-1) \times x \times \dfrac{1}{2} = -\dfrac{1}{2}x$

(5) $(-12a) \times \left(-\dfrac{7}{6}\right) = (-12) \times a \times \left(-\dfrac{7}{6}\right) = 14a$

(6) $0.5 \times 6y = 0.5 \times 6 \times y = 3y$

(7) $14x^2 \times (-2) = 14 \times x^2 \times (-2) = -28x^2$

(8) $(-15) \times \dfrac{1}{5}y^2 = (-15) \times \dfrac{1}{5} \times y^2 = -3y^2$

2 답 (1) $4a$ (2) $7x$ (3) $-\dfrac{1}{5}x$ (4) $14a$ (5) $-4y$ (6) $-18x^2$

(7) $6y^2$ (8) $-40x$

(1) $32a \div 8 = (32 \times a) \times \dfrac{1}{8} = 4a$

(2) $(-49x) \div (-7) = (-49 \times x) \times \left(-\dfrac{1}{7}\right) = 7x$

(3) $\dfrac{2}{5}x \div (-2) = \left(\dfrac{2}{5} \times x\right) \times \left(-\dfrac{1}{2}\right) = -\dfrac{1}{5}x$

(4) $7a \div \dfrac{1}{2} = (7 \times a) \times 2 = 14a$

(5) $\left(-\dfrac{3}{4}y\right) \div \dfrac{3}{16} = \left(-\dfrac{3}{4} \times y\right) \times \dfrac{16}{3} = -4y$

(6) $(-15x^2) \div \dfrac{5}{6} = (-15 \times x^2) \times \dfrac{6}{5} = -18x^2$

(7) $(-66y^2) \div (-11) = (-66 \times y^2) \times \left(-\dfrac{1}{11}\right) = 6y^2$

(8) $48x \div \left(-\dfrac{6}{5}\right) = (48 \times x) \times \left(-\dfrac{5}{6}\right) = -40x$

일차식과 수의 곱셈과 나눗셈

1 (1) $8x+16$ (2) $-8a+2$ (3) $15x-10$ (4) $-x-3$ (5) $-4a-6$

(6) $-y+1$ (7) $3x-\dfrac{3}{2}$ (8) $4x+3$ **2** (1) $3a-2$ (2) $11x-1$

(3) $-2a-\dfrac{1}{9}$ (4) $-35x-10$ (5) $24x-2$ (6) $a-5$ (7) $-4y+3$

(8) $\dfrac{4}{3}x+\dfrac{2}{3}$

1 답 (1) $8x+16$ (2) $-8a+2$ (3) $15x-10$ (4) $-x-3$

(5) $-4a-6$ (6) $-y+1$ (7) $3x-\dfrac{3}{2}$ (8) $4x+3$

(1) $8(x+2) = 8 \times x + 8 \times 2 = 8x+16$

(2) $-2(4a-1) = (-2) \times 4a - (-2) \times 1 = -8a+2$

(3) $(-3x+2) \times (-5) = (-3x) \times (-5) + 2 \times (-5)$
$$= 15x-10$$

(4) $(7x+21) \times \left(-\dfrac{1}{7}\right) = 7x \times \left(-\dfrac{1}{7}\right) + 21 \times \left(-\dfrac{1}{7}\right)$
$$= -x-3$$

(5) $-\dfrac{2}{3}(6a+9) = \left(-\dfrac{2}{3}\right) \times 6a + \left(-\dfrac{2}{3}\right) \times 9 = -4a-6$

(6) $-(y-1) = (-1) \times y - (-1) \times 1 = -y+1$

(7) $(4x-2) \times \dfrac{3}{4} = 4x \times \dfrac{3}{4} - 2 \times \dfrac{3}{4} = 3x - \dfrac{3}{2}$

(8) $\left(-\dfrac{2}{3}x - \dfrac{1}{2}\right) \times (-6) = \left(-\dfrac{2}{3}x\right) \times (-6) - \dfrac{1}{2} \times (-6)$
$$= 4x+3$$

2 답 (1) $3a-2$ (2) $11x-1$ (3) $-2a-\dfrac{1}{9}$ (4) $-35x-10$

(5) $24x-2$ (6) $a-5$ (7) $-4y+3$ (8) $\dfrac{4}{3}x+\dfrac{2}{3}$

(1) $(9a-6) \div 3 = (9a-6) \times \dfrac{1}{3}$
$$= 9a \times \dfrac{1}{3} - 6 \times \dfrac{1}{3} = 3a-2$$

(2) $(-44x+4) \div (-4) = (-44x+4) \times \left(-\dfrac{1}{4}\right)$
$$= (-44x) \times \left(-\dfrac{1}{4}\right) + 4 \times \left(-\dfrac{1}{4}\right)$$
$$= 11x-1$$

(3) $(18a+1) \div (-9) = (18a+1) \times \left(-\dfrac{1}{9}\right)$
$$= 18a \times \left(-\dfrac{1}{9}\right) + 1 \times \left(-\dfrac{1}{9}\right) = -2a - \dfrac{1}{9}$$

(4) $(-7x-2) \div \dfrac{1}{5} = (-7x-2) \times 5$
$$= (-7x) \times 5 - 2 \times 5 = -35x-10$$

(5) $\left(10x - \dfrac{5}{6}\right) \div \dfrac{5}{12} = \left(10x - \dfrac{5}{6}\right) \times \dfrac{12}{5}$
$$= 10x \times \dfrac{12}{5} - \dfrac{5}{6} \times \dfrac{12}{5} = 24x-2$$

(6) $-(4a-20) \div (-4) = (-4a+20) \div (-4)$
$$= (-4a+20) \times \left(-\dfrac{1}{4}\right)$$
$$= (-4a) \times \left(-\dfrac{1}{4}\right) + 20 \times \left(-\dfrac{1}{4}\right) = a-5$$

(7) $\left(\dfrac{2}{3}y - \dfrac{1}{2}\right) \div \left(-\dfrac{1}{6}\right) = \left(\dfrac{2}{3}y - \dfrac{1}{2}\right) \times (-6)$
$$= \dfrac{2}{3}y \times (-6) - \dfrac{1}{2} \times (-6) = -4y+3$$

(8) $3(2x+1) \div \dfrac{9}{2} = (6x+3) \times \dfrac{2}{9}$
$$= 6x \times \dfrac{2}{9} + 3 \times \dfrac{2}{9} = \dfrac{4}{3}x + \dfrac{2}{3}$$

정답 및 풀이 **29**

동류항의 덧셈과 뺄셈 077쪽

1 (1) × (2) ○ (3) ○ (4) × (5) ○ (6) ○ (7) ×
2 (1) $3x$ (2) $11a$ (3) $-8x$ (4) $-7a$ (5) $7x$ (6) $-8x-1$
(7) $6a-9b$ (8) 0 (9) $-x+y$

1 답 (1) × (2) ○ (3) ○ (4) × (5) ○ (6) ○ (7) ×

(1) 문자는 x로 같으나 차수가 다르다.

$\dfrac{3}{x}$은 분모에 문자를 포함한 식으로 다항식이 아니므로 일차식이 아니다.

(2) 상수항은 모두 동류항이다.

(3) 문자도 a로 같고 차수도 1로 같다.

(4) 차수는 2로 같으나 문자가 다르다.

(5) 문자도 y로 같고 차수도 1로 같다.

(6) 문자도 x로 같고 차수도 2로 같다.

(7) 문자는 x로 같으나 차수가 다르다.

2 답 (1) $3x$ (2) $11a$ (3) $-8x$ (4) $-7a$ (5) $7x$ (6) $-8x-1$
(7) $6a-9b$ (8) 0 (9) $-x+y$

(1) $-2x+5x=(-2+5)x=3x$

(2) $10a+a=(10+1)a=11a$

(3) $3x-11x=(3-11)x=-8x$

(4) $a-8a=(1-8)a=-7a$

(5) $-x+2x+6x=(-1+2+6)x=7x$

(6) $-3x+2-5x-3=(-3-5)x+2-3=-8x-1$

(7) $2b-a+7a-11b=(-1+7)a+(2-11)b=6a-9b$

(8) $-a+2b+a-2b=(-1+1)a+(2-2)b=0$

(9) $-1.5x+\dfrac{3}{2}y+0.5x-\dfrac{1}{2}y=(-1.5+0.5)x+\left(\dfrac{3}{2}-\dfrac{1}{2}\right)y$
$\qquad\qquad\qquad\qquad\qquad\qquad =-x+y$

일차식의 덧셈과 뺄셈 078쪽

1 (1) $4x+5$ (2) $-3a-3$ (3) $-8a+11$ (4) $16x+5$ (5) $y+1$
(6) $x+1$ **2** (1) $x-9$ (2) $-29a-4$ (3) $-19b+18$ (4) $-3x$
(5) $7x+2$ (6) $-2y-15$ (7) $\dfrac{1}{2}$ **3** (1) $a+5$ (2) $4a-18$
(3) $8x-13$

1 답 (1) $4x+5$ (2) $-3a-3$ (3) $-8a+11$ (4) $16x+5$
(5) $y+1$ (6) $x+1$

(1) $(x+2)+3(x+1)=x+2+3x+3=4x+5$

(2) $(-5a-1)+2(a-1)=-5a-1+2a-2=-3a-3$

(3) $7(1-a)+(4-a)=7-7a+4-a=-8a+11$

(4) $5(2x+3)+2(3x-5)=10x+15+6x-10=16x+5$

(5) $\dfrac{2}{7}(7y-14)+(5-y)=2y-4+5-y=y+1$

(6) $\dfrac{1}{2}(-4x+6)+\dfrac{1}{3}(9x-6)=-2x+3+3x-2=x+1$

2 답 (1) $x-9$ (2) $-29a-4$ (3) $-19b+18$ (4) $-3x$
(5) $7x+2$ (6) $-2y-15$ (7) $\dfrac{1}{2}$

(1) $3(2x-2)-(5x+3)=6x-6-5x-3=x-9$

(2) $-(a+11)-7(4a-1)=-a-11-28a+7=-29a-4$

(3) $4(7-b)-5(2+3b)=28-4b-10-15b=-19b+18$

(4) $-(9-3x)-(6x-9)=-9+3x-6x+9=-3x$

(5) $(9x-14)-(2x-16)=9x-14-2x+16=7x+2$

(6) $-(13-2y)-\dfrac{2}{3}(6y+3)=-13+2y-4y-2=-2y-15$

(7) $-\dfrac{1}{2}(x+1)-\dfrac{1}{4}(-2x-4)=-\dfrac{1}{2}x-\dfrac{1}{2}+\dfrac{1}{2}x+1=\dfrac{1}{2}$

3 답 (1) $a+5$ (2) $4a-18$ (3) $8x-13$

(1) $5a+\{2-(4a-3)\}=5a+(2-4a+3)$
$\qquad\qquad\qquad\quad =5a+(-4a+5)$
$\qquad\qquad\qquad\quad =5a-4a+5$
$\qquad\qquad\qquad\quad =a+5$

(2) $a-5-\{7+3(-a+2)\}=a-5-(7-3a+6)$
$\qquad\qquad\qquad\qquad\quad =a-5-(-3a+13)$
$\qquad\qquad\qquad\qquad\quad =a-5+3a-13$
$\qquad\qquad\qquad\qquad\quad =4a-18$

(3) $3x-\{2x+6+(-7x+7)\}=3x-(2x+6-7x+7)$
$\qquad\qquad\qquad\qquad\qquad\quad =3x-(-5x+13)$
$\qquad\qquad\qquad\qquad\qquad\quad =3x+5x-13$
$\qquad\qquad\qquad\qquad\qquad\quad =8x-13$

개념플러스➕로 기초력 잡기 079쪽

분수 꼴의 일차식의 덧셈과 뺄셈 079쪽

1 (1) $\dfrac{17}{6}x-\dfrac{7}{6}$ (2) $\dfrac{3}{2}x+\dfrac{1}{6}$ (3) $-\dfrac{15}{14}x+\dfrac{23}{14}$ (4) $\dfrac{x}{2}-\dfrac{1}{2}$
(5) $\dfrac{2}{5}x+\dfrac{16}{15}$ (6) $-\dfrac{17}{12}x+\dfrac{17}{12}$

1 답 (1) $\dfrac{17}{6}x-\dfrac{7}{6}$ (2) $\dfrac{3}{2}x+\dfrac{1}{6}$ (3) $-\dfrac{15}{14}x+\dfrac{23}{14}$
(4) $\dfrac{x}{2}-\dfrac{1}{2}$ (5) $\dfrac{2}{5}x+\dfrac{16}{15}$ (6) $-\dfrac{17}{12}x+\dfrac{17}{12}$

(1) $\dfrac{5x-3}{2}+\dfrac{x+1}{3}=\dfrac{3(5x-3)}{3\times 2}+\dfrac{2(x+1)}{2\times 3}$

$\qquad\qquad\qquad\quad =\dfrac{15x-9}{6}+\dfrac{2x+2}{6}$

$\qquad\qquad\qquad\quad =\dfrac{15x-9+2x+2}{6}$

$\qquad\qquad\qquad\quad =\dfrac{17x-7}{6}=\dfrac{17}{6}x-\dfrac{7}{6}$

(2)
$$\frac{5x-5}{6}+\frac{2x+3}{3}=\frac{5x-5}{6}+\frac{2(2x+3)}{2\times3}$$
$$=\frac{5x-5+2(2x+3)}{6}$$
$$=\frac{5x-5+4x+6}{6}$$
$$=\frac{9x+1}{6}=\frac{3}{2}x+\frac{1}{6}$$

(3)
$$\frac{-x+3}{2}-\frac{4x-1}{7}=\frac{7(-x+3)}{7\times2}-\frac{2(4x-1)}{2\times7}$$
$$=\frac{7(-x+3)-2(4x-1)}{14}$$
$$=\frac{-7x+21-8x+2}{14}$$
$$=\frac{-15x+23}{14}=-\frac{15}{14}x+\frac{23}{14}$$

(4)
$$\frac{7x+3}{2}-(3x+2)=\frac{7x+3}{2}-\frac{2(3x+2)}{2}$$
$$=\frac{7x+3-6x-4}{2}$$
$$=\frac{x-1}{2}=\frac{x}{2}-\frac{1}{2}$$

(5)
$$\frac{3x+2}{3}-\frac{3x-2}{5}=\frac{5(3x+2)}{5\times3}-\frac{3(3x-2)}{3\times5}$$
$$=\frac{5(3x+2)-3(3x-2)}{15}$$
$$=\frac{15x+10-9x+6}{15}$$
$$=\frac{6x+16}{15}=\frac{2}{5}x+\frac{16}{15}$$

(6)
$$\frac{5-x}{4}+\frac{1-7x}{6}=\frac{3(5-x)}{3\times4}+\frac{2(1-7x)}{2\times6}$$
$$=\frac{3(5-x)+2(1-7x)}{12}$$
$$=\frac{15-3x+2-14x}{12}$$
$$=\frac{-17x+17}{12}=-\frac{17}{12}x+\frac{17}{12}$$

개념으로실력 키우기

080~081쪽

1-1 ①	1-2 $-\frac{1}{5}$
2-1 ㉠, ㉢	2-2 ①
3-1 ⑤	3-2 ④
4-1 ㉠과 ㉤, ㉡과 ㉢, ㉣과 ㉥	4-2 ③
5-1 (1) $10a-3$ (2) $-13x+31$	5-2 1
6-1 $-\frac{19}{6}x+\frac{23}{6}$	6-2 $\frac{6}{5}x-\frac{13}{5}$

1-1 답 ①

① $-4x^2$에서 x^2의 계수는 -4이다.

1-2 답 $-\frac{1}{5}$

$-2x^2$에서 x^2의 계수는 -2이므로 $a=-2$, $-\frac{x}{5}$에서 x의 계수는 $-\frac{1}{5}$이므로 $b=-\frac{1}{5}$, 주어진 다항식의 차수는 2이므로 $c=2$이다.

따라서 $a+b+c=(-2)+\left(-\frac{1}{5}\right)+2=-\frac{1}{5}$이다.

2-1 답 ㉠, ㉢

㉠ $\frac{x}{3}+2=\frac{1}{3}x+2$는 일차식이다.

㉡ 분모에 문자를 포함한 식은 다항식이 아니므로 일차식이 아니다.

㉢ $3x^2+5x-3x^2=5x$는 일차식이다.

㉣ x^2-1은 차수가 2인 다항식이다.

2-2 답 ①

② 분모에 문자를 포함한 식은 다항식이 아니므로 일차식이 아니다.

③ a^2+2a-1은 차수가 2인 다항식이다.

④ $0\times x+3=3$은 상수항만 있으므로 일차식이 아니다.

⑤ $\frac{x}{2}+2x^2+1$은 차수가 2인 다항식이다.

3-1 답 ⑤

① $5x\times(-4)=5\times x\times(-4)=-20x$

② $(-18a)\div\frac{2}{3}=(-18a)\times\frac{3}{2}=-27a$

③ $-(-a+1)=(-1)\times(-a+1)=a-1$

④ $(6x-15)\times\left(-\frac{1}{3}\right)=6x\times\left(-\frac{1}{3}\right)-15\times\left(-\frac{1}{3}\right)$
$$=-2x+5$$

3-2 답 ④

① $9a\times\frac{1}{3}=9\times a\times\frac{1}{3}=3a$

② $(-6x)\times(-1)=6x$

③ $-2(5x+2)=(-2)\times5x+(-2)\times2=-10x-4$

⑤ $-(8x-10)\div4=(-8x+10)\times\frac{1}{4}$
$$=(-8x)\times\frac{1}{4}+10\times\frac{1}{4}$$
$$=-2x+\frac{5}{2}$$

4-2 답 ③

① 차수가 다르다.

② $-\frac{2}{x}$는 분모에 문자를 포함한 식으로 다항식이 아니므로 일차식이 아니다.

④ 문자가 다르다.

⑤ 차수가 다르다.

5-1 답 (1) $10a-3$ (2) $-13x+31$

(1) $(7a-1)+\dfrac{1}{2}(6a-4)=7a-1+3a-2=10a-3$

(2) $-(1-3x)-8(2x-4)=-1+3x-16x+32$
$$=-13x+31$$

5-2 답 1

$5x+[\{1-(-2x-4)\}-11]$
$=5x+\{(1+2x+4)-11\}$
$=5x+(2x+5-11)$
$=5x+2x-6$
$=7x-6$

따라서 x의 계수는 7, 상수항은 -6이므로
$7+(-6)=1$이다.

6-1 답 $-\dfrac{19}{6}x+\dfrac{23}{6}$

$\dfrac{-5x+1}{3}-\dfrac{3x-7}{2}=\dfrac{2(-5x+1)}{2\times3}-\dfrac{3(3x-7)}{3\times2}$
$$=\dfrac{2(-5x+1)-3(3x-7)}{6}$$
$$=\dfrac{-10x+2-9x+21}{6}$$
$$=\dfrac{-19x+23}{6}=-\dfrac{19}{6}x+\dfrac{23}{6}$$

6-2 답 $\dfrac{6}{5}x-\dfrac{13}{5}$

$\dfrac{10x+2}{5}-(4x+15)\div5=\dfrac{10x+2}{5}-\dfrac{4x+15}{5}$
$$=\dfrac{10x+2-(4x+15)}{5}$$
$$=\dfrac{10x+2-4x-15}{5}$$
$$=\dfrac{6x-13}{5}=\dfrac{6}{5}x-\dfrac{13}{5}$$

08 일차방정식

개념 으로 기초력 잡기
084~087쪽

등식
084쪽

1 (1) $\dfrac{1}{2}x-11=5$ (2) $50-3x=7$ (3) $x+6=3x-1$ (4) $4x=20$

2 (1) $x=1$ (2) $x=2$ (3) $x=0$ **3** (1) 방 (2) 항 (3) 방 (4) 항

4 (1) 6 (2) 1 (3) $-\dfrac{1}{3}$, 2 (4) -1, 11 (5) -1, 3

2 답 (1) $x=1$ (2) $x=2$ (3) $x=0$

(1) $x=0$일 때 $5\times0-1\neq4$ (거짓)
    $x=1$일 때 $5\times1-1=4$ (참)
    $x=2$일 때 $5\times2-1\neq4$ (거짓)

(2) $x=0$일 때 $(-1)\times0+4\neq2$ (거짓)
    $x=1$일 때 $-1+4\neq2$ (거짓)
    $x=2$일 때 $-2+4=2$ (참)

(3) $x=0$일 때 $2\times0+3=(-1)\times0+3$ (참)
    $x=1$일 때 $2\times1+3\neq-1+3$ (거짓)
    $x=2$일 때 $2\times2+3\neq-2+3$ (거짓)

등식의 성질
085쪽

1 (1) × (2) ○ (3) × (4) ○   **2** (1) ○ (2) ○ (3) × (4) ○
(5) × (6) × (7) ○ (8) ○   **3** (1) $x=9$ (2) $x=11$ (3) $x=-27$

(4) $x=-\dfrac{1}{3}$

1 답 (1) × (2) ○ (3) × (4) ○

(3) 0으로 나눌 수 없으므로 $c\neq0$이라는 조건이 필요하다.

3 답 (1) $x=9$ (2) $x=11$ (3) $x=-27$ (4) $x=-\dfrac{1}{3}$

(1) $4x-11+11=25+11$ (2) $6-x-6=-5-6$
    $4x=36$ $-x=-11$
    $\dfrac{4x}{4}=\dfrac{36}{4}$ $\dfrac{-x}{-1}=\dfrac{-11}{-1}$
    $\therefore x=9$ $\therefore x=11$

(3) $\dfrac{1}{3}x+8-8=-1-8$ (4) $-5x-2+2=x+2$
    $\dfrac{1}{3}x=-9$ $-5x-x=x+2-x$
                                         $-6x=2$
    $\dfrac{1}{3}x\times3=(-9)\times3$ $\dfrac{-6x}{-6}=\dfrac{2}{-6}$
    $\therefore x=-27$ $\therefore x=-\dfrac{1}{3}$

일차방정식
086쪽

1 (1) + (2) − (3) − (4) +   **2** (1) $x=9-3$
(2) $7x+4x=5$ (3) $2x-3x=4+1$ (4) $-13x+x=7+6$

3 (1) × (2) × (3) ○ (4) × (5) ○ (6) × (7) ○ (8) ×

3 답 (1) × (2) × (3) ○ (4) × (5) ○ (6) × (7) ○ (8) ×

(1) $-x^2+3x+2=0$에서 좌변이 일차식이 아니므로 일차방정식이 아니다.

(2) 등식이 아니므로 방정식이 아니다.

(3) $2x+x-1-6=0$, $3x-7=0$이므로 일차방정식이다.

(4) 등식이 아니므로 방정식이 아니다.

(5) $x^2-x^2+x-8-1=0$, $x-9=0$이므로 일차방정식이다.

(6) $-x+2=-x+2$이므로 방정식이 아닌 항등식이다.

(7) $-2x+3=2x+2$, $-2x-2x+3-2=0$, $-4x+1=0$이므로 일차방정식이다.

(8) $5x-5=5x-3$, $5x-5x-5+3=0$, $-2=0$은 성립하지 않는 거짓인 등식이므로 방정식이 아니다.

일차방정식의 풀이

087쪽

1 (1) $x=-4$ (2) $x=-3$ (3) $x=3$ (4) $x=1$ (5) $x=11$
(6) $x=\dfrac{1}{5}$ (7) $x=8$ **2** (1) $x=-1$ (2) $x=\dfrac{1}{2}$ (3) $x=-1$
(4) $x=2$ (5) $x=-6$ (6) $x=\dfrac{4}{7}$

---

1 🖩 (1) $x=-4$ (2) $x=-3$ (3) $x=3$ (4) $x=1$ (5) $x=11$
(6) $x=\dfrac{1}{5}$ (7) $x=8$

(1) $4x=-10-6$
　$4x=-16$
　$\therefore x=-4$

(2) $-2x-3x=15$
　$-5x=15$
　$\therefore x=-3$

(3) $7x+2x=17+10$
　$9x=27$
　$\therefore x=3$

(4) $-3x-8x=-6-5$
　$-11x=-11$
　$\therefore x=1$

(5) $2x-6=x+5$
　$2x-x=5+6$
　$\therefore x=11$

(6) $1-x-2=4x-2$
　$-x-4x=-2+1$
　$-5x=-1$
　$\therefore x=\dfrac{1}{5}$

(7) $3x+6=4x-2$
　$3x-4x=-2-6$
　$-x=-8$
　$\therefore x=8$

2 🖩 (1) $x=-1$ (2) $x=\dfrac{1}{2}$ (3) $x=-1$ (4) $x=2$
(5) $x=-6$ (6) $x=\dfrac{4}{7}$

(1) 양변에 10을 곱하면
　$10+x=6-3x$
　$x+3x=6-10$
　$4x=-4$
　$\therefore x=-1$

(2) 양변에 10을 곱하면
　$21x-7=7x$
　$21x-7x=7$
　$14x=7$
　$\therefore x=\dfrac{1}{2}$

(3) 양변에 100을 곱하면
　$25(1-x)+5=55$
　$25-25x+5=55$
　$-25x=55-30$
　$-25x=25$
　$\therefore x=-1$

(4) 양변에 6을 곱하면
　$4+3x=5x$
　$3x-5x=-4$
　$-2x=-4$
　$\therefore x=2$

(5) 양변에 8을 곱하면
　$6x+4=5x-2$
　$6x-5x=-2-4$
　$\therefore x=-6$

(6) 양변에 12를 곱하면
　$2(x-2)+8=9x$
　$2x-4+8=9x$
　$2x-9x=-4$
　$-7x=-4$
　$\therefore x=\dfrac{4}{7}$

개념으로 실력 키우기

088~089쪽

1-1 ③	**1-2** $a=7$, $b=11$
2-1 ⑤	**2-2** ④
3-1 ㉢, ㉣	**3-2** ②
4-1 9	**4-2** 0
5-1 (1) $x=6$ (2) $x=-5$	**5-2** (1) $x=-\dfrac{13}{2}$ (2) $x=\dfrac{1}{14}$
6-1 $x=\dfrac{1}{2}$	**6-2** $x=4$

1-1 🖩 ③
① 일차식이다.
② $4x=4x$이므로 항등식이다.
④ 참인 등식이다.
⑤ $6-3x=-3x+6$이므로 항등식이다.

2-1 🖩 ⑤
⑤ $a=b$의 양변에 -3을 곱하면 $-3a=-3b$이고 양변에 1을 더하
　면 $-3a+1=-3b+1$이다.

3-1 🖩 ㉢, ㉣
㉠ 등식이 아니므로 방정식이 아니다.
㉡ 항등식이다.
㉢ $x^2-x^2-5x+5+1=0$, $-5x+6=0$이므로 일차방정식이다.
㉣ $5-7x-3x-2=0$, $-10x+3=0$이므로 일차방정식이다.

3-2 🖩 ②
① 등식이 아니므로 방정식이 아니다.
② $5-2x-2x+5=0$, $-4x+10=0$이므로 일차방정식이다.
③ 등식이 아니므로 방정식이 아니다.
④ $3x^2+2x-3x=0$, $3x^2-x=0$에서 좌변이 일차식이 아니므로
　일차방정식이 아니다.
⑤ $12x-3+3=12x$, $12x=12x$이므로 방정식이 아닌 항등식이다.

4-1 🖩 9
$-6x-7=a+2x$에 $x=-2$를 대입하면
$12-7=a-4$
$\therefore a=9$

4-2 🖩 0
$2x-5=3$에 $x=a$를 대입하면 $2a-5=3$이므로
$2a-8=0$

5-1 🖩 (1) $x=6$ (2) $x=-5$
(1) $7x-5x=8+4$
　$2x=12$
　$\therefore x=6$

(2) $4x+6=x-9$
　$4x-x=-9-6$
　$3x=-15$
　$\therefore x=-5$

5-2 답 (1) $x=-\dfrac{13}{2}$ (2) $x=\dfrac{1}{14}$

(1) $\dfrac{2}{5}x=\dfrac{1}{5}(x+1)-\dfrac{3}{2}$ 이므로 양변에 10을 곱하면

$4x=2(x+1)-15$

$4x=2x+2-15$

$2x=-13$ ∴ $x=-\dfrac{13}{2}$

(2) 양변에 12를 곱하면

$4(1-x)-3=10x$

$4-4x-3=10x$

$-14x=-1$ ∴ $x=\dfrac{1}{14}$

6-1 답 $x=\dfrac{1}{2}$

$4(x+1)=6$

$4x+4=6$

$4x=2$

∴ $x=\dfrac{1}{2}$

6-2 답 $x=4$

$2(3x-2)=4(x+1)$

$6x-4=4x+4$

$2x=8$

∴ $x=4$

09 일차방정식의 활용

초등개념 으로 기초력 잡기

092쪽

비와 비율

092쪽

1 (1) ① 8, 3 ② $\dfrac{3}{8}$, 0.375 (2) ① 10, 7 ② $\dfrac{7}{10}$, 0.7

2 (1) $\dfrac{300}{3}(=100)$ (2) $\dfrac{13}{50}(=0.26)$ (3) $\dfrac{1}{50}$ (4) $\dfrac{4}{9}$

3 (1) 12 % (2) 41 % (3) 20 %

2 답 (1) $\dfrac{300}{3}(=100)$ (2) $\dfrac{13}{50}(=0.26)$ (3) $\dfrac{1}{50}$ (4) $\dfrac{4}{9}$

(1) $\dfrac{(\text{간 거리})}{(\text{걸린 시간})}=\dfrac{300}{3}=100$

(2) $\dfrac{(\text{안타 수})}{(\text{전체 타수})}=\dfrac{13}{50}$

(3) $\dfrac{(\text{지도상의 거리})}{(\text{실제 거리})}=\dfrac{2}{100}=\dfrac{1}{50}$

(4) $\dfrac{(\text{남학생 수})}{(\text{전교생 수})}=\dfrac{200}{450}=\dfrac{4}{9}$

3 답 (1) 12 % (2) 41 % (3) 20 %

(1) $\dfrac{(\text{소금의 양})}{(\text{소금물의 양})}\times100=\dfrac{12}{100}\times100=12(\%)$

(2) $\dfrac{(\text{A후보 득표 수})}{(\text{전체 투표 수})}\times100=\dfrac{123}{300}\times100=41(\%)$

(3) $\dfrac{(\text{할인 가격})}{(\text{원래 가격})}\times100=\dfrac{1400}{7000}\times100=20(\%)$

개념 으로 기초력 잡기

093~095쪽

일차방정식의 활용

093쪽

1 8 **2** 28 **3** 26년 후 **4** 4개 **5** 14
6 11명

1 답 8

어떤 수를 x라 하면

$3x-5=x+11$

$2x=16$

∴ $x=8$

2 답 28

연속하는 세 짝수를 $x-2$, x, $x+2$라 하면

$(x-2)+x+(x+2)=78$

$3x=78$

∴ $x=26$

따라서 가장 큰 짝수는 $x+2=26+2=28$이다.

3 답 26년 후

x년 후 아버지의 나이는 $(44+x)$세,

아들의 나이는 $(9+x)$세이므로

$44+x=2(9+x)$

$44+x=18+2x$

∴ $x=26$

4 답 4개

사탕을 x개, 초콜릿을 $(12-x)$개 샀다고 하면

$300x+400(12-x)=4400$

$300x+4800-400x=4400$

$100x=400$

∴ $x=4$

5 답 14

일의 자리의 숫자를 x라 하면 처음 자연수는 $10+x$,

자리를 바꾼 자연수는 $10x+1$이므로

$10x+1=10+x+27$

$9x=36$

∴ $x=4$

➡ 처음 자연수는 $10+x=14$이다.

6 답 11명

학생 수를 x명이라 하면

$4x+3=5x-8$

∴ $x=11$

일차방정식의 활용 – 거리, 속력, 시간

094쪽

1 6 km   **2** 400 m   **3** 91 km   **4** $\dfrac{81}{7}$ km

1   답 6 km

올라간 거리를 x km라 하면

	올라갈 때	내려올 때
거리	x km	x km
속력	시속 2 km	시속 3 km
시간	$\dfrac{x}{2}$시간	$\dfrac{x}{3}$시간

$\dfrac{x}{2}+\dfrac{x}{3}=5$, $3x+2x=30$, $5x=30$

$\therefore x=6$

2   답 400 m

집에서 학교까지의 거리를 x m라 하면

	갈 때	올 때
거리	x m	x m
속력	분속 40 m	분속 50 m
시간	$\dfrac{x}{40}$분	$\dfrac{x}{50}$분

$\dfrac{x}{40}+\dfrac{x}{50}=18$, $5x+4x=3600$, $9x=3600$

$\therefore x=400$

3   답 91 km

두 지점 A, B 사이의 거리를 x km라 하면

	버스 탈 때	자동차 탈 때
거리	x km	x km
속력	시속 60 km	시속 70 km
시간	$\dfrac{x}{60}$시간	$\dfrac{x}{70}$시간

$\dfrac{x}{60}-\dfrac{x}{70}=\dfrac{13}{60}$, $7x-6x=91$

$\therefore x=91$

4   답 $\dfrac{81}{7}$ km

올라간 거리를 x km라 하면

	올라갈 때	내려올 때
거리	x km	$(x+1)$ km
속력	시속 3 km	시속 4 km
시간	$\dfrac{x}{3}$시간	$\dfrac{x+1}{4}$시간

$\dfrac{x}{3}+\dfrac{x+1}{4}=7$, $4x+3(x+1)=84$

$4x+3x+3=84$, $7x=81$

$\therefore x=\dfrac{81}{7}$

일차방정식의 활용 – 소금물의 농도

095쪽

1 300 g   **2** 100 g   **3** 35 g   **4** 75 g

1   답 300 g

더 넣어야 할 물의 양을 x g이라 하면

	20 % 소금물		물		10 % 소금물
농도	20 %		0 %		10 %
소금물	300 g	+	x g	=	$(300+x)$ g
소금	$\left(\dfrac{20}{100}\times 300\right)$ g		0 g		$\dfrac{10}{100}\times(300+x)$ g

$\dfrac{20}{100}\times 300=\dfrac{10}{100}\times(300+x)$, $2\times 300=300+x$

$\therefore x=300$

2   답 100 g

증발시켜야 하는 물의 양을 x g이라 하면

	9 % 소금물		물		12 % 소금물
농도	9 %		0 %		12 %
소금물	400 g	−	x g	=	$(400-x)$ g
소금	$\left(\dfrac{9}{100}\times 400\right)$ g		0 g		$\dfrac{12}{100}\times(400-x)$ g

$\dfrac{9}{100}\times 400=\dfrac{12}{100}\times(400-x)$, $9\times 400=12(400-x)$,

$3600=4800-12x$, $12x=1200$

$\therefore x=100$

3   답 35 g

더 넣어야 할 소금의 양을 x g이라 하면

	6 % 소금물		소금		20 % 소금물
농도	6 %		100 %		20 %
소금물	200 g	+	x g	=	$(200+x)$ g
소금	$\left(\dfrac{6}{100}\times 200\right)$ g		x g		$\dfrac{20}{100}\times(200+x)$ g

$\dfrac{6}{100}\times 200+x=\dfrac{20}{100}\times(200+x)$, $1200+100x=20(200+x)$,

$1200+100x=4000+20x$, $80x=2800$

$\therefore x=35$

정답 및 풀이 **35**

4 답 **75 g**

더 넣어야 할 14 %의 소금물의 양을 x g이라 하면

	8 % 소금물		14 % 소금물		10 % 소금물
농도	8 %		14 %		10 %
소금물	150 g	+	x g	=	$(150+x)$g
소금	$\left(\dfrac{8}{100}\times 150\right)$g		$\left(\dfrac{14}{100}\times x\right)$g		$\dfrac{10}{100}\times(150+x)$g

$\dfrac{8}{100}\times 150+\dfrac{14}{100}\times x=\dfrac{10}{100}\times(150+x)$,

$1200+14x=1500+10x$, $4x=300$

$\therefore x=75$

개념 으로 실력 키우기

096~097쪽

1-1 21, 22	**1-2** 19
2-1 16세	**2-2** 15세
3-1 36	**3-2** 54
4-1 학생 수: 15명, 공책의 수: 55권	
4-2 친구 수: 8명, 사탕의 수: 47개	
5-1 $\dfrac{17}{3}$ km	**5-2** 200 m
6-1 50 g	**6-2** 300 g

1-1 답 **21, 22**

연속하는 두 자연수를 x, $x+1$이라 하면

$x+(x+1)=43$, $2x=42$ $\therefore x=21$

2-1 답 **16세**

동생의 나이를 x세, 언니의 나이를 $(x+5)$세라 하면

$x+(x+5)=37$, $2x=32$ $\therefore x=16$

2-2 답 **15세**

올해 아들의 나이를 x세, 아버지의 나이를 $(x+30)$세라 하면

12년 후 아들의 나이는 $(x+12)$세, 아버지의 나이는 $(x+42)$세

이므로 $x+42=2(x+12)+3$, $x+42=2x+24+3$ $\therefore x=15$

3-1 답 **36**

일의 자리의 숫자를 x라 하면 처음 자연수는 $30+x$, 자리를 바꾼 자연수는 $10x+3$이므로

$10x+3=30+x+27$, $9x=54$

$\therefore x=6$ ➡ 처음 자연수는 $30+x=36$이다.

4-1 답 **학생 수: 15명, 공책의 수: 55권**

학생 수를 x명이라 하면

$3x+10=5x-20$, $2x=30$ $\therefore x=15$

따라서 학생 수는 15명이고

공책의 수는 $3\times 15+10=55$(권)이다.

4-2 답 **친구 수: 8명, 사탕의 수: 47개**

나눠 줄 친구 수를 x명이라 하면

$5x+7=6x-1$ $\therefore x=8$

따라서 친구 수는 8명이고

사탕의 수는 $5\times 8+7=47$(개)이다.

5-1 답 $\dfrac{17}{3}$ **km**

	올라갈 때	내려올 때
거리	x km	$(x-1)$ km
속력	시속 21 km	시속 4 km
시간	$\dfrac{x}{2}$시간	$\dfrac{x-1}{4}$시간

$\dfrac{x}{2}+\dfrac{x-1}{4}=4$, $2x+(x-1)=16$, $3x=17$ $\therefore x=\dfrac{17}{3}$

5-2 답 **200 m**

	뛰어갈 때	걸어갈 때
거리	x m	$(900-x)$ m
속력	분속 200 m	분속 100 m
시간	$\dfrac{x}{200}$분	$\dfrac{900-x}{100}$분

$\dfrac{x}{200}+\dfrac{900-x}{100}=8$, $x+2(900-x)=1600$,

$x+1800-2x=1600$ $\therefore x=200$

6-1 답 **50 g**

	10 % 소금물		소금		40 % 소금물
농도	10 %		100 %		40 %
소금물	100 g	+	x g	=	$(100+x)$g
소금	$\left(\dfrac{10}{100}\times 100\right)$g		x g		$\dfrac{40}{100}\times(100+x)$g

$\dfrac{10}{100}\times 100+x=\dfrac{40}{100}(100+x)$, $1000+100x=4000+40x$,

$60x=3000$ $\therefore x=50$

6-2 답 **300 g**

	10 % 소금물		15 % 소금물		13 % 소금물
농도	10 %		15 %		13 %
소금물	200 g	+	x g	=	$(200+x)$g
소금	$\left(\dfrac{10}{100}\times 200\right)$g		$\left(\dfrac{15}{100}\times x\right)$g		$\dfrac{13}{100}\times(200+x)$g

$\dfrac{10}{100}\times 200+\dfrac{15}{100}\times x=\dfrac{13}{100}(200+x)$,

$2000+15x=13(200+x)$,

$2000+15x=2600+13x$, $2x=600$ $\therefore x=300$

01 ③	**02** ⑤	**03** ④	**04** ⑤	**05** 4	**06** 8

07 ㄱ, ㄹ, ㅁ · · · · · **08** ㄴ, ㅁ **09** -18 **10** -1

11 $\dfrac{11}{12}x-\dfrac{13}{12}$ **12** $a=5,\ b=-15$ **13** ④ **14** ②

15 2 **16** -2 **17** 7개 **18** 쿠키 상자의 개수: 9개, 쿠키 개수: 75개 **19** 14 cm **20** 120 km **21** 300 g

1 답 ③

③ (거리)=(속력)×(시간)이므로 $60x$ km이다.

2 답 ⑤

①, ②, ③, ④ $\dfrac{a}{bc}$ ⑤ $\dfrac{ab}{c}$

3 답 ④

① $-(-3)=3$ ② $(+3)^3=27$

③ $(-2)\times(-3)=6$ ④ $(-3)^3=-27$

⑤ $-5-(-3)^2=-5-9=-14$

4 답 ⑤

$-1<a<0$이므로 $a=-\dfrac{1}{2}$이라 하자.

① $a=-\dfrac{1}{2}$ ② $-a=-\left(-\dfrac{1}{2}\right)=\dfrac{1}{2}$

③ $a^2=\left(-\dfrac{1}{2}\right)^2=\dfrac{1}{4}$ ④ $(-a)^3=\left(\dfrac{1}{2}\right)^3=\dfrac{1}{8}$

⑤ $\dfrac{1}{a}=-2$

5 답 4

$\dfrac{1}{a}-\dfrac{1}{b}+5c=2-(-3)+5\times\left(-\dfrac{1}{5}\right)=2+3-1=4$

6 답 8

$5x^2$에서 x^2의 계수는 5이므로 $a=5$,

$-x$에서 x의 계수는 -1이므로 $b=-1$,

주어진 다항식의 차수는 2이므로 $c=2$이다.

따라서 $a-b+c=5-(-1)+2=8$이다.

7 답 ㄱ, ㄹ, ㅁ

ㄴ. 상수항의 차수는 0이다.

ㄷ. 분모에 문자를 포함한 식은 다항식이 아니므로 일차식이 아니다.

ㅂ. $3x^2$은 차수가 2인 다항식이다.

8 답 ㄴ, ㅁ

문자가 x이고 차수가 1인 항은 ㄴ. $\dfrac{x}{5}=\dfrac{1}{5}x$, ㅁ. $-x$이다.

9 답 -18

$-2(2x-1)+8(3x-5)=-4x+2+24x-40=20x-38$

따라서 $A=20$, $B=-38$이므로

$A+B=20+(-38)=-18$이다.

10 답 -1

$x-2-[3x+\{1-(5-x)\}]=x-2-\{3x+(1-5+x)\}$

$\qquad\qquad\qquad\qquad\qquad =x-2-(4x-4)$

$\qquad\qquad\qquad\qquad\qquad =x-2-4x+4$

$\qquad\qquad\qquad\qquad\qquad =-3x+2$

따라서 x의 계수는 -3, 상수항은 2이므로 $(-3)+2=-1$이다.

11 답 $\dfrac{11}{12}x-\dfrac{13}{12}$

$\dfrac{3x-1}{4}-\dfrac{5-x}{6}=\dfrac{3(3x-1)}{3\times4}-\dfrac{2(5-x)}{2\times6}$

$\qquad\qquad\qquad\quad =\dfrac{3(3x-1)-2(5-x)}{12}$

$\qquad\qquad\qquad\quad =\dfrac{9x-3-10+2x}{12}$

$\qquad\qquad\qquad\quad =\dfrac{11x-13}{12}=\dfrac{11}{12}x-\dfrac{13}{12}$

12 답 $a=5,\ b=-15$

항등식이므로 좌변과 우변이 같아야 한다.

$ax-3a=5x+b$이므로 $a=5$이고 $-3a=b$, $b=-15$이다.

13 답 ④

④ $c\neq0$의 조건이 필요하다.

14 답 ②

$ax+7=-x-3$에서 $(a+1)x+10=0$이고 일차방정식이 되려면 $a+1\neq0$이어야 하므로 $a\neq-1$이다.

15 답 2

(i) $\dfrac{4-x}{3}=\dfrac{x+3}{2}-1$

$\quad 2(4-x)=3(x+3)-6$

$\quad 8-2x=3x+9-6$

$\quad 5x=5$

$\quad\therefore\ x=1$

(ii) 해가 같으므로 $x=1$을 $5+3x=a(5-x)$에 대입하면

$\quad 5+3\times1=a\times(5-1)$

$\quad 5+3=a\times4$

$\quad\therefore\ a=2$

16 답 -2

$3(x+3)=-2x-1$

$3x+9=-2x-1$

$5x=-10$

$\therefore\ x=-2$

17 답 7개

사과를 x개, 배를 $(10-x)$개 샀다고 하면

$500x+700(10-x)=5600$

$500x+7000-700x=5600$

$200x=1400$

$\therefore\ x=7$

18 달 쿠키 상자의 개수: 9개, 쿠키 개수: 75개

쿠키 상자의 개수를 x개라 하면

$7x+12=9x-6$

$2x=18$

$\therefore x=9$

따라서 쿠키 상자의 개수는 9개이고 쿠키 개수는 $7 \times 9 + 12 = 75$(개)이다.

19 달 14 cm

$(10+x) \times 7 = 98$

$70+7x=98$

$7x=28$

$\therefore x=4$

따라서 새로운 직사각형의 가로의 길이는 $10+4=14$(cm)이다.

20 달 120 km

	갈 때	올 때
거리	x km	x km
속력	시속 60 km	시속 80 km
시간	$\dfrac{x}{60}$시간	$\dfrac{x}{80}$시간

$\dfrac{x}{60} - \dfrac{x}{80} = \dfrac{1}{2}$

$4x-3x=120$

$\therefore x=120$

21 달 300 g

	12 % 소금물		20 % 소금물		16 % 소금물
농도	12 %		20 %		16 %
소금물	300 g	+	x g	=	$(300+x)$g
소금	$\left(\dfrac{12}{100} \times 300\right)$g		$\left(\dfrac{20}{100} \times x\right)$g		$\dfrac{16}{100} \times (300+x)$g

$\dfrac{12}{100} \times 300 + \dfrac{20}{100} \times x = \dfrac{16}{100} \times (300+x)$

$3600+20x=16(300+x)$

$3600+20x=4800+16x$

$4x=1200$

$\therefore x=300$

Ⅲ 좌표평면과 그래프

10 순서쌍과 좌표

개념 으로 기초력 잡기
104~107쪽

수직선 / 좌표평면 위의 점의 좌표 104~105쪽

1 (1) $A(-3)$, $B\left(\dfrac{1}{2}\right)$, $C(2)$ (2) $A\left(-\dfrac{7}{3}\right)$, $B\left(\dfrac{3}{2}\right)$, $C\left(\dfrac{11}{3}\right)$

2 (1)
-4 -3 -2 -1 0 1 2 3 4

(2) 수직선 C B A
-4 -3 -2 -1 0 1 2 3 4

(3) 수직선
-4 -3 -2 -1 0 1 2 3 4

3 (1) $A(-4, 3)$, $B(3, 0)$, $C(0, -2)$, $D(1, -4)$ (2) $A(1, 5)$, $B(5, 1)$, $C(-1, 1)$, $D(-4, -2)$ (3) $A(-1, 0)$, $B(0, 4)$, $C(-3, -3)$, $D(3, -2)$ (4) $A(1, 2)$, $B(-2, 1)$, $C(-3, 0)$, $D(3, -3)$

4 (1)   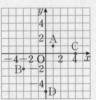 (2)

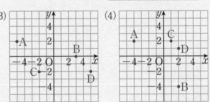

5 (1) $(5, -7)$ (2) $(-8, -9)$ (3) $(4, 4)$ (4) $(0, 6)$ (5) $(-2, 0)$ (6) $(3, 0)$ (7) $(0, -1)$ (8) $(0, 0)$

사분면 106쪽

1 (1) 제3사분면 (2) 제4사분면 (3) 제1사분면 (4) 어느 사분면에도 속하지 않는다. (5) 제2사분면 (6) 어느 사분면에도 속하지 않는다. (7) 제3사분면 (8) 어느 사분면에도 속하지 않는다.

2 (1) 제1사분면 (2) 제2사분면 (3) 제3사분면 (4) 제4사분면

3 (1) 제2사분면 (2) 제4사분면 (3) 제3사분면

2 달 (1) 제1사분면 (2) 제2사분면 (3) 제3사분면 (4) 제4사분면

(1) $a>0$, $b>0$이므로 제1사분면 위의 점이다.

(2) $-a<0$, $b>0$이므로 제2사분면 위의 점이다.

(3) $-a<0$, $-b<0$이므로 제3사분면 위의 점이다.

(4) $a>0$, $-b<0$이므로 제4사분면 위의 점이다.

3 달 (1) 제2사분면 (2) 제4사분면 (3) 제3사분면

(1) $a<0$, $b>0$이므로 제2사분면 위의 점이다.

(2) $-a>0$, $-b<0$이므로 제4사분면 위의 점이다.

(3) $ab<0$, $b<0$이므로 제3사분면 위의 점이다.

대칭인 점의 좌표

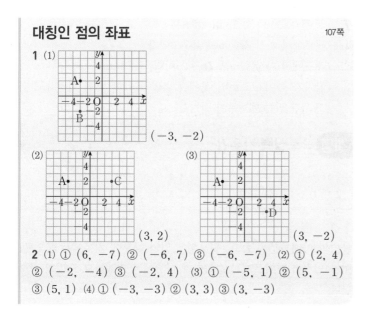

1 (1) $(-3, -2)$
(2) $(3, 2)$
(3) $(3, -2)$

2 (1) ① $(6, -7)$ ② $(-6, 7)$ ③ $(-6, -7)$ (2) ① $(2, 4)$
② $(-2, -4)$ ③ $(-2, 4)$ (3) ① $(-5, 1)$ ② $(5, -1)$
③ $(5, 1)$ (4) ① $(-3, -3)$ ② $(3, 3)$ ③ $(3, -3)$

개념 으로 실력 키우기

108~109쪽

1-1 ④	**1-2** ⑤
2-1 ③	**2-2** ③
3-1 1	**3-2** -1
4-1 ⑤	**4-2** ⑤
5-1 제2사분면	**5-2** ⑤
6-1 7	**6-2** $a=-6$, $b=4$

1-1 답 ④
④ $D\left(\dfrac{5}{3}\right)$

1-2 답 ⑤
① $A\left(-\dfrac{10}{3}\right)$ ② $B(-0.5)$ ③ $C\left(\dfrac{2}{3}\right)$ ④ $D(2.5)$

2-1 답 ③
① $A(-5, 4)$ ② $B(-1, 0)$ ④ $D(0, -3)$ ⑤ $E(5, -3)$

2-2 답 ③
③ $C(0, 0)$

3-1 답 1
$A(-2, 0)$, $B(0, 3)$이므로 $a=-2$, $b=0$, $c=0$, $d=3$이고
$a+b+c+d=(-2)+0+0+3=1$이다.

3-2 답 -1
$a-1=0$이므로 $a=1$이고, $2b+4=0$이므로 $b=-2$이다.
따라서 $a+b=1+(-2)=-1$이다.

4-1 답 ⑤
① 제3사분면 ② 제4사분면 ③ 어느 사분면에도 속하지 않는다.
④ 제2사분면

5-1 답 제2사분면
$a>0$, $b>0$이므로 $-a<0$, $ab>0$이다.
따라서 제2사분면 위의 점이다.

6-1 답 7
x축에 대하여 대칭이므로 x좌표는 같고 y좌표는 부호가 서로 반대
이다.   따라서 $a=2$, $b=5$이고 $a+b=2+5=7$이다.

6-2 답 $a=-6$, $b=4$
원점에 대하여 대칭이므로 두 점의 x좌표와 y좌표의 부호가 서로
반대이다.   따라서 $a=-6$, $b=4$이다.

11 그래프

초등개념 으로 기초력 잡기

111쪽

규칙과 대응

111쪽

1 (1) 10, 15, 20 (2) ●×5=▲ 또는 ▲÷5=● (3) ⓒ
2 (1) 4, 7, 10 (2) 3, 1 (3) ★×3+1=■ (4) 16개

1   답 (1) 10, 15, 20 (2) ●×5=▲ 또는 ▲÷5=● (3) ⓒ
(2) 꽃의 수에 5를 곱하면 꽃잎의 수와 같다.
   꽃잎의 수를 5로 나누면 꽃의 수와 같다.
(3) ⓒ 꽃잎의 수인 ▲의 값은 꽃의 수인 ●의 값에 따라 변한다.

2   답 (1) 4, 7, 10 (2) 3, 1 (3) ★×3+1=■ (4) 16개
(4) 5×3+1=16(개)

개념 으로 기초력 잡기

112~114쪽

그래프의 뜻과 해석

112~114쪽

1 (1) 40, 30, 20, 10, 0 / (5, 50), (10, 40), (15, 30), (20, 20),
(25, 10), (30, 0) (2) (3) 20분
2 (1) (2) 10 ℃ (3) 30 ℃

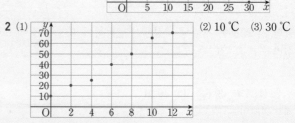

3 (1) ⓒ (2) ⓔ (3) ⓛ (4) ㄱ   **4** (1) ⓒ (2) ⓛ (3) ㄱ (4) ⓔ
5 (1) 2 km (2) 15분 (3) 15분   **6** (1) 5초 (2) 5초 (3) 30 m
7 (1) 5 m (2) 25 m (3) 8분

1　답 (1) 40, 30, 20, 10, 0 / (5, 50), (10, 40), (15, 30), (20, 20), (25, 10), (30, 0)　(2)

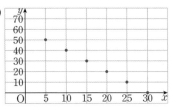

(3) 20분

(3) 그래프에서 $y=20$일 때 $x=20$이다.

2　답 (1)

(2) 10 ℃　(3) 30 ℃

(2) 그래프에서 $x=0$일 때 $y=10$이다.
(3) 그래프에서 $x=0$일 때 $y=10$이고 $x=6$일 때 $y=40$이므로 $40-10=30$(℃)이다.

3　답 (1) ㉢　(2) ㉣　(3) ㉡　(4) ㉠
(1) x의 값이 증가할 때 y의 값이 일정하다.
(2) x의 값이 증가할 때 y의 값이 증가했다 감소했다를 반복한다.
(3) x의 값이 증가할 때 y의 값이 느리게 감소한다.
(4) x의 값이 증가할 때 y의 값이 일정하게 감소한다.

4　답 (1) ㉢　(2) ㉡　(3) ㉠　(4) ㉣
(1) 물의 높이는 일정하게 상승한다.
(2) 물병이 위로 올라갈수록 좁아지므로 물의 높이는 점점 빠르게 상승한다.
(3) 물병이 위로 올라갈수록 넓어지므로 물의 높이는 점점 천천히 상승한다.
(4) 물병의 아랫부분은 넓고, 윗부분은 좁기 때문에 처음에는 물의 높이가 일정하고 느리게 상승하다가 나중에는 일정하고 빠르게 상승한다.

5　답 (1) 2 km　(2) 15분　(3) 15분
(1) 출발한 후 10분 동안 2 km를 이동하였다.
(2) 10분에서 25분까지는 거리가 2 km로 일정하므로 서점에 머물렀다.
(3) 출발한 지 25분이 지나서 서점에서 출발하여 40분에 집에 도착하였다.

6　답 (1) 5초　(2) 5초　(3) 30 m
(1) 그래프에서 $y=15$일 때 $x=5$이다.
(2) 5초에서 10초까지는 거리가 15 m로 일정하므로 장난감 자동차는 멈춰 있었다.
(3) 출발한 지 20초 후 30 m에서 멈추었다.

7　답 (1) 5 m　(2) 25 m　(3) 8분
(1) 그래프에서 가장 작은 y의 값은 5이다.
(2) 그래프에서 가장 큰 y의 값은 25이다.
(3) 관람차가 높이가 5 m인 곳에서 출발하여 한 바퀴 회전하고 다시 5 m가 되는 데 8분이 걸린다.

개념으로 **실력** 키우기　　　　115쪽

1-1 ㉢	**1-2** (1) ㉡ (2) ㉠
2-1 (1) 2시간 (2) 12번	**2-2** ①

1-1　답 ㉢
물병의 아랫부분은 좁고, 윗부분은 넓기 때문에 처음에는 물의 높이가 일정하고 빠르게 상승하다가 나중에는 일정하고 느리게 상승한다.

1-2　답 (1) ㉡　(2) ㉠
(1) x의 값이 증가할 때 y의 값이 증가했다 감소한다.
(2) x의 값이 증가할 때 y의 값이 일정하게 증가한다.

2-1　답 (1) 2시간　(2) 12번
(1) 출발 지점에서 100 km까지 가는 데 1시간이 걸리고, 다시 출발 지점까지 돌아오는 데 1시간이 걸리므로 한 번 왕복하는 데 2시간이 걸린다.
(2) 한 번 왕복하는 데 2시간이 걸리므로 24시간 동안 $24÷2=12$(번) 왕복한다.

12 정비례와 반비례

개념으로 **기초력** 잡기　　　　118~125쪽

정비례 관계와 그 그래프　　　　118~119쪽

1 (1) ○ (2) ○ (3) × (4) × (5) ○ (6) × (7) × (8) ○ (9) ×

2 (1) $y=-4x$ (2) $y=\dfrac{1}{3}x$ (3) $y=-3x$ (4) $y=\dfrac{3}{2}x$

3 (1) $-6, -3, 0, 3, 6$ /

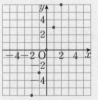

(2) $6, 3, 0, -3, -6$ /

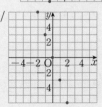

(3) $-2, -1, 0, 1, 2$ /

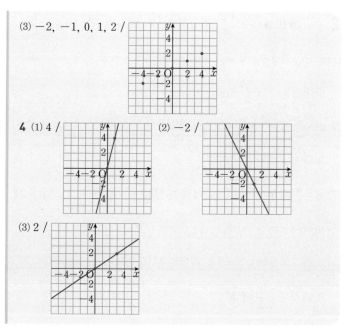

4 (1) 4 / (2) -2 /

(3) 2 /

2 冒 (1) $y=-4x$ (2) $y=\dfrac{1}{3}x$ (3) $y=-3x$ (4) $y=\dfrac{3}{2}x$

(1) $y=ax$에 $x=-1$, $y=4$를 대입하면 $4=-a$ ∴ $a=-4$
따라서 $y=-4x$이다.

(2) $y=ax$에 $x=-15$, $y=-5$를 대입하면 $-5=-15a$
∴ $a=\dfrac{1}{3}$
따라서 $y=\dfrac{1}{3}x$이다.

(3) $y=ax$에 $x=3$, $y=-9$를 대입하면 $-9=3a$ ∴ $a=-3$
따라서 $y=-3x$이다.

(4) $y=ax$에 $x=8$, $y=12$를 대입하면 $12=8a$ ∴ $a=\dfrac{3}{2}$
따라서 $y=\dfrac{3}{2}x$이다.

4 冒 (1) 4 / (2) -2 /

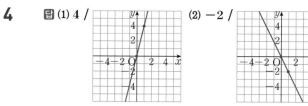

(3) 2 /

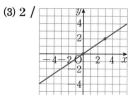

(1) $y=4x$에 $x=1$을 대입하면 $y=4$이다.

(2) $y=-2x$에 $x=1$을 대입하면 $y=-2$이다.

(3) $y=\dfrac{2}{3}x$에 $x=3$을 대입하면 $y=2$이다.

정비례 관계의 그래프의 성질

120~121쪽

1 (1) 원점 (2) 위 (3) 1, 3 (4) 증가 (5) 3 **2** (1) 원점 (2) 아래
(3) 2, 4 (4) 감소 (5) -4 **3** (1) ㉠, ㉡, ㉢, ㉣, ㉤, ㉥
(2) ㉡, ㉢, ㉥ (3) ㉠, ㉣, ㉤ (4) ㉠, ㉣, ㉤ (5) ㉡, ㉢, ㉥ (6) ㉠,
㉣, ㉤ (7) ㉡, ㉢, ㉥ (8) ㉡ (9) ㉥ **4** (1) $y=-2x$ (2) $y=\dfrac{1}{2}x$
(3) $y=\dfrac{1}{3}x$ (4) $y=-\dfrac{3}{2}x$

3 冒 (1) ㉠, ㉡, ㉢, ㉣, ㉤, ㉥ (2) ㉡, ㉢, ㉥ (3) ㉠, ㉣, ㉤
(4) ㉠, ㉣, ㉤ (5) ㉡, ㉢, ㉥ (6) ㉠, ㉣, ㉤ (7) ㉡, ㉢, ㉥ (8) ㉡
(9) ㉥

(1) $y=ax(a≠0)$의 그래프는 원점을 지나는 직선이다.

(2) $y=ax$에서 $a<0$인 그래프이다.

(3) $y=ax$에서 $a>0$인 그래프이다.

(4) $y=ax$에서 $a>0$인 그래프이다.

(5) $y=ax$에서 $a<0$인 그래프이다.

(6) $y=ax$에서 $a>0$인 그래프이다.

(7) $y=ax$에서 $a<0$인 그래프이다.

(8) $y=ax$에서 $|a|$의 값이 클수록 y축에 가깝다. 따라서
$\left|-\dfrac{1}{4}\right|<\left|\dfrac{1}{2}\right|<|1|<\left|\dfrac{3}{2}\right|<|-5|<|-16|$이므로 ㉡이다.

(9) $y=ax$에서 $|a|$의 값이 작을수록 x축에 가깝다.
따라서 $\left|-\dfrac{1}{4}\right|<\left|\dfrac{1}{2}\right|<|1|<\left|\dfrac{3}{2}\right|<|-5|<|-16|$이므로
㉥이다.

4 冒 (1) $y=-2x$ (2) $y=\dfrac{1}{2}x$ (3) $y=\dfrac{1}{3}x$ (4) $y=-\dfrac{3}{2}x$

(1) 그래프가 점 $(-1, 2)$를 지나므로 $y=ax$에 $x=-1$. $y=2$를 대입하면 $2=-a$ ∴ $a=-2$
따라서 $y=-2x$이다.

(2) 그래프가 점 $(2, 1)$을 지나므로 $y=ax$에 $x=2$. $y=1$을 대입하면 $1=2a$ ∴ $a=\dfrac{1}{2}$
따라서 $y=\dfrac{1}{2}x$이다.

(3) 그래프가 점 $(3, 1)$을 지나므로 $y=ax$에 $x=3$. $y=1$을 대입하면 $1=3a$ ∴ $a=\dfrac{1}{3}$
따라서 $y=\dfrac{1}{3}x$이다.

(4) 그래프가 점 $(-2, 3)$을 지나므로 $y=ax$에 $x=-2$. $y=3$을 대입하면 $3=-2a$ ∴ $a=-\dfrac{3}{2}$
따라서 $y=-\dfrac{3}{2}x$이다.

반비례 관계와 그 그래프
122~123쪽

1 (1) ✕ (2) ◯ (3) ✕ (4) ✕ (5) ◯ (6) ✕ (7) ✕ (8) ◯ (9) ✕

2 (1) $y=-\dfrac{18}{x}$ (2) $y=-\dfrac{15}{x}$ (3) $y=\dfrac{24}{x}$ (4) $y=\dfrac{1}{x}$

3 (1) 2, 4, −4, −2 /

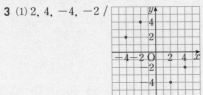

(2) −1, −2, −3, −6, 6, 3, 2, 1 /

(3) 1, 2, 3, 6, −6, −3, −2, −1 /

4 (1) −2, −3, −4, −6, 6, 4, 3, 2 /

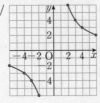

(2) −1, −2, −4, 4, 2, 1/

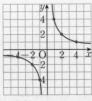

(3) 1, 2, 4, −4, −2, −1 /

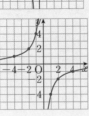

1 답 (1) ✕ (2) ◯ (3) ✕ (4) ✕ (5) ◯ (6) ✕ (7) ✕ (8) ◯ (9) ✕

(1) $y=-\dfrac{x}{6}=-\dfrac{1}{6}x$

(4) $x+y=-1$은 $y=-x-1$

(5) $y=\dfrac{7}{x}$

(6) $y=\dfrac{x}{300}\times100=\dfrac{x}{3}$

(7) $y=24-x$

(8) $xy=15000$이므로 $y=\dfrac{15000}{x}$

(9) $y=4x$

2 답 (1) $y=-\dfrac{18}{x}$ (2) $y=-\dfrac{15}{x}$ (3) $y=\dfrac{24}{x}$ (4) $y=\dfrac{1}{x}$

(1) $y=\dfrac{a}{x}$에 $x=-2$, $y=9$를 대입하면 $9=-\dfrac{a}{2}$ ∴ $a=-18$

따라서 $y=-\dfrac{18}{x}$이다.

(2) $y=\dfrac{a}{x}$에 $x=5$, $y=-3$을 대입하면 $-3=\dfrac{a}{5}$ ∴ $a=-15$

따라서 $y=-\dfrac{15}{x}$이다.

(3) $y=\dfrac{a}{x}$에 $x=-6$, $y=-4$를 대입하면 $-4=-\dfrac{a}{6}$ ∴ $a=24$

따라서 $y=\dfrac{24}{x}$이다.

(4) $y=\dfrac{a}{x}$에 $x=1$, $y=1$을 대입하면 $1=\dfrac{a}{1}$ ∴ $a=1$

따라서 $y=\dfrac{1}{x}$이다.

3 답 (1) 2, 4, −4, −2 /

(2) −1, −2, −3, −6, 6, 3, 2, 1 /

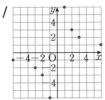

(3) 1, 2, 3, 6, −6, −3, −2, −1 /

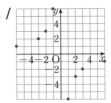

(1) 순서쌍 $(-4, 2)$, $(-2, 4)$, $(2, -4)$, $(4, -2)$를 좌표평면 위에 점으로 나타낸다.

(2) 순서쌍 $(-6, -1)$, $(-3, -2)$, $(-2, -3)$, $(-1, -6)$, $(1, 6)$, $(2, 3)$, $(3, 2)$, $(6, 1)$을 좌표평면 위에 점으로 나타낸다.

(3) 순서쌍 $(-6, 1)$, $(-3, 2)$, $(-2, 3)$, $(-1, 6)$, $(1, -6)$, $(2, -3)$, $(3, -2)$, $(6, -1)$을 좌표평면 위에 점으로 나타낸다.

반비례 관계의 그래프의 성질
124~125쪽

1 (1) 원점 (2) 1, 3 (3) 감소 (4) 4 **2** (1) 원점 (2) 2, 4 (3) 증가

(4) 1 **3** (1) ㉠, ㉡, ㉢, ㉣, ㉤, ㉥ (2) ㉡, ㉣, ㉤ (3) ㉠, ㉢, ㉥

(4) ㉠, ㉢, ㉥ (5) ㉡, ㉣, ㉤ (6) ㉥ (7) ㉢ **4** (1) $y=\dfrac{5}{x}$

(2) $y=-\dfrac{12}{x}$ (3) $y=-\dfrac{9}{x}$ (4) $y=\dfrac{16}{x}$

3 답 (1) ㉠, ㉡, ㉢, ㉣, ㉤, ㉥ (2) ㉡, ㉣, ㉤ (3) ㉠, ㉢, ㉥
(4) ㉠, ㉢, ㉥ (5) ㉡, ㉣, ㉤ (6) ㉥ (7) ㉢

(1) $y=\dfrac{a}{x}\,(a\neq0)$의 그래프는 원점에 대칭인 한 쌍의 곡선이다.

(2) $y=\dfrac{a}{x}$에서 $a>0$인 그래프이다.

(3) $y=\dfrac{a}{x}$에서 $a<0$인 그래프이다.

(4) $y=\dfrac{a}{x}$에서 $a<0$인 그래프이다.

(5) $y=\dfrac{a}{x}$에서 $a>0$인 그래프이다.

(6) $y=\dfrac{a}{x}$에서 $|a|$의 값이 클수록 원점에서 멀다.

　따라서 $|-1|<|3|<|4|<|-8|<|12|<|-35|$이므로
　㉥이다.

(7) $y=\dfrac{a}{x}$에서 $|a|$의 값이 작을수록 원점에 가깝다.

　따라서 $|-1|<|3|<|4|<|-8|<|12|<|-35|$이므로
　㉢이다.

4 답 (1) $y=\dfrac{5}{x}$ (2) $y=-\dfrac{12}{x}$ (3) $y=-\dfrac{9}{x}$ (4) $y=\dfrac{16}{x}$

(1) 그래프가 점 $(1,\,5)$를 지나므로 $y=\dfrac{a}{x}$에 $x=1$, $y=5$를 대입하
　면 $5=\dfrac{a}{1}$ ∴ $a=5$　　따라서 $y=\dfrac{5}{x}$이다.

(2) 그래프가 점 $(-3,\,4)$를 지나므로 $y=\dfrac{a}{x}$에 $x=-3$, $y=4$를 대
　입하면 $4=-\dfrac{a}{3}$ ∴ $a=-12$　　따라서 $y=-\dfrac{12}{x}$이다.

(3) 그래프가 점 $(-3,\,3)$을 지나므로 $y=\dfrac{a}{x}$에 $x=-3$, $y=3$을 대
　입하면 $3=-\dfrac{a}{3}$ ∴ $a=-9$　　따라서 $y=-\dfrac{9}{x}$이다.

(4) 그래프가 점 $(-8,\,-2)$를 지나므로 $y=\dfrac{a}{x}$에 $x=-8$, $y=-2$
　를 대입하면 $-2=-\dfrac{a}{8}$ ∴ $a=16$　　따라서 $y=\dfrac{16}{x}$이다.

개념으로 **실력 키우기**

126~127쪽

1-1 ㉠, ㉡	**1-2** $y=-3x$
2-1 $y=\dfrac{2}{5}x$	**2-2** (1) $y=-\dfrac{3}{4}x$ (2) $-\dfrac{3}{2}$
3-1 ③	**3-2** ⑤
4-1 ③	**4-2** $y=-\dfrac{20}{x}$
5-1 $y=-\dfrac{8}{x}$	**5-2** (1) $y=\dfrac{12}{x}$ (2) 3
6-1 ⑤	**6-2** (1) × (2) ○

1-1 답 ㉠, ㉡

㉠ $y=\dfrac{20}{100}\times x=\dfrac{1}{5}x$ 　 ㉡ $y=15x$ 　 ㉢ $y=\dfrac{30}{x}$

1-2 답 $y=-3x$

$y=ax$에 $x=-3$, $y=9$를 대입하면 $9=-3a$ ∴ $a=-3$
따라서 $y=-3x$이다.

2-1 답 $y=\dfrac{2}{5}x$

그래프가 점 $(-5,\,-2)$를 지나므로 $y=ax$에 $x=-5$, $y=-2$를

대입하면 $-2=-5a$ ∴ $a=\dfrac{2}{5}$

따라서 $y=\dfrac{2}{5}x$이다.

2-2 답 (1) $y=-\dfrac{3}{4}x$ (2) $-\dfrac{3}{2}$

(1) 그래프가 점 $(-4,\,3)$을 지나므로 $y=ax$에 $x=-4$, $y=3$을 대
　입하면 $3=-4a$ ∴ $a=-\dfrac{3}{4}$

　따라서 $y=-\dfrac{3}{4}x$이다.

(2) $y=-\dfrac{3}{4}x$의 그래프가 점 $(2,\,k)$를 지나므로 식에 $x=2$, $y=k$

　를 대입하면 $k=\left(-\dfrac{3}{4}\right)\times2$ ∴ $k=-\dfrac{3}{2}$

3-1 답 ③

③ $y=ax$에서 $a>0$이므로 제1사분면과 제3사분면을 지난다.

3-2 답 ⑤

$y=ax$에서 $|a|$의 값이 클수록 y축에 가깝다.

따라서 $\left|-\dfrac{1}{2}\right|<|-1|<|2|<|4|<|-7|$이므로 ⑤이다.

4-1 답 ③

③ $xy=5$는 $y=\dfrac{5}{x}$

4-2 답 $y=-\dfrac{20}{x}$

$y=\dfrac{a}{x}$에 $x=5$, $y=-4$를 대입하면 $-4=\dfrac{a}{5}$ ∴ $a=-20$

따라서 $y=-\dfrac{20}{x}$이다.

5-1 답 $y=-\dfrac{8}{x}$

그래프가 점 $(4,\,-2)$를 지나므로 $y=\dfrac{a}{x}$에 $x=4$, $y=-2$를 대입

하면 $-2=\dfrac{a}{4}$ ∴ $a=-8$

따라서 $y=-\dfrac{8}{x}$이다.

정답 및 풀이

5-2 답 (1) $y=\dfrac{12}{x}$ (2) 3

(1) 그래프가 점 $(-6, -2)$를 지나므로 $y=\dfrac{a}{x}$에 $x=-6$, $y=-2$

를 대입하면 $-2=-\dfrac{a}{6}$ $\therefore a=12$ 따라서 $y=\dfrac{12}{x}$이다.

(2) $y=\dfrac{12}{x}$의 그래프가 점 $(k, 4)$를 지나므로 식에 $x=k$, $y=4$를

대입하면 $4=\dfrac{12}{k}$ $\therefore k=3$

6-1 답 ⑤

⑤ x의 값이 2배, 3배, 4배, …로 변함에 따라 y의 값은 $\dfrac{1}{2}$배, $\dfrac{1}{3}$배,

$\dfrac{1}{4}$배, …로 변한다.

6-2 답 (1) × (2) ○

(1) 반비례 관계 $y=\dfrac{a}{x}$에서 $a>0$이면 x의 값이 증가하면 y의 값은

감소한다.

(2) 반비례 관계 $y=\dfrac{a}{x}$에서 $|a|$의 값이 클수록 원점에서 멀다.

따라서 $|-5|<|6|$이므로 $y=\dfrac{6}{x}$의 그래프가 원점에서 더 멀다.

대단원 TEST
128~130쪽

01	(수직선 A=-2, B=4) / 6
02	$a=-5$, $b=15$	03 ②	04 -2	05 ⑤	06 ①
07	제2사분면	08 0	09 $a=2$, $b=3$
10	(1) ⓒ (2) ㉠	11 ①	12 ③	13 ③	14 ①
15	4	16 ④	17 ①	18 4개	19 ⓒ, ⓔ, ⓜ, ⓗ
20	⑤	21 ②

01 답 (수직선 A=-2, B=4) / 6

$4-(-2)=6$

02 답 $a=-5$, $b=15$

$-2a=10$이므로 $a=-5$이다.

$3=\dfrac{b}{5}$이므로 $b=15$이다.

03 답 ②

② $B(2, 6)$

04 답 -2

$2a+1=0$이므로 $a=-\dfrac{1}{2}$이고, $b-4=0$이므로 $b=4$이다.

따라서 $ab=\left(-\dfrac{1}{2}\right)\times 4=-2$이다.

05 답 ⑤

① y축 위의 점 ② 제2사분면 ③ 제4사분면 ④ 제3사분면

06 답 ①

① x축 위의 점은 y좌표가 0이다.

07 답 제2사분면

$a>0$, $b<0$이므로 $ab<0$, $-b>0$이다.

따라서 제2사분면 위의 점이다.

08 답 0

$A(-1, -3)$이므로 $a=-1$, $b=-3$이다.

$B(1, 3)$이므로 $c=1$, $d=3$이다.

따라서 $a+b+c+d=(-1)+(-3)+1+3=0$이다.

09 답 $a=2$, $b=3$

원점에 대하여 대칭이므로 두 점의 x좌표와 y좌표의 부호가 서로

반대이다. 따라서 $3=b$이고 $2a=4$이므로 $a=2$, $b=3$이다.

10 답 (1) ⓒ (2) ㉠

(1) x의 값이 증가할 때 y의 값은 변하지 않고 일정하다.

(2) x의 값이 증가할 때 y의 값은 일정하게 증가한다.

11 답 ①

멈춰 쉬었던 시간 10분을 제외하고 자전거를 탄 총 시간은

$45-10=35$(분)이다.

12 답 ③

③ $x=3$, $y=-6$을 대입하면 $-6\neq-\dfrac{1}{2}\times 3$

13 답 ③

③ $y=ax$에서 $a<0$이면 x의 값이 증가하면 y의 값은 감소한다.

14 답 ①

$y=ax$에서 $|a|$의 값이 작을수록 x축에 가깝다.

따라서 $\left|-\dfrac{1}{3}\right|<|1|<\left|\dfrac{5}{3}\right|<|-2|<|4|$이므로 ①의 그래프가

x축에 가장 가깝다.

15 답 4

$y=ax$에 $x=-2$, $y=-4$를 대입하면 $-4=-2a$ $\therefore a=2$

$y=2x$에 $x=k$, $y=8$을 대입하면 $8=2k$ $\therefore k=4$

16 답 ④

반비례 관계이다.

④ $xy=1$은 $y=\dfrac{1}{x}$

17 답 ①

$x=-1$, $y=1$을 대입하면 $1\neq-\dfrac{1}{1}$

18 답 4개

정비례 관계 $y=ax$의 그래프와 반비례 관계 $y=\dfrac{a}{x}$의 그래프는 $a<0$일 때, 제2사분면과 제4사분면을 지난다.

따라서 ㉠, ㉢, ㉤, ㉥이다.

19 답 ㉢, ㉣, ㉤, ㉥

정비례 관계 $y=ax$의 그래프는 $a<0$일 때 x의 값이 증가하면 y의 값은 감소하므로 ㉢, ㉥이고, 반비례 관계 $y=\dfrac{a}{x}$의 그래프는 $a>0$일 때 x의 값이 증가하면 y의 값은 감소하므로 ㉣, ㉤이다.

20 답 ⑤

그래프가 점 $(3,6)$을 지나므로 $y=\dfrac{a}{x}$에 $x=3$, $y=6$을 대입하면

$6=\dfrac{a}{3}$ ∴ $a=18$ 따라서 $y=\dfrac{18}{x}$이다.

⑤ $x=-18$을 대입하면 $y=-\dfrac{18}{18}=-1$이다.

21 답 ②

$y=\dfrac{a}{x}$에서 $|a|$의 값이 작을수록 원점에 가깝다.

따라서 $|-1|<|-2|<|5|<|-6|<|12|$이므로 ②의 그래프가 원점에 가장 가깝다.

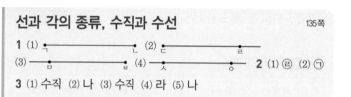

Ⅳ 도형의 기초

13 점, 선, 면, 각

초등개념 으로 기초력 잡기

135쪽

선과 각의 종류, 수직과 수선 135쪽

1 (1) ㄱ——ㄴ (2) ㄷ————ㄹ
(3) ㅁ————ㅂ (4) ㅅ————ㅇ **2** (1) ㉣ (2) ㉠
3 (1) 수직 (2) 나 (3) 수직 (4) 라 (5) 나

2 답 (1) ㉣ (2) ㉠

㉡ 90°인 직각이다.

㉢ 180°는 예각도 둔각도 아니다.

개념 으로 기초력 잡기

136~141쪽

점, 선, 면 136쪽

1 (1) ◯ (2) × (3) ◯ (4) × (5) ◯ (6) ◯ (7) × (8) ×
2 (1) 4, 0 (2) 5, 0 (3) 4, 6 (4) 8, 12 (5) 10, 15

1 답 (1) ◯ (2) × (3) ◯ (4) × (5) ◯ (6) ◯ (7) × (8) ×

(2) 원은 평면도형, 구는 입체도형이다.

(4) 한 평면 위에 있는 도형은 평면도형, 한 평면 위에 있지 않은 도형은 입체도형이다.

(7) 면과 면이 만나면 교선이 생긴다.

(8) 교선은 직선 또는 곡선이다.

직선, 반직선, 선분 137쪽

2 (1) ◯ (2) × (3) × (4) ◯ (5) ◯ (6) ◯

정답 및 풀이 **45**

2 답 (1) ○ (2) × (3) × (4) ○ (5) ○ (6) ○

(1) 두 직선 모두 직선 l이다.

(2) 시작점과 나아가는 방향이 같으므로 같은 반직선이다.

(3) 점 A에서 점 B까지의 부분을 나타내는 같은 선분이다.

(4) 시작점과 나아가는 방향이 같으므로 같은 반직선이다.

(5) 시작점과 나아가는 방향이 모두 다르므로 다른 반직선이다.

(6) 직선 l 위의 두 점 B와 C를 지나는 직선은 직선 l이다.

두 점 사이의 거리   138쪽

1 (1) ① 8 cm ② 8 cm ③ 16 cm / $\frac{1}{2}$, 8 (2) ① 9 cm ② 18 cm ③ 18 cm / 2, 2, 18   **2** (1) ① 3 cm ② 6 cm ③ 12 cm / 4, 2, 12 (2) ① 10 cm ② 5 cm ③ 5 cm / $\frac{1}{2}$, $\frac{1}{4}$ (3) ① 12 cm, ② 6 cm ③ 18 cm / $\frac{1}{4}$, $\frac{3}{4}$, 18   **3** ① 4 cm ② 8 cm ③ 12 cm / 3, 12

각   139쪽

1 (1) × (2) × (3) ○ (4) ×   **2** (1) ㉠, ㉡, ㉂ (2) ㉣ (3) ㉢, ㉤, ◎ (4) ㉯   **3** (1) 55° (2) 18° (3) 80° (4) 30°

1 답 (1) × (2) × (3) ○ (4) ×

(1) 예각은 0°보다 크고 90°보다 작은 각이다.

(2) 둔각은 90°보다 크고 180°보다 작은 각이다.

(4) ∠AOB = ∠BOA이다.

2 답 (1) ㉠, ㉡, ㉂ (2) ㉣ (3) ㉢, ㉤, ◎ (4) ㉯

(1) 예각은 0°보다 크고 90°보다 작은 각이다.

(2) 직각은 90°이다.

(3) 둔각은 90°보다 크고 180°보다 작은 각이다.

(4) 평각은 180°이다.

3 답 (1) 55° (2) 18° (3) 80° (4) 30°

(1) $\angle x + 35° = 90°$

∴ $\angle x = 55°$

(2) $2\angle x + 3\angle x = 90°$, $5\angle x = 90°$

∴ $\angle x = 18°$

(3) $100° + \angle x = 180°$

∴ $\angle x = 80°$

(4) $\angle x + 2\angle x = 90°$, $3\angle x = 90°$

∴ $\angle x = 30°$

맞꼭지각   140쪽

1 (1) ∠DOE (2) ∠DOF (3) ∠FOA (4) ∠EOA

2 (1) 35° (2) 20° (3) 35°   **3** (1) $\angle x = 130°$, $\angle y = 50°$ (2) $\angle x = 55°$, $\angle y = 60°$ (3) $\angle x = 60°$, $\angle y = 90°$

2 답 (1) 35° (2) 20° (3) 35°

(1) $2\angle x = 70°$

∴ $\angle x = 35°$

(2) $2\angle x + 3\angle x + 4\angle x = 180°$

$9\angle x = 180°$

∴ $\angle x = 20°$

(3) $\angle x + 55° = 90°$

∴ $\angle x = 35°$

3 답 (1) $\angle x = 130°$, $\angle y = 50°$ (2) $\angle x = 55°$, $\angle y = 60°$ (3) $\angle x = 60°$, $\angle y = 90°$

(1) $\angle y = 180° - 130° = 50°$

(2) $65° + 55° + \angle y = 180°$

∴ $\angle y = 60°$

(3) $\angle x + 30° = 90°$

∴ $\angle x = 60°$

수직과 수선   141쪽

1 (1) 직교, ⊥ (2) 수직이등분선 (3) $\overrightarrow{CD}$, $\overrightarrow{AB}$ (4) H (5) 3

2 (1) $\overline{CD}$, $\overline{CD}$ (2) C (3) 6 (4) 4 (5) $\overline{CD}$, $\overline{DC}$

1 답 (1) 직교, ⊥ (2) 수직이등분선 (3) $\overrightarrow{CD}$, $\overrightarrow{AB}$ (4) H (5) 3

(5) 점 A와 $\overrightarrow{CD}$ 사이의 거리는 $\overline{AH} = 3$ cm이다.

2 답 (1) $\overline{CD}$, $\overline{CD}$ (2) C (3) 6 (4) 4 (5) $\overline{CD}$, $\overline{DC}$

(3) 점 B와 $\overline{CD}$ 사이의 거리는 $\overline{BC} = 6$ cm이다.

(4) 점 A와 $\overline{BC}$ 사이의 거리는 $\overline{DC}$의 길이와 같으므로 4 cm이다.

(5) $\overline{AD} \perp \overline{CD}$이고 $\overline{BC} \perp \overline{DC}$이다.

개념 으로실력 키우기   142~143쪽

1-1 26	**1-2** (1) 평면도형 (2) 5개 (3) 0개
2-1 ④	**2-2** (1) = (2) ≠ (3) = (4) =
3-1 6 cm	**3-2** 10 cm
4-1 (1) ㉢ (2) ㉡, ㉢	**4-2** 30°
5-1 30°	**5-2** $\angle x = 20°$, $\angle y = 15°$
6-1 ⑤	**6-2** (1) 2.4 cm (2) 4 cm

1-1 답 26

꼭짓점의 개수는 8개이므로 $a = 8$, 모서리의 개수는 12개이므로 $b = 12$, 면의 개수는 6개이므로 $c = 6$이다.

∴ $a + b + c = 8 + 12 + 6 = 26$

1-2 답 (1) 평면도형 (2) 5개 (3) 0개

(2) 교점의 개수는 꼭짓점의 개수이므로 5개이다.

(3) 평면도형의 교선은 0개이다.

2-1 답 ④

④ 시작점은 같으나 나아가는 방향이 다르므로 $\overrightarrow{CA} \neq \overrightarrow{CD}$이다.

2-2 답 (1) = (2) ≠ (3) = (4) =

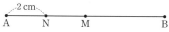

(2) 직선과 선분은 같지 않다.

3-1 답 6 cm

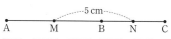

$\overline{AN}=\overline{NM}=2$ cm이므로 $\overline{AM}=4$ cm이고
$\overline{AM}=\overline{BM}=4$ cm이다.
∴ $\overline{NB}=\overline{NM}+\overline{MB}=2+4=6$ (cm)

3-2 답 10 cm

$\overline{AC}=\overline{AM}+\overline{MB}+\overline{BN}+\overline{NC}$
　　$=2\overline{MB}+2\overline{BN}$
　　$=2(\overline{MB}+\overline{BN})$
　　$=2\overline{MN}=10$ (cm)

4-1 답 (1) ⑫ (2) ⓛ, ⓒ

(1) 예각은 0°보다 크고 90°보다 작은 각이다.
(2) 둔각은 90°보다 크고 180°보다 작은 각이다.

4-2 답 30°

$\angle x+\angle y=90$°이므로
$\angle x=90$° $\times \dfrac{1}{1+2}=30$°

5-1 답 30°

$(2\angle x-10°)+(3\angle x+10°)+\angle x=180°$
$6\angle x=180°$　∴ $\angle x=30°$

5-2 답 $\angle x=20°$, $\angle y=15°$

$(75°-\angle x)+90°=7\angle x+5°$이므로
$160°=8\angle x$　∴ $\angle x=20°$
$(7\angle x+5°)+(\angle y+20°)=180°$이므로
$(140°+5°)+(\angle y+20°)=180°$
∴ $\angle y=15°$

6-1 답 ⑤

⑤ 점 A에서 $\overleftrightarrow{CD}$에 내린 수선의 발은 점 O이다.

6-2 답 (1) 2.4 cm (2) 4 cm

(1) 점 A와 $\overline{BC}$ 사이의 거리는 $\overline{AH}=2.4$ cm
(2) 점 C와 $\overline{AB}$ 사이의 거리는 $\overline{AC}=4$ cm

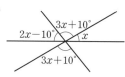

14 점, 직선, 평면의 위치 관계

초등개념 으로 기초력 잡기
146쪽

평행, 평행선 사이의 거리　146쪽

1 (1) 나, 다 (2) 평행 (3) 평행선　　**2** (1) ㄱㄹ (2) ㄹㄷ, ㄱㄹ
3 (1) ㄱㄴ (2) 평행선 (3) 1 (4) 4　　**4** 3 cm

개념 으로 기초력 잡기
147~149쪽

점과 직선의 위치 관계, 평면에서 두 직선의 위치 관계　147쪽

1 (1) ○ (2) × (3) ○ (4) ○　　**2** (1) 모서리 AB, 모서리
AE, 모서리 AD (2) 점 F, 점 G (3) 점 A, 점 B, 점 C, 점 D
3 (1) 변 DC (2) 변 AD, 변 BC　　**4** (1) 직선 ED (2) 직선
BC, 직선 CD, 직선 EF, 직선 FA (3) 직선 AF (4) 직선 AB,
직선 BC, 직선 DE, 직선 EF

1　답 (1) ○ (2) × (3) ○ (4) ○

(2) 점 A와 점 C는 직선 l 위에 있다.

4　답 (1) 직선 ED (2) 직선 BC, 직선 CD, 직선 EF, 직선 FA
(3) 직선 AF (4) 직선 AB, 직선 BC, 직선 DE, 직선 EF

(2)
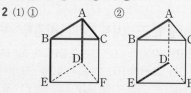

(3) 평면에서 만나지 않는 두 직선은 평행하다.

(4)
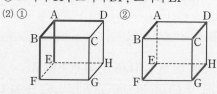

공간에서 두 직선의 위치 관계　148쪽

1 (1) ⓛ (2) ⓔ (3) ⓐ (4) ⓒ
2 (1) ①
③ 모서리 CF, 모서리 DF, 모서리 EF
(2) ①
③ 모서리 CG, 모서리 DH, 모서리 EH, 모서리 FG

(3) ①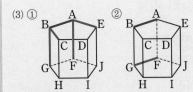

③ 모서리 CH, 모서리 DI, 모서리 EJ, 모서리 GH, 모서리 HI, 모서리 IJ, 모서리 JF

2 답 (1) ① 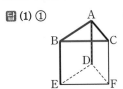 ②

③ 모서리 CF, 모서리 DF, 모서리 EF

(2) ① 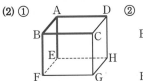 ②

③ 모서리 CG, 모서리 DH, 모서리 EH, 모서리 FG

(3) ①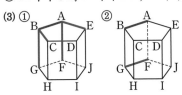

③ 모서리 CH, 모서리 DI, 모서리 EJ, 모서리 GH, 모서리 HI, 모서리 IJ, 모서리 JF

(1) 삼각기둥의 모서리 중에서 모서리 AB와 만나는 모서리, 평행한 모서리가 아닌 모서리가 꼬인 위치에 있는 모서리이다.
(2) 직육면체의 모서리 중에서 모서리 AB와 만나는 모서리, 평행한 모서리가 아닌 모서리가 꼬인 위치에 있는 모서리이다.
(3) 오각기둥의 모서리 중에서 모서리 AB와 만나는 모서리, 평행한 모서리가 아닌 모서리가 꼬인 위치에 있는 모서리이다.

공간에서 직선과 평면의 위치 관계, 공간에서 두 평면의 위치 관계 149쪽

1 (1) 모서리 AE, 모서리 BF, 모서리 CG, 모서리 DH (2) 모서리 EF, 모서리 FG, 모서리 GH, 모서리 HE (3) 모서리 BF, 모서리 FG, 모서리 GC, 모서리 CB　**2** (1) 면 ABCDE, 면 FGHIJ (2) 면 ABCDE, 면 CHID (3) 면 ABCDE　**3** (1) 면 ABFE, 면 BFGC, 면 CGHD, 면 AEHD (2) 면 CGHD　**4** (1) 6개 (2) 4개 (3) 면 GHIJKL (4) 면 EFLK

4 답 (1) 6개 (2) 4개 (3) 면 GHIJKL (4) 면 EFLK
(1) 면 ABHG, 면 BCIH, 면 CDJI, 면 DEKJ, 면 EFLK, 면 AFLG
(2) 면 ABCDEF, 면 GHIJKL, 면 BCIH, 면 AFLG

1-1 ②	**1-2** (1) 점 A, 점 C (2) 점 B
2-1 (1) 직선 BC, 직선 CD, 직선 DE, 직선 FG, 직선 GH, 직선 AH (2) 직선 AH	
2-2 (1) × (2) ○ (3) ×	
3-1 ⑤	**3-2** 13
4-1 6	
4-2 (1) 7 cm (2) 면 ABC, 면 ACFD	
5-1 (1) 면 ABFE, 면 EFGH (2) 4개	
5-2 (1) 면 ABC (2) 3개	
6-1 ⊥	**6-2** ㉡

1-1 답 ②
② 직선 m은 점 A와 점 C를 지난다.

2-1 답 (1) **직선 BC, 직선 CD, 직선 DE, 직선 FG, 직선 GH, 직선 AH** (2) **직선 AH**
(1)
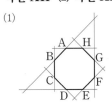
(2) 평면에서 만나지 않는 두 직선은 평행하다.

2-2 답 (1) × (2) ○ (3) ×
(1) 직선 AB와 직선 CD는 한 점에서 만난다.
(2) 점 A에서 직선 CD에 내린 수선의 발은 점 D이다.

3-1 답 ⑤
⑤ 꼬인 위치는 공간에서 두 직선의 위치 관계이다.

3-2 답 13
모서리 AF와 꼬인 위치에 있는 모서리는 모서리 BH, 모서리 CI, 모서리 DJ, 모서리 EK, 모서리 GH, 모서리 HI, 모서리 JK, 모서리 KL이므로 $a=8$
모서리 BH와 평행한 모서리는 모서리 CI, 모서리 DJ, 모서리 EK, 모서리 FL, 모서리 AG이므로 $b=5$
∴ $a+b=8+5=13$

4-1 답 6
면 ABC와 평행한 모서리는 모서리 DE, 모서리 EF, 모서리 FD이므로 $a=3$
수직인 모서리는 모서리 AD, 모서리 BE, 모서리 CF이므로 $b=3$
∴ $a+b=3+3=6$

4-2 답 (1) 7 cm (2) 면 ABC, 면 ACFD
(1) 점 B와 면 DEF 사이의 거리는 $\overline{BE}$의 길이이므로 7 cm

5-1 🔲 ⑴ 면 ABFE, 면 EFGH ⑵ 4개

⑵ 면 ABCD, 면 BFGC, 면 EFGH, 면 AEHD

5-2 🔲 ⑴ 면 ABC ⑵ 3개

⑵ 면 ABC, 면 DEF, 면 ADEB

6-1 🔲 ⊥

$P \perp Q$이고 $Q /\!/ R$이면 $P \perp R$이다.

6-2 🔲 ㉡

㉠ $l /\!/ m$이고 $l \perp n$이면 m과 n은 한 점에서 만나거나 꼬인 위치에 있다.

㉢ $l /\!/ P$이고 $m /\!/ P$이면 l과 m은 한 점에서 만나거나 평행하거나 꼬인 위치에 있다.

15 동위각과 엇각

개념 으로 기초력 잡기
153~154쪽

동위각과 엇각
153쪽

1 ⑴ ∠e ⑵ ∠g ⑶ ∠h ⑷ ∠e **2** ⑴ ∠b ⑵ ∠h ⑶ ∠c
⑷ ∠f **3** ⑴ $110°$ ⑵ $70°$ ⑶ $95°$ ⑷ $95°$ **4** ⑴ ∠e, ∠l
⑵ ∠b, ∠e ⑶ ∠b, ∠j ⑷ ∠h

3 🔲 ⑴ $110°$ ⑵ $70°$ ⑶ $95°$ ⑷ $95°$

⑵ ∠b의 동위각은 ∠f이므로 ∠$f = 180° - 110° = 70°$

평행선의 성질
154쪽

1 ⑴ $55°$ ⑵ $105°$ ⑶ $65°$ **2** ⑴ ∠$x = 95°$, ∠$y = 55°$
⑵ ∠$x = 60°$, ∠$y = 110°$ ⑶ ∠$x = 40°$, ∠$y = 80°$ **3** ⑴ 35,
평행하지 않다에 ○표 ⑵ 65, 평행하다에 ○표 ⑶ 45, 평행하지
않다에 ○표

1 🔲 ⑴ $55°$ ⑵ $105°$ ⑶ $65°$

⑴ ∠$x = 180° - 125° = 55°$

⑶ ∠$x = 110° - 45° = 65°$

2 🔲 ⑴ ∠$x = 95°$, ∠$y = 55°$ ⑵ ∠$x = 60°$, ∠$y = 110°$
⑶ ∠$x = 40°$, ∠$y = 80°$

⑴ ∠$x = 180° - 85° = 95°$

⑵ ∠$x = 180° - 120° = 60°$
∠$y = 180° - 70° = 110°$

⑶ ∠$x = 100° - 60° = 40°$
∠$y = 180° - 100° = 80°$

3 🔲 ⑴ 35, 평행하지 않다에 ○표 ⑵ 65, 평행하다에 ○표
⑶ 45, 평행하지 않다에 ○표

⑴ ∠$x = 180° - 145° = 35°$이고 ∠x와 동위각의 크기가 같지 않으므로 두 직선 l과 m은 평행하지 않다.

⑵ ∠$x = 180° - 115° = 65°$이고 ∠x와 엇각의 크기가 같으므로 두 직선 l과 m은 평행하다.

⑶ ∠$x = 180° - 135° = 45°$이고 ∠x와 동위각의 크기가 같지 않으므로 두 직선 l과 m은 평행하지 않다.

개념플러스⁺로 기초력 잡기
155쪽

평행선과 평행한 보조선 그어 각의 크기 구하기
155쪽

1 ⑴ ① $30°$ ② $45°$ / $75°$ ⑵ $50°$ ⑶ $43°$
2 ⑴ ① $25°$ ② $25°$ ③ $35°$ / $35°$ ⑵ $85°$ ⑶ $125°$

1 🔲 ⑴ ① $30°$ ② $45°$ / $75°$ ⑵ $50°$ ⑶ $43°$

⑴ ∠$x = 30° + 45° = 75°$

⑵

∠$x = 75° - 25° = 50°$

⑶
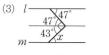

∠$x = 90° - 47° = 43°$

2 🔲 ⑴ ① $25°$ ② $25°$ ③ $35°$ / $35°$ ⑵ $85°$ ⑶ $125°$

⑵

∠$x = 55° + 30° = 85°$

⑶

∠$x = 180° - 55° = 125°$

개념 으로 실력 키우기

156~157쪽

1-1 ②	1-2 ∠*j*
2-1 180°	2-2 ∠*x*=120°, ∠*y*=65°
3-1 75°	3-2 65°
4-1 ⑤	4-2 *l* ∥ *n*
5-1 135°	5-2 130°
6-1 60°	6-2 (1) 75° (2) 75° (3) 30°

1-1 답 ②

② ∠*a*의 엇각은 없다.

1-2 답 ∠*j*

∠*c*의 동위각은 ∠*g*와 ∠*j*이고
∠*h*의 엇각은 ∠*b*와 ∠*j*이다.
따라서 ∠*c*의 동위각이면서 ∠*h*의 엇각인 각은 ∠*j*이다.

2-1 답 180°

∠*a*와 ∠*b*의 크기의 합은 180°이다.

2-2 답 ∠*x*=120°, ∠*y*=65°

∠*x*=180°−60°=120°
∠*y*+55°=∠*x* (맞꼭지각)이므로
∠*y*=120°−55°=65°이다.

3-1 답 75°

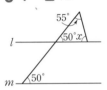

삼각형의 세 내각의 크기의 합은 180°이므로
55°+50°+∠*x*=180°이고 ∠*x*=75°이다.

3-2 답 65°

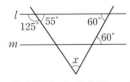

삼각형의 세 내각의 크기의 합은 180°이므로
55°+∠*x*+60°=180°이고 ∠*x*=65°이다.

4-1 답 ⑤

⑤ 동위각의 크기가 같지 않으므로 두 직선 *l*과 *m*은 평행하지 않다.

4-2 답 *l* ∥ *n*

두 직선 *l*과 *n*이 직선 *p*와 만나서 생기는 엇각의 크기가 75°로 같으므로 *l* ∥ *n*이다.

5-1 답 135°

∠*x*=180°−45°=135°

5-2 답 130°

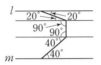

∠*x*=90°+40°=130°

6-1 답 60°

직사각형의 두 쌍의 대변은 각각 평행하므로 ∠*x*는 엇각인 60°와 크기가 같다.

6-2 답 (1) 75° (2) 75° (3) 30°

(3) 삼각형의 세 내각의 크기의 합은 180°이므로
∠*x*+∠*a*+∠*b*=180°, ∠*x*+75°+75°=180°
∴ ∠*x*=30°

16 삼각형의 작도

초등개념 으로 기초력 잡기

160쪽

삼각형

160쪽

1 (1) ㉠ 5 ㉡ 30 (2) ㉠ 8 ㉡ 75 (3) ㉠ 6 ㉡ 45 **2** (1) ㉠ 2 ㉡ 2
(2) ㉠ 60 ㉡ 60 (3) ㉠ 7 ㉡ 60 **3** (1) 가, 다, 바, 사, 아 /
나, 라, 마 / 라 (2) 가, 나, 라, 아 / 마, 사 / 다, 바 (3) 가, 아 / 사
/ 다, 바 / 나, 라 / 마, 라

개념 으로 기초력 잡기

161~163쪽

작도

161쪽

1 (1) 눈금 없는 자 (2) 컴퍼스 (3) ㉢, ㉠, ㉡ **2** (1) ㉠, ㉢,
㉡, ㉣, ㉤ (2) $\overline{OB}$, $\overline{PC}$, $\overline{PD}$ (3) ∠CPD **3** (1) ㉡, ㉢,
㉠, ㉣, ㉢, ㉢ (2) 동위각 **4** (1) ㉠, ㉣, ㉢, ㉢, ㉢, ㉢, ㉢
(2) 엇각

삼각형과 삼각형의 작도

162쪽

1 (1) 7 cm (2) 6 cm (3) 75° (4) 45° **2** (1) × (2) ○ (3) ○ (4) ×
(5) ○   **3** (1) $\overline{AB}$ (2) $\overline{AB}$ (3) ∠B

1   目 (1) 7 cm (2) 6 cm (3) 75° (4) 45°

(1) ∠A의 대변은 $\overline{BC}$

(2) ∠B의 대변은 $\overline{AC}$

(3) $\overline{AB}$의 대각은 ∠C

(4) $\overline{AC}$의 대각은 ∠B이고

    ∠B = 180° − (60° + 75°) = 45°

2   目 (1) × (2) ○ (3) ○ (4) × (5) ○

(1) 5 = 2 + 3이므로 삼각형이 만들어지지 않는다.

(2) 7 < 4 + 5이므로 삼각형이 만들어진다.

(3) 6 < 6 + 6이므로 삼각형이 만들어진다.

(4) 12 > 5 + 5이므로 삼각형이 만들어지지 않는다.

(5) 8 < 2 + 7이므로 삼각형이 만들어진다.

삼각형이 하나로 정해질 조건

163쪽

1 (1) × (2) ○ (3) × (4) ○ (5) ○ (6) × (7) ×
2 (1) ○ (2) ○ (3) × (4) × (5) ○ (6) ○

1   目 (1) × (2) ○ (3) × (4) ○ (5) ○ (6) × (7) ×

(1) 13 = 6 + 7이므로 삼각형이 만들어지지 않는다.

(2) 5 < 3 + 4이므로 삼각형이 만들어진다.

(3) ∠A는 $\overline{BC}$와 $\overline{CA}$의 끼인각이 아니므로 삼각형이 하나로 정해지지 않는다.

(5) ∠A = 180° − (25° + 35°) = 120°이므로 한 변의 길이와 그 양 끝 각의 크기가 주어져 삼각형이 하나로 정해진다.

(6) ∠A + ∠B = 180°이므로 삼각형이 만들어지지 않는다.

(7) 세 각의 크기만 주어지면 무수히 많은 삼각형이 만들어진다.

2   目 (1) ○ (2) ○ (3) × (4) × (5) ○ (6) ○

(1) 세 변의 길이가 주어지므로 삼각형이 하나로 정해진다.

(2) ∠B가 $\overline{AB}$, $\overline{BC}$의 끼인각이므로 삼각형이 하나로 정해진다.

(3) ∠C가 $\overline{AB}$, $\overline{BC}$의 끼인각이 아니므로 삼각형이 하나로 정해지지 않는다.

(4) ∠B가 $\overline{AB}$, $\overline{AC}$의 끼인각이 아니므로 삼각형이 하나로 정해지지 않는다.

(5) 한 변의 길이와 양 끝 각의 크기가 주어지므로 삼각형이 하나로 정해진다.

(6) ∠B, ∠C의 크기를 알면 ∠A의 크기를 알 수 있고, 한 변의 길이와 양 끝 각의 크기가 주어지므로 삼각형이 하나로 정해진다.

개념 으로실력 키우기

164~165쪽

1-1 (1) 눈금 없는 자 (2) 컴퍼스	**1-2** ①
2-1 ㉠, ㉢, ㉡, ㉣, ㉤	**2-2** ④
3-1 ③	**3-2** ③
4-1 ③	**4-2** ①
5-1 ⑤	**5-2** ⑤
6-1 ④	**6-2** ④

1-2   目 ①

② 길이가 같은 선분은 작도할 수 있다.

③ 두 선분의 길이를 비교할 때에는 컴퍼스를 사용한다.

④ 크기가 같은 각을 작도할 때에는 눈금 없는 자와 컴퍼스를 사용한다.

⑤ 눈금 없는 자와 컴퍼스만을 사용하여 도형을 그리는 것을 작도라 한다.

2-2   目 ④

$\overline{AB} = \overline{PQ}$인지는 알 수 없다.

3-1   目 ③

③ $\overline{QA} = \overline{QB} = \overline{PC} = \overline{PD}$이고 $\overline{AB} = \overline{CD}$이다.

   $\overline{AB} = \overline{PD}$인지는 알 수 없다.

4-1   目 ③

① 3 = 1 + 2 ② 8 > 3 + 4 ③ 7 < 7 + 7

④ 13 > 5 + 5 ⑤ 12 = 4 + 8

4-2   目 ①

(i) 가장 긴 변의 길이가 8 cm일 때 8 < 4 + x ∴ x > 4

(ii) 가장 긴 변의 길이가 x cm일 때 x < 4 + 8 ∴ x < 12

따라서 4 < x < 12이므로 x의 값이 될 수 없는 것은 ①이다.

5-1   目 ⑤

⑤ 두 변과 그 끼인각이 주어진 경우 '각 → 변 → 변' 또는 '변 → 각 → 변'의 순서로 작도할 수 있다.

5-2   目 ⑤

⑤ 한 변과 그 양 끝 각이 주어진 경우 '변 → 각 → 각' 또는 '각 → 변 → 각'의 순서로 작도할 수 있다.

6-1   目 ④

① 15 > 6 + 8이므로 삼각형이 만들어지지 않는다.

② ∠A는 $\overline{BC}$, $\overline{CA}$의 끼인각이 아니므로 삼각형이 하나로 정해지지 않는다.

③ ∠B + ∠C = 180°이므로 삼각형이 만들어지지 않는다.

④ ∠A = 180° − (55° + 60°) = 65°이므로 한 변의 길이와 그 양 끝 각의 크기가 주어져 삼각형이 하나로 정해진다.

⑤ 세 각의 크기만 주어지면 무수히 많은 삼각형이 만들어진다.

6-2   目 ④

④ ∠C가 $\overline{AB}$, $\overline{BC}$의 끼인각이 아니므로 삼각형이 하나로 정해지지 않는다.

17 삼각형의 합동

초등개념으로 기초력 잡기
167쪽

합동인 도형 167쪽

1 (1) ㄹ, ㅁ, ㅂ (2) ㄹㅁ, ㅁㅂ, ㄹㅂ (3) ㄹㅁㅂ, ㅁㅂㄹ, ㅂㄹㅁ (4) 3, 3, 3 (5) 같다 (6) 같다 2 (1) 6 cm (2) 5 cm (3) 90° (4) 115° 3 (1) 가, 나, 다 (2) 가, 다

2 답 (1) 6 cm (2) 5 cm (3) 90° (4) 115°

(1) 변 ㄴㄷ의 대응변은 변 ㅂㅅ이고 그 길이는 6 cm이다.
(2) 변 ㅁㅂ의 대응변은 변 ㄱㄴ이고 그 길이는 5 cm이다.
(3) 각 ㄱㄴㄷ의 대응각은 각 ㅁㅂㅅ이고 그 크기는 90°이다.
(4) 각 ㅁㅇㅅ의 대응각은 각 ㄱㄹㄷ이고 그 크기는 $360°-(90°+90°+65°)=115°$이다.

개념으로 기초력 잡기
168~169쪽

삼각형의 합동 168~169쪽

1 (1) 점 D (2) $\overline{EF}$ (3) ∠C 2 (1) 5 cm (2) 75° (3) 3 cm 3 (1) $\overline{DE}$, $\overline{EF}$, $\overline{AC}$, △DEF, SSS (2) $\overline{ED}$, ∠E, $\overline{AC}$, △EDF, SAS (3) ∠B, $\overline{DE}$, ∠E, △FDE, ASA 4 (1) ○ (2) × (3) ○ (4) ○ (5) ○ (6) × (7) ○ 5 (1) $\overline{CB}$, $\overline{CD}$, △CBD, SSS (2) △CDO, $\overline{AO}$, $\overline{DO}$, ∠COD, △CDO, SAS (3) △CDA, ∠DCA, ∠DAC, $\overline{AC}$, △CDA, ASA

2 답 (1) 5 cm (2) 75° (3) 3 cm

(1) $\overline{BC}=\overline{FG}=5$ cm
(2) ∠B=∠F=75°
(3) $\overline{EF}$의 대응변은 $\overline{AB}$

4 답 (1) ○ (2) × (3) ○ (4) ○ (5) ○ (6) × (7) ○

(1) 세 변의 길이가 각각 같으므로 SSS합동이다.
(3) 두 변의 길이가 각각 같고, 그 끼인각의 크기가 같으므로 SAS 합동이다.
(4) 한 변의 길이가 같고, 그 양 끝 각의 크기가 각각 같으므로 ASA 합동이다.
(5) ∠B=∠E, ∠C=∠F이면 ∠A=∠D이다. 따라서 한 변의 길이가 같고, 그 양 끝 각의 크기가 각각 같으므로 ASA합동이다.
(7) 두 변의 길이가 각각 같고, 그 끼인각의 크기가 같으므로 SAS 합동이다.

개념으로 실력 키우기
170~171쪽

1-1 (1) ∠F (2) $\overline{AB}$ 1-2 (1) 10 cm (2) 75°
2-1 ㉠과 ㉤: SSS 합동, ㉡과 ㉥: ASA 합동, ㉢과 ㉣: SAS 합동
2-2 (1) ASA 합동 (2) SAS 합동 (3) SSS 합동
3-1 ㉠, ㉣ 3-2 ㉡, ㉢, ㉣
4-1 △ABC≡△FED (SSS 합동)
4-2 △ABM≡△ACM (SSS 합동)
5-1 △ABC≡△DEF (SAS 합동)
5-2 $\overline{BM}$, ∠BMP, $\overline{PM}$, SAS, $\overline{PB}$
6-1 △ABC≡△DEF (ASA 합동)
6-2 ④

1-2 답 (1) 10 cm (2) 75°

(1) $\overline{GH}=\overline{CD}=10$ cm
(2) ∠DAB=∠HEF=110°이고 ∠G의 대응각은 ∠C이므로 $∠C=360°-(110°+130°+45°)=75°$

2-1 답 ㉠과 ㉤: SSS 합동, ㉡과 ㉥: ASA 합동, ㉢과 ㉣: SAS 합동

㉠과 ㉤: 세 변의 길이가 각각 같으므로 SSS 합동이다.
㉡과 ㉥: ㉡의 나머지 한 내각의 크기가 $180°-(70°+65°)=45°$이므로 한 변의 길이와 그 양 끝 각의 크기가 각각 같으므로 ASA 합동이다.
㉢과 ㉣: 두 변의 길이가 각각 같고 그 끼인각의 크기가 같으므로 SAS 합동이다.

2-2 답 (1) ASA 합동 (2) SAS 합동 (3) SSS 합동

(1) ∠A=∠D, ∠B=∠E이면 ∠C=∠F이다. 따라서 한 변의 길이가 같고, 그 양 끝 각의 크기가 각각 같으므로 ASA 합동이다.

3-1 답 ㉠, ㉣

㉠ $\overline{AB}=\overline{DE}$이면 세 변의 길이가 각각 같으므로 SSS 합동이다.
㉣ ∠C=∠F이면 두 변의 길이가 각각 같고, 그 끼인각의 크기가 같으므로 SAS 합동이다.

3-2 답 ㉡, ㉢, ㉣

㉡ $\overline{AC}=\overline{DF}$이면 두 변의 길이가 각각 같고, 그 끼인각의 크기가 같으므로 SAS 합동이다.
㉢, ㉣ ∠A=∠D이면 ∠B=∠E이고 한 변의 길이가 같고, 그 양 끝 각의 크기가 각각 같으므로 ASA 합동이다.

4-1 답 △ABC≡△FED (SSS 합동)

$\overline{AB}=\overline{FE}=5$ cm, $\overline{BC}=\overline{ED}=7$ cm, $\overline{AC}=\overline{FD}=6$ cm
∴ △ABC≡△FED (SSS 합동)

4-2 답 △ABM≡△ACM (SSS 합동)

$\overline{AB}=\overline{AC}$, $\overline{BM}=\overline{CM}$, $\overline{AM}$은 공통
∴ △ABM≡△ACM (SSS 합동)

5-1 답 △ABC≡△DEF (SAS 합동)

$\overline{AB}=\overline{DE}=7$ cm, $\angle BAC=\angle EDF=80°$, $\overline{AC}=\overline{DF}=10$ cm

∴ △ABC≡△DEF (SAS 합동)

6-1 답 △ABC≡△DEF (ASA 합동)

$\angle BCA=180°-(55°+75°)=50°$이고 $\overline{BC}=\overline{EF}=5$ cm,

$\angle ABC=\angle DEF=55°$, $\angle BCA=\angle EFD=50°$

∴ △ABC≡△DEF (ASA 합동)

6-2 답 ④

△ABC와 △ADE에서

$\angle ABC=\angle ADE$, $\overline{AB}=\overline{AD}$, ∠A는 공통

∴ △ABC≡△ADE (ASA 합동)

대단원 TEST

172~174쪽

01 ③	02 ⑤	03 16 cm	04 60°	05 ④	06 직선
AB, 직선 BC, 직선 DE, 직선 EA		07 11	08 8
09 ⊥	10 230°	11 40°	12 ①	13 70°	14 ㉡, ㉣
/ ㉠, ㉢	15 ③, ④	16 ㉡, ㉤, ㉠, ㉥, ㉢, ㉣		17 ③
18 ⑤	19 (1) ○ (2) ×	20 $\overline{OC}$, $\overline{OB}$, ∠O, SAS
21 △CDO, ASA 합동			

01 답 ③

시작점이 같고 나아가는 방향이 같아야 같은 반직선이다.

02 답 ⑤

시작점은 같으나 나아가는 방향이 다르므로 $\overrightarrow{BC}\neq\overrightarrow{BA}$이다.

03 답 16 cm

$\overline{CD}=\overline{DE}=2$ cm이므로 $\overline{CE}=4$ cm,

$\overline{BC}=\overline{CE}=4$ cm이므로 $\overline{BE}=8$ cm,

$\overline{AB}=\overline{BE}=8$ cm이므로 $\overline{AE}=16$ cm

04 답 60°

$2\angle x+20°=90°+(\angle x-10°)$ (맞꼭지각)

∴ $\angle x=60°$

05 답 ④

④ 점 A에서 $\overline{BC}$에 내린 수선의 발은 점 H이다.

06 답 직선 AB, 직선 BC, 직선 DE, 직선 EA

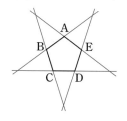

07 답 11

모서리 AB와 꼬인 위치에 있는 모서리는 모서리 CH, 모서리 DI, 모서리 EJ, 모서리 GH, 모서리 HI, 모서리 IJ, 모서리 JF이므로 $a=7$

모서리 BG와 평행한 모서리는 모서리 CH, 모서리 DI, 모서리 EJ, 모서리 AF이므로 $b=4$

∴ $a+b=7+4=11$

08 답 8

면 ABFE와 평행한 모서리는 모서리 DC, 모서리 CG, 모서리 GH, 모서리 HD이므로 $a=4$

면 ABCD와 만나는 면은 면 ABFE, 면 BCGF, 면 CDHG, 면 AEHD이므로 $b=4$

∴ $a+b=4+4=8$

09 답 ⊥

$l\perp P$, $P /\!/ Q$이면 $l\perp Q$이다.

10 답 230°

∠a의 엇각은 ∠x와 ∠y이고

$\angle x=180°-80°=100°$

$\angle y=130°$ (맞꼭지각)

따라서 ∠a의 엇각의 크기의 합은

$\angle x+\angle y=100°+130°=230°$

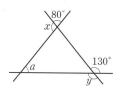

11 답 40°

∴ $\angle x=40°$

12 답 ①

맞꼭지각의 크기가 같다고 해서 두 직선 l과 m이 평행한 것은 아니다.

13 답 70°

직사각형의 두 쌍의 대변은 각각 평행하고 접은 각과 엇각의 크기가 모두 55°로 같다.

∴ $\angle x=180°-(55°+55°)=70°$

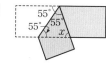

15 답 ③, ④

$\overline{OA}=\overline{OB}=\overline{PC}=\overline{PD}$이고 $\overline{AB}=\overline{CD}$이다.

17 답 ③

① 4<2+3 ② 3<3+3 ③ 8=4+4 ④ 8<5+5 ⑤ 7<3+5

18 답 ⑤

⑤ 세 각의 크기만 주어지면 무수히 많은 삼각형이 만들어진다.

19 답 (1) ○ (2) ×

(2)
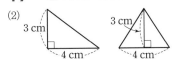

두 삼각형 모두 넓이는 $\dfrac{1}{2} \times 4 \times 3 = 6 \ (\text{cm}^2)$로 같으나 모양이 달라 합동은 아니다.

21 답 △CDO, ASA 합동

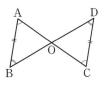

△ABO와 △CDO에서
$\overline{AB} /\!/ \overline{CD}$이므로
∠BAO＝∠DCO (엇각),
∠ABO＝∠CDO (엇각), $\overline{AB}=\overline{CD}$
∴ △ABO≡△CDO (ASA 합동)

V 평면도형과 입체도형

18 다각형

초등개념 으로 기초력 잡기   178쪽

> **다각형**   178쪽
>
> **1** (1) 가, 나, 라, 바, 사, 아, 다각형 (2) 다, 마, 다각형 (3) 삼각형, 사각형, 오각형 (4) 라, 바, 정다각형 (5) 라, 바 (6) 가, 다, 마, 사
> **2** (1) 180° (2) ① 65 ② 130   **3** (1) 360° (2) ① 140 ② 80

1 답 (1) 가, 나, 라, 바, 사, 아, 다각형 (2) 다, 마, 다각형 (3) 삼각형, 사각형, 오각형 (4) 라, 바, 정다각형 (5) 라, 바 (6) 가, 다, 마, 사
(6) 이웃하지 않는 두 꼭짓점이 있어야 대각선을 그을 수 있다.

2 답 (1) 180° (2) ① 65 ② 130
(2) ① $180° - (35° + 80°) = 65°$
　　② $180° - (20° + 30°) = 130°$

3 답 (1) 360° (2) ① 140 ② 80
(2) ① $360° - (80° + 80° + 60°) = 140°$
　　② $360° - (90° + 90° + 100°) = 80°$

개념 으로 기초력 잡기   179~183쪽

> **다각형과 정다각형**   179쪽
>
> **1** (1) × (2) ○ (3) × (4) ○   **2** (1) 115° (2) 75°
> **3** (1) 정오각형 (2) 정칠각형   **4** (1) × (2) ○ (3) × (4) ○

1 답 (1) × (2) ○ (3) × (4) ○
다각형은 3개 이상의 선분으로 둘러싸인 평면도형이다.

2 답 (1) 115° (2) 75°
(1) $180° - 65° = 115°$
(2) $180° - 105° = 75°$

4 답 (1) × (2) ○ (3) × (4) ○
(1) 모든 변의 길이가 같고 모든 내각의 크기가 같아야 정다각형이다.
예 마름모는 정사각형이 아니다.

(3) 모든 변의 길이가 같고 모든 내각의 크기가 같아야 정다각형이다.
예 직사각형은 정사각형이 아니다.

(4) 정다각형 중에서 정삼각형은 세 변의 길이가 같거나 세 내각의 크기가 같으면 정삼각형이다.

다각형의 대각선

1 5, 6 / 5-3=2, 6-3=3 / $\dfrac{5 \times (5-3)}{2}=5$, $\dfrac{6 \times (6-3)}{2}=9$

2 (1) ① 3개 ② 9개 (2) ① 5개 ② 20개 (3) ① 10개 ② 65개

3 (1) 예 / 2개 (2) 예 / 4개

(3) 예  / 3개

---

2 답 (1) ① 3개 ② 9개 (2) ① 5개 ② 20개 (3) ① 10개 ② 65개

(1) ① 6-3=3 ② $\dfrac{6 \times (6-3)}{2}=9$

(2) ① 8-3=5 ② $\dfrac{8 \times (8-3)}{2}=20$

(3) ① 13-3=10 ② $\dfrac{13 \times (13-3)}{2}=65$

삼각형의 내각과 외각

1 (1) 60° (2) 30° (3) 40° (4) 30°

2 (1) 140° (2) 45° (3) 105° (4) 120°

1 답 (1) 60° (2) 30° (3) 40° (4) 30°

(1) $\angle x+75°+45°=180°$ ∴ $\angle x=60°$

(2) $90°+2\angle x+\angle x=180°$

 $3\angle x=90°$ ∴ $\angle x=30°$

(3) $(2\angle x+30°)+(\angle x-10°)+\angle x=180°$

 $4\angle x=160°$ ∴ $\angle x=40°$

(4) $\angle AEB=\angle DEC=85°$ (맞꼭지각)이므로

 △ABE에서 $\angle x+85°+65°=180°$ ∴ $\angle x=30°$

2 답 (1) 140° (2) 45° (3) 105° (4) 120°

(1) $\angle x=45°+95°=140°$

(2) $65°+\angle x=110°$ ∴ $\angle x=45°$

(3) $\angle ACB=180°-140°=40°$이므로

 $\angle x=65°+40°=105°$

(4) $\angle x=70°+50°=120°$

다각형의 내각

1 (1) 540° (2) 720° (3) 1260° **2** (1) 80° (2) 55° (3) 105°

(4) 100° (5) 125° (6) 110° **3** (1) 108° (2) 120° (3) 135°

1 답 (1) 540° (2) 720° (3) 1260°

(1) $180° \times (5-2)=180° \times 3=540°$

(2) $180° \times (6-2)=180° \times 4=720°$

(3) $180° \times (9-2)=180° \times 7=1260°$

---

2 답 (1) 80° (2) 55° (3) 105° (4) 100° (5) 125° (6) 110°

(1) 사각형의 내각의 크기의 합은 $180° \times (4-2)=360°$이므로

 $120°+75°+\angle x+85°=360°$ ∴ $\angle x=80°$

(2) $180°-65°=115°$이고 사각형의 내각의 크기의 합은

 $180° \times (4-2)=360°$이므로

 $90°+100°+115°+\angle x=360°$ ∴ $\angle x=55°$

(3) 오각형의 내각의 크기의 합은 $180° \times (5-2)=540°$이므로

 $\angle x+115°+100°+130°+90°=540°$ ∴ $\angle x=105°$

(4) $180°-75°=105°$이고 오각형의 내각의 크기의 합은

 $180° \times (5-2)=540°$이므로

 $\angle x+105°+\angle x+105°+(\angle x+30°)=540°$

 $3\angle x=300°$ ∴ $\angle x=100°$

(5) 육각형의 내각의 크기의 합은

 $180° \times (6-2)=720°$이므로

 $\angle x+130°+110°+125°+110°+120°=720°$

 ∴ $\angle x=125°$

(6) $180°-50°=130°$, $180°-40°=140°$

 $(\angle x+10°)+130°+(\angle x-5°)+140°+\angle x+(\angle x+5°)$

 $=720°$

 $4\angle x=440°$ ∴ $\angle x=110°$

---

3 답 (1) 108° (2) 120° (3) 135°

(1) $\dfrac{180° \times (5-2)}{5}=\dfrac{540°}{5}=108°$

(2) $\dfrac{180° \times (6-2)}{6}=\dfrac{720°}{6}=120°$

(3) $\dfrac{180° \times (8-2)}{8}=\dfrac{1080°}{8}=135°$

다각형의 외각

1 (1) 360° (2) 360° (3) 360° **2** (1) 30° (2) 75° (3) 85°

(4) 60° (5) 85° (6) 50° **3** (1) 90° (2) 72° (3) 60°

2 답 (1) 30° (2) 75° (3) 85° (4) 60° (5) 85° (6) 50°

(1) $3\angle x+4\angle x+5\angle x=360°$

 $12\angle x=360°$ ∴ $\angle x=30°$

(2) $90°+110°+\angle x+85°=360°$ ∴ $\angle x=75°$

(3) $85°+115°+\angle x+75°=360°$ ∴ $\angle x=85°$

(4) $85°+75°+55°+\angle x+85°=360°$ ∴ $\angle x=60°$

(5) $180°-125°=55°$이고 $55°+\angle x+65°+63°+92°=360°$

 ∴ $\angle x=85°$

(6) $\angle x$의 외각은 $180°-\angle x$이므로

 $(180°-\angle x)+40°+50°+30°+60°+50°=360°$

 $410°-\angle x=360°$ ∴ $\angle x=50°$

3 답 (1) 90° (2) 72° (3) 60°

(1) $\dfrac{360°}{4}=90°$

(2) $\dfrac{360°}{5}=72°$

(3) $\dfrac{360°}{6}=60°$

개념으로 실력 키우기 184~185쪽

1-1 ④	1-2 ④
2-1 정육각형	2-2 (가)
3-1 54개	3-2 27개
4-1 엇각, ∠ECD, ∠ECD, 180°	
4-2 80°	
5-1 15°	5-2 ∠x=50°, ∠y=75°
6-1 (1) 1080° (2) 135° (3) 45°	6-2 (1) 칠각형 (2) 정이십각형

1-1 답 ④

④ 4개의 선분으로 둘러싸인 평면도형이다.

1-2 답 ④

④ 직육면체는 입체도형이다.

3-1 답 54개

구하는 다각형을 n각형이라 하면

$n-3=9$ ∴ $n=12$

따라서 십이각형의 대각선의 총 개수는

$\dfrac{12\times(12-3)}{2}=54$(개)

3-2 답 27개

구하는 다각형을 n각형이라 하면 $n-2=7$ ∴ $n=9$

따라서 구각형의 대각선의 총 개수는 $\dfrac{9\times(9-3)}{2}=27$(개)

4-2 답 80°

삼각형의 세 내각의 크기의 합이 180°이므로

가장 큰 내각의 크기는

$180°\times\dfrac{4}{2+3+4}=180°\times\dfrac{4}{9}=80°$

5-1 답 15°

$4\angle x+(3\angle x+5°)=8\angle x-10°$이므로

$\angle x=15°$

5-2 답 ∠x=50°, ∠y=75°

㉠ △ABC는 이등변삼각형이므로 ∠B=∠ACB=25°이고

$\angle x=25°+25°=50°$

㉡ ∠y는 △BCD의 외각이므로

$\angle y=25°+\angle x=25°+50°=75°$

6-1 답 (1) 1080° (2) 135° (3) 45°

(1) $180°\times(8-2)=1080°$ (2) $\dfrac{1080°}{8}=135°$

(3) $\dfrac{360°}{8}=45°$

6-2 답 (1) 칠각형 (2) 정이십각형

(1) 구하는 다각형을 n각형이라 하면

$180°\times(n-2)=900°$, $n-2=5$ ∴ $n=7$

따라서 구하는 다각형은 칠각형이다.

(2) 구하는 정다각형을 정n각형이라 하면

$\dfrac{360°}{n}=18°$ ∴ $n=20$

따라서 구하는 정다각형은 정이십각형이다.

19 원과 부채꼴

초등개념으로 기초력 잡기 188쪽

원주와 원의 넓이 188쪽

1 (1) 4 cm, 3.14 (2) 4 cm, 3.14 (3) 5 cm, 3.14   **2** (1) 10, 3.14, 31.4 (2) 7, 3.14, 21.98 (3) 3, 3.14, 18.84 (4) 4, 3.14, 25.12
3 (1) 2 cm (2) 5 cm (3) 8 cm   **4** (1) 12 cm² (2) 147 cm²
(3) 75 cm²

3 답 (1) 2 cm (2) 5 cm (3) 8 cm

(1) $6.2\div3.1=2$ (cm)

(2) $15.5\div3.1=5$ (cm)

(3) $24.8\div3.1=8$ (cm)

4 답 (1) 12 cm² (2) 147 cm² (3) 75 cm²

(1) $2\times2\times3=12$ (cm²)

(2) $7\times7\times3=147$ (cm²)

(3) $5\times5\times3=75$ (cm²)

개념으로 기초력 잡기 189~192쪽

원과 부채꼴 189쪽

1 (1) 현, $\overline{AB}$ (2) 부채꼴, 활꼴   **2** (1)

3 (1) ◯ (2) × (3) ◯ (4) ×

3 🈁 (1) ○ (2) × (3) ○ (4) ×

(2) 부채꼴은 두 반지름과 호로 이루어진 도형이다.

(4) 중심각의 크기가 $180°$인 부채꼴은 반원이다.

부채꼴의 성질

1 (1) 120 (2) 75 (3) 10 (4) 120　　**2** (1) 80 (2) 30 (3) 15 (4) 21

1 🈁 (1) 120 (2) 75 (3) 10 (4) 120

(1) $15:20=90:x$이므로

$3:4=90:x$, $3x=360$ $\therefore x=120$

(2) $10:6=x:45$이므로

$5:3=x:45$, $3x=225$ $\therefore x=75$

(3) $x:2=180:36$이므로

$x:2=5:1$ $\therefore x=10$

(4) $12:6=x:(180-x)$이므로

$2:1=x:(180-x)$, $x=360-2x$, $3x=360$ $\therefore x=120$

(또는 $x=180\times\dfrac{12}{12+6}=180\times\dfrac{2}{3}=120$)

2 🈁 (1) 80 (2) 30 (3) 15 (4) 21

(1) $32:16=x:40$이므로

$2:1=x:40$ $\therefore x=80$

(2) $33:11=90:x$이므로

$3:1=90:x$, $3x=90$ $\therefore x=30$

(3) $x:65=30:130$이므로

$x:65=3:13$, $13x=195$ $\therefore x=15$

(4) $180°-75°=105°$이고

$15:x=75:105$이므로

$15:x=5:7$, $5x=105$ $\therefore x=21$

원의 둘레와 넓이

1 (1) 12π cm, 36π cm^2 (2) 14π cm, 49π cm^2 (3) 22π cm, 121π cm^2 (4) 25π cm^2 (5) 18π cm　　**2** (1) 40π cm, 48π cm^2 (2) 20π cm, 20π cm^2 (3) $(12+6\pi)$ cm, $(36-9\pi)$ cm^2 (4) 20π cm, 25π cm^2

1 🈁 (1) 12π cm, 36π cm^2 (2) 14π cm, 49π cm^2 (3) 22π cm, 121π cm^2 (4) 25π cm^2 (5) 18π cm

(1) 반지름의 길이가 6 cm이므로

$l=2\pi\times6=12\pi$ (cm)

$S=\pi\times6^2=36\pi$ (cm^2)

(2) 반지름의 길이가 7 cm이므로

$l=2\pi\times7=14\pi$ (cm)

$S=\pi\times7^2=49\pi$ (cm^2)

(3) 반지름의 길이가 11 cm이므로

$l=2\pi\times11=22\pi$ (cm)

$S=\pi\times11^2=121\pi$ (cm^2)

(4) 반지름의 길이를 r cm이라 하면

$2\pi r=10\pi$ $\therefore r=5$

따라서 $S=\pi\times5^2=25\pi$ (cm^2)

(5) 반지름의 길이를 r cm라 하면

$\pi r^2=81\pi$ $\therefore r=9$ $(r>0)$

따라서 $l=2\pi\times9=18\pi$ (cm)

2 🈁 (1) 40π cm, 48π cm^2 (2) 20π cm, 20π cm^2 (3) $(12+6\pi)$ cm, $(36-9\pi)$ cm^2 (4) 20π cm, 25π cm^2

(1) $l=2\pi\times10+2\pi\times6+2\pi\times4=40\pi$ (cm)

$S=\pi\times10^2-\pi\times6^2-\pi\times4^2=48\pi$ (cm^2)

(2) $l=2\pi\times6+2\pi\times4=20\pi$ (cm)

$S=\pi\times6^2-\pi\times4^2=20\pi$ (cm^2)

(3) $l=6+6+2\pi\times3=12+6\pi$ (cm)

$S=6\times6-\pi\times3^2=36-9\pi$ (cm^2)

(4) $l=\dfrac{1}{2}\times2\pi\times10+2\pi\times5=20\pi$ (cm)

$S=\dfrac{1}{2}\times\pi\times10^2-\pi\times5^2=25\pi$ (cm^2)

부채꼴의 호의 길이와 넓이

1 (1) 2π cm, 9π cm^2 (2) 8π cm, 24π cm^2　　**2** (1) 6 cm (2) 12 cm　　**3** (1) $90°$ (2) $144°$　　**4** (1) $(10\pi+12)$ cm, 30π cm^2 (2) 10π cm, $(50\pi-100)$ cm^2

1 🈁 (1) 2π cm, 9π cm^2 (2) 8π cm, 24π cm^2

(1) $l=2\pi\times9\times\dfrac{40}{360}=2\pi$ (cm)

$S=\pi\times9^2\times\dfrac{40}{360}=9\pi$ (cm^2)

(2) $l=2\pi\times6\times\dfrac{240}{360}=8\pi$ (cm)

$S=\pi\times6^2\times\dfrac{240}{360}=24\pi$ (cm^2)

2 🈁 (1) 6 cm (2) 12 cm

(1) 부채꼴의 반지름의 길이를 r cm라 하면

$2\pi r\times\dfrac{120}{360}=4\pi$ $\therefore r=6$

(2) 부채꼴의 반지름의 길이를 r cm라 하면

$\pi r^2\times\dfrac{60}{360}=24\pi$, $r^2=144$ $\therefore r=12$ $(r>0)$

3 🈁 (1) $90°$ (2) $144°$

(1) 부채꼴의 중심각의 크기를 $x°$라 하면

$2\pi\times6\times\dfrac{x}{360}=3\pi$ $\therefore x=90$

(2) 부채꼴의 중심각의 크기를 $x°$라 하면

$\pi\times5^2\times\dfrac{x}{360}=10\pi$ $\therefore x=144$

4 답 (1) $(10\pi+12)$ cm, 30π cm^2 (2) 10π cm, $(50\pi-100)$ cm^2

(1) $l=2\pi\times18\times\dfrac{60}{360}+2\pi\times12\times\dfrac{60}{360}+6\times2$

$\quad=6\pi+4\pi+12=10\pi+12$ (cm)

$S=\pi\times18^2\times\dfrac{60}{360}-\pi\times12^2\times\dfrac{60}{360}=54\pi-24\pi=30\pi$ (cm^2)

(2) $l=\left(2\pi\times10\times\dfrac{90}{360}\right)\times2=10\pi$ (cm)

$S=\left(\pi\times10^2\times\dfrac{90}{360}-\dfrac{1}{2}\times10\times10\right)\times2$

$\quad=(25\pi-50)\times2=50\pi-100$ (cm^2)

개념플러스로 기초력 잡기
193쪽

부채꼴의 호의 길이와 넓이 사이의 관계
193쪽

1 (1) 42π cm^2 (2) 6π cm^2 (3) $\dfrac{7}{2}\pi$ cm^2 **2** (1) 300π cm^2

(2) 8 cm (3) 5π cm

1 답 (1) 42π cm^2 (2) 6π cm^2 (3) $\dfrac{7}{2}\pi$ cm^2

(1) $\dfrac{1}{2}\times14\times6\pi=42\pi$ (cm^2)

(2) $\dfrac{1}{2}\times4\times3\pi=6\pi$ (cm^2)

(3) $\dfrac{1}{2}\times7\times\pi=\dfrac{7}{2}\pi$ (cm^2)

2 답 (1) 300π cm^2 (2) 8 cm (3) 5π cm

(1) $\dfrac{1}{2}\times20\times30\pi=300\pi$ (cm^2)

(2) 부채꼴의 반지름의 길이를 r cm라 하면

$\quad\dfrac{1}{2}\times r\times2\pi=8\pi$ ∴ $r=8$

(3) 부채꼴의 호의 길이를 l cm라 하면

$\quad\dfrac{1}{2}\times6\times l=15\pi$ ∴ $l=5\pi$

개념으로 실력 키우기
194~195쪽

1-1 ①	**1-2** 180°
2-1 51	**2-2** 93
3-1 $(3\pi+6)$ cm, $\dfrac{9}{2}\pi$ cm^2	**3-2** 12π cm, 12π cm^2
4-1 90°	**4-2** $(4\pi+16)$ cm, 16π cm^2
5-1 24π cm^2	**5-2** 12π cm
6-1 16π cm, $(32\pi-64)$ cm^2	**6-2** $(10\pi+20)$ cm, 50 cm^2

1-1 답 ①

① $\overset{\frown}{AB}$는 호이다.

1-2 답 180°

부채꼴과 활꼴이 같아지는 경우는 반원이므로
이때 부채꼴의 중심각은 180°이다.

2-1 답 51

$3:2=x:30$이므로 $2x=90$ ∴ $x=45$

$y:2=90:30$이므로 $y:2=3:1$ ∴ $y=6$

따라서 $x+y=45+6=51$

2-2 답 93

$\overset{\frown}{AB}:\overset{\frown}{AC}:\overset{\frown}{BC}=10:12:26=5:6:13$이므로

$x=360\times\dfrac{5}{5+6+13}=360\times\dfrac{5}{24}=75$

$12:26=y:39$이므로 $6:13=y:39$, $13\times y=234$ ∴ $y=18$

따라서 $x+y=75+18=93$

3-1 답 $(3\pi+6)$ cm, $\dfrac{9}{2}\pi$ cm^2

$l=\dfrac{1}{2}\times2\pi\times3+3\times2=3\pi+6$ (cm)

$S=\dfrac{1}{2}\times\pi\times3^2=\dfrac{9}{2}\pi$ (cm^2)

4-1 답 90°

부채꼴의 중심각의 크기를 $x°$라 하면

$2\pi\times8\times\dfrac{x}{360}=4\pi$ ∴ $x=90$

따라서 중심각의 크기는 90°이다.

4-2 답 $(4\pi+16)$ cm, 16π cm^2

$l=2\pi\times12\times\dfrac{45}{360}+2\pi\times4\times\dfrac{45}{360}+8\times2$

$\quad=3\pi+\pi+16=4\pi+16$ (cm)

$S=\pi\times12^2\times\dfrac{45}{360}-\pi\times4^2\times\dfrac{45}{360}$

$\quad=18\pi-2\pi=16\pi$ (cm^2)

5-1 답 24π cm^2

$\dfrac{1}{2}\times6\times8\pi=24\pi$ (cm^2)

5-2 답 12π cm

부채꼴의 호의 길이를 l cm라 하면

$\dfrac{1}{2}\times8\times l=48\pi$ ∴ $l=12\pi$

6-1 답 16π cm, $(32\pi-64)$ cm^2

$l=\left(2\pi\times4\times\dfrac{90}{360}\right)\times8=2\pi\times8=16\pi$ (cm)

$S=\left(\pi\times4^2\times\dfrac{90}{360}-\dfrac{1}{2}\times4\times4\right)\times8$

$\quad=(4\pi-8)\times8=32\pi-64$ (cm^2)

6-2 🅐 $(10\pi+20)$ cm, 50 cm^2

$l=\left(\dfrac{1}{2}\times2\pi\times5\right)\times2+10\times2$

$\quad=10\pi+20$ (cm)

$S=\dfrac{1}{2}\times10\times10=50($ cm$^2)$

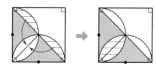

20 다면체

초등개념 으로 기초력 잡기　　　198쪽

각기둥과 각뿔　　　198쪽

1 (1) ㈎, ㈐ (2) ㈐, ㈌　　**2** (1) 삼각형, 삼각기둥 (2) 육각형, 육각뿔　　**3** (1) × (2) × (3) ○ (4) × (5) ○　　**4** (1) 5, 5 / 10, 6 / 15, 10 / 7, 6

1　🅐 (1) ㈎, ㈐ (2) ㈐, ㈌
(1) 위와 아래에 있는 면이 서로 평행하고 합동인 다각형으로 이루어진 입체도형은 ㈎, ㈐이다.
(2) 밑면이 다각형이고, 옆면의 모양이 모두 삼각형인 입체도형은 ㈐, ㈌이다.

2　🅐 (1) 삼각형, 삼각기둥 (2) 육각형, 육각뿔
(1) 밑면의 모양이 삼각형이므로 삼각기둥이다.
(2) 밑면의 모양이 육각형이므로 육각뿔이다.

3　🅐 (1) × (2) × (3) ○ (4) × (5) ○
(1) 각기둥의 두 밑면은 평행하다.
(2) 각기둥의 옆면의 수는 한 밑면의 변의 수와 같다.
(4) 각뿔의 밑면은 1개이다.

개념 으로 기초력 잡기　　　199~200쪽

다면체와 다면체의 종류　　　199쪽

1 (1) ○ (2) ×　　**2** (1) 육면체 (2) 육면체 (3) 칠면체 (4) 칠면체 (5) 오면체 (6) 팔면체　　**3** 육각형, 육각형, 육각형 / 직사각형, 삼각형, 사다리꼴 / 12, 7, 12 / 18, 12, 18 / 8, 7, 8　　**4** (1) 오각뿔대 (2) 육각뿔

1　🅐 (1) ○ (2) ×
(2) 원기둥은 원과 곡면으로 둘러싸여 있으므로 다면체가 아니다.

4　🅐 (1) 오각뿔대 (2) 육각뿔
(1) 구하는 다면체는 ㈏, ㈐에 의해 각뿔대이고 n각뿔대라 하면 ㈎에 의해 $n+2=7$ ∴ $n=5$　따라서 오각뿔대이다.
(2) 구하는 다면체는 ㈏, ㈐에 의해 각뿔이고 n각뿔이라 하면 ㈎에 의해 $n+1=7$ ∴ $n=6$　따라서 육각뿔이다.

정다면체　　　200쪽

1 (1) ① 정사면체, 정팔면체, 정이십면체 ② 정육면체 ③ 정십이면체 (2) ① 정사면체, 정육면체, 정십이면체 ② 정팔면체 ③ 정이십면체　　**2** (1) ① 5, 20 ② 5, 30 (2) ① 3, 5, 12 ② 3, 2, 30　　**3** (1) ○ (2) × (3) ○ (4) × (5) ○

3　🅐 (1) ○ (2) × (3) ○ (4) × (5) ○
(1) 정다면체는 정사면체, 정육면체, 정팔면체, 정십이면체, 정이십면체 5가지뿐이다.
(2) 각 면이 모두 합동인 정다각형이고 각 꼭짓점에 모인 면의 개수가 모두 같은 다면체가 정다면체이다.
(4) 면의 모양이 정육각형인 정다면체는 없다.
(5) 정팔면체와 정이십면체의 면의 모양은 정삼각형으로 같다.

개념플러스⊕로 기초력 잡기　　　201쪽

정다면체의 전개도　　　201쪽

1 (1) ① 정사면체 ② 점 C, 점 E ③ 모서리 CB, 모서리 EB (2) ① 정육면체 ② 점 L ③ 모서리 KJ　　**2** (1) ○ (2) ○ (3) × (4) ○ (5) ×

1　🅐 (1) ① 정사면체 ② 점 C, 점 E ③ 모서리 CB, 모서리 EB
(1) ① 정사면체
　② 점 C, 점 E
　③ 모서리 CB, 모서리 EB

(2) ① 정육면체
　② 점 L
　③ 모서리 KJ

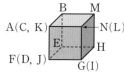

2　🅐 (1) ○ (2) ○ (3) × (4) ○ (5) ×
(3) 한 꼭짓점에 모이는 면의 개수는 4이다.
(5) 모서리 CD와 모서리 GF가 겹친다.

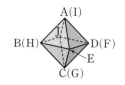

개념으로 실력 키우기

202~203쪽

1-1 ④	**1-2** ㉠, ㉢, ㉤
2-1 ②	**2-2** ②
3-1 26	**3-2** 10개
4-1 정육면체	**4-2** 정이십면체
5-1 ⑤	**5-2** 53
6-1 (1) ㉢ (2) ㉡ (3) ㉠	**6-2** (1) 점 G (2) 면 HGFE

1-1 답 ④

④ 원기둥은 원과 곡면으로 둘러싸여 있으므로 다면체가 아니다.

1-2 답 ㉠, ㉢, ㉤

㉠ 삼각기둥 – 오면체
㉡ 삼각뿔 – 사면체
㉢ 삼각뿔대 – 오면체
㉣ 사각기둥 – 육면체
㉤ 사각뿔 – 오면체
㉥ 사각뿔대 – 육면체

2-1 답 ②

② 사각뿔의 옆면의 모양은 삼각형이다.

2-2 답 ②

② 육각뿔의 옆면의 모양은 삼각형이다.

3-1 답 26

사각기둥의 꼭짓점의 개수는 $2 \times 4 = 8$(개) $\therefore a = 8$
오각뿔의 모서리의 개수는 $2 \times 5 = 10$(개) $\therefore b = 10$
육각뿔대의 면의 개수는 $6 + 2 = 8$(개) $\therefore c = 8$
따라서 $a + b + c = 8 + 10 + 8 = 26$

3-2 답 10개

구하는 다면체는 ㈏, ㈐에 의해 각기둥이고 n각기둥이라 하면 ㈎
에 의해 $3n = 15$ $\therefore n = 5$
따라서 오각기둥의 꼭짓점의 개수는 $5 \times 2 = 10$(개)

4-1 답 정육면체

구하는 입체도형은 ㈎, ㈏에 의해 정다면체이다.
꼭짓점의 개수가 8인 정다면체는 정육면체이다.

5-1 답 ⑤

⑤ 한 꼭짓점에 모인 면의 개수가 5인 정다면체는 정이십면체이다.

5-2 답 53

정십이면체의 한 꼭짓점에 모인 면의 개수는 3(개)이므로 $a = 3$,
꼭짓점의 개수는 $\dfrac{5 \times 12}{3} = 20$(개)이므로 $b = 20$,
모서리의 개수는 $\dfrac{5 \times 12}{2} = 30$(개)이므로 $c = 30$
따라서 $a + b + c = 3 + 20 + 30 = 53$

6-1 답 (1) ㉢ (2) ㉡ (3) ㉠

(1) 정팔면체 (2) 정십이면체 (3) 정이십면체

6-2 답 (1) 점 G (2) 면 HGFE

(1), (2)

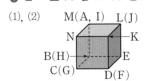

21 회전체

초등개념으로 기초력 잡기

206쪽

원기둥, 원뿔, 구

206쪽

1 (1) 전개도 (2) 둘레 (3) 높이 **2** (1) 선분 ㄴㅁ (2) 선분 ㄱㄹ
(3) 선분 ㄱㄴ, 선분 ㄱㄷ, 선분 ㄱㅁ **3** (1) ㉠ 구의 중심 ㉡ 구의
반지름 (2) 5 cm **4** (1) 원기둥 (2) 원뿔 (3) 구

개념으로 기초력 잡기

207~208쪽

회전체와 회전체의 종류

207쪽

1 답 (1) ㉡, ㉤, ㉦ (2) ㉢, ㉣, ㉥, ◎

(2) ㉠은 다면체도 회전체도 아닌 입체도형이다.

회전체의 성질

208쪽

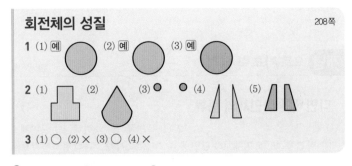

3 답 (1) ○ (2) × (3) ○ (4) ×

(2) 항상 원이지만 합동은 아니다.
(4) 구와 같이 옆면을 만드는 것이 곡선인 경우 모선을 생각할 수
없다.

개념플러스⁺로 기초력 잡기

209쪽

회전체의 전개도

209쪽

1 (1) 10 ① 둘레, 5, 10π ② 세로, 10 (2) 9, 5 ① 5, 10π ② 모선, 9
2 (1) 12, 5, 10π (2) 6, 4π, 2 (3) 13, 3, 8

2 답 **(1) 12, 5, 10π (2) 6, 4π, 2 (3) 13, 3, 8**

(1) (원기둥의 높이)=(직사각형의 세로의 길이)=12 cm
 (직사각형의 가로의 길이)=(밑면의 둘레의 길이)
  =2π×5=10π (cm)
(2) (부채꼴의 반지름의 길이)=(원뿔의 모선의 길이)=6 cm
 (부채꼴의 호의 길이)=(밑면의 둘레의 길이)
  =2π×2=4π (cm)
(3) 원뿔대의 높이는 12 cm이고, 모선의 길이는 13 cm이다.

개념으로 실력 키우기

210~211쪽

1-1 ㉠, ㉡, ㉢	**1-2** ①
2-1 ④	**2-2** ②
3-1 ④	**3-2** ④
4-1 ②	**4-2** ㉡, ㉢
5-1 45π cm²	**5-2** 100 cm²
6-1 ㉢	**6-2** 12π

1-1 답 **㉠, ㉡, ㉢**
㉢, ㉣, ㉤은 다면체이다.

2-1 답 **④**

2-2 답 **②**

3-1 답 **④**
④ 반구 – 반원 – 원

4-1 답 **②**
① 회전체인 입체도형이다.
③ 두 밑면이 평행하지만 합동은 아니다.
④ 회전축에 수직인 평면으로 자른 단면은 원이다.
⑤ 회전축을 포함하는 평면으로 자른 단면은 사다리꼴이다.

4-2 답 **㉡, ㉢**
㉠ 회전축은 무수히 많다.
㉢ 회전축에 수직인 평면으로 자르면 단면은 모두 원이지만 합동은 아니다.

5-1 답 **45π cm²**
π×7²−π×2²
=49π−4π
=45π (cm²)

5-2 답 **100 cm²**
(10×5)×2=100 (cm²)
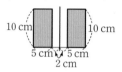

6-1 답 **㉢**
㉠은 원기둥의 전개도이다.

6-2 답 **12π**
부채꼴의 호의 길이는 반지름의 길이가 6 cm인 밑면의 둘레의 길이와 같다.
∴ 2π×6=12π (cm)

22 입체도형의 겉넓이와 부피

초등개념으로 기초력 잡기

214쪽

직육면체의 부피와 겉넓이

214쪽

1 (1) 100, 100, 100 (2) 1000000 (3) 1000000 **2** (1) 50000000
(2) 2300000 (3) 7 (4) 0.8 (5) 0.09 **3** 120 cm³ **4** 96 cm²
5 220 cm³, 238 cm²

3 답 **120 cm³**
5×3×8=120 (cm³)

4 답 **96 cm²**
(4×4)×6=96 (cm²)

5 답 **220 cm³, 238 cm²**
(부피)=(5×4)×11=220 (cm³)
(겉넓이)=(5×4)×2+(5+4+5+4)×11
  =40+198=238 (cm²)

 **정답** 및 **풀이**

215~219쪽

개념으로 기초력 잡기

기둥의 겉넓이
215쪽

1 (1) 336 cm^2 (2) 216 cm^2 (3) 268 cm^2 (4) 128 cm^2
2 (1) $190\pi \text{ cm}^2$ (2) $(32+20\pi) \text{ cm}^2$ (3) $(48+22\pi) \text{ cm}^2$ (4) $168\pi \text{ cm}^2$

1 目 (1) 336 cm^2 (2) 216 cm^2 (3) 268 cm^2 (4) 128 cm^2

(1) (밑넓이)$=\dfrac{1}{2}\times 8\times 6=24\ (\text{cm}^2)$
(옆넓이)$=(8+6+10)\times 12=288\ (\text{cm}^2)$
∴ (겉넓이)$=24\times 2+288=336\ (\text{cm}^2)$

(2) (정육면체의 겉넓이)$=(6\times 6)\times 6=216\ (\text{cm}^2)$

(3) (밑넓이)$=\dfrac{1}{2}\times(3+9)\times 4=24\ (\text{cm}^2)$
(옆넓이)$=(3+5+9+5)\times 10=220\ (\text{cm}^2)$
∴ (겉넓이)$=24\times 2+220=268\ (\text{cm}^2)$

(4) (밑넓이)$=3\times 3-1\times 1=8\ (\text{cm}^2)$
(옆넓이)$=(3+3+3+3)\times 7+(1+1+1+1)\times 7$
$\qquad=84+28=112\ (\text{cm}^2)$
∴ (겉넓이)$=8\times 2+112=128\ (\text{cm}^2)$

2 目 (1) $190\pi \text{ cm}^2$ (2) $(32+20\pi) \text{ cm}^2$ (3) $(48+22\pi) \text{ cm}^2$
(4) $168\pi \text{ cm}^2$

(1) (밑넓이)$=\pi\times 5^2=25\pi\ (\text{cm}^2)$
(옆넓이)$=(2\pi\times 5)\times 14=140\pi\ (\text{cm}^2)$
∴ (겉넓이)$=25\pi\times 2+140\pi=190\pi\ (\text{cm}^2)$

(2) (밑넓이)$=\dfrac{1}{2}\times\pi\times 2^2=2\pi\ (\text{cm}^2)$
(옆넓이)$=\left(4+\dfrac{1}{2}\times 2\pi\times 2\right)\times 8=32+16\pi\ (\text{cm}^2)$
∴ (겉넓이)$=2\pi\times 2+(32+16\pi)=32+20\pi\ (\text{cm}^2)$

(3) (밑넓이)$=\pi\times 3^2\times\dfrac{120}{360}=3\pi\ (\text{cm}^2)$
(옆넓이)$=\left(3+3+2\pi\times 3\times\dfrac{120}{360}\right)\times 8=48+16\pi\ (\text{cm}^2)$
∴ (겉넓이)$=3\pi\times 2+(48+16\pi)=48+22\pi\ (\text{cm}^2)$

(4) (밑넓이)$=\pi\times 5^2-\pi\times 2^2=21\pi\ (\text{cm}^2)$
(옆넓이)$=(2\pi\times 5)\times 9+(2\pi\times 2)\times 9=90\pi+36\pi$
$\qquad=126\pi\ (\text{cm}^2)$
∴ (겉넓이)$=21\pi\times 2+126\pi=168\pi\ (\text{cm}^2)$

기둥의 부피
216쪽

1 (1) 180 cm^3 (2) 125 cm^3 (3) 168 cm^3 (4) 192 cm^3
2 (1) $704\pi \text{ cm}^3$ (2) $\dfrac{81}{2}\pi \text{ cm}^3$ (3) $133\pi \text{ cm}^3$ (4) $96\pi \text{ cm}^3$

1 目 (1) 180 cm^3 (2) 125 cm^3 (3) 168 cm^3 (4) 192 cm^3

(1) (밑넓이)$=10\times 6=60\ (\text{cm}^2)$
∴ (부피)$=60\times 3=180\ (\text{cm}^3)$

(2) (밑넓이)$=5\times 5=25\ (\text{cm}^2)$
∴ (부피)$=25\times 5=125\ (\text{cm}^3)$

(3) (밑넓이)$=\dfrac{1}{2}\times 6\times 8=24\ (\text{cm}^2)$
∴ (부피)$=24\times 7=168\ (\text{cm}^3)$

(4) (큰 사각기둥의 부피)$=(6\times 6)\times 6=216\ (\text{cm}^3)$
(작은 사각기둥의 부피)$=(2\times 2)\times 6=24\ (\text{cm}^3)$
따라서 $216-24=192\ (\text{cm}^3)$

2 目 (1) $704\pi \text{ cm}^3$ (2) $\dfrac{81}{2}\pi \text{ cm}^3$ (3) $133\pi \text{ cm}^3$ (4) $96\pi \text{ cm}^3$

(1) (밑넓이)$=\pi\times 8^2=64\pi\ (\text{cm}^2)$
∴ (부피)$=64\pi\times 11=704\pi\ (\text{cm}^3)$

(2) (밑넓이)$=\dfrac{1}{2}\times\pi\times 3^2=\dfrac{9}{2}\pi\ (\text{cm}^2)$
∴ (부피)$=\dfrac{9}{2}\pi\times 9=\dfrac{81}{2}\pi\ (\text{cm}^3)$

(3) (작은 원기둥의 부피)$=(\pi\times 2^2)\times 2=8\pi\ (\text{cm}^3)$
(큰 원기둥의 부피)$=(\pi\times 5^2)\times 5=125\pi\ (\text{cm}^3)$
따라서 $8\pi+125\pi=133\pi\ (\text{cm}^3)$

(4) (큰 원기둥의 부피)$=(\pi\times 4^2)\times 8=128\pi\ (\text{cm}^3)$
(작은 원기둥의 부피)$=(\pi\times 2^2)\times 8=32\pi\ (\text{cm}^3)$
따라서 $128\pi-32\pi=96\pi\ (\text{cm}^3)$

뿔의 겉넓이
217쪽

1 (1) 125 cm^2 (2) 48 cm^2 (3) $108\pi \text{ cm}^2$ (4) $144\pi \text{ cm}^2$
2 (1) 4, 3, 3 / 98 cm^2 (2) 224 cm^2 (3) 2, 4 / $50\pi \text{ cm}^2$ (4) $186\pi \text{ cm}^2$

1 目 (1) 125 cm^2 (2) 48 cm^2 (3) $108\pi \text{ cm}^2$ (4) $144\pi \text{ cm}^2$

(1) (밑넓이)$=5\times 5=25\ (\text{cm}^2)$
(옆넓이)$=\left(\dfrac{1}{2}\times 5\times 10\right)\times 4=100\ (\text{cm}^2)$
∴ (겉넓이)$=25+100=125\ (\text{cm}^2)$

(2) (밑넓이)$=4\times 4=16\ (\text{cm}^2)$
(옆넓이)$=\left(\dfrac{1}{2}\times 4\times 4\right)\times 4=32\ (\text{cm}^2)$
∴ (겉넓이)$=16+32=48\ (\text{cm}^2)$

(3) (밑넓이)$=\pi\times 6^2=36\pi\ (\text{cm}^2)$
(옆넓이)$=\dfrac{1}{2}\times 12\times(2\pi\times 6)=72\pi\ (\text{cm}^2)$
∴ (겉넓이)$=36\pi+72\pi=108\pi\ (\text{cm}^2)$

(4) (밑넓이)$=\pi\times 8^2=64\pi\ (\text{cm}^2)$
(옆넓이)$=\dfrac{1}{2}\times 10\times(2\pi\times 8)=80\pi\ (\text{cm}^2)$
∴ (겉넓이)$=64\pi+80\pi=144\pi\ (\text{cm}^2)$

2 🖹 (1) 4, 3, 3 / 98 cm² (2) 224 cm² (3) 2, 4 / 50π cm² (4) 186π cm²

(1) (밑넓이)$=3\times3+5\times5=34$ (cm²)

$\quad$(옆넓이)$=\left\{\dfrac{1}{2}\times(3+5)\times4\right\}\times4=64$ (cm²)

$\quad\therefore$ (겉넓이)$=34+64=98$ (cm²)

(2) (밑넓이)$=4\times4+8\times8=80$ (cm²)

$\quad$(옆넓이)$=\left\{\dfrac{1}{2}\times(4+8)\times6\right\}\times4=144$ (cm²)

$\quad\therefore$ (겉넓이)$=80+144=224$ (cm²)

(3) (밑넓이)$=\pi\times2^2+\pi\times4^2=20\pi$ (cm²)

$\quad$(옆넓이)$=\dfrac{1}{2}\times10\times(2\pi\times4)-\dfrac{1}{2}\times5\times(2\pi\times2)$

$\qquad\qquad=40\pi-10\pi=30\pi$ (cm²)

$\quad\therefore$ (겉넓이)$=20\pi+30\pi=50\pi$ (cm²)

(4) (밑넓이)$=\pi\times3^2+\pi\times9^2=90\pi$ (cm²)

$\quad$(옆넓이)$=\dfrac{1}{2}\times12\times(2\pi\times9)-\dfrac{1}{2}\times4\times(2\pi\times3)$

$\qquad\qquad=108\pi-12\pi=96\pi$ (cm²)

$\quad\therefore$ (겉넓이)$=90\pi+96\pi=186\pi$ (cm²)

뿔의 부피
218쪽

1 (1) 72 cm³ (2) 35 cm³ (3) 16π cm³ (4) 48π cm³

2 (1) 312 cm³ (2) 56 cm³ (3) 84π cm³ (4) 416π cm³

1 🖹 (1) 72 cm³ (2) 35 cm³ (3) 16π cm³ (4) 48π cm³

(1) (밑넓이)$=6\times4=24$ (cm²)

$\quad\therefore$ (부피)$=\dfrac{1}{3}\times24\times9=72$ (cm³)

(3) (밑넓이)$=\pi\times4^2=16\pi$ (cm²)

$\quad\therefore$ (부피)$=\dfrac{1}{3}\times16\pi\times3=16\pi$ (cm³)

(4) (밑넓이)$=\pi\times4^2=16\pi$ (cm²)

$\quad\therefore$ (부피)$=\dfrac{1}{3}\times16\pi\times9=48\pi$ (cm³)

2 🖹 (1) 312 cm³ (2) 56 cm³ (3) 84π cm³ (4) 416π cm³

(1) (큰 각뿔의 부피)$=\dfrac{1}{3}\times(10\times10)\times10=\dfrac{1000}{3}$ (cm³)

$\quad$(작은 각뿔의 부피)$=\dfrac{1}{3}\times(4\times4)\times4=\dfrac{64}{3}$ (cm³)

$\quad$따라서 각뿔대의 부피는 $\dfrac{1000}{3}-\dfrac{64}{3}=\dfrac{936}{3}=312$ (cm³)

(2) (큰 각뿔의 부피)$=\dfrac{1}{3}\times(6\times4)\times8=64$ (cm³)

$\quad$(작은 각뿔의 부피)$=\dfrac{1}{3}\times(3\times2)\times4=8$ (cm³)

$\quad$따라서 각뿔대의 부피는 $64-8=56$ (cm³)

(3) (큰 원뿔의 부피)$=\dfrac{1}{3}\times(\pi\times6^2)\times8=96\pi$ (cm³)

$\quad$(작은 원뿔의 부피)$=\dfrac{1}{3}\times(\pi\times3^2)\times4=12\pi$ (cm³)

$\quad$따라서 원뿔대의 부피는 $96\pi-12\pi=84\pi$ (cm³)

(4) (큰 원뿔의 부피)$=\dfrac{1}{3}\times(\pi\times12^2)\times9=432\pi$ (cm³)

$\quad$(작은 원뿔의 부피)$=\dfrac{1}{3}\times(\pi\times4^2)\times3=16\pi$ (cm³)

$\quad$따라서 원뿔대의 부피는 $432\pi-16\pi=416\pi$ (cm³)

구의 겉넓이와 부피
219쪽

1 (1) 36π cm², 36π cm³ (2) 16π cm², $\dfrac{32}{3}\pi$ cm³ (3) 100π cm², $\dfrac{500}{3}\pi$ cm³ (4) 144π cm², 288π cm³ **2** (1) 108π cm², 144π cm³ (2) 32π cm², $\dfrac{64}{3}\pi$ cm³ (3) 16π cm², 8π cm³ (4) 20π cm², $\dfrac{32}{3}\pi$ cm³

1 🖹 (1) 36π cm², 36π cm³ (2) 16π cm², $\dfrac{32}{3}\pi$ cm³ (3) 100π cm², $\dfrac{500}{3}\pi$ cm³ (4) 144π cm², 288π cm³

(1) (겉넓이)$=4\pi\times3^2=36\pi$ (cm²)

$\quad$(부피)$=\dfrac{4}{3}\pi\times3^3=36\pi$ (cm³)

(2) (겉넓이)$=4\pi\times2^2=16\pi$ (cm²)

$\quad$(부피)$=\dfrac{4}{3}\pi\times2^3=\dfrac{32}{3}\pi$ (cm³)

(3) (겉넓이)$=4\pi\times5^2=100\pi$ (cm²)

$\quad$(부피)$=\dfrac{4}{3}\pi\times5^3=\dfrac{500}{3}\pi$ (cm³)

(4) (겉넓이)$=4\pi\times6^2=144\pi$ (cm²)

$\quad$(부피)$=\dfrac{4}{3}\pi\times6^3=288\pi$ (cm³)

2 🖹 (1) 108π cm², 144π cm³ (2) 32π cm², $\dfrac{64}{3}\pi$ cm³ (3) 16π cm², 8π cm³ (4) 20π cm², $\dfrac{32}{3}\pi$ cm³

(1) (곡면의 넓이)$=\dfrac{1}{2}\times4\pi\times6^2=72\pi$ (cm²)

$\quad$(단면의 넓이)$=\pi\times6^2=36\pi$ (cm²)

$\quad\therefore$ (겉넓이)$=72\pi+36\pi=108\pi$ (cm²)

$\quad$(부피)$=\dfrac{1}{2}\times\left(\dfrac{4}{3}\pi\times6^3\right)=144\pi$ (cm³)

(2) (곡면의 넓이)$=\dfrac{1}{4}\times4\pi\times4^2=16\pi$ (cm²)

$\quad$(단면의 넓이)$=\left(\dfrac{1}{2}\times\pi\times4^2\right)\times2=16\pi$ (cm²)

$\quad\therefore$ (겉넓이)$=16\pi+16\pi=32\pi$ (cm²)

$\quad$(부피)$=\dfrac{1}{4}\times\left(\dfrac{4}{3}\pi\times4^3\right)=\dfrac{64}{3}\pi$ (cm³)

(3) (곡면의 넓이)$=\dfrac{3}{4}\times(4\pi\times2^2)=12\pi\ (\text{cm}^2)$

(단면의 넓이)$=\left(\dfrac{1}{2}\times\pi\times2^2\right)\times2=4\pi\ (\text{cm}^2)$

∴ (겉넓이)$=12\pi+4\pi=16\pi\ (\text{cm}^2)$

(부피)$=\dfrac{3}{4}\times\left(\dfrac{4}{3}\pi\times2^3\right)=8\pi\ (\text{cm}^3)$

(4) (곡면의 넓이)$=\dfrac{1}{8}\times4\pi\times4^2=8\pi\ (\text{cm}^2)$

(단면의 넓이)$=\left(\pi\times4^2\times\dfrac{90}{360}\right)\times3=12\pi\ (\text{cm}^2)$

∴ (겉넓이)$=8\pi+12\pi=20\pi\ (\text{cm}^2)$

(부피)$=\dfrac{1}{8}\times\left(\dfrac{4}{3}\pi\times4^3\right)=\dfrac{32}{3}\pi\ (\text{cm}^3)$

개념 으로 실력 키우기
220~221쪽

1-1 210 cm²	**1-2** $(36+27\pi)$ cm²
2-1 216 cm³	**2-2** 20 cm
3-1 300 cm²	**3-2** 99π cm²
4-1 100π cm³	**4-2** 48 cm³
5-1 4배	**5-2** 75π cm²
6-1 $\dfrac{28}{3}\pi$ cm³	**6-2** 1 : 2 : 3

1-1 답 210 cm²
(밑넓이)$=\dfrac{1}{2}\times(3+7)\times3=15\ (\text{cm}^2)$

(옆넓이)$=(3+7+5+3)\times10=180\ (\text{cm}^2)$

∴ (겉넓이)$=15\times2+180=210\ (\text{cm}^2)$

1-2 답 $(36+27\pi)$ cm²
(밑넓이)$=\dfrac{1}{2}\times\pi\times3^2=\dfrac{9}{2}\pi\ (\text{cm}^2)$

(옆넓이)$=\left(6+\dfrac{1}{2}\times2\pi\times3\right)\times6=36+18\pi\ (\text{cm}^2)$

∴ (겉넓이)$=\dfrac{9}{2}\pi\times2+(36+18\pi)=36+27\pi\ (\text{cm}^2)$

2-1 답 216 cm³
(밑넓이)$=\dfrac{1}{2}\times6\times6+\dfrac{1}{2}\times6\times3=27\ (\text{cm}^2)$,

높이는 8 cm이므로
(부피)$=27\times8=216\ (\text{cm}^3)$

2-2 답 20 cm
원기둥 A의 높이를 h cm라 하면
(원기둥 A의 부피)$=\pi\times3^2\times h=9\pi h\ (\text{cm}^3)$
(원기둥 B의 부피)$=\pi\times6^2\times5=180\pi\ (\text{cm}^3)$
두 원기둥의 부피가 같으므로 $9\pi h=180\pi$
∴ $h=20$

3-1 답 300 cm²
(밑넓이)$=10\times10=100\ (\text{cm}^2)$

(옆넓이)$=\left(\dfrac{1}{2}\times10\times10\right)\times4=200\ (\text{cm}^2)$

∴ (겉넓이)$=100+200=300\ (\text{cm}^2)$

3-2 답 99π cm²
(밑넓이)$=\pi\times3^2+\pi\times6^2=45\pi\ (\text{cm}^2)$

(옆넓이)$=\dfrac{1}{2}\times12\times(2\pi\times6)-\dfrac{1}{2}\times6\times(2\pi\times3)$

$=72\pi-18\pi=54\pi\ (\text{cm}^2)$

∴ (겉넓이)$=45\pi+54\pi=99\pi\ (\text{cm}^2)$

4-1 답 100π cm³
(원뿔의 부피)$=\dfrac{1}{3}\times(\pi\times5^2)\times12$

$=100\pi\ (\text{cm}^3)$

4-2 답 48 cm³
그릇에 들어 있는 물의 부피는 삼각뿔의 부피로 구할 수 있다.
(밑넓이)$=\dfrac{1}{2}\times9\times4=18\ (\text{cm}^2)$

∴ (물의 부피)$=\dfrac{1}{3}\times18\times8=48\ (\text{cm}^3)$

5-1 답 4배
반지름의 길이가 4 cm인 구의 겉넓이는 $4\pi\times4^2=64\pi\ (\text{cm}^2)$
반지름의 길이가 2 cm인 구의 겉넓이는 $4\pi\times2^2=16\pi\ (\text{cm}^2)$
따라서 반지름의 길이가 4 cm인 구의 겉넓이는 반지름의 길이가 2 cm인 구의 겉넓이의 $64\pi\div16\pi=4$(배)

5-2 답 75π cm²
(곡면의 넓이)$=\dfrac{1}{2}\times4\pi\times5^2=50\pi\ (\text{cm}^2)$

(단면의 넓이)$=\pi\times5^2=25\pi\ (\text{cm}^2)$

∴ (겉넓이)$=50\pi+25\pi=75\pi\ (\text{cm}^2)$

6-1 답 $\dfrac{28}{3}\pi$ cm³
(부피)$=\dfrac{7}{8}\times\left(\dfrac{4}{3}\pi\times2^3\right)$

$=\dfrac{28}{3}\pi\ (\text{cm}^3)$

6-2 답 1 : 2 : 3
(원뿔의 부피)$=\dfrac{1}{3}\times(\pi\times3^2)\times6=18\pi\ (\text{cm}^3)$

(구의 부피)$=\dfrac{4}{3}\pi\times3^3=36\pi\ (\text{cm}^3)$

(원기둥의 부피)$=\pi\times3^2\times6=54\pi\ (\text{cm}^3)$

(원뿔의 부피) : (구의 부피) : (원기둥의 부피)
$=18\pi:36\pi:54\pi=1:2:3$

01 102°	02 44개	03 80°	04 (1) 육각형 (2) 정십이각형
05 ④	06 12π cm		07 (1) 2π cm (2) 33π cm²
08 (100−25π) cm²	09 ④	10 12개	11 ㉠, ㉢, ㉤
12 ⑤	13 (1) ㉡, ㉣ (2) ㉢, ㉤	14 ④	15 ⑤
16 20 cm²	17 125 cm³	18 234π cm²	19 36 cm³
20 216π cm³		21 36π cm²	

01 답 **102°**

180°−78°=102°

02 답 **44개**

구하는 다각형을 n각형이라 하면

$n-3=8$ ∴ $n=11$

따라서 십일각형의 대각선의 총 개수는

$\dfrac{11\times(11-3)}{2}=44$(개)

03 답 **80°**

∠BAC=180°−(40°+60°)=80°이므로 ∠BAD=40°

따라서 △ABD에서 ∠x=40°+40°=80°

04 답 **(1) 육각형 (2) 정십이각형**

(1) 구하는 다각형을 n각형이라 하면

180°×$(n-2)$=720°, $n-2=4$ ∴ $n=6$

따라서 구하는 다각형은 육각형이다.

(2) 구하는 정다각형을 정n각형이라 하면

$\dfrac{360°}{n}=30°$ ∴ $n=12$

따라서 구하는 정다각형은 정십이각형이다.

05 답 ④

부채꼴의 현의 길이는 중심각의 크기에 정비례하지 않는다.

06 답 **12π cm**

$\overline{AB}$=12 cm이므로 $\overline{AM}=\overline{MN}=\overline{NB}$=4 cm이다.

이때 (색칠한 부분의 둘레의 길이)

=($\overline{AN}$을 지름으로 하는 원의 둘레)

+($\overline{AM}$을 지름으로 하는 원의 둘레)

=2π×4+2π×2=12π (cm)

07 답 **(1) 2π cm (2) 33π cm²**

(1) 2π×8×$\dfrac{45}{360}$=2π (cm)

(2) $\dfrac{1}{2}$×6×11π=33π (cm²)

08 답 **(100−25π) cm²**

10×10−$\left(\pi\times5^2\times\dfrac{90}{360}\right)\times4$=100−25π (cm²)

09 답 ④

① 4+2=6(개) ② 5+1=6(개) ③ 8개 ④ 8+2=10(개) ⑤ 6개

10 답 **12개**

구하는 다면체는 (나), (다)에 의해 각뿔대이고

n각뿔대라 하면 (가)에 의해 3n=18 ∴ n=6

따라서 육각뿔대의 꼭짓점의 개수는 6×2=12(개)

11 답 **㉠, ㉢, ㉤**

㉠, ㉢, ㉤: 정삼각형

㉡: 정사각형

㉣: 정오각형

12 답 ⑤

⑤ 정십이면체의 모서리의 개수는 $\dfrac{5\times12}{2}$=30이다.

13 답 **(1) ㉡, ㉣ (2) ㉢, ㉤**

㉠, ㉥은 평면도형이다.

14 답 ④

④ 원뿔을 회전축을 포함하는 포함하는 평면으로 자를 때 생기는 단면의 모양은 이등변삼각형이다.

15 답 ⑤

① $\overline{AB}$가 축 →

② $\overline{BC}$가 축 →

③ $\overline{AD}$가 축 →

④ $\overline{DC}$가 축 →

16 답 **20 cm²**

$\dfrac{1}{2}$×(4+6)×4=20 (cm²)

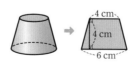

17 답 **125 cm³**

정육면체의 한 모서리의 길이를 x cm라 하면 정육면체의 겉넓이는 $(x\times x)\times6=150$, $x^2=25$

∴ $x=5$ $(x>0)$

따라서 한 모서리의 길이가 5 cm인 정육면체의 부피는

$(5\times5)\times5=125$ (cm³)

18 답 234π cm²

(밑넓이)$=\pi\times6^2-\pi\times3^2=27\pi$ (cm²)

(옆넓이)$=(2\pi\times6)\times10+(2\pi\times3)\times10$
$\qquad=120\pi+60\pi=180\pi$ (cm²)

$\therefore$ (겉넓이)$=27\pi\times2+180\pi=234\pi$ (cm²)

19 답 36 cm³

(부피)$=\dfrac{1}{3}\times\left(\dfrac{1}{2}\times6\times6\right)\times6=36$ (cm³)

20 답 216π cm³

(반구의 부피)$=\dfrac{1}{2}\times\left(\dfrac{4}{3}\pi\times6^3\right)=144\pi$ (cm³)

(원뿔의 부피)$=\dfrac{1}{3}\times(\pi\times6^2)\times6=72\pi$ (cm³)

따라서 구하는 입체도형의 부피는 $144\pi+72\pi=216\pi$ (cm³)

21 답 36π cm²

구의 부피가 36π cm³이므로

$\dfrac{4}{3}\pi r^3=36\pi$, $r^3=27$ $\therefore r=3$

따라서 반지름의 길이가 3 cm인 구의 겉넓이는
$4\pi\times3^2=36\pi$ (cm²)

VI 통계

23 줄기와 잎 그림, 도수분포표

개념 으로 기초력 잡기

227~229쪽

줄기와 잎 그림

227쪽

1 (1)

줄기	잎
1	0 4
2	1 3 5 9
3	0 5 7 7 8 9
4	2 3

(2)

줄기	잎
5	2 8
6	0 1 2 6 6 6
7	3 5 5 7
8	0 4 8
9	4

2 (1) 20명 (2) 8명 **3** (1) 9명 (2) 11명

2 답 (1) 20명 (2) 8명

(1) 전체 학생 수는 잎의 수를 세어 구할 수 있다.

→ $7+6+4+3=20$(명)

(2) 줄기가 1인 변량 6개와 줄기가 2이고 잎이 2, 4인 변량 2개로 구할 수 있다.

→ 10분, 11분, 13분, $\cdots$, 24분으로 8명이다.

3 답 (1) 9명 (2) 11명

(1) $5+3+1=9$(명)

(2) $4+5+2=11$(명)

도수분포표

228~229쪽

1 (1) 4개 (2) 10회 (3) 30회 이상 40회 미만 (4) 15회 (5) 25명

2 (1) ①

키(cm)	도수(명)
150^{이상}~155^{미만}	2
155 ~160	6
160 ~165	5
165 ~170	3
합계	16

② 150 cm 이상 155 cm 미만
③ 11명
④ 160 cm 이상 165 cm 미만
⑤ 167.5 cm

(2) ①

시간(분)	도수(명)
0^{이상}~10^{미만}	4
10 ~20	7
20 ~30	5
30 ~40	3
40 ~50	1
합계	20

② 5개, 10분 ③ 15분
④ 30분 이상 40분 미만 ⑤ 55 %

3 (1) 11 (2) 60분 이상 90분 미만 (3) 6명 (4) 42 % (5) 구할 수 없다.

1　目 (1) **4개** (2) **10회** (3) **30회 이상 40회 미만** (4) **15회** (5) **25명**

(2) $20-10=10$(회)

(4) 도수가 가장 작은 계급은 10회 이상 20회 미만이다.

$$\therefore (계급값)=\frac{10+20}{2}=15(회)$$

(5) $3+8+9+5=25$(명)

2　目 (1) ①

키(cm)	도수(명)
$150^{이상}\sim155^{미만}$	2
155　～160	6
160　～165	5
165　～170	3
합계	16

② **150 cm 이상 155 cm 미만**
③ **11명**
④ **160 cm 이상 165 cm 미만**
⑤ **167.5 cm**

(2) ①

시간(분)	도수(명)
$0^{이상}\sim10^{미만}$	4
10　～20	7
20　～30	5
30　～40	3
40　～50	1
합계	20

② **5개, 10분** ③ **15분**
④ **30분 이상 40분 미만** ⑤ **55 %**

(1) ③ $6+5=11$(명)
　④ 키가 가장 큰 3명은 165 cm 이상 170 cm 미만인 계급에 속하고 4번째, 5번째, …인 학생은 160 cm 이상 165 cm 미만인 계급에 속한다.
　⑤ 지율이가 속하는 계급은 165 cm 이상 170 cm 미만이다.

$$\therefore (계급값)=\frac{165+170}{2}=167.5(cm)$$

(2) ② 계급은 5개이고 계급의 크기는
　　$20-10=10$(분)이다.
　③ 도수가 가장 큰 계급은 10분 이상 20분 미만이다.

$$\therefore (계급값)=\frac{10+20}{2}=15(분)$$

　⑤ 통화 시간이 20분 미만인 학생 수는
　　$4+7=11$(명)이다. 　$\therefore \frac{11}{20}\times100=55$ (%)

3　目 (1) **11** (2) **60분 이상 90분 미만** (3) **6명** (4) **42 %**
(5) **구할 수 없다.**

(1) $A=50-(9+15+6+5+4)$
　　$=50-39=11$

(3) 운동 시간이 120분 이상인 학생 수가 $5+4=9$(명)이므로
　운동 시간이 10번째로 긴 학생은 90분 이상 120분 미만인 계급에 속하고 이 계급의 도수는 6명이다.

(4) 운동 시간이 60분 이상 120분 미만인 학생 수는
　　$15+6=21$(명)이다.

$$\therefore \frac{21}{50}\times100=42 (\%)$$

(5) 도수분포표는 변량의 실제 값을 알 수 없다.

개념 **으로실력 키우기**　　　　　　　　　230~231쪽

1-1
줄기	잎
6	5 9
7	0 3 7 8
8	2 2 3 5 5 9
9	0 5 8

1-2 (1) 8 (2) 4명 (3) 85점

2-1
잎(A 모둠)	줄기	잎(B 모둠)
6 2 0	7	5
8 0	8	2 6 8
5	9	3 6

2-2 (1) B 모둠 (2) 25 %
3-1 (1) 있다에 ○표 (2) 같다에 ○표
3-2 (1) 없다에 ○표 (2) 도수분포표에 ○표

4-1
나이(세)	도수(명)
$20^{이상}\sim25^{미만}$	3
25　～30	5
30　～35	8
35　～40	4
합계	20

4-2 (1) 4개 (2) 5세 (3) 30세 이상 35세 미만 (4) 22.5세
5-1 10, 20, 8, 30
5-2 (1) 20개 이상 30개 미만 (2) 20 %
6-1 (1) × (2) × 　　　　　**6-2** ③

1-2　目 (1) **8** (2) **4명** (3) **85점**

(3) 수학 성적이 높은 쪽에서 98점, 95점, 90점, 89점, 85점이므로
5번째로 높은 학생의 점수는 85점이다.

2-2　目 (1) **B 모둠** (2) **25 %**

(1) 90점대 학생 수가 B 모둠이 더 많다.
(2) 두 모둠의 전체 학생 수는 $6+6=12$(명)이고, 줄기가 9인 잎은 모두 3개이다.

$$\therefore \frac{3}{12}\times100=25 (\%)$$

4-2　目 (1) **4개** (2) **5세** (3) **30세 이상 35세 미만** (4) **22.5세**

(2) $25-20=5$(세)
(4) 도수가 가장 작은 계급은 20세 이상 25세 미만이다.

$$\therefore (계급값)=\frac{20+25}{2}=22.5(세)$$

5-1 🖺 **10, 20, 8, 30**

(ⅰ) 계급의 크기가 10개이므로 두 번째 계급은 10개 이상 20개 미만 이다.

(ⅱ) 전체 선수는 30명이고 홈런 수가 20개 이상 30개 미만인 선수는
30−(6+12+4)=30−22=8(명)

6-1 🖺 **(1) × (2) ×**

(1) 계급의 크기를 너무 크게 하면 자료의 분포 상태를 알기 어렵다.

(2) 각 계급의 중앙의 값을 계급값이라 한다.

6-2 🖺 **③**

③ 계급의 개수가 너무 많으면 자료의 분포 상태를 알기 어렵다.

24 히스토그램과 도수분포다각형

초등개념 으로 **기초력 잡기**   234쪽

막대그래프와 꺾은선그래프   234쪽

1 (1) 1명 (2) 수학 (3) 과학 (4) 3배 (5) 5명   **2** (1) 월, 에어컨
판매량 (2) 200대 (3) 5월 (4) 400대 (5) 7월

1 🖺 **(1) 1명 (2) 수학 (3) 과학 (4) 3배 (5) 5명**

(4) 국어를 좋아하는 학생은 9명이고 과학을 좋아하는 학생은 3명 이므로 9÷3=3(배)이다.

(5) 수학을 좋아하는 학생은 11명이고 영어를 좋아하는 학생은 6명 이므로 11−6=5(명)이다.

2 🖺 **(1) 월, 에어컨 판매량 (2) 200대 (3) 5월 (4) 400대 (5) 7월**

(2) 세로 눈금 다섯 칸이 1000대를 나타내므로 한 칸은
1000÷5=200(대)를 나타낸다.

(4) 5월 판매량은 1200대이고 6월 판매량은 1600대이므로
1600−1200=400(대)이다.

(5) 6월과 7월 사이에 증가하는 선의 기울기가 가장 크므로 지난달 과 비교하여 판매량이 가장 많이 늘어난 달은 7월이다.

개념 으로 **기초력 잡기**   235~236쪽

히스토그램   235쪽

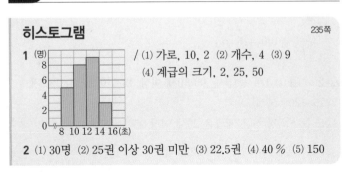

1 / (1) 가로, 10, 2 (2) 개수, 4 (3) 9
(4) 계급의 크기, 2, 25, 50

2 (1) 30명 (2) 25권 이상 30권 미만 (3) 22.5권 (4) 40 % (5) 150

2 🖺 **(1) 30명 (2) 25권 이상 30권 미만 (3) 22.5권 (4) 40 %
(5) 150**

(3) 25권 이상 읽은 학생 수가 4명이므로 다섯 번째, 여섯 번째 많 이 읽은 학생은 20권 이상 25권 미만인 계급에 속한다.

(4) 20권 이상 읽은 학생은 8+4=12(명)이다.

∴ $\dfrac{12}{30} \times 100 = 40$ (%)

(5) 계급의 크기는 5권이고 도수의 총합은 30명이다.

∴ 5×30=150

도수분포다각형   236쪽

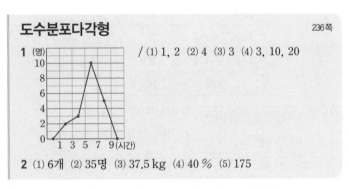

1 / (1) 1, 2 (2) 4 (3) 3 (4) 3, 10, 20

2 (1) 6개 (2) 35명 (3) 37.5 kg (4) 40 % (5) 175

2 🖺 **(1) 6개 (2) 35명 (3) 37.5 kg (4) 40 % (5) 175**

(3) 도수가 가장 큰 계급은 35 kg 이상 40 kg 미만이다.

∴ $\dfrac{35+40}{2} = 37.5$ (kg)

(4) 40 kg 미만인 학생은 4+10=14(명)이다.

∴ $\dfrac{14}{35} \times 100 = 40$ (%)

(5) 계급의 크기는 5 kg이고 도수의 총합은 35명이다.

∴ 5×35=175

개념플러스⁺로 기초력 잡기   237쪽

일부가 보이지 않는 그래프   237쪽

1 (1) 12명 (2) 22명 (3) 55 %   **2** (1) 8명 (2) 40명 (3) 7명

1 🖺 **(1) 12명 (2) 22명 (3) 55 %**

(1) 40−(5+9+10+4)=40−28=12(명)

(2) 12+10=22(명)

(3) $\dfrac{22}{40} \times 100 = 55$ (%)

2 🖺 **(1) 8명 (2) 40명 (3) 7명**

(1) 2+6=8(명)

(2) 전체 학생 수를 x명이라 하면 봉사활동 시간이 15시간 미만인 학생 8명이 전체의 20 %이므로

$\dfrac{8}{x} \times 100 = 20$ (%)   ∴ $x=40$

(3) 40−(2+6+10+11+4)=40−33=7(명)

개념으로 실력 키우기

238~239쪽

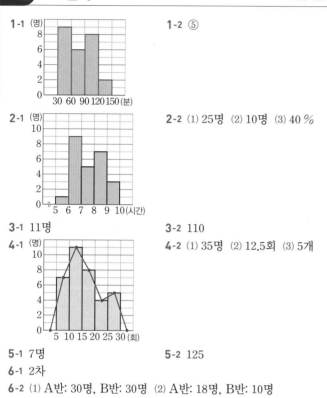

1-1 (명)
1-2 ⑤

2-1 (명)
2-2 (1) 25명 (2) 10명 (3) 40 %

3-1 11명
3-2 110

4-1 (명)
4-2 (1) 35명 (2) 12.5회 (3) 5개

5-1 7명
5-2 125

6-1 2차

6-2 (1) A반: 30명, B반: 30명 (2) A반: 18명, B반: 10명

1-2 답 ⑤

⑤ 도수분포표나 히스토그램을 통해서는 변량의 실제 값을 알 수 없다.

2-1 답 (명)

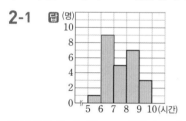

직사각형의 넓이는 그 계급의 도수에 정비례하므로 넓이가 3배이면 도수도 3배이다. 9시간 이상 10시간 미만인 계급의 도수가 3명이므로 6시간 이상 7시간 미만인 계급의 도수는 $3 \times 3 = 9$(명)이다.

3-1 답 11명

$30 - (4+5+7+3) = 30 - 19 = 11$(명)

3-2 답 110

30세 이상 40세 미만인 계급의 직사각형에서 가로의 길이는 계급의 크기 $20 - 10 = 10$(세)이고 세로의 길이는 도수 11명이다.
∴ $10 \times 11 = 110$

4-2 답 (1) 35명 (2) 12.5회 (3) 5개

(1) $7 + 11 + 8 + 4 + 5 = 35$(명)

(2) 도수가 가장 큰 계급은 10회 이상 15회 미만이므로 계급값은 $\dfrac{10+15}{2} = 12.5$(회)

(3) 히스토그램에서 직사각형의 개수 또는 도수분포다각형의 점에서 도수가 0인 양 끝 점 2개를 빼면 계급의 개수이다.

5-1 답 7명

전체 학생 수를 x명이라 하면 기록이 70회 이상인 학생 $3+2=5$(명)이 전체의 20 %이므로 $\dfrac{5}{x} \times 100 = 20$ (%)

∴ $x = 25$

따라서 기록이 65회 이상 70회 미만인 학생은 $25 - (2+5+6+3+2) = 25 - 18 = 7$(명)

6-2 답 (1) A반: 30명, B반: 30명 (2) A반: 18명, B반: 10명

(1) A반의 전체 학생 수는 $6+6+10+8 = 30$(명),
B반의 전체 학생 수는 $2+8+10+6+4 = 30$(명)이다.

(2) A반의 80점 이상인 학생 수는 $10+8 = 18$(명),
B반의 80점 이상인 학생 수는 $6+4 = 10$(명)이다.

25 상대도수

초등개념으로 기초력 잡기

242쪽

띠그래프와 원그래프 242쪽

1 (1) 35, 30, 20, 15, 100

(2) 좋아하는 과일별 학생 수 (3) 35 % (4) 2배

| 0 10 20 30 40 50 60 70 80 90 100(%) |
| 딸기 (35 %) | 수박 (30 %) | 사과 (20 %) | 바나나 (15 %) |

2 12, 30 / (1) 30명 (2) 12명 (3) 좋아하는 운동별 학생 수

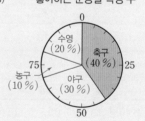

1 답 (1) 35, 30, 20, 15, 100

(2) 좋아하는 과일별 학생 수 (3) 35 % (4) 2배

| 0 10 20 30 40 50 60 70 80 90 100(%) |
| 딸기 (35 %) | 수박 (30 %) | 사과 (20 %) | 바나나 (15 %) |

(1) 딸기: $\dfrac{14}{40} \times 100 = 35$ (%) 수박: $\dfrac{12}{40} \times 100 = 30$ (%)

사과: $\dfrac{8}{40} \times 100 = 20$ (%) 바나나: $\dfrac{6}{40} \times 100 = 15$ (%)

(3) 사과를 좋아하는 학생의 비율은 20 %이고, 딸기를 좋아하는 학생의 비율은 15 %이므로 $20 + 15 = 35$ (%)

(4) 수박을 좋아하는 학생의 비율은 30 %이고 바나나를 좋아하는 학생의 비율은 15 %이므로 $30 \div 15 = 2$(배)

2 답 12, 30 / (1) 30명 (2) 12명 (3)

좋아하는 운동별 학생 수

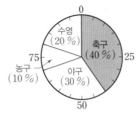

(1) $\dfrac{9}{(전체 \ 학생 \ 수)} \times 100 = 30 \ (\%)$이므로

(전체 학생 수) $= 9 \div 0.3 = 30$(명)

(2) 전체 학생 수가 30명이고

$\dfrac{(축구를 \ 좋아하는 \ 학생 \ 수)}{30} \times 100 = 40 \ (\%)$이므로

(축구를 좋아하는 학생 수) $= 30 \times 0.4 = 12$(명)

개념 으로 기초력 잡기

243~244쪽

상대도수와 상대도수의 분포표

243쪽

1 (1) 10 (2) 0.4 (3) 40

2

수면 시간(시간)	도수(명)	상대도수
$4^{이상} \sim 5^{미만}$	5	$0.1\left(=\dfrac{5}{50}\right)$
5 ~ 6	10	$0.2\left(=\dfrac{10}{50}\right)$
6 ~ 7	12	$0.24\left(=\dfrac{12}{50}\right)$
7 ~ 8	15	$0.3\left(=\dfrac{15}{50}\right)$
8 ~ 9	8	$0.16\left(=\dfrac{8}{50}\right)$
합계	50	1

3 (1) 40명 (2) 4 (3) 0.15 (4) 15 % (5) 70 %

1 답 (1) 10 (2) 0.4 (3) 40

(1) (계급의 도수) = (계급의 상대도수) × (도수의 총합)이므로

$0.25 \times 40 = 10$

(2) (계급의 상대도수) $= \dfrac{(계급의 \ 도수)}{(도수의 \ 총합)}$ 이므로 $\dfrac{12}{30} = 0.4$

(3) (도수의 총합) $= \dfrac{(계급의 \ 도수)}{(계급의 \ 상대도수)}$ 이므로

$\dfrac{8}{0.2} = 8 \div 0.2 = 8 \times \dfrac{10}{2} = 40$

3 답 (1) 40명 (2) 4 (3) 0.15 (4) 15 % (5) 70 %

(1) 기록이 16초 이상 17초 미만인 계급의 도수가 2이고 상대도수가

0.05이므로 도수의 총합은 $\dfrac{2}{0.05} = 2 \div 0.05 = 2 \times \dfrac{100}{5} = 40$(명)

(2) $A = 0.1 \times 40 = 4$

(3) $B = \dfrac{6}{40} = 0.15$

(4) 기록이 19초 미만인 계급의 상대도수는 $0.05 + 0.1 = 0.15$이므로

전체의 $0.15 \times 100 = 15 \ (\%)$

(5) 기록이 19초 이상 20초 미만인 계급의 상대도수는 $\dfrac{10}{40} = 0.25$

따라서 기록이 19초 이상 21초 미만인 계급의 상대도수는

$0.25 + 0.45 = 0.7$이므로 전체의 $0.7 \times 100 = 70 \ (\%)$

상대도수의 분포를 나타낸 그래프

244쪽

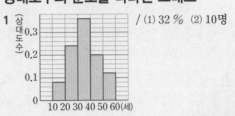

1 / (1) 32 % (2) 10명

2 (1) 10개 이상 20개 미만 (2) 0.3 (3) 40명 (4) 8명

1

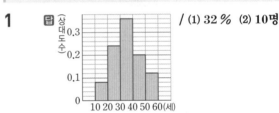

/ (1) 32 % (2) 10명

(1) 30세 미만인 계급의 상대도수는

$0.08 + 0.24 = 0.32$이므로 $0.32 \times 100 = 32 \ (\%)$

(2) 전체 사람들의 수는 50명이고 40세 이상 50세 미만인 계급의

상대도수는 0.2이므로 $0.2 \times 50 = 10$(명)

2 답 (1) 10개 이상 20개 미만 (2) 0.3 (3) 40명 (4) 8명

(2) 도수가 가장 큰 계급은 상대도수가 가장 큰 계급이므로 30개 이

상 40개 미만인 계급이며 상대도수는 0.3이다.

(3) 문자 메시지를 20개 이상 30개 미만 사용한 학생 수는 6명이고

상대도수가 0.15이므로 전체 학생 수는

$\dfrac{6}{0.15} = 6 \div 0.15 = 6 \times \dfrac{100}{15} = 40$(명)

(4) 50개 이상 60개 미만인 계급의 상대도수가 0.2이고 도수의 총합

이 40명이므로 $0.2 \times 40 = 8$(명)

개념플러스 로 기초력 잡기

245쪽

도수의 총합이 다른 두 개 이상의 자료의 비교

245쪽

1 (1) 25명, 20명 (2) 0.44, 0.5 (3) 2반 **2** (1) 30명, 24명

(2) 0.4, 0.58 (3) B 중학교

1 답 (1) 25명, 20명 (2) 0.44, 0.5 (3) 2반

(1) 1반 전체 학생 수: $\dfrac{3}{0.12}=25$(명)

2반 전체 학생 수: $\dfrac{3}{0.15}=20$(명)

(2) 1반: $0.32+0.12=0.44$

2반: $0.35+0.15=0.5$

(3) 8권 이상 12권 미만인 계급의 상대도수가 2반이 더 높으므로 2반이 상대적으로 더 많이 읽었다.

2 답 (1) 30명, 24명 (2) 0.4, 0.58 (3) B 중학교

(1) 60점 이상 70점 미만인 계급의 학생 수는

A 중학교: $0.12\times250=30$(명)

B 중학교: $0.12\times200=24$(명)

(2) A 중학교: $0.24+0.16=0.4$

B 중학교: $0.36+0.22=0.58$

(3) B 중학교의 그래프가 A 중학교의 그래프보다 오른쪽으로 치우쳐 있으므로 B 중학교가 상대적으로 점수가 더 높다.

개념으로실력 키우기

246~247쪽

1-1

통화 시간(분)	도수(명)	상대도수
0^{이상}~ 10^{미만}	4	0.1
10 ~ 20	6	0.15
20 ~ 30	18	0.45
30 ~ 40	12	0.3
합계	40	1

1-2 (1) $\dfrac{1}{3}$배 (2) 25 %

2-1 (1) 9 (2) 50   **2-2** (1) 40명 (2) 14명

3-1 25명   **3-2** ⑤

4-1 0.14   **4-2**

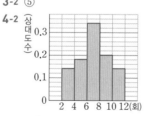

5-1 80명   **5-2** 7명

6-1 1학년   **6-2** (1) × (2) ×

1-2 답 (1) $\dfrac{1}{3}$배 (2) 25 %

(1) $0.15\div0.45=\dfrac{1}{3}$(배) 또는

상대도수는 도수에 정비례하므로 $6\div18=\dfrac{1}{3}$(배)이다.

(2) 통화 시간이 20분 미만인 계급의 상대도수는

$0.1+0.15=0.25$이므로 $0.25\times100=25$ (%)

2-1 답 (1) 9 (2) 50

(1) (계급의 도수)=(계급의 상대도수)×(도수의 총합)이므로

$0.15\times60=9$

(2) (도수의 총합)$=\dfrac{(계급의\ 도수)}{(계급의\ 상대도수)}$이므로

$\dfrac{18}{0.36}=50$

2-2 답 (1) 40명 (2) 14명

(1) $\dfrac{12}{0.3}=40$(명)

(2) 전체 학생 수가 40명이므로

$0.35\times40=14$(명)

3-1 답 25명

50 kg 이상 55 kg 미만인 계급의 도수는 2명이고

상대도수는 0.08이므로 $\dfrac{2}{0.08}=25$(명)

3-2 답 ⑤

상대도수의 총합은 1이므로 $E=1$

4-1 답 0.14

상대도수의 총합은 1이므로 10회 이상 12회 미만인 계급의 상대도수는 $1-(0.14+0.18+0.34+0.2)=1-0.86=0.14$

5-1 답 80명

도수가 가장 큰 계급은 상대도수가 가장 큰 계급이므로 40개 이상 50개 미만이다.

기록이 40개 이상 50개 미만인 계급의 상대도수가 0.4이므로 도수는 $0.4\times200=80$(명)이다.

5-2 답 7명

사용 시간이 20분 이상 30분 미만인 계급의 상대도수가 0.25이므로 전체 학생 수는 $\dfrac{5}{0.25}=20$(명)이다.

따라서 사용 시간이 30분 이상 40분 미만인 계급의 상대도수는 $1-(0.05+0.25+0.2+0.15)=0.35$이므로 학생 수는 $0.35\times20=7$(명)이다.

6-1 답 1학년

달리기 기록은 그래프가 왼쪽에 치우칠수록 좋으므로 1학년의 기록이 상대적으로 좋다.

6-2 답 (1) × (2) ×

(1) 상대도수는 0.4로 같으나 전체 학생 수를 알 수 없으므로 학생 수가 같은지 알 수 없다.

(2) 2학년에서 10초 미만인 계급의 상대도수는 $0.08+0.26=0.34$이므로 전체의 $0.34\times100=34$ (%)이다.

대단원 TEST

248~250쪽

01 9번째	**02** 300 cm	**03** (1) × (2) ○		**04** 25 %	**05** ①
06 2	**07** 32 %	**08** ⑤	**09** 16시간		
10 7시간 이상 8시간 미만			**11** 30명	**12** 2권	**13** 60
14 6명	**15** ⑤	**16** 40명	**17** 6	**18** ②	**19** 3배
20 14명	**21** ④				

01 답 **9번째**

키가 156 cm 이상인 학생은 9명이다.

02 답 **300 cm**

키가 3번째로 작은 학생의 키는 139 cm,
키가 3번째로 큰 학생의 키는 161 cm이므로
$139+161=300 \, (\text{cm})$

03 답 **(1) × (2) ○**

(1) 책을 가장 적게 읽은 학생은 1권을 읽은 남학생이다.
(2) 남학생 수는 13명이고 여학생 수는 15명이므로 여학생 수가 더 많다.

04 답 **25 %**

전체 학생 수는 $13+15=28$(명)이고 25권 이상 읽은 학생은 7명이므로 $\dfrac{7}{28} \times 100 = 25 \, (\%)$

05 답 **①**

① 변량은 자료를 수량으로 나타낸 것이다.

06 답 **2**

최고 기온이 25 ℃ 이상 30 ℃ 미만인 날수를 $3A$일이라 하면
$A+4+11+3A+2=25$, $4A=8$ $\therefore A=2$

07 답 **32 %**

최고 기온이 25 ℃ 이상 30 ℃ 미만인 날수는
$25-(2+4+11+2)=6$(일)이므로 최고 기온이 25 ℃ 이상인 날은 8일이다.
$\therefore \dfrac{8}{25} \times 100 = 32 \, (\%)$

08 답 **⑤**

⑤ 직사각형의 넓이의 합은 (계급의 크기)×(도수의 총합)이다.

09 답 **16시간**

도수가 가장 큰 계급은 6시간 이상 7시간 미만인 계급이므로
계급값은 $\dfrac{6+7}{2}=6.5$(시간)
도수가 가장 작은 계급은 9시간 이상 10시간 미만인 계급이므로
계급값은 $\dfrac{9+10}{2}=9.5$(시간)
$\therefore 6.5+9.5=16$(시간)

10 답 **7시간 이상 8시간 미만**

평균 수면 시간이 8시간 이상인 학생 수가 9명이므로 수면 시간이 긴 쪽에서 10번째인 학생은 7시간 이상 8시간 미만인 계급에 속한다.

11 답 **30명**

$4+10+8+4+4=30$(명)

13 답 **60**

$2 \times 30 = 60$

14 답 **6명**

전체 학생 수를 x명이라 하면 $\dfrac{2}{x} \times 100 = 5 \, (\%)$이므로 $x=40$
따라서 80점 이상 90점 미만인 학생 수는
$40-(2+7+10+12+3)=6$(명)

15 답 **⑤**

도수의 총합이 다른 두 집단을 비교할 때에는 상대도수가 편리하다.

16 답 **40명**

$\dfrac{8}{0.2}=40$(명)

17 답 **6**

도수의 총합은 $\dfrac{12}{0.3}=40$이므로 5 이상 10 미만인 계급의 도수는
$0.15 \times 40 = 6$

18 답 **②**

도수의 총합은 $\dfrac{2}{0.05}=40$(명)이므로

① $A=\dfrac{6}{40}=0.15$

② $B=1-(0.05+0.15+0.35)=0.45$

③ $C=0.35 \times 40 = 14$

19 답 **3배**

도수는 상대도수와 정비례하므로 $B \div A = 0.45 \div 0.15 = 3$(배)

20 답 **14명**

기록이 9초 미만인 계급의 상대도수는 $0.05+0.25=0.3$이므로
전체 학생 수는 $\dfrac{12}{0.3}=40$(명)이다.
이때 기록이 9초 이상 10초 미만인 계급의 상대도수는
$1-(0.05+0.25+0.2+0.15)=0.35$이므로 도수는 $0.35 \times 40 = 14$(명)

21 답 **④**

①, ②, ③ 상대도수의 분포를 나타낸 그래프에서는 도수나 도수의 총합을 알 수 없다.
⑤ 상대도수를 이용하여 도수의 총합이 다른 두 집단의 분포 상태를 비교할 수 있다.

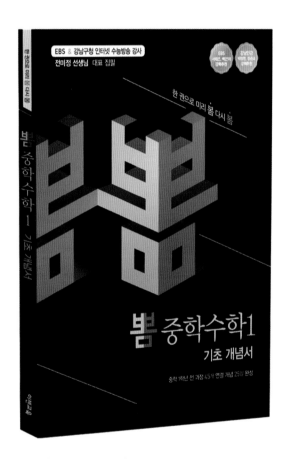

한 권으로 미리 **봄** 다시 봄

뿜 중학수학1 기초 개념서

중학 1학년 전 과정 45개 연결 개념 25일 완성

• 제품명 : 뿜 중학수학1 기초 개념서
• 제조자명 : (주)이젠교육
• 제조국명 : 대한민국
• 제조년월 : 판권에 별도 표기
• 사용학년 : 8세 이상

※ KC마크는 이 제품이 공통안전기준에 적합하였음을 의미합니다.

한 권으로 미리 봄 다시 봄

뵴 중학수학1
기초 개념서